现代生物仪器分析

潘志明　胡茂志　朱爱华　主编

科学出版社

北京

内容简介

本书涵盖离心分离技术、电泳分离技术、电子显微镜技术、荧光显微分析技术、有机质谱分析技术、磁共振波谱技术、光谱技术、分子互作分析技术、细胞分析技术、核酸分析技术、组分分析技术、微生物全自动鉴定技术和小动物活体光学成像技术等现代生物仪器分析技术。重点介绍各项技术的基本原理、仪器构造、样品前处理和数据分析，避免过细的公式推导和具体的实验操作步骤，突出了技术的科学性、实用性和前沿性，强调在生物科学研究中的应用，力求通俗易懂，具有较强的可操作性，是适合于研究生和科研工作者的一本特色鲜明的参考书。本书既可以指导学生科学、合理地使用相关仪器设备，又可以启发学生的创新思维，提升创新能力。

本书可作为生物学、医学、兽医学、畜牧学、食品科学、药学等相关专业研究生的教材和参考用书，也可以作为相关教师的实践教材，同时，对相关专业的教学和科研工作也具有重要的参考价值。

图书在版编目（CIP）数据

现代生物仪器分析 / 潘志明，胡茂志，朱爱华主编. —北京：科学出版社，2022.3

ISBN 978-7-03-071482-4

Ⅰ. ①现⋯ Ⅱ. ①潘⋯ ②胡⋯ ③朱⋯ Ⅲ. ①生物分析-仪器分析
Ⅳ. ①Q-33 ②O657

中国版本图书馆 CIP 数据核字（2022）第 024727 号

责任编辑：刘　畅 / 责任校对：严　娜
责任印制：赵　博 / 封面设计：迷底书装

科 学 出 版 社 出版

北京东黄城根北街 16 号
邮政编码：100717
http://www.sciencep.com

涿州市般润文化传播有限公司印刷

科学出版社发行　各地新华书店经销

*

2022 年 3 月第　一　版　开本：787×1092　1/16
2024 年 1 月第三次印刷　印张：21 1/2
字数：550 400

定价：89.00元

（如有印装质量问题，我社负责调换）

《现代生物仪器分析》
编写人员名单

主　　编：潘志明　胡茂志　朱爱华

编写人员：（按姓名汉语拼音排列）

陈　冲（扬州大学）

樊红樱（扬州大学）

顾　丹（扬州大学）

何新龙（扬州大学）

胡茂志（扬州大学）

康喜龙（扬州大学）

李国才（扬州大学）

陆　彦（扬州大学）

孟　闯（扬州大学）

潘志明（扬州大学）

宋瑞龙（扬州大学）

王郁杨（扬州大学）

韦存虚（扬州大学）

严秋香（扬州大学）

袁莉民（扬州大学）

张奉民（扬州大学）

张艳艳（扬州大学）

赵鸿雁（扬州大学）

朱爱华（江苏师范大学）

前　　言

生命科学的发展离不开分析技术的进步，同时，分析技术的进步也推动了生命科学的发展，两者相辅相成。21世纪，随着科学技术的进步，各种生物分析仪器，特别是高、精、尖的大型科学仪器设备以及相关的新技术、新方法不断涌现，这极大地推动生命科学基础和应用研究的发展。因此，了解和掌握现代生物仪器分析技术逐步成为生命科学研究人员的必备技能。

本书面向生命科学研究领域的教学和科研实际，简明扼要地介绍了现代生物仪器分析的基本原理、仪器的基本结构、样品的前处理和数据分析等内容。避免了过细的公式推导和具体的实验操作步骤，突出了技术的科学性、实用性和前沿性，强调在生物科学研究中的应用，力求通俗易懂，具有较强的可操作性，是适合于研究生和科研工作者的一本特色鲜明的参考书。本书既可以指导学生科学、合理地使用相关仪器设备，又可以启发学生的创新思维，提升创新能力。本书可作为生物学、医学、兽医学、畜牧学、食品科学、药学等相关专业研究生的教材和参考用书，也可以作为相关教师的实践教材，同时对生物医药等专业的教学和科研工作也具有重要的参考价值。

本书共分十四章。编者由在现代仪器分析及生物医药应用研究领域具有丰富经验的教师组成，具体分工如下：第一章（潘志明）；第二章（孟闯）；第三章（康喜龙）；第四章（韦存虚、袁莉民）；第五章（宋瑞龙、陆彦）；第六章（王郁杨、张艳艳）；第七章（张奉民、陈冲）；第八章（严秋香、赵鸿雁、胡茂志、朱爱华）；第九章（顾丹、朱爱华）；第十章（胡茂志、严秋香、赵鸿雁、宋瑞龙、樊红樱）；第十一章（朱爱华）；第十二章（何新龙、朱爱华）；第十三章（李国才）；第十四章（李国才）。

本书在编写过程中参考了国内外出版的众多教材、著作和论文，并引用了其中的部分数据和图表，在此谨向有关作者表示衷心的感谢。另外，本书的出版得到了扬州大学出版基金项目和扬州大学研究生精品教材项目的资助，在此表示衷心的感谢。

本书由主编负责制定编写大纲，并对全书进行审稿、修改、通读和定稿。由于编者水平有限，书中欠妥之处敬请各位读者批评指正。

编　者

2021年12月

目　　录

第一章　绪　论

　　仪器分析自 20 世纪 30 年代后期问世以来，已成为科学研究中不可或缺的角色，发挥着越来越重要的作用。随着社会科技的不断发展和相关技术的日新月异，仪器分析技术得到了很大程度的提高和发展，新仪器新方法不断涌现，为各个学科及交叉学科领域做出了巨大的贡献。科学研究的进步依靠高、精、尖实验仪器的发展，同时也促进了仪器的发展，对仪器分析技术提出了更高的要求。

　　生物科学的发展与生物仪器分析技术的进步密切相关，比如 X 射线晶体衍射对 DNA 双螺旋结构的发现起着至关重要的作用，而 DNA 双螺旋结构的发现奠定了现代分子生物学研究的基石，使微观世界的大门为我们敞开，让我们得以一窥微观领域的奇妙景象。第一代测序技术的问世使人类得以完成人类基因组计划，第二、三代测序技术的出现不仅大大降低了测序成本，而且大幅提高了测序速度，保证了高准确性，为现代生物学的研究提供了强有力的技术支撑。诞生于 20 世纪 80 年代的生物质谱技术，为功能基因组学、蛋白质组学的研究奠定了基础。随着科学技术的发展，更精确、更快速、灵敏度更高的分析仪器以及新的技术和新的方法会不断涌现，这必将加速生物科学领域研究的不断发展。

第一节　仪器分析概述

　　仪器分析是指采用比较特殊或者复杂的仪器设备，直接或间接地表征物质的各种特性（如物理、化学、生理性质等）及其变化，通过探头或传感器、分析转化器等转变成数据、图表、图片等来获取物质成分、含量、分布、结构等信息的分析方法。它基于各种学科的基本原理，采用电学、光学、精密仪器制造、计算机等先进技术来探知物质特性。仪器分析与化学分析是分析化学的两个相辅相成的分析方法。化学分析是分析化学的基础和原理，是常量分析，而仪器分析则灵敏度高、重复性好、样品用量少、自动化程度高、速度快，用来检测微量、痕量组分，是分析化学的主要发展方向。由于现代科学的发展，样品的复杂性、检测难度、需要得到的信息量等都在不断提高，因此，仪器的发展需要顺应科学研究的需求。

一、仪器分析的特点

与传统化学分析相比，仪器分析具有以下特点。①灵敏度高，检出限低。主要用于微量、痕量成分的分析，相对检出限一般在 10^{-8} 或 10^{-9} 数量级，有的可达到 10^{-12}，如气相色谱法。②样品用量少。样品用量由化学分析的毫升、毫克级到微升、微克级，甚至更低，如，适于蛋白质组学研究的纳升液相色谱系统可到纳升级。③选择性高。化学分析中选择性最好的络合滴定依然有很多干扰，而仪器分析本身有较高的分辨率，可以通过检测条件和参数的调整使共存组分不产生干扰，还可以利用掩蔽和分离等技术大大提高其选择性。④分析速度快。仪器与计算机连接，分析过程自动化程度高，分析速度快、通量高、操作简单、重复性好。有的配备自动进样系统，自动检测系统，大大减少了实验时间和实验的人工误差，实现了短时间内对大量样品的数据分析。如，带有自动进样系统的色谱仪，设置好检测程序后可连续自动分析几十个样品。⑤用途广泛。传统的化学分析只能用于成分分析，而仪器分析除了提供成分信息，还能提供组分的价态、结构、空间分布等信息。⑥仪器和耗材成本高。一般仪器分析需要专业的、结构精细复杂的、价格昂贵的仪器设备，同时样品分析时所需的耗材成本也较高，尤其是生物仪器的样品检测，需要特定的、配套的、专一性的耗材。

二、仪器分析方法的分类

根据检测的物质性质，仪器分析方法一般可分为以下几种。

（一）电化学分析法

电化学分析法（electrochemical analysis）是根据溶液中物质的电化学性质及其变化规律，在以电位、电导、电流和电量等电学量与被测物质某些量之间的计量关系的基础上，对组分进行定性和定量分析的仪器分析方法。主要包括电导分析法、电位分析法、电解分析法、伏安分析法和极谱分析法等。

（二）光学分析法

光学分析法（optical analysis）是根据物质发射的电磁辐射以及物质与电磁辐射的相互作用来进行分析的一类重要的仪器分析方法，这些电磁辐射包括从 γ 射线到无线电波的所有电磁波谱范围，可分为非光谱法和光谱法。

1. 非光谱法

物质与辐射能作用时，检测的是辐射的某些性质，如折射、散射、干涉、衍射、偏振等变化。如显微分析法、X 射线衍射法和 X 射线小角散射法等。

2. 光谱法

物质与辐射能作用时，检测的是由物质内部发生量子化的能级之间的跃迁而产生的发射、吸收或者散射辐射的波长和强度变化。光谱法又分为原子光谱法和分子光谱法。①原子光谱法是由原子外层或者内层电子能级的变化所产生，原子的电子运动状态发生变化时，发射或吸收的有特定频率的电磁频谱，是线状光谱。其包括原子发射光谱法、原子吸收光谱法、原子荧光光谱法和 X 射线荧光光谱法等。②分子光谱法是由分子中电子能级、振动转动能级的跃迁产生，是带状光谱。其包含紫外可见吸收光谱法、红外光谱法、分子荧光光谱法、拉曼光谱法和圆二色光谱法等。

（三）色谱分析法

色谱分析法（chromatographic analysis）是根据混合物中各组分在固定相和流动相中溶解、解析、吸附、脱附或其他亲和作用性能的微小差异，进行的一种物理或物理化学分离分析方法。当两相做相对运动时，各组分随着移动在两相中反复受到上述各种作用而得到分离。色谱分析法包括薄层色谱法、气相色谱法、液相色谱法、离子色谱法和毛细管电泳技术等。

（四）其他分析法

除上述 3 种分析方法外，还有利用热学、力学、声学、动力学等性质进行测定的仪器分析方法。主要包括以下 3 种。

1. 质谱分析法（mass spectrometry）

是指用电场和磁场将运动的离子，如带电荷的原子、分子或分子碎片等按它们的质荷比分离后进行定性、定量和结构分析的方法。有电子轰击质谱、场解吸附质谱、电子喷雾质谱、快原子轰击质谱和基质辅助激光解吸飞行时间质谱等。

2. 热分析法（thermal analysis）

是指用热力学参数或物理参数随温度变化的关系进行分析的方法。有差示热分析、热重量法、导数热重量法、差示扫描量热法、热机械分析和动态热机械分析等。

3. 放射性分析法（radioactivation analysis）

是根据样品的辐射特征进行分析的方法。有同位素分析法和中子活化分析法等。

第二节　现代生物仪器分析

高灵敏度、自动化的现代生物仪器分析技术大大地推动了生物科学基础研究和应用研究的发展。同时，生物科学的快速发展也需要新型生物仪器分析技术的升级和推广应用。一般来说，生物分子的结构分析有"四大谱"和"三大法"。"四大谱"包括紫外-可见吸收光谱、红外吸收光谱、核磁共振波谱和质谱；"三大法"包括晶体 X 射线衍射分析、核磁共振波谱分析和冷冻电镜。此外，用于细胞和组织功能分析的生物仪器，如流式细胞仪、激光共聚焦显微镜、高内涵细胞成像分析系统、活细胞工作站等。这些仪器分析技术使得生物科学的发展从量变走向质变，人们对生命体的认识也从宏观深入到细胞和分子水平，极大地推动了核酸、蛋白质和糖类等生物大分子的形态结构、功能特点以及调控机制等的研究。

一、 现代生物仪器分析的现状

（一）分离技术

复杂样品的分离纯化为特定物质的特性研究奠定了基础。利用离心力可以分离和纯化某种生物大分子物质和细胞及其亚细胞组分。自 20 世纪 20 年代后期 Svedberg 发明了第一台分析型超速离心机以来，随着离心技术的进步和离心设备的不断完善，以及高速和超速冷冻离心机的相继问世，离心（centrifugation）分离技术已成为生命科学研究中一项最基本的技术。另外，由于带电粒子在电场中可以向与所带电荷相反的电极移动，1937 年，瑞典科学家 Tiselius 设计了世界上第一台自由电泳仪，并成功地分离了血清中蛋白质的主要成分。随后，电泳（electrophoresis）分离技术得到了飞快地发展，已广泛应用于蛋白质、氨基酸、核酸、其他有机化合物甚至无机离子等的分离。此外，1906 年，俄国植物学家茨维特将植物叶子色素溶液通过装填有吸附剂的柱子后发现，各种色素以不同的速率通过柱子，从而彼此分开形成不同的色带。利用待分离的各种物质在固定相和流动相中的分配系数、吸附能力等的不同来实现复杂样品的分离，即色谱技术（chromatography）。这些分离技术目前已广泛应用于各实验室，极大地推动了生物科学领域的研究。

（二）显微观察技术

显微镜（microscope）的出现使人们对微观世界的观察成为可能。随着各种标记技术和高精度显微镜的发展，荧光显微镜技术（fluorescence microscopy）和激光共聚焦扫描显微镜技术（laser scanning confocal microscopy）也相继问世，使其成为现代生物科学研究中一种必不可少的技术手段。在细胞及分子生物学、免疫学、遗传学、形态学、药理学、环境科学等领域具有不可替代的作用。另外，在普通光学显微镜的基础上设计发明的透射电子显微镜技术（transmission electron microscopy），其分辨率和放大倍数比光学显微镜提高了 1000 倍。此外，20 世纪 60 年代发展起来的扫描电子显微镜技术（scanning electron microscopy），通过扫描固体样品的表面形态，得出有关样品的立体结构，以其高分辨率和科学的直观性显示出无比强大的魅力，是人类认识微观世界重要的工具。

（三）质谱分析技术

以气相色谱-质谱联用技术（gas chromatography-mass spectrometry）、液相色谱-质谱（liquid chromatography-mass spectrometry）联用技术以及基质辅助激光解吸电离源质谱技术为代表的有机质谱技术在生物学领域也得到了广泛应用。以多组学技术为研究策略的一种系统生物学研究内容掀起了学术界的热潮，质谱技术以其快速、高灵敏度和高精确度的特点，广泛应用于蛋白质组学、代谢组学和糖组学等多组学研究中，逐渐成为组学研究的核心技术。通过质谱数据的高通量筛选，为蛋白质、氨基酸和小分子代谢物等的定性、定量研究提供了快速的检测方法。作为系统生物学的基础研究手段，代谢组学主要通过质谱分析手段对生物系统基质中的小分子代谢物进行分析，最终回归到生物体的蛋白表达和基因组层面对其生物学功能进行验证。

（四）核磁共振波谱技术

核磁共振波谱技术（nuclear magnetic resonance spectroscopy）可以研究物质的分子结构及物理特性。自 1946 年发现了宏观物质的核磁共振现象后，随着超导核磁共振波谱技术和二维核磁共振波谱技术的发展，核磁共振波谱技术在生物学研究领域得到了广泛的应用。其研究对象几乎涵盖了生物体的所有组分，如蛋白质、氨基酸、核糖体、其他各种代谢产物等。高磁场强度和超低温探头的使用，使得核磁共振波谱仪的分辨率有了很大的提升，为代谢组学和结构生物学等的研究提供了有力的支撑。20 世纪 80 年代以来，由于遗传工程和基因工程技术的迅速发展，使得蛋白质能够在体外大量表达，解决了蛋白质样品制备的问题，大大地推动了核磁鉴定蛋白结构功能的快速发展。另外，电子顺磁共振波谱技术（electron paramagnetic resonance spectroscopy）是研究自由电子与外环境相互作用的有力工具之一，是检测自由基最直接的手段。它可以检测样品中未成对电子，得到有意义的结构和动态信息，在生物、材料科学、医药科学等领域可作为其他方法的补充，特别是在生物学中的应用，已经成为目前研究细胞膜结构的有效方法。

（五）光谱分析技术

光谱技术可以分析物质的成分、结构、理化性质，有紫外-可见光谱技术、红外光谱技术、圆二色光谱技术、荧光光谱技术等。紫外-可见光谱和红外光谱对物质结构进行定量定性分析。圆二色光谱可以检测手性分子的构象信息，特别是天然产物、合成药物、生物大分子（蛋白质、核酸、糖）等。荧光光谱已经成为一种重要的痕量分析技术，在生物、医学、药物等领域都有广泛的应用。

（六）分子互作技术

生物分子互作技术可用于检测两个及以上分子如蛋白质、核酸、脂类、多糖甚至全病毒、细胞之间的相互作用。传统的生物分子互作技术是基于荧光标记或者放射性标记，如酶联免疫标记技术、亲和层析技术、荧光共振能量转移等。印迹法（blotting）是将生物大分子样品转移到固相载体上，再通过相应的探测反应检测到目的样品的方法。如检测目的 DNA 的 Southern blotting、检测 RNA 的 Northern blotting 和检测蛋白质的 Western blotting 等都是成熟技术。表面等离子共振技术（surface plasmon resonance technology）是一种基于光学的新型生物传感器分析技术。1902 年首次发现表面等离子共振现象，80 年代首次应用表面等离子共振技术测定 IgG 与其抗原的反应，90 年代商业化的分子互作仪问世，为表面等离子共振技术的应用开启新的篇章。表面等离子共振技术无须标记，所需样品量少，灵敏度高，能实时、连续检测反应动态过程，广泛应用于生物化学、免疫学、微生物检测、药物筛选及研发、环境污染的控制、医学诊断和食品科学等。

（七）细胞分析技术

流式细胞术是 20 世纪 60 年代发展起来的一种细胞分析技术，具有高通量、高灵敏度、高精确度、定量和多参数检测的功能特征。它能够快速地定量分析和分选液流系统中单个细胞或生物微粒。目前已广泛应用于细胞生物学、免疫学、血液学、肿瘤学、药物开发、食品卫生、环境检测等研究。传统流式细胞术是基于荧光标记及荧光发射光谱检测的技术，也称之为荧光流式细胞术。近年来，随着激光器、滤光片和软件的不断突破，多激光流式细胞仪已是科研单位的必备，一般配备 3～5 根激光器，可同时检测 8～18 色荧光，甚至更高。另外，质谱流式细胞术将电感耦合等离子体（inductively coupled plasma，ICP）质谱技术与流式细胞术相结合，利用金属元素代替荧光素来标记抗体。它的检测通道可达到几十甚至上百个，且没有荧光通道间信号干扰，开启了流式细胞术的"后荧光时代"和高通量时代。此外，成像流式细胞术将显微成像和流式细胞术相结合，在获得细胞群的统计数据的同时还可以获得单个细胞的图像，从而可以同时分析细胞形态学、胞内分子分布和细胞状态等数据，可应用于复杂细胞表型检测、罕见细胞识别和疾病诊断等。

高内涵成像分析系统未出现之前，运用荧光显微技术进行细胞生物学研究仍处于小规模时期，分析的细胞数量在 10～1000 个。随着高内涵成像分析系统的出现，使得大规模的自动化荧光显微镜的细胞定量成像分析成为可能。其在保持细胞结构及功能完整的前提下，同时定量检测各种环境因素、各种不同的化合物等对细胞的影响，如细胞形态、生长、分化、迁移、凋亡、代谢途径及信号转导等。广泛应用于生物和医药研究，极大地加快了药物筛选和生物研究的速度。

（八）核酸分析技术

基因测序技术的发明和广泛应用促进了医学和生命科学的革命性发展。随着对基因遗传信息的了解和掌握，人们不断完善和发展了基因检测技术。1977 年 Sanger 发明双脱氧链末端终止法，同年 Maxam 和 Gilbert 通过化学降解法进行测序，标志着第一代 DNA 测序技术的诞生。人类基因组计划的测序是基于 Sanger 测序法完成的。随后，以高通量、低成本著称的第二代和第三代测序技术应运而生。测序技术每一次变革都是对各个研究领域的巨大推动。鉴于三代测序技术各有利弊且应用领域各不相同，目前 3 种测序技术并存。测序技术促进了遗传信息密码和基因组数据的研究，加深了对生命密码的理解。随着生物信息学的发展，测序技术在生物学研究领域将发挥更大作用。在 2020 年新型冠状病毒流行初期，核酸分析技术在疫情防控工作中发挥了重要作用。采用高通量测序技术可以获得病原体的基因组序列信息，通过构建进化树揭示其病原相关性，分析了其进化来源。在临床上，利用高通量测序可以进一步确认 RT-PCR 核酸检测的可疑样品。实时荧光定量 PCR 的改进，也为疫情防控提供了有力的支撑。

（九）组分分析技术

无机元素现代仪器分析技术，包括原子吸收光谱、原子发射光谱、ICP 原子发射光谱、ICP 质谱、原子荧光光谱、电子探针分析技术等。原子吸收光谱技术和原子发射光谱技术是能够对待测元素进行定性定量分析的一种仪器分析方法。该方法目前已成为实验室的常规方法，广泛应用于石油化工、环境卫生、材料、食品、医药等各个领域。

氨基酸的定性和定量分析技术在生命科学、食品科学、临床医学以及化学轻工等研究领域中具有广泛应用，是目前十分重要的分析技术之一。在医学上，可以通过氨基酸分析技术检测体内氨基酸代谢是否异常，从而阐述氨基酸与疾病的关系。在饲料上，可检测饲料中氨基酸成分比例以及含量高低以判定其质量高低。在食品、农业上，也可通过氨基酸含量测定从而辨别农产品及食品真伪。

（十）微生物和动物活体分析技术

20 世纪 80 年代，微生物自动化鉴定发展迅速，如全自动细菌生化鉴定仪和药敏分析系统，这些自动化系统具有广泛的鉴定功能，包括细菌鉴定、药物最小抑菌浓度测定等。随着技术的不断成熟，基质辅助激光解吸飞行时间质谱技术广泛应用于微生物鉴定研究，其微生物质谱数据库不断更新和完善，极大提高了微生物的鉴定效率。

在动物活体分析方面，小动物活体成像技术可以直接监控活体生物体内的细胞活动和基因行为。可用于观测特定细胞、基因和分子的表达或相互作用过程，对同一个动物进行时间、环境、发展和治疗影响的跟踪。小动物活体成像技术主要有光成像、核素成像、核磁共振成像、计算机断层摄影成像和超声成像。每种成像技术都有其独特的优势和局限性，结合几种技术的多模式成像平台应运而生，多种技术结合的多模式成像平台是小动物成像的一个发展趋势，其将在生命科学、医药研究中发挥越来越重要的作用。

二、现代生物仪器的发展

从利用光学显微镜发现细胞到利用高通量测序仪在基因水平上获得生命的重要信息，现代生物仪器与生物科学的发展相辅相成，相互促进。生物仪器的发展始终围绕着生物科学研究的需求展开，科学研究对分析仪器的性能和精度具有永无止境的需求。目前，生物仪器正向着自动化、高通量、集成化和智能化等方向不断发展。

由于生物样品处理的复杂性和多样性，仪器的自动化程度不断提高。仪器的自动化不仅可以减轻科研工作者烦琐重复的劳动，提高科研效率，还能够减少人为的误差和主观性影响，提高数据的客观准确性。仪器的自动化主要表现在自动化样品处理、自动化进样、自动化样品检测和自动化数据分析等方面。

随着生物科学的发展，科研人员需要从更高更广的层面、更多的角度和更复杂的维度去认识和解决问题。科研人员需要研究大量样本，从而获取大量数据信息。因此，高通量成为现代生物仪器的要求。仪器的高通量既体现于样本高通量，又体现于数据的高通量分析；既应用于样品制备处理阶段，又应用于样品检测分析阶段。高通量反映着大科学时代的需求，也体现着科研效率的诉求。

仪器未来的发展必然伴随多种功能与技术的集成，如常见的气相色谱或者液相色谱与质谱的联用；或者在一台仪器上集成不同配件或附件，使仪器的使用范围和功能更加广泛和强大，如在激光共聚焦显微镜或者高内涵成像分析系统上配备活细胞工作站，给细胞提供生存环境并维持细胞在较长时间内的正常生长繁殖，从而对细胞进行长时间的追踪观察。

软件的开发和设计在仪器的发展中也非常重要，软件在现代分析仪器设计中的作用不可或缺，成为重要部分，并在一定程度上决定了仪器的功能和性能。一方面软件的发展使仪器集成多种功能与技术成为可能；另一方面未来的分析软件集成更多的算法和公式，使软件的使用更加简便，分析统计的数据更加丰富。

二三十年前生物分析仪器主要以功能全、体型大和操作复杂等特点呈现，而近年来的仪器在设计上更加注重个性化、体型小和操作的智能化。小型仪器便于携带，更适合于现场检测或者空间有限的实验室。

主要参考文献

程艳，武会娟. 2019. 流式细胞术最新进展及临床应用. 中国免疫学杂志，35（10）：1271-1276.

韩宏岩. 2018. 现代生物学仪器. 北京：科学出版社.

聂永心. 2014. 现代生物仪器分析. 北京：化学工业出版社.

张淑华. 2017. 现代生物仪器设备分析技术. 北京：北京理工大学出版社.

Bax A，Clore GM. 2019. Protein NMR：Boundless opportunities. J Magn Reson，306：187-191.

Heather JM，Chain B. 2016. The sequence of sequencers：The history of sequencing DNA. Genomics，107（1）：1-8.

Lederman L. 2007. High-content screening. Bio Techniques，43（1）：25，27，29.

Wilson W. 2002. Analyzing biomolecular interactions. Science，295：2103-2105.

第二章 离心分离技术

离心分离是利用离心力分离和纯化某种生物大分子物质（如蛋白质、核酸）和细胞及其亚组分或测定某些纯品的部分性质的过程。自 20 世纪 20 年代后期 Svedberg 发明了第一台分析型超速离心机以来，离心分离技术一直是生物和生物医学研究的核心技术之一。随着离心技术的进步和离心设备的不断完善，尤其是高速和超速冷冻离心机相继问世，离心分离已成为生命科学研究中一项最基本的技术。

第一节 离心分离技术的基本原理

一、离心力

液体中悬浮的颗粒受重力场的作用会发生沉降逐渐下沉，其移动速度与颗粒的质量、大小、形态和密度有关，还与重力场的强度及液体的黏度有关。沉降与物体质量呈正比，对于病毒或蛋白质等小于几微米的微粒仅利用重力无法沉降，或者需要让颗粒更高效沉降时，需要给予额外的离心力。在旋转运动产生的离心力的作用下，利用物质的沉降系数或浮力密度的差别可实现对不同物质的离心分离。离心力（F）的大小取决于角速度 ω（rad/s）和旋转半径，方程式为

$$F = mr\omega^2 = mr\left(\frac{2\pi N}{60}\right)^2 \tag{2-1}$$

式中，m ——固体颗粒的有效质量（g）；

r ——离心半径（m），即转子中心轴与沉降颗粒之间的距离；

N ——离心机的转数（r/min）。

由于各种离心机转子的 r 不同，使用不同转子离心时所受离心力也不同，因此常用"相对离心力"或"g 离心力"表示离心力。相对离心力（relative centrifugal field，RCF）指沉降颗粒所受离心力相当于地球重力（$G = mg$）的倍数，单位以重力加速度 g（9.8m/s^2）的倍数表述，因此 RCF 也可表述为"数字×g"，其计算方程式为

$$RCF = F/G = \frac{4\pi^2}{g} \cdot (R/100) \cdot (N/60)^2 = 1.119 \times 10^{-5} \cdot RN^2 \qquad (2\text{-}2)$$

式中，R——离心半径（cm）。

此公式描述了 RCF 与转速之间的关系，其中由于转头形状及结构的差异，离心管多为圆柱体，其管口到管底各点与转子中心轴的距离是不同的，因此离心半径用最大与最小离心半径的平均值代替（图 2-1）。根据上述公式可以推导出达到一定 RCF 所需的离心机转速，方程式为

$$N = 299 \cdot \sqrt{\frac{RCF}{r}} \qquad (2\text{-}3)$$

可见，离心力的大小由离心半径和离心时的转速决定。因此，为了准确表示离心条件，应当注明离心机的型号和采取的离心转速（r/min），或者用 RCF 表示。

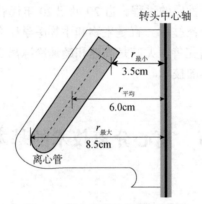

图 2-1 离心半径计算的示意图

为便于进行转速和 RCF 之间的换算，Dole 和 Contzias 利用 RCF 的计算公式，制作了转速（r/min）、RCF 和离心半径三者相对应的列线图，可以方便地将离心机转速换算为 RCF。首先在半径 r 标尺上取已知的半径，在转速标尺上取已知转数，然后在这两点间画一条直线，该直线与图中 RCF 标尺上的交叉点即为相应的 RCF 数值。需要注意的是，若转数位于转速标尺的左侧，则同样读取 RCF 标尺左侧的数值，反之亦然。

二、离心机简介

（一）离心机的种类

通过高速旋转产生强大离心力实现离心分离的专门仪器称为离心机。由于离心机的用途广泛，生产厂家及其生产的机型种类繁多，对离心机的分类没有严格的标准或规定，通常多根据离心机的离心速度、用途、操作方式、驱动系统等方法进行分类。

1. 按离心机的离心速度分类

（1）低速离心机 最大转速一般在 6000r/min 左右，RCF 一般为 600～1200，也称常速离心机。

低速冷冻离心机

（2）**高速离心机**　最大转速一般在 25 000r/min 左右，RCF 一般为 3500～50 000。这种离心机的转速较高，转头一般为直径较小而长度较长。

（3）**超速离心机**　转速在 30 000r/min 以上，最大转速一般在 100 000r/min 左右，RCF 一般大于 50 000。这种离心机的转速很高，所以常将转头做成细长管式。

2. 按离心机的用途分类

（1）**小型离心机**　小型离心机一般是指体积较小的台式离心机，转速每分钟数千至数万转，RCF 由数千 g 到数十万 g，离心管的容量较小，一般不超过数十毫升，多用于小量快速的离心。小型离心机体积小巧，一般没有制冷装置，只能在室温下离心，不过随着技术的发展和分子生物学研究的需要，目前带有制冷装置的小型离心机也逐渐普遍。

小型离心机（无制冷）　小型离心机（制冷）　高速冷冻离心机　高速冷冻离心机-转子和操作面板

（2）**高速冷冻离心机**　一般为机型体积较大的落地式离心机，容量较大。最大转速为 10 000～30 000r/min，最大离心力在 90 000×g 左右，离心物的容量可达 3L。这类离心机带有制冷系统，可调节和维持在 4℃左右离心，以消除高速旋转时转头与空气之间摩擦而产生的热量，同时更好地保持样品的生物学活性。通常用于微生物菌体、细胞碎片、大细胞器等的分离与纯化工作，是生物样品处理过程中最常用的一类离心机。

（3）**制备型超速离心机**　一般称为超速离心机，具有很大的离心力，最大速度可达 100 000r/min，最大离心力可达 800 000×g，多为大型落地式离心机，近年来也有小型台式超速离心机研发成功并投入使用。制备型超速离心机一般只可以进行小量制备，最大容量可达 500ml。超速离心机不仅带有制冷系统，同时还配备了真空系统，以避免转头以极高的转速旋转时与空气之间摩擦而产生的热量，因此其系统组成更为复杂，对操作的要求更高。制备型超速离心机适用于病毒颗粒、亚细胞组分，以及蛋白质、核酸和多糖等生物大分子的制备。

（4）**分析型超速离心机**　是用于测量流体动力学特性的专用仪器，主要是为了研究生物大分子物质的沉降特征和结构。最高转速 60 000r/min 以上，速控和温控精度高，同时装配有完善的柱面透镜光学系统、干涉光系统和紫外吸收扫描光学系统，以便连续地监测物质在离心场中的沉降过程。物质沉降时，在重颗粒和轻颗粒之间形成的界面就像一个折射的透镜，结果在检测系统的照相底板上产生一个"峰"，随着沉降不断进行，界面向前推进，峰也移动，实现对相关参数的分析。

3. 按离心机的操作方式分类

（1）**间隙式离心机**　间隙式离心机的加样、离心分离、洗涤等过程都是间隙操作，一般离心机均属此类。

（2）**连续式离心机**　主要用于连续处理类似于发酵液等特大体积、浓度较稀的样品，最大离心速度与高速冷冻离心机相近。

4. 按离心机的驱动系统分类

可分为空气驱动离心机、油涡轮驱动离心机、电刷电机驱动离心机、变频电机驱动离心机等。

（二）离心机的基本结构

虽然离心机的种类繁多，但结构上都包括转头、驱动和速度控制系统，可低温、高速或超速离心的离心机还包括温控系统、真空系统等。其中，转头的种类是决定离心参数的关键。

1. 转头

转头种类繁多，每种类型都有其优点和缺点，了解不同类型转头的特性有助于在离心分离时选择最佳的转头。一般可分为五类：角式转头、水平式转头、垂直式转头、区带转头、连续转头，其中角式转头和水平式转头是最常见的两种。

（1）角式转头　离心管放在转头中的位置固定，与旋转轴始终保持着一定的角度，多为45°角，故又称为固定角度转头（图2-2）。在离心过程中，角式转头中离心管的轴线与离心力不平行，首先将颗粒压在管壁上，然后沿着管壁滑动到底部，这样可以缩短离心时间。这

低速冷冻离　　角转子
心机–角转头

类转头的优点是更坚固，安装更容易，具有较大的容量，可以更高的速度运行，但是不能用于密度梯度离心。

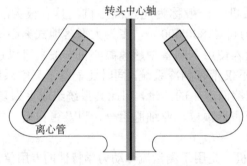

图2-2　角式转头结构示意图

（2）水平式转头　由一个转头悬吊着3～6个可自由活动的吊桶构成（图2-3）。当转头静止时，这些吊桶垂直悬挂在转头的支架上，与转头中心轴平行。当转头旋转运行后，吊桶随着转头升速被外甩到水平位置，与转头中心轴垂直。水平式转头工作时其离心力

低速冷冻离　　水平转子
心机–水平转头

的方向与离心管的轴线相同，颗粒在管子的整个长度上移动。这类转头主要用于密度梯度离心，其主要优点是梯度物质放在垂直的离心管中，而离心时管子保持水平状态，同组分物质沉降到离心管不同区域，其缺点是形成区带所需的时间较长。

（3）垂直式转头　可以认为是一种特殊的角式转头，与旋转轴始终平行，与离心力方向成90°（图2-4）。但是，垂直式转头的工作模式更类似于水平式转头，一般用于超速离心机，具有离心时间短、分离效果好的优点。

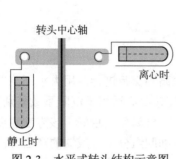

图 2-3　水平式转头结构示意图

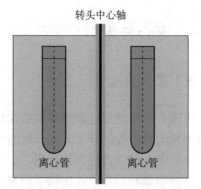

图 2-4　垂直式转头结构示意图

2. 驱动和速度控制系统

大多数超速离心机的驱动装置是由水冷或风冷电动机通过精密齿轮变速，或直接用变频马达连接到转头轴构成。由于驱动轴的直径常常很小，因此在旋转中会有一定程度上的弹性弯曲，以防止转头因为不平衡而引起的振动或转轴损伤。尽管如此，离心管及其内含物的对称精确平衡（超速离心时误差不超过 0.1g）仍然是离心时必须要满足的最重要前提之一。

3. 真空系统

普通制备离心机和高速制备离心机的结构较简单，其转子多是角式和水平式转子两种，没有真空系统。普通制备离心机多数在室温下操作，温度不能得到严格控制。高速制备型离心机有消除空气和转子间摩擦热的制冷装置，速度和温度控制较严格。超速离心机转速超过 40 000r/min 时，空气与旋转的转轴以及转头之间的摩擦生热成为严重的问题，因此需要配备真空系统。真空系统可以减少转头高速旋转时与空气摩擦产生的热量和阻力，此外还可以减少红外线探测转头温度时因空气流动而产生的干扰。不同驱动系统的超速离心机其真空系统均由机械泵和扩散泵组成。真空度多用敏感的热电偶探测器经放大后显示出来，以毫托（mTorr）为单位，离心时需要维持在 5mTorr（1Torr=133.322Pa）以下，此时温度的检测才较准确。

第二节　离心分离方法

离心分离是制备生物样品广泛应用的重要手段，包括分离细胞、微生物等活体生物以及核酸、蛋白质生物大分子和小分子聚合物等。对于生物样品的离心分离方法，根据样品的来源和性质的不同并结合离心目的选择不同的离心分离方法。

一、离心技术

（一）差速离心法

差速离心是指通过逐渐增加离心速度或低速与高速离心交替进行，用大小不同的离心力使具有不同沉降系数的分子分批分离的一种离心方法。差速离心适用于沉降系数差别较大（相差 3 倍或更多）的混合样品的分离，沉降系数差别越大，分离效果越好。该方法主要用于分离细胞、细胞器和病毒，是生物学研究中制备细胞和亚细胞组分不可或缺的离心分离方法。尽管许多亚细胞结构的分离需要超速离心，但是一些较大的细胞结构如细胞核、线粒体、叶绿体和蛋白沉淀可以通过常规的高速冷冻离心来实现分离。

选择颗粒沉降所需的合适离心力和离心时间是进行差速离心的重要前提。离心力过大或离心时间过长，容易导致大部分或全部颗粒沉降及颗粒被挤压损伤，离心力或离心时间不足时颗粒不能有效沉降。生物颗粒具有不同的大小和密度，导致其沉降系数存在差异，是差速离心方法实现分离的基础。当以一定的离心力离心一定时间后，最大和最重颗粒最先沉降在离心管底部形成"沉淀"，液体和其他未沉降的颗粒形成"上清液"。若继续加大转速对"上清液"再进行离心，较大、较重颗粒又会沉降在离心管底部形成"沉淀"，其他小和轻颗粒形成"上清液"。如此多次离心处理，即能把液体中的不同颗粒较好地分离开（图 2-5）。生物样品经差速离心后所得沉淀是不均一的，仍混杂其他较轻的成分，需经再悬浮和再离心数次才能得到较纯颗粒（即"洗涤"过程）。

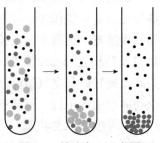

图 2-5　差速离心示意图

差速离心方法的优点是操作简单，对离心机要求相对不高，不需要额外的离心液相介质等；但是也存在缺点：一是分离效果差，不能一次得到纯颗粒；二是受壁效应的影响较大，尤其是当颗粒很大或浓度很高时，在离心管壁一侧会出现沉淀；三是颗粒被挤压，当离心力过大、离心时间过长会使颗粒变形、聚集而失活。

（二）密度梯度离心法

密度梯度离心是一种带状分离法，特点是离心前需要向离心管中加入特定的液相介质，这些介质的密度是不均一的，沿离心管自上而下密度逐渐增大，形成一定的密度梯度。这些液相介质需要满足一定的条件，包括成分性质稳定，不能与样品发生化学反应，不影响或很少影响生物样品的天然结构和生物学活性，有较大的溶解度等。经常使用的液相介质成分包括非离子型的甘油、蔗糖、葡聚糖（Ficoll）、硅化聚乙烯吡咯烷酮（商品名 Percoll）、甲泛葡胺（Metrizamide）、碘海醇（商品名 Nycodenz 或 Histodenz）以及离子型的氯化铯、硫酸铯、碘化钾和碘化钠等，在不同浓度时形成具有一定密度和黏度的溶液（表 2-1）。密度梯度离心技术包括速率区带离心和等密度梯度离心。

表 2-1 不同密度梯度溶液的参数

液相介质（溶剂为水）	浓度（w/w 或 w/v）	黏度（N×s×m⁻²）	密度（g/cm³）
氯化铯	25	/	1.229
蔗糖	25	2.5	1.104
甘油	24	2	1.056
甲泛葡胺	25	1.9	1.134
葡聚糖	24	37	1.09
硅化聚乙烯吡咯烷酮	23	10	1.13

1. 速率区带梯度离心法

用于通过沉降系数分离颗粒，该沉降系数由颗粒的大小和形状决定。在离心管中预先加入一定密度梯度的液相介质，介质密度自上而下逐渐增大形成密度梯度。将待离心样品缓慢铺在密度梯度介质的液面上，经一定时间和转速的离心后，颗粒在梯度介质中呈分离的区带状沉降，不同沉降系数的颗粒沉降速度不同，分别聚集于不同区带中，同一区带中的颗粒沉降系数相同（图 2-6）。根据不同的实验目的可以设计不同的连续或不连续梯度。如进行亚细胞组分分离实验时，常采用不连续蔗糖密度梯度法。蔗糖是生物大分子及颗粒进行密度梯度区带离心时最常用的材料，易溶于水，对蛋白质和核酸具有化学惰性，常用的梯度范围是 5%～60%。

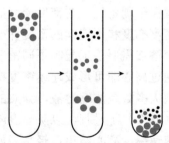

图 2-6 速率区带梯度离心示意图

速率区带离心的特点是物质的分离取决于样品物质颗粒的质量也就是沉降系数，而不是取决于样品物质的密度。即使样品物质颗粒密度相同，但大小不同，离心后也位于不同的区带，因而适宜于分离密度相近而大小不同的固相物质。需要注意的是，速率区带离心所用液相介质在离心管中形成密度梯度后，其最大密度（离心管底部）小于样品中所有颗粒的密度。因此，离心开始后所有颗粒都朝着离心管的底部移动，但是它们以不同的速度移动，大而重的颗粒运动要快于小而轻的颗粒，要在适当时刻停止离心，否则所有的颗粒有可能都被沉降在离心管底部。

2. 等密度梯度离心法

又被称为平衡密度梯度离心，用于分离不同密度的颗粒。等密度梯度离心常用的液相介质是氯化铯、硫酸铯等密度较大的物质，在强离心场内能自行形成连续的密度梯度溶液。开始离心前，把样品和氯化铯溶液混合在一起加入离心管，经一定时间和转速的离心后，不同密度的分子便向与其密度相当的区带集中，沉降（或是悬浮）在与其自身密度相等的液相介质区域内形成区带（图2-7）。

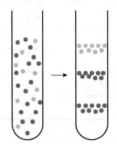

图2-7 等密度梯度离心示意图

等密度梯度离心法的特点是沉降分离与样品颗粒的大小和形状无关，而取决于样品颗粒的浮力密度。不同大小但同一密度的样品物质分布在同一区带；同一区带内的样品物质密度和介质密度相等。需要注意的是，等密度梯度离心要选择介质的密度梯度范围，应该包括所有待分离物质的密度。例如，如果需要分离细胞中的所有膜结构颗粒，所用密度梯度溶液的最大密度（离心管底部）必须大于所有膜结构颗粒的密度，离心后所有颗粒都分别达到与各自密度相同的平衡位置，进一步离心不会再发生沉降。

差速离心是一种动力学的方法，选择适合的离心力是关键。等密度梯度离心是一种测定颗粒浮力密度的静力学方法，选择包含待分离物密度的密度梯度是关键。速率区带离心兼有以上两种方法的特点，关键在于制备优质的密度梯度溶液。梯度溶液可通过机械和手工操作两种方法制备成连续的密度梯度和不连续的密度梯度。密度梯度形成仪可形成连续的密度梯度。不连续性密度梯度溶液需要手工配制不同密度的溶液，再按照密度依次降低的顺序将其叠加到离心管中，通过离心即可形成连续密度梯度，操作上具有挑战性。需要注意的是，由于高密度梯度溶液大多数是浓缩溶液，介质的溶解度会随温度降低而降低，因此密度梯度离心需要在室温（25℃）下进行，以防温度降低对介质密度的影响。此外，离心时通常设置为低加速和减速速率，离心结束后轻拿轻放离心管，以尽量避免对精细梯度渐变层的干扰。

二、离心机的安全操作和保养

离心机操作
规范

（一）安全规范操作

离心机看起来很坚固，但是不规范的操作不仅会损坏仪器，有时还会带来很大危险，因此安全规范的离心操作是确保离心分离取得良好效果、保障仪器以及人员安全的重要前提。

1. 不过速运转

转头在离心时承受了巨大的力量，在超速离心机中 1g 颗粒"重"为 0.65 吨。因此，转头设计了所能承受最大的离心力或最大允许速度，如果超过了其设计的最大速度的离心力，将会容易引起转头炸裂，带来安全隐患。

2. 平衡运转

平衡是离心机安全规范操作的"灵魂"，需要注意很多方面以确保离心机的平衡运转。使用各种离心机开始离心前必须精密地平衡离心管和其内容物，平衡时质量之差不得超过各个离心机说明书规定的范围。转头在出厂时都经过精密的测量，空转头在离心机上是非常对称的，某些情况下要严格按照转头的编号放置。此外，转头中绝对不能装载单数的离心管，当转头只是部分装载时，离心管必须对称放置在转头中，以便使负载均匀分布于转头周围。此外，大型落地式离心机安装后不能随意移动或用重物倚靠，小型台式离心机要平稳放置于操作台面上，以防影响离心机的稳定。离心机若在非对称平衡的情况下离心，会使轴承产生离心偏差，引起离心机剧烈振动，严重时会使轴承裂开。目前大多数离心机通常都配备了自动关闭模式，在出现一定程度的不平衡时会自动停止运行，但是在高速离心时突然出现的严重不平衡仍然会造成严重损害。

3. 正确选择和使用离心管

应根据待离心液体的性质及体积选用适合的离心管。使用无盖离心管时液体不得装的过多以防离心时洒出，使用有盖离心管时应尽量装满液体并盖紧盖子，以免离心时空置部分受力凹陷变形。严禁使用显著变形、损伤或老化的离心管。

4. 准确组装转头

离心管平衡、对称放入转头内，转头与轴承紧密固定，转头盖子需盖紧，确保转头与转头盖子之间没有缝隙，防止转头在高速运转时与轴发生松动，甚至导致转头飞溅出来。转头是离心机中需要重点保护的部件，搬动时要小心，避免磕碰。

5. 低温运转

除了密度梯度离心等明确要求在室温下运转的情况外，应尽可能将离心机设置并预冷至 4℃ 条件下运行，一方面可以更好保持细胞、微生物和生物大分子等待离心材料的活性，另一方面仪器在低温环境中运行，可以降低劳损，延长使用寿命。

6. 有人值守

离心过程中操作人员不得随意离开，应随时观察离心机上的仪表是否正常，如出现明显噪声增大、抖动增强等异常情况时应该立即停止离心机的运行并检查，故障排除后才可重新运行。离心过程中不得开启离心室盖，不得用手或异物触碰旋转中的转子和离心管。

7. 清洁仪器

离心结束后应清洁转头和离心机腔，冷冻离心结束后应打开离心机盖，待离心机腔内温度与室温平衡后方可盖上机盖。

（二）离心机的维护保养

1. 定期检查

定期对离心机的螺栓等连接件进行检查。定期按要求对离心机的主轴承和螺旋轴承加油，对齿轮箱的情况进行检查，检查清理离心机的出水口等处。

2. 精心保养维护

转头要轻取轻放，防止剧烈撞击。防止转头的机械疲劳，长期使用转头最大允许速度进行离心更易造成机械疲劳。离心机和转头不得用高强度紫外线照射或长时间受热。每次用后洗净，防止酸碱腐蚀和氧化物氧化。

三、离心技术在生物学研究中的应用

制备性离心的目的是对生物来源的样品物质进行分离纯化和制备，分析性离心的目的是利用已分离纯化的单一物质组分做某些方面性质的分析研究。随着生物化学、分子生物学等的不断发展，超离心技术已成为分离、提纯、鉴别生物大分子物质的重要研究手段。离心技术在生物学研究中被广泛应用于细胞器、病毒、核酸、蛋白质等生物样品的分离提纯，并且可对其某些物理常量如相对分子质量、沉降系数、密度和纯度、构象变化等进行测定分析。

主要参考文献

韩宏岩，许维岸. 2018. 现代生物学仪器分析. 北京：科学出版社.

张淑华. 2017. 现代生物仪器设备分析技术. 北京：北京理工大学出版社.

Mahin B. 2020. Analytical Techniques in Biochemistry. New York：Humana Press.

Rajan K. 2011. Analytical Techniques in Biochemistry and Molecular Biology. New York：Humana Press.

第三章　电泳分离技术

电泳是指带电粒子在电场中向与所带电荷相反的电极移动的现象。1809 年，俄国物理学家 Peйce 首次发现了电泳现象，1909 年，Michaelis 首次将胶体离子在电场中的移动称为电泳。1937 年，瑞典科学家 Tiselius 设计了世界上第一台自由电泳仪，并成功地分离了血清中蛋白质的主要成分。随着 Wieland 和 Fischer 发展了以滤纸为支持介质的电泳方法后，电泳分离技术得到飞快地发展，各种类型的电泳分离技术相继诞生。电泳分离技术是指在电场的作用下，待分离样品中各种分子由于带电性质以及分子本身大小、性状等性质差异，产生不同的迁移速度，从而实现对样品的分离和分析的技术。电泳技术由于其所需设备简单，操作方便，同时具有很高的分辨率和选择性，已广泛应用于蛋白质、氨基酸、核酸、其他有机化合物甚至无机离子等的分离。目前，电泳技术已成为免疫学、分子生物学、医学、生物化学、制药学、微生物学、食品和农业等相关学科研究中必不可少的技术手段。

第一节　电泳分离技术的原理

一、基本原理

电泳是带电粒子在电场作用下产生的运动。带电粒子在电场中移动时会受到两种方向相反的力的作用，即电场力和阻力。其中电场力是带电粒子移动的动力，它使带电粒子向与其所带电荷相反的电极方向移动。根据库仑定律，电场中带电粒子在电场中所受的电场力 F 的大小与其所带净电荷数 q 及电场强度 E 成正比，即 $F=q \cdot E$。带电粒子在电场中运动时所受到的阻力 F' 与粒子的形状有关。一般，球状粒子遵循 Stokes 定律，即

$$F' = 6\pi\gamma\eta v \tag{3-1}$$

式中，6π ——球状粒子的经验数值（常数）；

γ ——球状粒子的半径（m）；

η ——介质的黏度（kg/ms）；

v ——带电粒子的迁移速度（m/s）。

当电场处于稳态时，带电粒子在电场中做匀速运动，此时，电场力 F 和阻力 F' 大小相等，方向相反。即

$$q \cdot E = 6\pi\gamma\eta v \qquad (3\text{-}2)$$

由此公式可得出：

$$v = \frac{q \cdot E}{6\pi\gamma\eta} \qquad (3\text{-}3)$$

由公式 3-3 可知，带电粒子的电泳速度（v）与粒子带电量（q）和电场强度（E）成正比，而与球状粒子半径（γ）和介质溶液的黏度（η）成反比。

同一种带电颗粒在不同的电场下的移动速度不同，另外，不同的物质也具有不同的电泳速度。为了便于不同带电颗粒的比较，常用电泳迁移率（μ）代替颗粒移动速度表示颗粒的移动情况。电泳迁移率（μ）是指带电颗粒在单位电场强度作用下的移动速度，即在每厘米电压下降 1V 的电场强度下带电粒子每秒内移动的距离。电泳迁移率 μ 的计算公式为：

$$\mu = v / E = q / 6\pi\gamma\eta \qquad (3\text{-}4)$$

由公式 3-4 可知，带电粒子的迁移率首先取决于其自身状态，即与所带净电量成正比，与其半径和介质黏度成反比。除了带电粒子自身状态的因素外，电泳体系中其他因素也会影响带电粒子的电泳迁移率。在一定的条件下，任何带电颗粒都具有自己特定的迁移率，它是带电颗粒的一个物理常数。电泳分离就是利用各组分的电泳迁移率的差别使混合物的各组分得到分离。被分离混合物在相同电场强度下，各组分迁移率差别越大，最终的分离效果越好。

二、影响电泳迁移率的主要因素

1. 带电颗粒本身的性质

带电粒子的电泳迁移率与所带净电荷量成正比，与其半径成反比。带电粒子的半径、所带的净电荷数以及形状都会影响电泳迁移率。一般来说，带电粒子的净电荷数越大，半径越小，形状越接近球形，其在电场中的迁移速度就越快。反之，则越慢。

2. 电场强度

电场强度也称电位梯度，是指每厘米支持物上的电位降（V/cm），对带电颗粒的移动速度有着十分重要的作用。电场强度越大，则带电粒子的移动速度越快。根据电场强度的大小，电泳常常被分为常压电泳和高压电泳。常压电泳的电压低于 500V，电场强度为 2～10V/cm；高压电泳的电压高于 500V，电场强度为 20～200V/cm。虽然增加电场强度可以加快带电粒子的移动速度，进而节省电泳时间，但是随着电压的增加，电流加大，产生的热量增多，容易使蛋白质等被分离物发生变性，进而影响电泳。因此，进行高压电泳时应配备冷却装置以便在电泳过程中降温。

3. 电泳缓冲溶液的 pH

电泳缓冲液是电泳系统的重要组成部分，其 pH 决定了带电粒子的解离程度，同时也决定了该物质所带净电荷性质和净电荷量。对于蛋白质等两性电解质而言，当其在某一 pH 的溶液中所带正负电荷数相等时，该蛋白质分子的净电荷为零，此时蛋白质在电场中不再移动，该溶液的 pH 为该蛋白质的等电点。如果溶液 pH 大于蛋白质等电点时，则蛋白质带负电荷，向正极移动；如果溶液 pH 小于蛋白质等电点时，则蛋白质带正电荷，向负极移动。缓冲溶液的

pH 偏离蛋白质的等电点越远,则蛋白质所带电荷数越多,电泳速度越快,反之,电泳速度则越慢。因此,在进行电泳分离时应根据被分离物的性质,选择能够使各种蛋白质所带电荷数差异增大的 pH,以利于蛋白质的分离。

4. 电泳缓冲液的离子强度

电泳缓冲液的离子强度越高,带电粒子的电泳速度则越慢,反之则越快。这是因为离子强度过高时,会在待分离粒子周围形成较强的带相反电荷的离子扩散层(即离子氛),增加待分离粒子的阻力,同时降低其净电荷数,进而降低了电泳速度。然而,缓冲液离子强度过低,待分离物扩散严重,分辨率明显降低,同时离子强度小,缓冲能力减弱,不易维持溶液的 pH。因此,电泳缓冲液中的离子强度必须选择维持在最佳的数值,一般选择在 0.02～0.2mol/L 之间。

5. 电渗现象

在电场中溶液对于固体支持介质的相对移动称为电渗现象。在有支持介质的电泳中,电渗是影响电泳的一个重要因素。电渗产生的原因是固体支持介质表面存在一些带电基团,如滤纸表面带有羧基,琼脂表面带有硫酸基,而玻璃表面常常带有 Si—OH 基团,等等;这些带电基团可以吸附溶液中的正离子或负离子,使溶液相对带负电或正电,进而带电的溶液在电场作用下发生移动。当进行电泳时,产生电荷的液体按照其电场决定的方向也要发生移动,因此,电泳后待分离物各组分的相对位置取决于带电粒子的电泳移动速度和电渗现象的相互作用结果(两者的矢量和)。在进行电泳时应尽可能选择低电渗作用的支持介质以减少电渗的影响。

6. 支持介质的分子筛效应

电泳时常常选用琼脂糖、聚丙烯酰胺凝胶等作为固体支持介质。以上介质为多孔支持介质,不同浓度的凝胶有不同大小的孔径,适合分离大小和形状上差别较大的离子化合物,支持介质孔径大小对分离生物大分子的电泳迁移速度有明显的影响。大且不规则的分子所受阻力大,电泳迁移速度则慢;反之,小且接近球形的分子受到的阻力较小,电泳迁移速度则快。凝胶的这种分离不同大小、不同形状分子的特性称为分子筛效应。因此,电泳固体支持介质的筛孔大小需要根据待分离样品的分子大小等情况进行选择。

7. 温度的影响

温度升高,会导致介质黏度下降,分子运动加剧,引起自由扩散变快,迁移率增加。此外,温度过高还可能会造成凝胶熔化。因此在电泳过程中要维持相对恒定的温度。

第二节 电泳分离方法

一、电泳的分类

自从瑞典科学家 Tiselius 设计了世界上第一台自由电泳仪,并成功地分离了血清中蛋白质的主要成分后，电泳技术得到飞速的发展。目前已有各种类型的电泳分离技术。根据不同的分类依据，电泳可以分为不同的类型。

第一，按照电泳分离原理的不同，可将电泳分为以下几种。①自由界面电泳。瑞典科学家Tiselius 最早建立的电泳技术，也称为移界电泳。它是在 U 形管中进行的电泳，以溶液为介质，没有固体的支持介质。其特点是带电粒子在溶液中自由移动，但扩散性高、分离效果差，目前应用很少，已被其他电泳技术所取代。②区带电泳。它是指在固体支持介质中进行的电泳。均一的缓冲体系中，待分离的混合物组分在固体支持介质中被分离成多条明显的区带的电泳过程。区带电泳具有设备简单、分辨率高等优点，是目前应用最为广泛的电泳技术。③等速电泳。它需要使用专用的电泳仪，当电泳达到平衡后，各电泳区带相互分成清晰的界面，并等速向前运动。④等电聚焦（isoelectric focusing，IEF）电泳。它具有不同等电点的两性电解质载体在电场中自动形成 pH 梯度，当待分离混合物的组分移动到各自等电点的 pH 处，可聚集成很窄的区带，具有较高的分辨率。

第二，按照支持介质的不同，可将电泳分为纸电泳（支持介质为滤纸、玻璃纤维），醋酸纤维素电泳（支持介质为醋酸纤维薄膜），淀粉凝胶电泳（支持介质为淀粉凝胶），聚丙烯酰胺凝胶电泳（polyacrylamide gel electrophoresis，PAGE），SDS-PAGE（支持介质为聚丙烯酰胺凝胶）和琼脂糖凝胶电泳（支持介质为琼脂糖凝胶）等。

第三，按照分离目的的不同可将电泳分为分析电泳和制备电泳。分析电泳主要用于被分离物的分析鉴定。制备电泳是指通过电泳对待分离物质进行回收，因此需要选择合适的支持介质，方可进行待分离物的回收。

二、常用电泳分离技术

琼脂糖凝胶
电泳图

1. 琼脂糖凝胶电泳

琼脂糖是由琼脂分离制备的链状多糖。将琼脂糖加入缓冲溶液中，加热溶解，冷却后形成凝胶，称为琼脂糖凝胶。加热溶解琼脂糖后，其分子呈随机线团状分布，当温度降低时链间糖分子上的羧基通过氢键盘绕形成绳状琼脂糖束，根据琼脂糖浓度不同可形成大小不同的孔径，具有分子筛效应，使得分子大小和构象不同的样品迁移率出现较大差异，进而达到分离的目的。琼脂糖凝胶的孔径取决于琼脂糖的浓度，高浓度的琼脂糖形成的孔径较小，而低浓度的琼脂糖形成的孔径较大。琼脂糖可作为理想的凝胶电泳材料是因为：①琼脂糖凝胶制备简单，可以根据需要选择不同浓度的凝胶。样品一般不需要预处理；②琼脂糖凝胶含液体量大，可达 98%～99%，近似自由电泳，电泳速度快。且对样品吸附小，样品扩散小，电泳区带整齐清晰、分辨率高、重复性好；③琼脂糖凝胶透明无紫外吸收，可在电泳过程或电泳结束后直接用紫外检测仪进行定性或定量分析测定；④电泳后区带易染色，样品容易回收。琼脂糖凝胶可用作蛋白质和核酸的电泳支持介质。琼脂糖凝胶电泳尤其适用于核酸的分离、纯化和鉴定，此外，低熔点琼脂糖可以在一定的温度下熔化，用于 DNA 核酸片段的回收。

核酸在琼脂糖凝胶中的迁移率取决于琼脂糖浓度、核酸分子大小以及核酸分子的构型等因素。不同浓度的琼脂糖凝胶适合于不同碱基长度核酸的分离，一般来说，琼脂糖浓度较低时适合分子量较大的核酸的电泳分离，琼脂糖浓度较高时适合分子量较小的核酸的电泳分离。

电泳分离时需要选择合适的琼脂糖凝胶浓度，以便可以使大小不同的 DNA 片段实现有效分离。通常琼脂糖的浓度在 0.5%～2.0% 之间，不同浓度的琼脂糖凝胶电泳分离线性 DNA 的范围如表 3-1 所示。核酸在琼脂糖凝胶中的电泳速度与其分子量的大小有关，而与其碱基排列及组成无关。对于线性 DNA 分子，其在电场中的迁移率与其分子量对数值成反比。此外，DNA 的分子构型也会对其在电场中的迁移率有影响，一般双链 DNA 的形状包括超螺旋闭环型、开环双链和线性 3 种，其迁移速率一般是超螺旋闭环 DNA>线性 DNA>开环双链 DNA。观察琼脂糖凝胶中核酸样品最常用的方法是利用溴化乙锭进行染色，然后通过紫外检测仪进行观察分析。虽然溴化乙锭染色对核酸染色的效果好，灵敏度高，但是溴化乙锭是一种强诱变剂，具有毒性，存在一定的安全问题。目前已出现了多种可替代溴化乙锭的新型核酸染料，例如 GoldView、GelRed 和 GelGreen 等。

表 3-1　琼脂糖凝胶的浓度与线性 DNA 大小范围的关系

琼脂糖凝胶浓度（%）	可分辨线性 DNA 的范围（kb）
0.5	1~30
0.7	0.8~12
1.0	0.5~10
1.2	0.4~7
1.5	0.2~3
2.0	0.1~2

低浓度的琼脂糖还适合于免疫电泳，用于抗原-抗体反应的分析等。以琼脂糖凝胶为支持物，将琼脂糖凝胶电泳与免疫扩散方法相结合而产生特异的沉淀线的电泳技术称为免疫电泳，包括火箭免疫电泳、双向免疫电泳、对流免疫电泳、放射免疫电泳等。免疫电泳具有样品用量少、反应速度快、分辨率高、灵敏度高、免疫识别专一性强等特点。

2. PAGE

聚丙烯酰胺凝胶电泳图

聚丙烯酰胺凝胶是一种人工合成的凝胶，是由单体丙烯酰胺和交联剂 N, N' 亚甲基双丙烯酰胺在加速剂和催化剂的作用下聚合交联成三维网状结构的凝胶。聚丙烯酰胺凝胶的聚合是由四甲基乙二胺和过硫酸铵激发的，它们分别可以作为聚合过程中的加速剂和催化剂。在聚合过程中四甲基乙二胺催化过硫酸铵产生自由基，后者引发丙烯酰胺单体聚合，同时 N, N' 亚甲基双丙烯酰胺与丙烯酰胺链间产生亚甲基键交联，从而形成网状结构。聚丙烯酰胺凝胶的形成是一种催化聚合过程，可以人为地控制单体浓度和聚合条件，形成具有一定交联度的凝胶。以聚丙烯酰胺凝胶为支持介质的电泳方法称为 PAGE。

与其他介质相比，以聚丙烯酰胺凝胶作为电泳的支持介质具有以下优点：①一定浓度时，有弹性，机械强度好，凝胶无色透明，蛋白质电泳样品经考马斯亮蓝染色法或银染法染色后，可直接观察；②化学性质稳定，不和样品发生相互作用；③对 pH 和温度变化较稳定；④电渗作用比较小，样品分离重复性好；⑤样品不易扩散，用量少（1～100μg），检测灵敏度可达纳克（ng）级别；⑥凝胶孔径可调节，根据被分离物质的相对分子量选择合适的浓度，通过改变单体及交联剂的浓度调节凝胶的孔径；⑦分辨率高，尤其在不连续凝胶电泳中，集浓缩、分子筛和电荷效应为一体，较琼脂糖凝胶电泳等具有更高的分辨率，适用于低分子量蛋白质、寡聚核苷酸的分离和 DNA 的序列分析等。基于以上优点，PAGE 广泛应用于蛋白质、核酸等生物大分子的分离、纯化、定性和定量分析，此外还可用于分子量的测定、等电点的测定等。

PAGE 可分为连续的和不连续的电泳两大类。连续 PAGE 是指整个电泳系统中所用缓冲液的 pH 和凝胶孔径都是相同的；不连续 PAGE 是指采用了两种或两种以上的缓冲液、pH 和凝胶浓度。

(1) 不连续 PAGE 的支持介质由样品胶、浓缩胶和分离胶组成 样品胶在最上层，中层为浓缩胶，最下层为分离胶。样品胶和浓缩胶的缓冲液、pH 和孔径大小完全一样，不同的是浓缩胶中无样品，与分离胶相比孔径较小；分离胶的孔径较大，pH 也与前者不同。在不连续 PAGE 系统中存在凝胶层的不连续性、缓冲液离子成分的不连续性、pH 的不连续性以及电势梯度的不连续性。这 4 种不连续性导致电泳时具有 3 种效应即浓缩效应、电荷效应和分子筛效应，极大地提高了分辨率。①样品的浓缩效应。由于浓缩胶和分离胶的总浓度和交联度不同，导致孔径大小不同，浓缩胶的孔径较大，分离胶的孔径小。在电场的作用下，带电粒子由大孔径凝胶迁移到小孔径凝胶时因阻力变大导致移动速度减慢。因而在两层凝胶交界处，由于凝胶孔径的不连续性使样品迁移受阻，样品进入分离胶前先浓缩成窄条带，即为浓缩效应。②电荷效应。待分离的样品混合物进入分离胶后，由于电泳体系已处于均一连续的状态，故以电荷效应为主。即被分离物所带净电荷不同，其迁移率也不相同，电荷数较多的粒子移动速度快，反之则慢。③分子筛效应。分子大小和形状不同的蛋白质通过一定孔径的分离胶时，所受的阻力不同而表现出不同的迁移率。分离胶孔径较小且均一，样品经浓缩后进入分离胶，相对分子质量小且为球形的分子所受阻力小，移动快，走在前面；反之，则阻力大，移动慢，走在后面，从而通过分离胶的分子筛作用将待分离混合物分成各自的区带。

(2) 连续 PAGE 的凝胶孔径、缓冲液及离子成分相同 与不连续 PAGE 相比，连续 PAGE 不具有浓缩效应；同时在电泳时沿电泳方向的电势梯度分布基本均匀，且用于蛋白质分离时没有明显的分子筛效应，分辨率低。虽然电泳操作比较方便，但分离效果较差，只能用于分离组分比较简单的样品。

3. SDS-PAGE

蛋白质在 PAGE 时，它的迁移率取决于蛋白质本身所带净电荷数以及分子的大小和形状等因素，并不能直接测定蛋白质的分子量。SDS-PAGE 是指在蛋白质电泳时，将 SDS 加入到凝胶和蛋白质溶液中，从而消除蛋白质净电荷及分子形状对电泳迁移率的影响，使蛋白质主要依据其分子量的差异达到分离的电泳方法。

SDS 的化学名称是十二烷基硫酸钠，是一种强阴离子去污剂，能破坏蛋白质分子之间及其他物质分子之间的非共价键。当向蛋白质溶液中加入 SDS 的同时，加入巯基乙醇还原破坏蛋白质链间和链内的二硫键，使蛋白质发生变性而改变其原有的构象，高级结构破坏，多肽链成无规则线团状态，并同蛋白质分子充分结合形成带负电荷的蛋白质-SDS 复合物。由于十二烷基化硫酸根所带电荷量远远超过蛋白质分子原有的电荷量，进而掩盖了不同蛋白质间原有的电荷差别，此外，不同蛋白质的 SDS 复合物的短轴长度都一样，从而使蛋白质在凝胶中的迁移率不受蛋白质原有电荷和形状的影响，只取决于蛋白质分子的大小。由于聚丙烯酰胺凝胶分子筛的作用，小分子量的蛋白质通过凝胶孔径时遇到的阻力小，迁移速度快，走在前面；大分子量的蛋白质则遇到的阻力较大而被滞后，使得蛋白质在电泳过程中根据其分子量大小的不同而被分离，因此 SDS-PAGE 可用于蛋白质分子量的测定。

4. IEF 电泳

IEF 电泳是由瑞典科学家 Rible 和 Vesterberg 于 1966 年建立的一种利用有 pH 梯度的介质分离等电点不同的蛋白质的电泳技术，该技术分辨率较高。进行 IEF 电泳时，在一定抗对流介质（多用聚丙烯酰胺凝胶）中加入两性电解质载体，直流电通过时便形成一个连续而稳定的线性 pH 梯度，使 pH 从正极到负极逐渐增大。由于在电泳时每一种蛋白质都会向自己的等电点位置迁移，当蛋白质移动到 pH 等于其等电点的区域时，其净电荷等于零，在电场中不再移动。因此在电场内经过一定的时间后，各组分的蛋白质将分别聚焦在各自等电点相应的 pH 的位置上，形成狭窄的蛋白质分离区带，据此可将具有不同等电点的蛋白质分离。IEF 电泳具有很高的分辨率，可将等电点相差 0.01 的蛋白质区分开。IEF 电泳常常被用于蛋白质等电点的测定以及蛋白质的分离分析等，但是对于容易在等电点处发生沉淀或变性的样品不适用。

5. 双向电泳

双向电泳（two-dimensional electrophoresis）又称二维电泳，是将蛋白质样品进行一次电泳后，再沿它的直角方向进行第二次电泳。这种电泳技术是蛋白质组学研究的一种重要技术手段，它将传统的电泳技术扩展到二维水平，可以用来分离鉴定更加复杂的蛋白质。

二维电泳图

1975 年，O'Farrall 等基于蛋白质组分之间的等电点差异和分子量差异首次建立了 IEF/SDS-PAGE 双向电泳，并利用该技术成功分离了约 1000 个大肠杆菌蛋白。在进行双向电泳时，首先进行第一向电泳，即 IEF 电泳（管柱状），将蛋白质沿 pH 梯度分离至各自的等电点。在进行 IEF 电泳时，电泳体系中需加入高浓度的尿素、非离子型去污剂 NP-40 和二硫苏糖醇以促使蛋白质变性和肽链舒展。IEF 电泳结束后，将柱形凝胶在 SDS-PAGE 所应用的样品处理液（含有 SDS、巯基乙醇）中振荡平衡，然后包埋在 SDS-PAGE 的凝胶板的上端，进行第二向电泳，通过相对分子量的差异进行蛋白质的分离。电泳结束经考马斯亮蓝或银染后得到蛋白质的二维电泳图，凝胶中每个点代表样品中的一个或数个蛋白质，可以体现出不同蛋白质的等电点、相对分子量以及在样品中的含量。双向电泳结合了 IEF 和 SDS-PAGE 两种分离技术，极大地提高了对蛋白质的分辨率，对其分离是极为精细的，因此可用于分离细菌或细胞中复杂的蛋白质组分，也可用于蛋白质组学比较分析蛋白的表达差异。

6. 毛细管电泳

毛细管电泳（capillary electrophoresis）是指以内径为 25～100μm 的弹性（聚酰亚胺）涂层熔融石英毛细管为分离通道，以高压直流电场为驱动力，依据样品中各组分之间分子量的大小、形状和分配行为上的差异而实现分离的电泳分离分析方法。

毛细管电泳所用的石英毛细管柱，在 pH 大于 3 的情况下，其内表面带负电荷，与缓冲液接触时形成双电层，在高压电场作用下，形成双电层一侧的缓冲液由于带正电荷而向负极移动，从而形成电渗流。同时，在缓冲溶液中，带电粒子在电场作用下，以各自不同速度向其所带电荷极性相反方向移动，形成电泳。带电粒子在毛细管缓冲液中的迁移速度是电泳和电渗流的矢量和。各种粒子由于所带电荷多少、质量、体积以及形状不同等因素引起迁移速度不同而实现分离。

毛细管电泳的优点包括：①灵敏度高，常用紫外检测器的检测限可达 $10^{-15} \sim 10^{-13}$mol，激光诱导荧光检测器的检测限则可达 $10^{-21} \sim 10^{-19}$mol；②分辨率高，每米理论塔板数为几十万，高者可达几百万至千万；③速度快，一般在十几分钟内完成分离；④所需样品少，进样所需的样品体积为纳升（10^{-9}L）级；⑤成本低，只需几毫升的流动相和价格低廉的毛细管。根据分离原理的不同，毛细管电泳可分为不同种类型，包括毛细管区带电泳、胶束电动毛细管色谱、毛细管凝胶电泳、毛细管等电聚焦、毛细管等速电泳、毛细管电色谱等。毛细管电泳可用于氨基酸、多肽、蛋白质、核酸等分子的分离和分析以及 DNA 测序、肽图分析、药物研究、手性分离、糖分析、单细胞分析等。

7. 脉冲场凝胶电泳

脉冲场凝胶电泳（pulsed field gel electrophoresis，PFGE）是一种重要的分离大分子 DNA 的电泳技术。传统的琼脂糖凝胶和 PAGE 是在直流静力电场引导下的分子迁移，能有效分离 DNA 片段的长度在 50kb 以内，对于超出该极限的 DNA 便无法行使分子筛作用，导致电泳区带无法分辨。PFGE 采用定时改变电场方向的交变电源，每次电流方向改变后持续一定时间，然后对改变电流方向反复循环，可分离的 DNA 分子片段长度为 10kb 到 10Mb，极大地提高了电泳的分辨率。

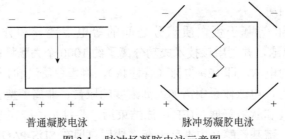

普通凝胶电泳　　　　脉冲场凝胶电泳

图 3-1　脉冲场凝胶电泳示意图

PFGE 的原理如图 3-1 所示，在凝胶外围加正交电场，选择合适的脉冲时间及其他条件，使大片段 DNA 分子能够在交替变化的电场中通过重新调整其空间取向，从而定向地在狭小曲折的凝胶中不断向前运动而达到分离目的。电场变换方向的间隔时间为脉冲时间，其范围从几秒到几小时。影响 PFGE 分辨力的因素包括：①脉冲场的均一性；②脉冲时间；③脉冲场的强度和方向。分子越大重新定向需要时间越长，才能使不同大小的 DNA 相互分开；通常脉冲时间越长，分辨的 DNA 片段越长。为了增强 PFGE 对大小差异较大的 DNA 的分辨率，可采用交变脉冲梯度电场，先用较短的交变脉冲时间，使较小的 DNA 分子分离，然后用较长交变脉冲时间分离较大的 DNA 分子。PFGE 由于其对大片段 DNA 具有高分辨率，其应用范围几乎涵盖了所有生物基因组的结构，是研究细菌基因组结构和功能的重要手段。此外，由于 PFGE 对细菌的分型具有重复性好、分辨率高、易于标准化等优点，在疾病溯源及疫情控制中发挥着重要的作用，对食品安全和公共卫生就有重要意义，被誉为细菌分子分型研究的"金标准"。

PFGE 需要通过仪器提供交替脉冲电泳，进而实现大分子 DNA 片段的分离。以美国伯乐公司生产的 CHEF MAPPER 系列电泳仪为例，该仪器主要由主机（控制单元）、循环泵、电泳槽和冷却器等部分组成，具有较高的分辨率，对 100bp ~ 10Mb 的 DNA 片段都能提供有效的

脉冲场凝胶
电泳图

分离,可用于基因组 DNA 的分析、细菌分型、大分子 DNA 的指纹图谱分析及多态性分析等。下面以沙门菌基因组的 PFGE 为例,其过程主要包括以下步骤。

(1) 凝胶块的制备　①制备沙门菌悬液。挑取细菌单菌落,接种于 LB 平板培养基上,37℃培养14~18h。使用 TE 溶液配制 1% SeaKem Gold:1% SDS 琼脂糖(0.2g 溶于 20ml TE,加入水浴后的 10% SDS 1.25ml),放置于 56℃水浴箱备用。在 Falcon2054 管中分别加入 3ml 细菌悬浊液(CSB)。用 CSB 湿润无菌棉签,从培养皿上刮取适量细菌,轻旋棉签使菌均匀悬浊于 CSB 中并减少气溶胶形成。通过加入 CSB 稀释或增加菌量提高浓度,调整细菌悬液浓度至指定范围:bioMérieux Vitek colorimeter:4.0~4.5(以 Falcon2054 管测量)。②制备包埋细菌的凝胶块。取 200μl 细菌悬浊液于相应的 1.5ml 离心管中,每管加入 20μl 蛋白酶 K(20mg/ml)混匀。蛋白酶 K 要置于冰上。在离心管中加入 200μl 的 1% SeaKem Gold:1% SDS,轻轻吸吹几次混匀,避免气泡产生。将混合物加入模具相应的加样孔,避免气泡产生,在 4℃冰箱凝固 5min,获得包被细菌的凝胶块。

(2) 凝胶块中的细菌裂解　配制 CLB/蛋白酶 K 混合液:每 5ml 细菌裂解液(CLB)加入 25μl 蛋白酶 K(20mg/ml),使其终浓度为 0.1mg/ml(蛋白酶 K 应置于冰上)。每个离心管加入 5ml CLB/蛋白酶 K 混合液。然后将胶块移入相应离心管并保证胶块浸在液面下。将离心管放在 54℃水浴摇床 120r/min 孵育 3h。

(3) 凝胶块的洗涤　先使用灭菌的超纯水洗涤胶块,在 50℃水浴摇床中振荡洗涤 10min,洗涤 2 次。然后换用预热的 TE 缓冲液振荡洗涤 3 次,每次 10min。

(4) 凝胶块内 DNA 的酶切　从凝胶上切下长度为 2mm 左右的小块。使用 *Xba* I 限制性内切酶对胶块内的 DNA 进行酶切(不同细菌可选择不同的内切酶)。37℃酶切 3 h。

(5) 配制电泳胶　配制 2200ml 的 0.5×TBE,并将 1.2g SKG 胶溶于 120ml 0.5×TBE 中,配制 1%SeaKem Gold(SKG)胶,微波加热,确保电泳胶完全熔化。置于 55~60℃水浴箱平衡温度。取出酶切后的胶块,使其浸入在 200μl 0.5×TBE,室温平衡 5min。安装胶槽,调整梳子高度,使梳子齿与胶槽的底面相接触,应用水平仪调整胶槽确保其水平。将梳子平放在胶槽上,再将胶块加在梳子齿上。用吸水纸的边缘吸去胶块附近多余的液体,在室温下风干约 3min。将梳子放入胶槽,确保所有的胶块在同一条直线上,并且胶块与胶槽的底面相接触。从胶槽的下部中央缓慢倒入熔化的 1% SKG。在室温下凝固 30min。

(6) PFGE　调整 CHEF MAPPER 电泳槽确保电泳槽水平(注意:不要触碰电极)。加入 1.8L 的 0.5×TBE,盖上盖子。打开主机和泵的开关,确保泵设在 70(缓冲液流速为 1L/min)以及缓冲液在管道中正常循环。打开冷凝机,预设温度 14℃。打开胶槽的旋钮,取出凝固好的胶,用吸水纸清除胶四周和底面多余的胶,小心将胶放入电泳槽,盖上盖子。设置电泳参数(可根据不同细菌需要的参数不一样)如下。

CHEF Mapper:

Auto Algorithm

30kb——low MW(最小分子量)

700kb——high MW(最大分子量)

按"enter"选择程度默认值

run time(电泳时间)为 21h

(默认值:initial switch time(初始转换时间)=2.16s;final switch time(终末转换时间=63.8 s)。

（7）**图像的获取** 电泳结束后，按照冷凝机—泵—主机的顺序关闭仪器。并用纯水冲洗管道 10min，排空电泳槽和管道中的纯水。取出凝胶放入装有 500ml 溴化乙锭溶液的托盘内，染色 30min。以纯水脱色 60min，根据需要可延长脱色时间。脱色后使用电泳凝胶拍照设备进行拍照，获取图像。

主要参考文献

陈芬. 2012. 生物分离与纯化技术. 武汉：华中科技大学出版社.

丁晓静，郭磊. 2015. 毛细管电泳实验技术. 北京：科学出版社.

高素莲. 2004. 现代分离纯化与分析技术. 合肥：中国科学技术大学出版社.

Jordan K，Dalmasso M. 2015. Pulse Field Gel Electrophoresis. New York：Humana Press.

Kurien BT，Scofield RH. 2012. Protein Electrophoresis. New York：Humana Press.

Makovets S. 2013. DNA Electrophoresis. New York：Humana Press.

第四章 电子显微镜技术

第一节 透射电镜技术

一、透射电镜技术原理

透射电子显微镜（transmission electron microscope，TEM）是在普通光学显微镜的基础上设计发明的，它的基本结构和成像原理与普通光学显微镜非常相似，所不同的是用电子束代替了照明光线，用静电透镜和磁透镜代替了玻璃聚光镜、物镜和目镜，其分辨率和放大倍数比光学显微镜提高了 1000 倍。与光学显微镜相比，透镜电子显微镜的设计有三个方面的不同。

（一）选择波长短的电子束作为照明光源

光学显微镜由于受到可见光波长的限制，使分辨率达到极限值（0.2μm），从而限制了光学显微镜的放大倍数。要想提高分辨率，必须选择波长较短的光源。电子的波长与其运动速度成反比，而电子运动速度与加速电压的平方根成正比。电子在真空中高速运动时，其波长仅为可见光的十万分之一，将其作为照明光源可将分辨率比光学显微镜提高 1000 倍。

（二）电磁透镜代替玻璃透镜参与成像

由于电子无法透过玻璃透镜，所以必须寻找新的透镜来代替光学玻璃透镜。电子具有波动性和粒子性，它在磁场和电场作用下，产生折射，改变运动轨迹。人们利用这一特点，运用磁场和电场来控制电子的运动轨迹，使它产生偏转、聚焦或发散。电子显微镜中利用电磁透镜代替玻璃透镜，对电子束进行会聚成像。

电子显微镜实质上是电磁透镜的组合。电磁透镜是电子显微镜的核心部件，它有两种：静电透镜和磁透镜。电子显微镜中的电子束在弯曲静电场中产生聚焦，在前一半是减速透镜，后一半是加速透镜。电子在前半个透镜中减速后，轨迹向轴心折射，到后半个透镜加速后，形成的电子轨迹具有会聚特性。强的静电透镜需要很强的静电场，而强的静电场往往在镜体内引起击穿和弧光放电。另外，静电透镜也不能做成焦距很短的强透镜。因此，TEM 除在电子枪中使用静电透镜形成电子束外，其余聚光镜、物镜、中间镜和投影镜均使用磁透镜。能够产生轴对称磁场的通以直流电的线圈或永磁铁就是磁透镜。电子在磁场中具有旋转和折射两种运动，且是各自进行的（图4-1）。在讨论磁透镜聚焦作用时，可以不考虑电子的旋转。电子在磁透镜中的折射与光通过玻璃凸透镜的聚焦作用相似，对称弯曲的磁场对电子束起聚焦作用。正如玻璃凸透镜可用于放大成像一样，磁透镜也能对物体放大成像。另外，电子的运动速度与加速电压有关，而电子的折射与运动速度有关。

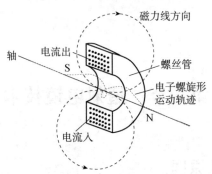

图 4-1　电子通过磁透镜的运动轨迹示意图

　　电子束经聚光镜聚焦会聚后，以较高的速度投射到样品上，并与样品的原子发生碰撞，从而产生散射，改变运动方向，呈现一立体角发散开来。散射角与样品密度及厚度有关。"质量厚度"越大，电子散射角越大，被样品后面小孔径光阑挡住的电子就越多，这时像的亮度就较暗；反之，"质量厚度"较小的样品，电子散射角较小，穿过光阑孔的电子束就较强，这部分成像时亮度较大。对于不同的"质量厚度"，在荧光屏上就形成了明暗不同的黑白影像。因此，电子散射是 TEM 成像中的主要构成因素。

（三）高真空的封闭系统和电子供电系统

　　其一，高速运动的电子束在前进的道路上，不能有任何游离的气体存在，否则气体分子与高速电子相互作用，就会降低像的反差；其二，残余气体产生电离和放电，引起电子束发射不稳定；其三，残余气体与白炽灯丝发生作用，灯丝降低寿命，也会污染样品。因此，高真空的镜筒和电子供电系统，保证了高分辨率的电子显微镜能够正常运转。

二、透射电镜的基本构造

　　TEM 的基本结构由 3 大部分组成：电子光学系统、真空系统和电子学系统（供电系统）（图4-2）。

（一）电子光学系统

　　电子光学系统是 TEM 的镜体，它基本上是一个电子透镜系统，一端是电子源，另一端是观察和记录系统，中间是安放样品的装置，其结构从功能上可以分为三部分：照明系统、成像系统、观察和记录系统。

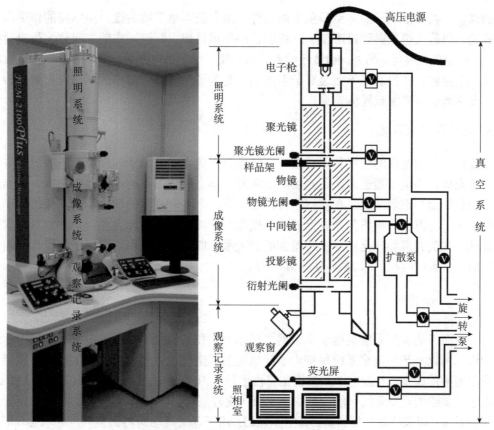

图 4-2 透射电子显微镜基本构造图解
（参考黄培堂，2001；王金发，2003；徐承水和党本元，1995 改画）

1. 照明系统

照明系统由电子枪和聚光镜组成，其作用是为成像系统提供一个亮度高、尺寸小、高稳定的照明电子束。

电子枪是 TEM 的照明源，由灯丝阴极、栅极和阳极组成。灯丝阴极类似于灯泡的灯丝，当它发热时，可以从表面发射电子。栅极外形似一顶帽子，包在灯丝外面，在帽子顶端开有一个小孔，为电子通道，又称为韦氏圆筒。栅极电位比灯丝负 100~500V，所以也常称为负偏压栅极，其作用用于控制电子束大小和强度。阳极是由不锈钢制成的中间开有小孔的圆柱体，用于加速电子。阴极的电压为 50~100kV，阳极的电压为 0V，它们的电压差称为加速电压。灯丝发射电子，穿过栅极小孔，通过电子枪交叉点（即电子显微镜的实际电子源），形成一射线束，经阴极和阳极的电压加速，成为高速电子流射向聚光镜。

聚光镜的作用是将来自电子枪的电子束会聚到样品上，通过它控制照明电子束斑大小、电流密度和孔径角。聚光镜一般由两个磁透镜组成。第一个聚光镜为强透镜，其作用是缩小束斑直径，最小可达 1~2 μm。第二聚光镜为弱透镜，作用是控制照明亮度、照明角孔径和照明斑的大小。另外，在聚光镜下面装有聚光镜光阑，它的作用是缩小照明孔径角。

2. 成像系统

成像系统包括样品室、物镜、中间镜和投影镜。样品室位于聚光镜下，物镜之上，是放置样品的部位。物镜是电子显微镜最重要的部件，由它获得电子放大像。中间镜的作用是把物镜形成的一级放大像投射到投影镜上。投影镜的作用是把中间镜形成的二级放大像投射到荧光屏上，从而形成终像。另外，物镜还配有物镜光阑，用于挡住散射电子，改变物镜成像的孔径角及反差强弱。在投影镜下面装有衍射光阑，是为了对样品上微小区域进行衍射分析而设计的，又称为选区光阑或视场光阑。

3. 观察和记录系统

在投影镜下面是像的观察和记录系统，终像是用荧光屏来显示。投影镜下的观察室中装有一个荧光屏，当电子轰击后，荧光物质被激发，屏上形成可见的电子显微图像。荧光屏之下，有影像的照相记录装置。在观察室外，还备有一个 5~10 倍的放大镜。现代的电子显微镜都配有电子计算机，可将荧光屏上显示的图像在计算机的显示屏上呈现，并能对图像进行加工处理。在荧光屏和感光底片上所得到的放大率，即电子放大率，取决于物镜、中间镜和投影镜放大倍数的乘积，即 $M_总 = M_物 \times M_中 \times M_投$。

（二）真空系统

电子显微镜的真空系统是用于从镜筒中排除空气和其他气体。由于电子在空气中行进的速度很慢，所以必须由真空系统保持电子显微镜的真空度，否则，空气中的分子会阻挠电子束的发射而不能成像。一般电子显微镜镜筒内保持在 10^{-4} mmHg（1 mmHg=1 Torr=133 Pa）以上。电子显微镜的真空系统一般包括：真空泵（旋转泵和扩散泵）、真空指标器、真空管道和自动阀门系统；以及冷阱、预抽室、真空干燥器；用于开关气动阀门的空气压缩机等。用两种类型的真空泵串联起来获得电子显微镜镜筒中的真空。当电子显微镜启动时，第一级旋转式真空泵获得低真空，作为第二级泵的预真空；第二级采用扩散泵获得高真空。

（三）电子学系统

电子显微镜的电子学系统总的说来有两个方面的作用：一是提供合适的电功率，包括高压、透镜电流和真空电源等；二是控制和调节电子显微镜的工作状态，包括一系列的控制调整线路。电子学系统主要包括：交直流电源、高压电源、透镜电流电源、真空电源与自动控制系统、束偏转、消散器等电源和控制系统以及安全系统和辅助电源等。

三、生物超薄切片技术

（一）超薄切片概述

要想观察到生物组织的内部结构，光或电子需要穿过样品才能成像。样品的厚度一方面影响光或电子的穿透，另一方面也影响成像的质量。因此，在观察样品前，需要根据观察目的和使用的仪器设备，对样品进行切片。一般将超过 20μm 厚的切片称为厚切片（thick section），5~20μm 厚的切片称为薄切片（thin section），0.5~5μm 厚的切片称为半薄切片（semithin section），而 50~100nm 厚的切片称为超薄切片（ultrathin section）。由于电子的穿透能力十分有限，超薄切片是专门为 TEM 观察生物组织内部的超微结构而制备的。

如同光学显微镜，TEM 的样品也需要固定、包埋、切片和染色等过程。但 TEM 对样品的制备要求比光学显微镜要高得多。首先是能真实地保持样品的精细结构，要能在 TEM 下观察到生物的膜结构不被破坏，这就要求生物组织样品块要小，确保固定剂能够快速地终止细胞生命而又不破坏细胞的结构。其次是样品要薄，一个普通细胞要被切成 100～200 片才能满足要求，因此需要用特殊的介质将样品包埋，使用特定的仪器设备对样品进行切片。最后是要求样品要具有一定的反差（"染色"）。由于超薄切片制备复杂，且要求高，因此将制作超薄切片的技术称为超薄切片技术。超薄切片技术是为 TEM 观察生物材料提供样品的专门技术，是生物学研究细胞和组织超微结构最常用的技术，也是生物学中其他电子显微镜技术，如电子显微镜组织化学和免疫电子显微镜技术等的关键性技术。这种技术在生物学的发展过程中占据重要的位置，目前有关生物体的各种细胞、组织的超微结构知识大多是这种技术提供的。

（二）常规超薄切片制作过程

生物组织常规超薄切片制作过程基本包括取材、前固定、清洗、后固定、清洗、脱水、置换、渗透、包埋、聚合、修块、半薄切片、超薄切片、捞片和染色等步骤（图 4-3）。

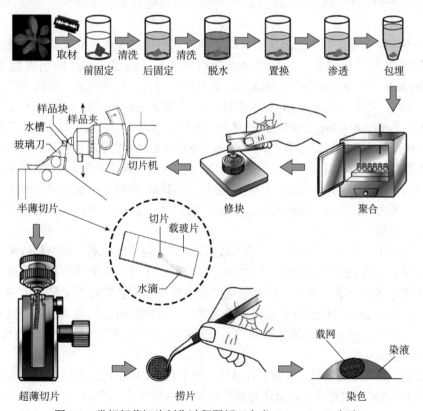

图 4-3　常规超薄切片制作过程图解（参考 Carp，2010 改画）

1. 取材

取材是超薄切片技术中的关键环节，尤其对于特定微小的组织部位。取材正确与否将与制备出来的样品能否符合观察要求直接有关。众所周知，由于机体内酶作用下的代谢非常迅速，生物组织离体后，细胞将会立即释放出各种水解酶引起细胞自溶，使细胞内部微细结构发生变化。这些微细结构的改变在光镜下是无法看到的，但在电子显微镜下呈现出明显的人工假象。因此，为了尽可能避免产生人工假象，正确的取材要求做到以下几点：①取材的材料要保持新鲜，选择取材的部位要准确可靠；②切取组织块要快速，一般用锋利的双面刀片切取，避免多次拉、锯和压等动作造成细胞和组织受损；③切取的组织块要小，太大固定液短时间内不能浸透到全部组织块，一般切成 1mm 厚的薄片；④切取的组织块要快速浸没在预冷的固定液中，以降低离体细胞内水解酶的活性，尽可能减少细胞自溶。

2. 前固定

样品固定是电子显微镜技术中极其重要的一个环节，固定的好坏将直接影响到最后的结果。良好的固定才有可能获得真实的细胞精细结构图像，而差的固定将使细胞结构受损，产生不真实的细胞结构图像。评价固定效果通常可以看细胞中的膜结构是否完整，如植物液泡膜完整可见，说明固定效果好。固定的目的首先是把细胞内可动的动态系统转变成不可动的、稳固的胶体，而且这种胶体要在所有各方面尽可能地接近于生活时的有机体状态。其次，通过固定防止在以后的样品制备过程中，组织中丢失或增加任何成分，并使其结构在电子显微镜下有较好的反差。用于 TEM 观察的生物组织固定通常采用两次固定法，即前固定和后固定。

前固定不仅要求固定剂要能迅速而又均匀地渗入组织细胞内，并能快速杀死细胞，而且能够稳定细胞各种结构成分，并且避免细胞结构膨胀或收缩。常用的前固定剂是戊二醛（gluteraldehyde），是一种五碳醛（$C_5H_8O_2$），含有两个醛基。市售的戊二醛通常是 25%的水溶液，其 pH 为 4.0~5.0。戊二醛固定液常使用 2.5%的浓度，多采用 0.1mol/L pH7.2 磷酸盐缓冲液（phosphate buffered saline，PBS）进行稀释。氧气、高温、中性或碱性 pH 均能使戊二醛发生聚合失去醛基，从而降低固定能力。因此戊二醛原液要在 4℃冰箱中保存，且存放时间不宜过长，如若颜色变黄则不可使用；稀释的戊二醛工作液最好现用现配，4℃冰箱保存不宜超过 2 周。戊二醛作为前固定剂的优点：①反应迅速；②对细胞内结构有活跃的亲和力；③能保存糖原，固定核蛋白，且不易使组织变脆。但它的缺点是，渗透速度慢，且不能保存脂类物质，样品图像反差较低。

与戊二醛相比，甲醛分子较小，穿透力较强，固定迅速，因此对一些结构致密的组织有良好的固定作用。市售的甲醛水溶液含有甲醇，甲醇有损于超微结构的保存，因此生物组织的固定不能使用市售的甲醛水溶液，而要采用多聚甲醛粉末配制新鲜的甲醛固定液。但甲醛对细胞基质保存差，清洗和脱水会使细胞基质丢失。一般生物组织超微结构的固定不能单独使用甲醛固定。对于致密组织的固定，如发育后期的胚乳组织，最好使用 2.5%戊二醛和 4%多聚甲醛混合固定液。

样品前固定时，样品瓶和固定液要在 4℃冰箱中预冷。取下的组织块要立即浸没于固定液中，并放置 4℃冰箱固定过夜。如果作为超微结构观察的样品，在前固定液中的存放时间最好不要超过 1 周；但作为显微结构观察的样品，可以在前固定液中长期保存。另外，对于特殊组织块，浸没前固定液中后如果样品漂浮于固定液，可采用抽气使其下沉；或者用滤纸包裹等方法，使其全部浸没于固定液中。

3. 清洗

清洗的目的是去除固定剂。前固定结束后，用吸管吸去样品瓶中的前固定液，并用缓冲液（常用 0.1mol/L PBS，pH7.2）室温清洗样品 3 次，每次 10～15min。清洗过程中，可将样品瓶置于振荡机上低速振荡，或间歇摇晃 2～3 次。

4. 后固定

常用四氧化锇（osmium tetroxide，OsO_4）对 TEM 样品进行后固定。它是一种强的氧化剂，作为固定剂具有以下优点：①对氮具有较强的亲和力，能与细胞中蛋白质氨基迅速结合形成交联化合物，所以对含有蛋白质的细胞各种结构成分有良好的固定效果；②能与不饱和脂肪酸两个酸性链间形成牢固的链，生成四氧化锇二酯化合物，使脂肪得以固定；③能增加样品的反差，尤其使细胞内的膜结构图像清晰。但 OsO_4 作为固定剂也存在不少缺点：①渗透力较弱，要求组织块要小；②对糖原和核酸固定较差；③固定时间不宜过久，否则组织会变脆；④OsO_4 能与乙醇或醛类产生氧化还原反应，生成沉淀，因此 OsO_4 固定前和固定后，样品必须充分清洗干净。因此，OsO_4 作为固定剂，不能单独使用，一般常作为戊二醛固定后的后固定。

OsO_4 固定液常使用 1%的工作浓度，用水或缓冲液（可采用 0.1mol/L PBS，pH7.2）配制。样品浸没于 OsO_4 固定液中，室温固定 2～3h 或 4℃冰箱固定过夜。OsO_4 剧毒，且具有挥发性，所以配制 OsO_4 固定液、固定样品和固定后的清洗等操作，要在通风条件下进行，并且一定做好个人防护。

5. 清洗

清洗的目的是去除固定剂。后固定结束后，用吸管吸去样品瓶中的后固定液，并用缓冲液（常用 0.1mol/L PBS，pH7.2）室温清洗样品 3 次，水洗 3 次，每次 10～15min。清洗过程中，可将样品瓶置于振荡机上低速振荡，或间歇摇晃 2～3 次。

6. 脱水

生物样品经固定和清洗后，在包埋之前必须彻底脱水。因为绝大多数的包埋剂是不溶于水的，组织中若存有游离水分，包埋剂必然渗透不进去。为使包埋剂能均匀地渗透到组织细胞的各部位，必须用脱水剂将组织细胞内的游离水去除干净。常用的脱水剂有乙醇和丙酮。

脱水过程采用逐级进行，一般为 30%、50%、70%、90%和 100%（3 次）乙醇或丙酮（用水稀释）室温逐级脱水，每级 10～15min。脱水过程中，可将样品瓶置于振荡机上低速振荡，或间歇摇晃 2～3 次。脱水操作比较简单，用吸管吸去样品瓶中的溶剂，添加脱水剂。但在操作过程中要注意：①脱水要彻底，特别是最后用的无水乙醇（或丙酮）中一定不能含有水分，可在无水乙醇或丙酮中添加吸水剂，如无水硫酸铜、无水硫酸钠或分子筛等；脱水时间不宜过长，避免某些细胞成分如脂类等物质被乙醇或丙酮溶解；②更换液体时动作要迅速，尤其是最后用无水乙醇或丙酮脱水时，要将样品瓶中的液体尽可能吸除完全，并且要及时添加脱水剂，不要让样品干燥，否则样品内易产生小气泡，导致后期的包埋剂难以渗入造成将来切片困难；③脱水过程中，尤其是后期，要使整个样品瓶和瓶盖也被脱水，同时盖紧样品瓶瓶盖，防止脱水剂挥发和空气中湿气进入。

7. 置换

作为包埋剂的树脂易溶于环氧丙烷中，为了使树脂能很好地渗入到组织与细胞内，须用环氧丙烷置换材料中的乙醇或丙酮。一般用 25%、50%、75% 和 100%（3 次）环氧丙烷（用脱水剂稀释）室温逐级置换，每级 10~15min。在置换过程中，要盖紧样品瓶瓶盖，一防环氧丙烷挥发，二防空气中湿气进入。另外，如果包埋剂为 LR White 树脂，该置换步骤省去，因为 LR White 树脂与乙醇高度易溶。

8. 渗透

组织块（样品）在完成脱水和置换后，即可进行渗透。渗透的目的是让树脂充分渗入组织与细胞内。渗透常采用 25%、50%、75% 和 100%（2 次）树脂（用环氧丙烷稀释，若为 LR White 树脂用乙醇稀释）室温逐级进行，每级 2~3h。如果是 LR White 树脂，可以在 4℃冰箱中每级渗透 12~24h。渗透过程中，要注意用品要干燥，更换渗透液时，要快速，及时盖紧样品瓶瓶盖，以防湿气进入。

9. 包埋

将纯包埋剂注满包埋模具的穴孔或胶囊中，用镊子小心不损伤样品地挑而不是夹，将渗透完成的样品移入包埋模具穴孔或胶囊中，并使样品按一定方位（有利于修块、切片和观察）排列，做好样品标记。包埋时，要注意：①包埋所需的一切器材用品都要干净、烘干、冷却后备用；②配制包埋剂时，每加一种试剂都要充分搅拌均匀，并尽量防止产生气泡；③包埋时控制室内湿度，尤其是使用 Epon 812 作为包埋剂时，吸湿性极强；④包埋剂的配制，按包埋剂供应商提供的配方，结合样品致密程度进行选择，需要现用现配；⑤LR White 包埋剂为厌氧型包埋剂，包埋时需要在胶囊中进行，并将包埋剂注满胶囊。

10. 聚合

将包埋样品的包埋模具放入 70℃恒温箱中聚合 2d。包埋块取出后放置干燥器中保存。

11. 修块

将包埋块从包埋模具中取出，用锉刀磨样品块，使样品稍稍暴露，然后将样品块固定在超薄切片机样品夹中。用锋利的刀片将样品块的磨面切平，在双目显微镜的帮助下，用刀片将包埋块顶端削平，露出样品组织。然后再小心削去周围的包埋剂及无关的部分，把要观察的部分修成锥体，同时保证切面呈梯形，即上下边平行。

12. 半薄切片

切片是在超薄切片机上完成的。超薄切片机是一种贵重精密仪器，切片机的操作需要专业人员来完成，新生必须经专业人员的培训后方能进行操作。切片包括装块、装刀、对刀、加水、荒切、切片等过程。

（1）装块 把修好的包埋块样品夹固定在切片机的样品臂上，使切面的上下平行的两边水平放置，且长边在下方。

（2）装刀 把装有水槽的刀插入刀夹，并固定于一合适的位置上。此时，刀边应紧靠着刀夹的边缘，刀的间隙角通常调节为 5 度。

（3）对刀　对刀是超薄切片过程中极为重要的一步。对刀步骤为：装刀后，先把显微镜前移，使能看到组织块的切面；精调进刀，直至在组织块的表面观察到样品的影子；细调进刀，使影子呈一条几乎觉察不出来的狭缝为止。在对刀过程中，可手动上下升降样品臂，使刀刃在样品切面上下运动，微调样品的方向和刀刃与样品的距离。

（4）加水　对完刀后，即可向刀槽内注入水。开始可注入过量的水使其液面凸起，以保持浸湿刀刃，然后在显微镜下边观察边吸回一些液体。当液面出现一反射光的亮面时为止。这个亮面不仅可以表现所需的水面，而且通过它还可以观察切片的质量。

（5）荒切　启动切片机，调节进刀距离和速度，让玻璃刀荒切样品块，使样品块的切面逐渐平整光滑起来。切下的树脂片会漂浮在水面上，双目显微镜下可观察到切片中组织块的情况。

（6）半薄切片　当样品块的切面平整光滑且切到组织块时，便可正式切片。一般先切半薄切片，并用光镜检验半薄切片中组织块的位置。半薄切片的厚度一般为 1～2μm。切下的半薄切片用圆头玻璃小棒去黏附切片，并把切片释放至滴有水滴的载玻片的水滴上，然后将载玻片放到电热加热板上烤干，经染色后便可在光学显微镜下观察。

13. 超薄切片

经半薄切片观察，确认样品切到所需要的组织部位时，便可正式开启超薄切片。根据切片情况和样品软硬，调节切片速度，直至切出满意的切片。切片机上虽有切片厚度指示标志，但往往并非代表切片的实际数值，一般切片的厚度是从切片在水面中的干涉色来判断的，一般切片呈暗灰色厚度低于 40nm，灰色为 40～60nm，银白色为 60～90nm，金黄色为 90～150nm，紫色为 150～180nm，蓝色为 190～240nm。TEM 观察的切片一般以银灰色比较理想。

切片经常会出现的缺陷及其原因：①切片破碎，是由于样品脱水不彻底或有气泡使包埋剂渗透不完全造成的；②切片颤痕，切片中产生与刀刃平行的波纹，是由于组织块过软、切面离夹持器太远、切片速度过快或刀太钝等原因引起的；③切片刀痕，切片上有与刀刃垂直的刀痕，是由于刀口上有缺口或脏物以及组织中有硬的硬质材料引起的；④切片空洞，是由于包埋剂有气泡造成渗透不好；⑤切片厚度不一，主要是由于刀刃各部分锋利程度不同、包埋块各部分聚合不匀，或切片时有震动等原因造成的；⑥切片带水，主要是水槽液面过高、刀背上有水或样品臂上升运动时进刀等引起的；⑦切片不成带，主要是组织块切面不整齐，上下边不平行，或刀刃两端锋利程度不同所致。

14. 捞片

在光学显微镜中，切片置于载玻片上。而在电子显微镜中，超薄切片必须置于带有网孔的金属载网上才能进行观察。常用的载网直径为 3mm，载网的质地不同，有铜网、镍网和金网等。载网上的网孔大小和数目也是不同的，有 100 目、200 目和 300 目载网等。为了使切片能很好地贴附在载网上，载网表面要铺上一层支持膜，常用的是用聚乙烯醇缩甲醛（formvar）制作的支持膜。

切片的捞取通常是用镊子夹住载网，对准液面上的切片轻轻一沾（有支持膜的一面面向切片），使切片覆于载网上，然后将载网用滤纸吸干，保存于超薄切片盒内备用。

15. 染色

光学显微镜观察的切片是经各种生物染料染色后以不同颜色来区分和识别各种组织和结构的,而电子显微镜观察的切片的"电子染色"则不同。所谓电子染色是利用某些重金属盐(如铅和铀等)能与细胞的某些结构和成分结合,以增加其电子散射能力,进而达到提高反差的一种方法。超薄切片不经"电子染色",在电子显微镜下是看不清超微结构的。这是因为生物体组织和细胞成分主要是由 C、H、O、N、S 和 P 等元素所组成,而它们的原子序数较低对电子散射能力弱,相互之间的差别又很小,所以在电子显微镜下显示出来的图像不清楚,即反差偏低。为了增加图像的反差,必须对超薄切片进行"电子染色"。铅和铀具有高原子序数,对电子散射能力大,而且可与组织和细胞的不同结构成分呈不同程度的结合,使得这些结构对电子散射程度不同。散射电子多的结构,在荧光屏上的图像就深暗;散射电子少的结构,在荧光屏上的图像就浅亮。因此,超薄切片经过"电子染色",图像反差增强,起到染色的作用。

目前,生物组织超薄切片常用的染色剂是铀盐和铅盐。铀可以与大多数细胞成分结合,特别易和核酸结合,而且染色比较细致、真实,不易出现沉淀颗粒。因此,2%的乙酸双氧铀水溶液也可以在样品经 OsO_4 后固定水清洗后进行室温组织块染色 2h,然后再清洗和脱水。铅对细胞和组织各种结构都有亲和力,易与蛋白质结合,尤其是对不能被 OsO_4 染色的糖原更有染色作用。但铅易与空气中的二氧化碳接触形成不溶性的碳酸铅沉淀,造成切片的污染。

由于铀和铅具有不同的染色特性,超薄切片普遍采用铀和铅的双重染色,即切片先用铀染色,再用铅染色。染色的大致过程为:①先将有切片的载网一面覆于乙酸铀染液液滴上,室温染色 15～30min,然后用水冲洗干净、吸水纸吸干切片;②再将载网覆于铅液液滴上,室温染色 15～30min,然后用水冲洗干净、吸水纸吸干切片,保存于超薄切片盒内备用。在染色过程中,铀和铅都具有污染性,做好个人防护的同时,也要注意不污染环境。另外,为防止铅液吸收二氧化碳污染样品,可将铅液滴加在密闭容器中,液滴周围放少许固体 NaOH。

乙酸铀染液配制:1g 乙酸双氧铀溶解于 50ml 50%乙醇中,4℃冰箱暗处保存。铅液配制:称取硝酸铅 1.33g、柠檬酸钠 1.76 g 于 50ml 容量瓶内,加水 30ml,用力摇荡 1min,间歇摇荡 30min。溶液呈乳白混浊时,加入 8ml 1mol/L 的 NaOH 水溶液,溶液变成无色透明,再加水至 50ml。盖紧瓶口,4℃冰箱保存备用,使用时若有混浊不能使用。

四、负染色技术

(一)负染色技术概述

TEM 由于分辨率高,可用于检查很小的颗粒物质的形态。用重金属盐(如磷钨酸、乙酸铀等)对铺展在载网上的样品进行染色,使整个载网都铺上一层重金属盐,而凸出颗粒的地方则没有染料沉积。这样由于电子密度高的重金属盐包埋了样品中低电子密度的背景,增强了背景散射电子的能力从而提高反差。产生的图像背景是黑暗的,而未被包埋的样品颗粒则透明光亮,这种染色称为负染色(negative staining)。负染色可以显示生物大分子、细菌、病毒、分离的细胞器以及蛋白质晶体等样品的形状、结构、大小以及表面结构特征等,尤其在病毒学中,负染色技术成为不可取代的实验技术。

（二）负染色样品制作过程

1. 负染色液的制备

作为负染色液的物质应具有较强的电子散射能力以产生足够的图像反差；熔点高，在电子束的轰击下不会升华；溶解度大，不易析出沉淀；在电镜下不呈现出可观察到的结构；分子小，容易渗入不规则表面的凹陷处；与样品不起化学反应等。目前最常用的负染色液有磷钨酸、乙酸铀和钼酸铵。

磷钨酸染液通常用去离子水或磷酸缓冲液配制成 1%～3%的溶液，使用时用 1mol/L NaOH 溶液将染液的 pH 调至 7.0 或实验所需的值。乙酸铀染液通常用去离子水配制成 0.2%～0.5%的水溶液，并用 1mol/L NaOH 溶液将染液的 pH 调至 4.5。乙酸铀溶解需要 15～30min，在黑暗中能稳定几小时，所以乙酸铀染色应是新鲜的，最好使用前配制。钼酸铵染液通常用去离子水配制成 2%～3%水溶液，使用时用乙酸铵将 pH 调至 7.0 或实验所需的值。

2. 染色方法

负染色常用悬滴法和漂浮法。悬滴法是将样品液滴滴加到载网有支持膜的一面，静置数分钟，然后用滤纸从载网边缘吸去多余的液体，滴加上负染色液于载网上，染色 3～5min，用滤纸吸去负染色液，再用去离子水滴在载网上洗 2 次，用滤纸吸去水待干后即可用电镜观察。漂浮法是将带有支持膜的载网在悬液样品的液滴上漂浮（有支持膜的那面向下），然后再在负染色液的液滴上漂浮，最后在水滴上漂浮。

五、透射电镜技术在生物学领域中的应用

（一）水稻发育胚乳的超微结构观察

1. 样品制备方法

（1）取材和前固定　用锋利双面刀片将发育的水稻颖果从中部横切，迅速置于预冷的 2.5%戊二醛和 4%多聚甲醛前固定液（用 0.1mol/L、pH7.2 磷酸钠缓冲液配制）中，4℃固定过夜。

（2）清洗和制备小组织块　用镊子取出样品，置于离心管中，用缓冲液清洗一次，15min。在干净的载玻片上，滴加适量的缓冲液，用镊子夹住颖果端部，将其转移到玻片上，用锋利双面刀片，从颖果的中部横切，获得 2～3mm 的小组织。再次将小组织块转移到离心管中，用缓冲液再清洗 2 次，每次 15min。清洗期间每隔 3～5min 慢速旋摇离心管一次。

（3）后固定　将组织块在 1%四氧化锇（用 0.1mol/L、pH7.2 磷酸钠缓冲液配制）中，室温固定 4h。

（4）清洗　将组织块用缓冲液和去离子水分别清洗 3 次，每次 15min，清洗期间每隔 3～5min 慢速旋摇离心管一次。

（5）整体染色　将样品组织块置于 2%的乙酸双氧铀水溶液中，4℃冰箱中过夜。

（6）清洗　用去离子水清洗 2 次，每次 15min。清洗期间每隔 3～5min 慢速旋摇离心管一次。

（7）脱水　组织块先后经 30%、50%、70%、90%、100%（3 次）乙醇梯度脱水，每级脱

水 10～15min，脱水期间每隔 5min 慢速旋摇离心管一次。

（8）环氧丙烷置换 组织块经 25%、50%、75%、100%（3 次）环氧丙烷（无水乙醇配制）置换，每级置换 10～15min。置换期间每隔 5min 慢速旋摇离心管一次。

（9）Spurr 树脂渗透 按比例配制树脂（ERL4221：DER736：NSA：DMAE= 1：0.8：2.5：0.03），将组织块先后在 25%、50%、75%、100%树脂（环氧丙烷配制）中渗透，其中 25%渗透 2h，50%渗透 3h，75%渗透 5h，100%树脂 4℃渗透过夜。

（10）样品包埋 样品更换纯树脂 1 次，干燥器开盖渗透 3h。在包埋板上加好新鲜配制的纯树脂，用牙签将样品挑在包埋板上，浸没于树脂中，摆好方位，做好标记。然后将包埋板放入 70℃烘箱中，聚合 36h，获得样品包埋块。

（11）超薄切片制备 Leica 超薄切片机上用玻璃刀进行修块，先切出半薄切片，根据需要的位置并进一步修块，用钻石刀切取 70nm 的超薄切片，将切片捞在铜网上，自然干燥后置于干燥器中保存。

（12）样品染色和观察 超薄切片先用 1%的乙酸双氧铀避光染色 30min。事先准备好 3 个称量皿加满蒸馏水，用镊子夹住铜网依次在第一个称量皿中上下清洗 15～20 次后用滤纸吸干铜网上多余的水分，转入下一个称量皿，重复之前的步骤，清洗好后的铜网放在载网板上。事先准备好一个大的培养皿，在铅液滴的周围放少许氢氧化钠固体，将样品在铅液滴上染色 15min，用之前同样的方法进行清洗。铅染及清洗期间应屏住呼吸以防止 CO_2 污染。染色好之后，切片自然干燥或置于 40℃灯泡下干燥，干燥器中保存，TEM 下观察并拍照。

2. 观察结果与分析

花后 7d 的水稻颖果可以观察到胚乳细胞内有淀粉体、蛋白体、内质网、线粒体和液泡等细胞器（图 4-4A）。淀粉体被膜清晰，淀粉体内有多个淀粉粒，淀粉粒表面光滑，为典型的复粒淀粉体。蛋白体有明显两种不同的形态，一种是呈圆球形，内部比外部颜色深，且外围不光滑，这种蛋白体来源于粗面内质网，被称为蛋白体 I（protein body Ⅰ，PB Ⅰ）。另一种蛋白体染色较深，形态不规则，来源于贮藏液泡，被称为蛋白体 Ⅱ（protein body Ⅱ，PB Ⅱ）。内质网丰富且线粒体数量较多，表明该时期胚乳代谢非常活跃。另外，在细胞壁中可以观察到大量胞间连丝，也是胚乳代谢活跃的一种体现。

当水稻淀粉分支酶 I 和 Ⅱb 的表达被抑制后，淀粉体内的淀粉亚颗粒周围不光滑，且染色较深，高倍镜下，这些深色的结构表现为大量的梳状突起结构（图 4-4B）。随着胚乳发育，相邻亚颗粒的梳状结构相互融合，导致淀粉亚颗粒发育形成一种多聚体，表现为半复粒淀粉结构。当水稻转录因子 NAC20 和 26 同时突变后，胚乳细胞内明显可以观察到贮藏液泡不被贮藏蛋白所填充，PB Ⅱ数量和面积小（图 4-4C），表明 NAC20 和 26 调控胚乳蛋白合成和参与 PB Ⅱ的发育。

（二）水稻叶片超微结构观察

1. 样品制备方法

（1）取材和前固定 用锋利双面刀片将水稻叶片切成 1 mm 宽的细长条，迅速置于预冷的 2.5%戊二醛中，4℃固定过夜。

（2）清洗 用缓冲液清洗样品 3 次，每次 15min。

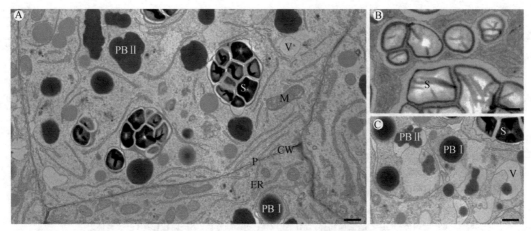

图 4-4　水稻花后 7 d 发育胚乳超微结构图

A. 水稻品种中花 11；B. 来源于水稻品种特青抑制淀粉分支酶 I 和 IIb 的水稻株系 TRS（Wei et al.，2010a）；
C. 水稻中花 11 *nac20/26* 突变体株系。CW：细胞壁；ER：内质网；M：线粒体；P：胞间连丝；
PB I：蛋白体 I；PB II：蛋白体 II；S：淀粉粒；V：液泡。标尺=1μm

（3）后固定　将样品在 1%四氧化锇（0.1mol/L，pH7.2 磷酸钠缓冲液配制）中，室温固定 4h。

（4）清洗　用缓冲液和去离子水分别清洗样品各 3 次，每次 15min。

（5）脱水　样品先后经 30%、50%、70%、90%、100%（3 次）梯度乙醇脱水，每级脱水 10～15min。

（6）环氧丙烷置换　样品经 25%、50%、75%、100%（3 次）环氧丙烷（无水乙醇配制）置换，每级置换 10～15min。

（7）Spurr 树脂渗透　将组织块先后在 25%、50%、75%、100%树脂（环氧丙烷配制）中渗透，每级 2～3h。

（8）样品包埋　样品更换纯树脂，干燥器开盖渗透 3h。在包埋板上加好新鲜配制的纯树脂，用牙签将样品挑在包埋板上，浸没于树脂中，摆好方位，做好标记。然后将包埋板放入 70℃烘箱中，聚合 36h，获得样品包埋块。

（9）超薄切片制备　在超薄切片机上，对样品进行修块，用钻石刀切取 70nm 的超薄切片。

（10）样品染色和观察　超薄切片经铀染和铅染，利用 TEM 观察并拍照。

2. 观察结果与分析

水稻叶肉细胞富含叶绿体（图 4-5A），叶绿体内的基粒和基质类囊体清晰可见，叶绿体基质中有淀粉颗粒生成（图 4-5B）。叶绿体附近有大量线粒体和乙醛酸循环体，细胞中央有细胞核，细胞壁的胞间层发达（图 4-5A）。

（三）大鼠右心房肌细胞超微结构观察

1. 样品制备方法

（1）取材和前固定　大鼠先用 2%的戊巴比妥钠腹腔麻醉，仰卧固定，剪开胸壁取其心脏，在低温下用锋利的剪刀和刀片剪去心尖，剪取右心房肌组织，迅速浸没于 2.5%戊二醛固定液中（0.1mol/L，pH7.2 磷酸钠缓冲液配制），4℃冰箱中保存。

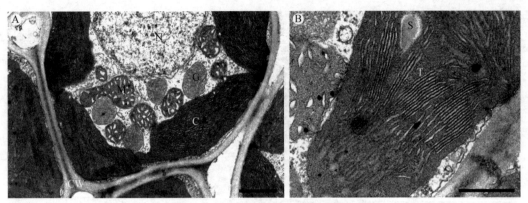

图 4-5　水稻叶片叶绿体超微结构图

C：叶绿体；G：乙醛酸循环体；M：线粒体；N：细胞核；S：淀粉粒；T：类囊体。

标尺=1μm（A）；0.5μm（B）

（2）清洗　用缓冲液清洗样品 3 次，每次 20min。

（3）后固定　将样品在 1%四氧化锇（0.1mol/L，pH7.2 磷酸钠缓冲液配制）中，室温固定 3h。

（4）清洗　用缓冲液和去离子水分别清洗样品各 3 次，每次 20min。

（5）脱水　样品先后经 30%、50%、70%、90%、100%（3 次）梯度乙醇脱水，每级脱水 20min。

（6）环氧丙烷置换　样品经 25%、50%、75%、100%（3 次）环氧丙烷（无水乙醇配制）置换，每级置换 10～15min。

（7）Epon 812 树脂渗透　将组织块先后在 25%、50%、75%、100%树脂（环氧丙烷配制）中渗透，每级 2～3h。

（8）样品包埋　样品更换纯树脂，在包埋板上加好新鲜配制的纯树脂，用牙签将样品挑在包埋板上，浸没于树脂中，摆好方位，做好标记。然后将包埋板放入 60℃烘箱聚合 48h，获得样品包埋块。

（9）超薄切片制备　在 Leica 超薄切片机上，对样品进行修块，用钻石刀切取 70nm 的超薄切片。

（10）样品染色和观察　超薄切片经铀染和铅染，利用 TEM 观察并拍照。

2. 观察结果与分析

大鼠右心房肌细胞含有大量的肌原纤维，线粒体、高尔基体和心钠素颗粒比较丰富。肌原纤维负责肌肉的收缩，由整齐排列、明暗相间的肌节所组成，每个肌节分为明带和暗带。在明带中央有 1 条暗线，称为 Z 线；在暗带中央有一条明带，称为 H 带；H 带中央有 1 条暗线，称为 M 线。大鼠右心房肌的肌原纤维排列整齐；肌节结构完整，形态正常，I 带、A 带、H 带、Z 线和 M 线清晰可见（图 4-6A）。右心房肌细胞中的细胞核结构完整，核膜不内陷（图4-6B）。线粒体是细胞能量转换的细胞器，肌细胞中线粒体含量较多，为肌细胞的运动提供能量。右心房肌肌细胞线粒体分散在肌原纤维中间（图 4-6A），线粒体膜结构完整，嵴密集平行排列于线粒体基质中（图 4-6B）。右心房除参与运动外，还具有重要的分泌功能，其中心钠肽是右心房肌细胞分泌的重要调节性多肽。心钠肽在右心房肌细胞中的内质网合成后，经高尔基体加工，在高尔基体成熟面分选形成电子致密小泡，这些电子致密小泡相互融合，形成较大的由单层膜包围的心钠肽颗粒，位于细胞核旁和肌原纤维之间，因此心房肌细胞富含高尔基体和心钠肽颗粒（图 4-6C）。右心房肌细胞之间通过细胞连接联系在一起，细胞连接呈波浪状，以桥粒连接和缝隙连接为主（图 4-6D）。

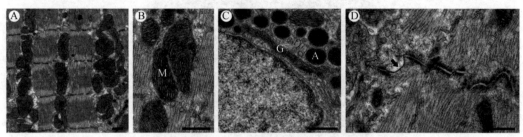

图 4-6　大鼠右心房肌细胞超微结构图（韦晓英等，2013）

A. 肌原纤维；B. 线粒体；C. 高尔基体和心钠素颗粒；D. 细胞连接

B、C 图中 A：心钠素颗粒；G：高尔基体；M：线粒体；N：细胞核；D 图箭头示缝隙连接。标尺=0.5μm

（四）培养细胞的超微结构观察——以杆状病毒侵染 Sf9 细胞系为例

1. 样品制备方法

（1）细胞收集　将培养的细胞（感染病毒 4d 的 Sf9 细胞）收集于 2ml 离心管中，10 000×*g* 离心 1min，弃上清。

（2）清洗　用 PBS 缓冲液清洗细胞沉淀（缓冲液 pH 与培养细胞的 pH 一致）。

（3）前固定　用 2.5% 戊二醛固定液（上述 PBS 缓冲液配制）悬浮细胞，4℃固定过夜，10 000×*g* 离心 1min，弃上清。

（4）清洗　用 0.1mol/L 磷酸缓冲液（pH7.2）清洗细胞沉淀 3 次，每次 15min。

（5）后固定　用 1% 四氧化锇（上述磷酸缓冲液配制）悬浮细胞，室温固定 2h，10 000×*g* 离心 1min，弃上清。

（6）清洗　用 0.1mol/L 磷酸缓冲液（pH7.2）清洗细胞沉淀 3 次，每次 15min。

（7）预包埋　用 3% 低熔点琼脂糖将细胞预包埋成样品块，使细胞分散，将样品块切成小的组织块。

（8）脱水、树脂包埋、切片、染色　组织块按常规 TEM 样品制备方法，进行乙醇脱水、树脂渗透和包埋、超薄切片、切片染色等。

2. 观察结果与分析

染色的切片在 TEM 下可以观察到细胞核内有大量包裹杆状病毒的多角体（图 4-7）。

（五）水稻分离淀粉粒内部的超微结构观察

1. 样品制备方法

淀粉粒内部超微结构的观察参考 Li 等（2003）的 PATAg（periodic acid-thiosemicarbazide-silver protenate）法，具体步骤如下。

（1）前固定　分离的淀粉在 3% 戊二醛固定液（0.1mol/L，pH7.2 磷酸钠缓冲液配制）中室温固定 4h。

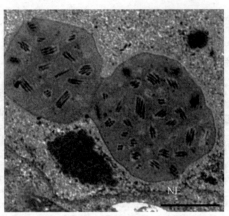

图 4-7 杆状病毒侵染培养的 Sf9 细胞系（Liang et al.，2015）

NE：核被膜；标尺=1μm

（2）清洗 用缓冲液清洗样品 2 次，水洗 2 次，每次 20min。

（3）预包埋 将 3%低熔点琼脂糖熔化，冷却至 40℃左右。固定后的淀粉浆滴加到琼脂糖中，立即混匀，然后在冰浴中冷却固化。将固化的琼脂糖切成小的样品块。

（4）固定 样品块再次在固定液中固定 2h。

（5）清洗 用缓冲液清洗样品 2 次，水洗 2 次，每次 20min。

（6）化学反应 样品块浸没在饱和的 2,4-二硝基苯肼（15%乙酸配制）中室温 1h；水洗 4 次，每次 15min。样品块在 1%高碘酸水溶液中室温氧化 45min；水洗 4 次，每次 15min。样品块在饱和的氨基硫脲水溶液中室温反应 24h；水洗 4 次，每次 15min。样品块在 1%的硝酸银水溶液中暗处反应 3d，这期间每天更换硝酸银溶液。样品块水洗 4 次，每次 15min。

（7）脱水、环氧丙烷置换、树脂渗透和包埋、超薄切片 按常规 TEM 样品制备方法，对样品块进行脱水、环氧丙烷置换、树脂渗透和包埋、超薄切片。

2. 观察结果与分析

超薄切片不经染色，在 TEM 下直接进行观察。水稻淀粉粒内部包含一个疏松的无定形区域和大量通道（图 4-8A），淀粉粒表面的微孔即是通道的开口（图 4-8B）。在高倍镜下，局部区域还可以观察到支链淀粉形成的重复排列的晶体片层和无定形片层（图 4-8C）。

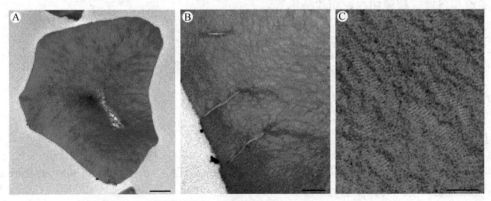

图 4-8 水稻淀粉粒的内部超微结构（Wei et al.，2010b）

标尺=1μm（A）；200nm（B）；100nm（C）

第二节　扫描电镜技术

　　扫描电子显微镜（scanning electron microscope，SEM），是 20 世纪 60 年代发展起来的一种精密电子光学仪器。利用它可以观察固体样品的表面形态，从而得出有关样品的立体结构。其特点是图像景深大、富有立体感、对样品的适应性强。SEM 以其高分辨率和科学的直观性显示出无比强大的魅力，是人类认识微观世界重要的工具。

一、扫描电镜的构造

　　SEM 的结构（图 4-9）主要由电子光学系统（镜筒）、信号检测和显示系统以及真空系统三个基本部分构成。由三极电子枪发出的电子束经栅极静电聚焦后成为直径为 50mm 的电光源。在 1～30kV 的加速电压下，经过 2～3 个电磁透镜所组成的电子光学系统，电子束会聚成孔径角较小，束斑为 5～10mm 的电子束，并在试样表面聚焦。末级透镜上边装有扫描线圈，在它的作用下，电子束在试样表面扫描。高能电子束与样品物质相互作用产生二次电子，背反射电子，X 射线等信号。这些信号分别被不同的接收器接收，经放大后用来调制荧光屏的亮度。由于经过扫描线圈上的电流与显像管相应偏转线圈上的电流同步，因此，试样表面任意点发射的信号与显像管荧光屏上相应的亮点一一对应。也就是说，电子束打到试样上一点时，在荧光屏上就有一亮点与之对应，其亮度与激发后的电子能量成正比。换言之，SEM 是采用逐点成像的图像分解法进行的。光点成像的顺序是从左上方开始到右下方，直到最后一行右下方的像元扫描完毕就算完成一帧图像。这种扫描方式叫作光栅扫描。

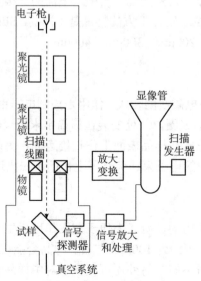

图 4-9　扫描电镜结构原理图

（一）电子光学系统（镜筒）

由电子枪、合轴线圈、聚光镜、偏转线圈、消像散线圈、物镜和物镜光阑等组成。它能产生具有较高的亮度和尽可能小的束斑直径的电子束。从原理上讲，SEM 的照明系统与 TEM 的相似。但不同的是 SEM 有一些独特的要求。例如，经聚光镜作用后到达样品处的电子束应是直径很细的电子探针；电子束能作扫描运动；末级聚光镜的结构应便于信号的收集，等。

1. 电子枪

SEM 电子枪的构造、用途与 TEM 基本相同，仅性能参数稍有差异。SEM 阳极加速电压值不及 TEM 中那样高，通常设定在 1～30kV。生物样品常用 5～20kV。新型六硼化镧灯丝或钨单晶场发射枪性能有很大改善，详见表 4-1。

表 4-1　3 种电子枪的性能比较

种类	钨灯丝	LaB$_6$ 加热式	钨单晶场致发射枪
灯丝尖端直径（μm）	100	1	0.05
交叉斑直径（μm）	20～50	10～50	0.01～1.0
电子束斑直径（nm）	>5	>2.5	<1
真空度（Torr）	<5×10^{-4}	10^{-6}～10^{-7}	10^{-8}～10^{-10}
寿命（h）	30～40	200～3000	>10^3

灯丝合轴线圈、消像散器等构造、用途与 TEM 基本相似。

2. 聚光镜

在电子枪下方装有三级磁透镜，其作用是将电子枪所发射出的 20～50μm 的束斑会聚成 3～10nm 的细小探针，因此称其为聚光镜，其中最下面的一级聚光镜靠近样品，所以习惯上也称为物镜，但它与 TEM 中位于物样下方的物镜是不同的。SEM 一般只有一个可动光阑，即物镜光阑，孔径约为 100μm、200μm、300μm、400μm。

3. 扫描线圈

也叫偏转线圈，由两组小电磁线圈构成，作用是控制电子束在 X、Y 两个方向上有规律的偏转。SEM 中有三处装有扫描线圈，一处安装在镜筒中末级聚光镜上极靴孔内，作用是使电子探针以不同的速度和不同方式在样品表面上作扫描运动；另两处分别装在观察用和摄影用显像管中，用于控制显像管中的电子束在荧光屏上作同步扫描运动。

4. 样品室

这是电子束与样品相互作用的场所。为便于获取作用后生成的各种信号，样品室的空间都较大，可放入最大样品台直径约为 100mm 左右。样品台能在 X、Y、Z、T 和 R 方向作 5 轴驱动，移动的幅度各仪器有所不同。另外还可更换超对中样品台、冷冻样品台、拉伸台和加热台等各种不同用途的样品台。

（二）信号检测及显示系统

1. 信号检测放大器

信号检测放大器的作用是将被检测样品在入射电子束的作用下产生的各种电信号，经视频放大，提供给显示系统作为调制信号。检测器有二次电子检测器、背散射电子检测器和吸收电子检测器，等等。

（1）二次电子检测器 SEM 的眼睛是二次电子检测器，它负责信号的收集和显示。如图 4-10 所示，一般采用闪烁体→光导管→光电倍增管（photomultiplier tube，PMT）系统。收集极位于检测器前方，是一个前端带有金属网罩并加有 200～500V 电压的金属筒。探头由闪烁体和光导管组成。闪烁体是由短余辉荧光粉使其沉积在玻璃片（或塑料片）上制成的；荧光粉层表面镀上铝膜，铝膜要足够薄（100～150nm），允许二次电子通过，铝膜上还要加 10kV 加速电压，吸引二次电子并使二次电子加速具有较高动能。光导管用光学玻璃制成，可以传递光信号，PMT 是一个能将光信号变成电信号并进行放大的装置。

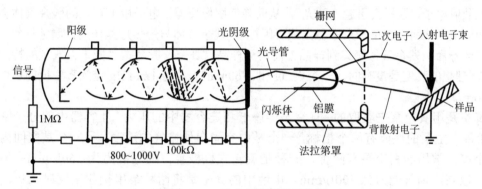

图 4-10 二次电子检测器示意图

（2）检测器工作原理 样品被入射电子激发所产生的二次电子在收集极 200～500V 电位作用下被吸收，由于收集极前端是金属网，可使绝大多数二次电子在铝膜上 10kV 电场力作用下通过并被加速飞向探头。二次电子经过铝膜，撞击荧光粉并激发出荧光（可见光）信号。光信号沿光导管传至 PMT 被转换成电信号并进行放大，输出的电信号虽有 10^6 数量级的增益，但仍较弱，不足以推动显像管显像，因此需将这信号再加以放大。

SEM 中的亮度旋钮是调节视频放大器的基始电平（即 O 信号平衡电压值）的。确定基始电平时，要求在没有信号输入时，荧光屏上刚刚未能见到亮为佳，这时，输入较小的信号时，也能从荧光屏上反映出图像。

SEM 中的反差旋钮是调节 PMT 的工作电压，电压越高，光-电接收灵敏度也越高，对信号的倍增幅度也越大，使强弱信号幅度的差距加大，即增大反差。但工作电压过高，PMT 的固有热噪声、电子散射噪声、闪烁体的噪声将成指数倍地增大，从而使杂散信号叠加在图像信号上而被显示出来。一般要求最佳反差调节是在其信号最强时，能刚使图像达到最亮的程度，但又不产生噪声麻点图像。反差和亮度是相互牵制的，应综合考虑。

2. 图像显示和记录装置

这一部分是 SEM 总体的重要组成结构，其作用是将信号放大器获得的输出调制信号通过显像管转换成图像并摄影记录下来。包括：①显示扫描图像的屏幕和摄影装置。②全部电源及有关电子线路的组件。包括高压电源（用于电子束加速、灯丝加热），透镜电源（用于各级电子透镜励磁），偏转线圈电源（用于电子束偏转），以及一套安全保护电路。③观察和摄影用的一切开关键钮与指示灯和附属单元。

为适应人眼观察习惯，观察用显像管采用长余辉管，而摄影管是短余辉的，二者显示的图像与镜筒内电子束扫描样品是同步的。新型 SEM 观察和摄影同用一支显像管，也有的在同一显像管上同时显示不同倍率或不同性质的图像。显像管本身的分辨率（指每幅能容纳的行数）对成像质量有很大影响。为了提高图像的信噪比，摄影用的扫描速度要慢些。

（三）真空系统

真空系统的作用是为保证电子光学系统正常工作，防止样品污染提供高的真空度。一般情况下要求保持 10^{-5} mmHg 的真空度。如果镜筒内真空度差，气体分子与高速电子相互作用而随机散射电子，这样会引起"弦光"，从而降低图像反差；电子枪中存在的残余气体会产生电离和放电，从而引起电子束不稳定或"闪烁"：残余气体与灼热灯丝作用，腐蚀灯丝，大大缩短灯丝寿命：残余气体聚集到样品上而污染样品。真空一般是指"低于大气压的特定空间状态"，理想的真空是没有的。一个大气压即 760mm Hg，将 1mm Hg 定为真空度的单位，称为"Torr"。

真空是用真空泵来获取的，真空泵能降低相连容器中的压力，使容器中的分子密度降低。衡量真空泵的性能有两个指标，一个是由空间向外排气的速度；另一个是空间内达到的真空度。常用的真空泵有两种，一种是旋转式机械泵，抽气能力为 160L/min；另一种是油扩散泵，抽气能力为 400L/min。电镜中的真空是将两种泵串接起来同时工作，共同完成的。

目前新型 SEM 的真空系统多采用无油机械泵，还有采用机械泵与涡轮分子泵串接完成对镜筒的抽真空。因为专业性较强，不拟逐项介绍。

二、扫描电镜的工作原理

（一）SEM 成像原理

当高速运动的电子照射到固体样品表面时，就会与固体样品发生相互作用，产生各种信号物质，如一次电子的弹性散射、二次电子等信息（图 4-11），这些信息与样品表面的几何形状以及化学成分等有很大的关系。SEM 主要收集二次电子、背散射电子和吸收电子获得样品表面形貌，通过收集的特征 X 射线解析样品中的化学成分。

1. 二次电子图像

电子束与样品作用时，由于样品表面形貌、结构等的差异，各处被激发出的二次电子数量有所不同，从而在显像管的对应位置上以相应的阴暗反差形成样品表面形貌特征的图像，即二次电子图像。

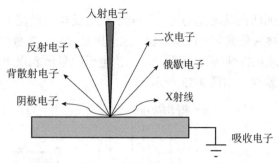

图 4-11　电子束与样品相互作用产生的信号

（1）倾斜角效应　垂直于样品表面入射一次电子时，样品表面所产生的二次电子的量最小。随着倾斜度的增加，二次电子的产率逐渐增加。当入射电子束强度一定时，二次电子信号强度随样品倾斜角 θ 增大而增大。将这一现象称为倾斜角效应，如图 4-12 所示。二次电子产额 δ 与 θ 的关系为：$\delta \propto 1/\cos\theta$。这是因为随着样品倾斜角 θ 的增大，入射电子束在样品表面层 50～100Å（1Å=0.1nm）范围内运动的总轨迹 r 增长，引起价电子电离机会增多，因此产生二次电子数增多。由于在样品表面存在很多的凹凸面，到处存在 30°～50° 的倾斜角，因此，在电镜观察时不一定需要将样品倾斜起来。但在观察表面非常光滑的样品时，则必须把样品倾斜起来。在 SEM 分析时，一般倾斜角不大于 45°，过大的倾斜角会使样品的聚焦困难，并观察不到被阴影部分遮盖的部分。

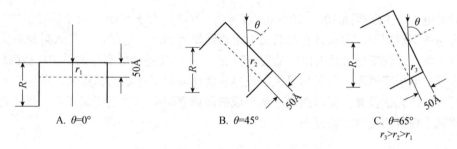

图 4-12　样品倾斜对二次电子信号的影响

（2）边缘效应　在样品边缘和尖端部位射入一次电子时，由于尖端和边缘处的二次电子极易脱离样品，所以产生的二次电子数量多，图像异常明亮，称其为边缘效应。边缘效应能造成不自然反差，降低图像质量，影响观察效果，可采取降低加速电压，减少电子束能量，缩小产生二次电子的范围等措施减少边缘效应的影响。

（3）原子序数效应　实验表明原子序数高的元素被激发的二次电子多，而原子序数低的元素则少，因此在同样条件下前者图像明亮，这一现象叫作原子序数效应。目前，虽对原子序数效应无理想解释，但与背散射电子在样品中的激发作用是有关的。在观察生物样品时，在样品表面均匀地喷镀一层原子序数高的金属膜，就是利用这一效应改善图像质量。

（4）充放电效应　生物样品绝大多数是高绝缘性的，入射电子不能在样品中构成回路导入大地，在样品表面可以积累电荷形成电场，使表面产生电压降，严重影响二次电子图像质量。采用镀膜、导电胶粘贴等导电化处理，可减少充放电效应影响。

（5）样品表面形态的影响　SEM 图像的反差主要是由于样品表面凹凸不平和倾斜度不同，所以二次电子发生量不同而引起的。越是凸出的部位产生二次电子的数量应该越多，图像也明亮。但是样品表面凹凸状态是通过二次电子数量反映到反差上，而二次电子的产生是受多种因素影响的（如倾斜角效应、边缘效应、原子序数效应、充放电效应、加速电压、照射电流、束斑直径、样品理化特性等），因此，由二次电子数量所表现出图像的实际亮度有时与样品实际的表面形状有差异，如图 4-13 所示。

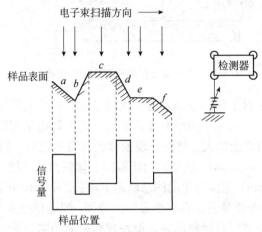

图 4-13　样品表面形状与反差的关系

2. 背散射电子图像

背散射电子产生在样品 500～10 000Å 深度内，其能量大于 50eV，由于经过多次碰撞，所以散射方向是不规则的，但离开样品表面后沿直线轨迹运动。它的产生与入射角有关（所以背散射电子像一定程度也可反映出样品表面特征），但主要是受样品平均原子序数强烈影响，由于密度低，电子穿透深，背散射量大，反差也就比高原子序数的物质大，在平整的表面上提供了可辨别的元素差异。背散射电子所形成的图像有时与二次电子像互补，低凹处亮，高处暗，这对于观察凹处内形貌有利。

3. 透射电子图像

将 SEM 样品台载座改成中心具有穿孔的结构，装入载网，使电子束能以光栅扫描的形式逐点穿透样品，轰击装在样品正下方的检测器使其产生信号，就可在显像管上得到扫描透射电子像。

（二）SEM 的工作原理

SEM 中，由电子枪发射并经聚光镜会聚的电子束在偏转线圈作用下，对样品表面进行"光栅状扫描"，激发样品产生二次电子。二次电子的多少随入射表面的凹凸状态而变化。利用这种现象，二次电子检测器检测其中的二次电子信号，并按顺序、成比例地将其转换为视频信号，信号经放大和处理之后，用来调制阴极射线管的电子束强度，使一点一点的画面，动态地在屏幕上形成扫描图像，这样就可以得到样品表面的凹凸信息。

1. 像素

SEM 的图像是由许多明暗相间的小点组成，这些小点是构成图像的基本单元，称为"像素"。像素愈多，图像质量愈好，如一幅不到十万个像素的传真照片，由于像素间隔大，图像就粗糙，缺少细节，而 35mm 电影胶片中约有 100 万个像素，就觉察不出像素间的间隔，图像就细腻逼真。观察 SEM 图像时，可根据需要选择不同像素数的图像，一般每条线是由 1000 个像点组成，而每幅图像的扫描线可由 200～2000 条中选择（因仪器不同而有差异）。

2. 扫描

电子束对样品表面进行的扫描，是从左到右、自上而下依次进行的。把电子束从左到右的扫描运动叫"行扫描"或"水平扫描"；自上而下的扫描运动叫"帧扫描"或"垂直扫描"。两者速度不同，行扫描比帧扫描快，对于 1000 条扫描线的图像，当行扫描扫完一行时，帧扫描仅完成 1/1000，行扫描回到左边，开始第二行扫描时，帧扫描向下移动 1/1000 的距离。行扫描转行速度虽然很快，但总会留下痕迹，对图像不利，因此转行时需消除回扫痕迹，使其只是显出一条条的横线，这称为"扫描光栅"。光栅越密，行间间隔越小，能呈现出的细节越多，若要求 SEM 图像分辨率高，则扫描线应该多，相应的电子束直径必须细。当行间隔小于 0.1mm 时，人眼就区分不出光栅线条。

3. 倍率调节

SEM 的放大倍率决定于电子束在样品上的扫描面积。例如扫描面积为 1mm×1mm，荧光屏的尺寸是固定的常数如 100mm×100mm，则放大倍率为 100 倍。如扫描面积为 10μm×10μm，则放大倍率为 10 000 倍。保持加到显像管偏转线圈上的信号强度不变（即屏上图像大小不变），改变加到镜筒偏转线圈中偏转电流的大小（改变扫描样品的面积），使荧光屏上图像的面积与扫描样品面积之比发生变化，这样就调节了放大倍率。实际操作是通过电位器改变镜筒偏转线圈中的电流，来调节放大倍率。

（三）二次电子图像的质量

1. 分辨率

决定 SEM 图像分辨率的主要因素是：入射电子束的束斑直径、束流大小和电子波长；镜筒真空度；一次电子在样品中的扩散范围和产生；二次电子的范围。

若束斑直径为 100Å，则成像的分辨率再高也达不到 100Å。要想提高分辨率，首先必须缩小束斑直径，为此要用 2～3 级聚光镜将电子枪发射出的 30～50μm 的交叉光斑缩小为 3～10nm 的探针。探针的电流强度必须保证在 10^{-12}～10^{-11}A 以上。若电流太小，激发出的二次电子数量少，图像过暗，难以区分图像细节。电子波长越短，分辨率越高，电子波长一致才能避免色差。具有高而稳定的真空度，才能保证束流稳定，波长一致。电子束射入样品之后，由于散射作用将向各方向扩散，其形状呈水滴状，其范围大小由入射电子本身所具有的能量、样品成分及性质决定。可采取低压观察薄样品的方法及增加样品导电性、喷镀重金属膜等方法缩小扩散范围。

2. 焦点深度

焦深大是 SEM 的最大特点，SEM 的焦深范围约在 0.1μm～1mm。焦深 l（同后面的焦深）$\approx \pm r/M\alpha_0$。式中 l 为焦深，α_0 为物镜孔径角，r 为图像上人眼能识别的最小距离（0.1～

0.3mm），M 为放大倍率。若增大焦深 l 必须缩小孔径角 α_0，这可通过选用小孔径的物镜光阑或增加样品与物镜之间的距离（工作距离）来实现。

清晰度也是衡量图像质量因素之一，除图像像素数目，精确聚焦和消像散，设立最佳观察条件等因素外，制备样品的方法和质量也对图像清晰度有较大影响。

（四）SEM 的使用

JY/T 0584-2020
扫描电子显微镜
分析方法通则

SEM 是一种精密的大型仪器，涉及电子学、光学、仪器仪表、自动控制、真空和照相技术等。想要发挥其优异性能必须掌握相应的基础知识和操作技能。尽管 SEM 的种类型号很多，但其基本原理、结构和操作步骤大致是相同的。操作的关键在于观察条件的选择和图像的选择。

1. 观察条件的选择

（1）加速电压选择　普通 SEM 加速电压的最高值是 30~40kV，极少数达到 50~100kV，最低值为 2kV、3kV、5kV。应根据样品的性质、图像要求和观察倍率等来选择加速电压。加速电压高时，电子束能量大，二次电子波长短，对改善分辨率、信噪比和反差有益。在高倍观察时，因扫描区域小，二次电子的总发射量降低，因此采用较高的加速电压可提高二次电子发射率，但过高的加速电压使电子束对样品的穿透厚度增加，电子散射也相应增强，导致图像模糊，产生虚影、叠加等，反而降低分辨率，同时电子损伤相应增加，灯丝寿命缩短。

（2）聚光镜电流的选择　聚光镜电流大小与电子束的束斑直径、图像亮度、分辨率紧密相关。聚光镜电流大、束斑缩小，分辨率提高，焦深增大，但亮度不足。亮度不足时激发的信号弱，信噪比降低，图像清晰度下降，分辨率也受到影响。因此，选择聚光镜电流时应兼顾亮度、反差，考虑综合效果。

（3）工作距离的选择　工作距离是指样品与物镜下端的距离，通常其变动范围为 5~40mm，当工作距离大时，样品与物镜之间距离大，样品对物镜光阑张角变小，焦深大。而提高分辨率，须选择小的工作距离。因此进行高分辨率观察时，工作距离一般选择 5mm。

（4）物镜光阑的选择　SEM 最末级的聚光镜靠近样品，习惯称为物镜，多数 SEM 在末级聚光镜上设有一可动光阑，也称为物镜可动光阑。通过选用不同孔径的光阑可调整孔径角，吸收杂散电子，减少球差等，从而达到调整焦深、分辨率和图像亮度的目的。一般在 5000 倍左右可用 300μm 光阑，万倍以上使用 200μm 光阑，高分辨时用 100μm 光阑。

2. 图像的选择与调整

（1）聚焦与消像散　聚焦和消像散是通过旋动粗、细聚焦旋钮和 X、Y 方向的消像散钮调整图像清晰度。调整时，先从低倍开始，聚焦与消像散相互交替进行，逐步提高倍率，直到图像最清晰为止。

（2）亮度和反差　电镜中装有亮度、反差调节装置，只有当反差、亮度合适，才能保证图像细节清晰、反差适宜。

（3）放大倍数　随着放大倍数增大，观察视野相应缩小，因此应根据观察要求选择合理放大倍数，确保图像的整个画面既具有价值，又没有遗漏或杂散景物的干扰。

（4）扫描速度　应根据需求来选择扫描速度，如记录图像时，要求像质高，须采用慢扫描，每拍摄一幅画面须 50～100s，选择视野时需要 1～10s，也可采用电视 TV 扫描或选区扫描（0.2～0.5s）。

三、扫描电镜生物样品制备技术

近年来，运用 SEM 技术取得了越来越多的科研成果。表明仪器本身性能如分辨率和多功能等的不断提高固然重要，但样品制备技术的改良和日趋完善，对 SEM 的应用与发展确实起到了积极促进作用。样品制备的质量，是直接决定 SEM 能否发挥最佳性能并拍出理想图片的关键所在。因此，自 1966 年第一台商品 SEM 诞生以来，SEM 生物样品制备技术问题，一直是电镜工作者们苦心钻研、不断创新的一个重要领域。

（一）SEM 生物样品制备的必要性

SEM 是用来观察样品表面结构的。二次电子像反映了样品表面形貌。因此对 SEM 样品的第一个要求是把待观察的表面完整无损地暴露出来并固定好。

SEM 样品是在真空中进行观察的，因此必须干燥，而且干燥后样品表面不变形，这是对样品的第二个要求。生物样品含水较多，干燥后容易皱缩。因此，在 SEM 样品制备中有专门的特殊干燥方法。

观察时，电子束在样品表面逐点扫描，一般情况下，入射电子数多于从样品表面发出的电子数，因而便有电子在样品表面聚集。如样品不导电，则聚集的电子将会放电产生干扰信号。生物组织多由碳、氢、氧、氮等低原子序数的元素组成，导电性差而电阻较高。因此，对 SEM 样品的第三个要求是样品导电。因此，必须对样品做特殊的处理。

（二）SEM 生物样品制备的基本要求

生物样品具有质地柔软而且含水量高（如水稻浆片含水可达 90% 以上）的特征。因此，在放入高真空的电镜中观察前，必须进行必要的前处理。

针对生物样品的特殊性，在进行 SEM 样品制备时，一般应掌握以下原则。①每一操作过程，都应注意防止对样品的污染和损伤，使被观察的样品尽可能地保持原有的外貌及微细结构。②去除样品内水分，以利于维持 SEM 的真空度和防止对镜筒的污染。但在脱水和干燥处理时，要尽量将样品的体积变化和表面变化带来的皱缩变形降到最低。③降低样品表面的电阻率，增加样品的导电性能，以提高二次电子发射率，建立适当的反差和减少样品的充放电效应。④无论观察组织细胞的表面或内部微细构造，都应注意确认和保护样品的观察面。

（三）生物扫描样品制备的基本程序

SEM 生物样品的制备没有十分固定的方法。样品的制备方法不似 TEM 超薄切片技术那样相对固定，但无论如何千变万化，大体上可归结为观察面剖出法、样品干燥法和导电法等三个方面的不同选择。即均需要经过取材、固定、清洗、脱水、干燥及导电等基本制样程序处理后，才能进行 SEM 观察。其中，可依据样品的类型和特点以及研究的手段和预设的目标，选择合适的方法将样品的观察面剖出，或者选择合适的样品干燥法，又或者选择合适的导电法来制备 SEM 生物样品。

1. 取材

SEM 样品的取材，是整个样品制备过程中的关键步骤之一。其主要要求有以下几点。①取材前应做好药品及器材准备，并根据实验的目的与需要，制定取材方案。每次取材的品种及数量不宜过多，以免延误时间、影响制样效果。②取材部位要准确，取样大小要适当。对于动植物病变组织的取材部位，通常取病变与健康交界部位的组织。对于观察面为面向外界的器官如植物根、叶的取材，它不像 TEM 要求内部结构保存好，因而样品宜尽可能小使固定液能迅速渗入组织细胞使之固定。SEM 观察表面形貌，为了增大观察面积通常选取较大样品，动植物组织取材的三维尺度可以在 $8\sim10mm^3$；高度可达 5mm。在满足所需观察内容的前提下，为提高制样中固定和干燥的质量以及观察的效果，样品块以尽可能小一些为宜。对于观察面为面向体腔的管形或腔形器官如消化道、呼吸道的取材，要注意将待观察面剖出还要不伤及黏膜上皮。③为了使被观察的样品更近于活体状态，材料应尽量新鲜。取材用的刀片要锋利，操作要轻巧敏捷，严防对样品的牵拉、挤压等人为损伤。对于整个观察面都需要人为切割的器官如植物茎的取材，取材用刀片要锋利这一点特别重要，如有条件，用冷冻切片机切的植物茎秆、果肉的效果明显优于徒手切出的观察面。

2. 样品的清洁与清洗

SEM 观察，对样品表面的清洁要求十分严格，在样品制备过程中，应始终注意除去表面的灰尘和其他杂物、清除覆盖于样品表面的黏液、分泌物、组织液、血液、细胞碎片及药物反应沉淀物等所造成的污染，否则不仅会掩盖样品表面的细微结构，甚至会得出错误的结果和判断。

(1) 清洗的方法 应根据样品的特点以及研究的目的选择合适的清洗方法和清洗液。①吹气清扫法：面向外界低含水的样品如木本植物的叶、花瓣、茎等样品，可用吹气球或用除尘器吹净，吹风和清扫的力量取决于样品的硬度和污染的程度。②徒手晃动法：适于比较干净的组织固定后的清洗。具体方法是：将样品放入洁净的玻璃小瓶内，倒入足够量的清洗液（最少为样品体积的 20 倍），按一定方向轻轻摇动小瓶，并反复更换新清洗液，以达到充分清洗的目的。③振荡法或冲洗法：适于表面覆盖大量黏液和杂质的样品固定前的清洗。为提高清洗速度和效果，对一些粘着杂质多而紧密的样品，可利用振荡器进行清洗或用注射器（或喷射瓶）加压冲洗。清洗所用的时间，可根据样品附着物的情况而定。④离心清洗法：适于游离细胞、微生物及其他微小生物样品的清洗。具体步骤是：将固定后的样品转至离心管内，注入与固定液相应的缓冲液，轻轻吹打混匀后离心，弃去上清液，再注入缓冲液，如此重复离心 3~4 次即可。离心法清洗微小生物样品即取沉淀弃上清的过程，要牢记的原则为：尽可能低速离心，尽可能轻缓吹打，以免过大离心力造成样品缠绕、扭曲、变形和吹打力度过大造成样品损伤。⑤超声清洗法：适于表面皱折凹陷多而嵌有细小杂质的样品。在超声清洗时，要注意控制其频率和时间，谨防因强度过大或超声时间过长而引起的样品破碎变形。

一般样品固定后的清洗，大都选用与固定液相对应的缓冲液。动物组织，如动脉壁血液、呼吸道消化道黏液及其他贴附的分泌物，可用蒸馏水、生理盐水、5%碳酸钠溶液或缓冲液清洗。对有油脂分泌物覆盖的动物毛发、蚧虫或有蜡质覆盖的植物松针等，应采用有机溶剂反复浸洗。

（2）清洗时的注意事项　①往容器内添加和更换清洗液时，应沿瓶壁缓缓滴加，移动样品时，要采用牙签贴附法，以避免强力冲击和夹持样品可能出现的损伤。需用喷射、超声或作用较强的溶剂清洗样品时，要严格控制强度和时间，密切观察样品的变化。②在清洗换液过程中，要避免样品暴露于空气中，造成标本的皱缩变形。

3. 样品的固定

为了把生物样品的微细结构和外部形貌真实地保留下来，必须对样品进行固定处理。这对于柔软的组织尤为重要，通过固定还可以使组织硬化，大大增强样品在下一步干燥过程中耐受表面张力变化等物理作用的能力；同时，固定作用还能提高样品对镜筒内高真空和电子束轰击的耐受力。

（1）常用的固定剂　与 TEM 法基本相同，主要包括醛类（戊二醛、多聚甲醛）和四氧化锇。①戊二醛：带有刺激性气味的无色或淡黄色液体。市售戊二醛一般为 25% 的水溶液，pH 在 4.5～5.0 之间。戊二醛的渗透深度约为 0.5mm。一般配制浓度为 1%～6%，常用浓度为 2.5%（pH 7.2～7.4）。戊二醛固定剂特点是对细胞结构具有很高的亲和力，能较好地保存糖原、核酸、核蛋白的特性，对微管、内质网、细胞膜系统和细胞基质具有良好的固定作用。其缺点是对脂质不起固定作用。②四氧化锇：俗称"锇酸"，具有强氧化性，带有刺激性气味的淡黄色结晶，溶于水，有剧毒。极容易被有机物、光线照射等物理或化学因素还原，以至极少量的有机物都可以使锇酸还原成水合二氧化物。锇酸的渗透深度约为 0.25mm。由于它与氮原子有极强的亲和力，所以对脂蛋白、核蛋白有良好的固定作用，对 DNA、RNA、糖原和微管等没有固定作用，而且对酶的活性影响很大，因此在细胞化学和免疫电镜实验中应避免使用。一般贮存浓度为 2%，常用浓度为 0.5%～1.0%（pH 7.2～7.4）。锇酸属重金属氧化物，其锇分子可以保留在固定后的细胞结构成分上，具有增加电子反差（电子染色）作用，所以可提高样品的二次电子发射率和减少样品的充放电效应。其缺点是易氧化，价格昂贵，而且其蒸气对操作者的黏膜也有一定固定损伤作用。③其他固定剂：甲醛（福尔马林）、多聚甲醛、高锰酸钾（$KMnO_4$）等亦可作为 SEM 样品的固定剂，但使用较少。从保存细胞精细结构方面来讲，多聚甲醛的固定效果不如戊二醛，但它的渗透性很强，常用于固定一些致密的样品、脆弱的组织和快速固定，对酶的活性保存优于戊二醛。利用戊二醛和多聚甲醛的特点，可配制成戊二醛和多聚甲醛的混合固定液。高锰酸钾是一种强氧化剂，对磷脂蛋白有很好的固定作用，特别适用于神经髓鞘、叶绿体以及细胞器膜结构的固定。其使用浓度为 0.6%～3%。

（2）固定的温度及时间　一般以在 4℃ 条件下完成固定过程较为适宜。至于固定所需时间，则可因具体情况而异；当戊二醛或四氧化锇作为单独使用的固定剂时（单固定法），戊二醛固定所需时间，对一般软组织超过 4h 即可，对培养细胞和游离细胞可缩短为 30min 左右，四氧化锇的固定时间，一般在 30～60min 之间即可。

（3）固定的方法　在保持样品不变形的前提下，大多数样品（特别是植物样品）采用戊二醛单固定即可。为了加强固定效果，弥补不同固定剂各自的不足，可将几种不同的固定液配合使用。目前，大都主张采用先用戊二醛作前固定，再用锇酸作后固定的"戊二醛-锇酸"双重固定法。即首先用戊二醛固定 4h，经缓冲液充分清洗后，再用四氧化锇固定 30～60min。

（4）固定时的注意事项　①固定时放置样品的玻璃容器必须经过净化和干燥处理，以防止污染或产生其他化学反应。②固定剂的液体量要充分，每一容器内所固定的样品数量要少（最多不能超过 3～4 块），固定期间要间断轻晃容器，以保证样品得到充分固定。③固定液配制后需存入 4℃冰箱内，但最好不要久存，使用前应测其 pH，使其符合固定要求。若固定液偏酸，则会降低固定效果并可导致细胞出现损伤性变化。

4. 脱水

由于 SEM 样品块比 TEM 样品块要大得多，所以 SEM 样品的脱水处理，对于保证 SEM 镜筒的真空度，防止样品在高真空状态下的损伤变形等方面，都有着重要意义。

SEM 样品脱水剂常用乙醇和丙酮。具体脱水操作采取梯度脱水法，即用不同浓度的乙醇或丙酮，逐步取代样品中的水分。脱水剂的浓度由低至高，依次为 30%、50%、70%、80%、90%、100%、100%（干燥的无水 Na_2SO_4）。样品在每一级浓度停留时间为 15min。如果叶片含水量很高，如植物浆片，可将脱水的起始浓度再降低；如果样品块较小，则脱水时间相应缩短；若样品为单层细胞，其每步脱水时间可缩为 10min。在脱水过程中，亦应防止样品暴露于空气中，而发生自然干燥样品变形等问题。

5. 样品的干燥处理

SEM 生物样品制备中，干燥是最关键的步骤。干燥过程除引起样品收缩之外，水的表面张力会使样品表面形貌发生很大的变化，这是观察者所不希望发生的。因此在 SEM 样品制备中，脱水是用表面张力小的乙醇取代表面张力很大的水，从而使干燥过程对样品表面产生的影响较小。然后就是如何设法使样品表面不受或少受表面张力影响的条件下去除乙醇，这个过程就是干燥。目前常用的干燥方法主要有空气干燥法、真空干燥法、临界点干燥法和冷冻干燥法。

（1）空气干燥法 空气干燥法又称自然干燥法，就是将经过脱水的样品，让其暴露在空气中使脱水剂逐渐挥发干燥。此法的最大优点是简单易行和节省时间，它的致命缺点是在干燥过程中，组织会因脱水剂挥发时表面张力的作用而产生收缩变形。因此，此种方法一般只适用于外壳（表面）较为坚硬或具有鳞片及含水分较少的样品，如作物籽粒、颖壳。

在采用空气干燥时，为了减少样品的收缩变形，除使用易挥发和表面张力小的脱水剂如乙醇、丙酮等外，还应使样品得到充分固定，特别是须经四氧化锇固定效果才较好。因为它会使组织变得较为坚硬，使收缩变形减少。

然而，空气干燥引起的收缩并非完全不利，有时可以通过收缩使细胞之间相互剥离，从而能清楚地观察到一个个单独存在的细胞及其表面结构。此外，还可通过细胞成分在干燥时的收缩，观察到细胞内的线粒体、细胞核等成分的存在。但这种机会很少，而且因收缩带来的不利是主要的，所以，目前很少采用。

（2）真空干燥法 本法系将经过固定脱水的样品，直接放入真空环境中如真空镀膜仪内，在低真空状态下使样品内的溶液逐渐挥发，当达到高真空时样品即可干燥。尽管本法简单易行，但由于在真空干燥过程中，样品表面仍受到一定的表面张力影响，因而仍难于避免一定程度的人为假象。现在只是在缺少其他先进干燥手段时，才考虑选用。

（3）临界点干燥法 这是目前认为既可靠而又理想的样品干燥法。有时样品完全是在无表面张力影响下被干燥的，所以，样品形态和微细结构保持得最好。

1）临界点干燥的原理。众所周知，物质有固态、液态和气态 3 种状态，当温度和压力发生改变，物质的状态也会随之发生转换。以液体 CO_2 为例说明临界点干燥的原理（图 4-14）。

液体 CO_2 在密封的容器里受热，随着温度的升高，液体 CO_2 密度降低而气体 CO_2 密度增大；当在某一特定的温度和压力下，气态和液态密度相同，相界消失。这时液面消失了，表面张力为零。此状态称为"临界状态"。此时的温度称临界温度；此时的压力称临界压力。

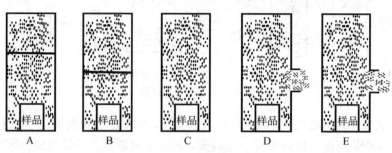

图 4-14　临界点干燥原理

A. 充液（密闭、常温、有一定压力）；B. 加热（密闭、加热、低于临界值）；C. 临界状态（密闭、达临界状态相界消失）；D. 放气（临界状态下排气）；E. 干燥结束（常温、常压、排气完了样品干燥）

利用临界状态下液体不存在表面张力的特点继续对容器加热，保持临界状态情况下以一定速度排放气体 CO_2，直到排尽为止。样品在无表面张力的临界状态下得以干燥。

不同的物质都有其特定的临界点，液态 CO_2 的临界温度为 31.5℃，临界压力为 72.8bar（1bar=1 个标准大气压=10^5Pa）。比较而言，CO_2 临界温度及压力较低、价格便宜，而且保存方便。与氟利昂等其他媒介液相比更符合选择条件，因此普遍使用液态 CO_2 作为临界点干燥的工作液。

2）操作步骤。临界点干燥法所用的仪器结构不甚复杂，操作较为方便，日立 HCP-2 型和莱卡 CPD300 型全自动临界点干燥仪都是国外生产的国内广为使用的仪器。全自动临界点干燥仪设定好程序，先将完成脱水的样品块放置在样品篮中，按一定规律摆放样品篮于临界点干燥仪的样品室内。样品临界点干燥的完整过程包括：从样品室预冷→注入液体 CO_2→置换（20℃，18 次）→气化（35~40℃）→确认压力超 72.8bar，排气（35℃）。整个干燥过程约 1.5 h 即可完成。是最为常用的生物样品干燥方法，已被广泛推广使用。

（4）冷冻干燥法　冷冻干燥（图 4-15）是将未处理的新鲜样品或仅作固定及脱水处理的两类标本，迅速投入液氮中，使样品快速冷冻，而后将样品移入高真空环境中如真空镀膜仪内，让样品中已结为冰的"水分"及其溶剂，在高真空状态下升华，样品亦随之得到干燥。由于在升华过程中，组织内水分由固态直接转化为气态，因此不存在气相与液相之间的表面张力对样品的作用问题，故对样品损伤较小。因此，能较好地避免或减少了在干燥过程中对样品的损伤。但冷冻干燥法存在着费时间（有时达数小时或几十小时）、需要特殊的低温条件、易出现冰晶损伤等缺点，因而影响了推广应用。目前，市场上有冷冻真空干燥一体机出售，该仪器可以让预冷冻的样品在保持低温的状态下提高持续抽真空得以干燥。该仪器适合低含水的作物成熟籽粒的胚乳和无细胞结构的提取物如淀粉，以及有原位元素分析需求的样品。

1）含水样品直接冷冻干燥法。此法相对于临界点干燥有其明显优点，即能直接使含水样品冷冻干燥，不需要用有机溶剂脱水和置换，避免了无极性溶剂对样品成分的抽提作用，因此，不会使样品收缩和膜结构或表面物质产生穿蚀。如用此法干燥植物叶的样品，叶面角质层能保持自然状态，从而得到好的实验结果。

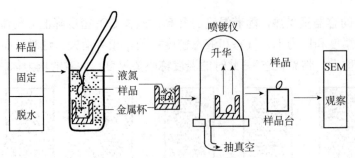

图 4-15　冷冻干燥原理

但这种方法也有其不足之处，就是干燥时间太长，如单层细胞也要几小时才能达到干燥，而几毫米厚的组织块可能要持续干燥一至数天，同时要判断是否干燥也较为困难，冰冻过程中会形成冰晶，使细胞成分因受冰晶挤压而产生移位和变形，造成人为的网状结构。因此必须采取一些防止这一不良情况产生的措施，以使样品的损伤减少到可以忽略的程度。

为了防止冰晶的形成，可采用以下办法。①用骤冷剂提高冰冻速度。常用的骤冷剂有氟利昂 12 和氟利昂 22；此外，液态-固态氮的半凝固状混合物的温度可低至-210℃，因此可作为骤冷剂。②用冷冻保护剂如二甲基亚砜、甘油、明胶或氯仿处理样品，能抑制水分子集合成冰晶和限制冰晶的大小，以保护样品免受冰晶的损伤，尤其以氯仿处理的效果为好，因为氯仿易于挥发，不留在样品表面而影响观察。

2）样品脱水后的冷冻干燥。这种方法是用乙醇或丙酮脱水后过渡到某些易挥发的有机溶剂如乙醚、氯仿、氟利昂 113 等中，然后连同这些溶剂一起冰冻并在真空中升华（直接用于脱水的乙醇作为冰冻干燥剂也有效）而达到样品干燥。这种方法相对于前一种方法有下列优点：即有机溶剂在冰冻时形成非晶体固态，不像水那样结冰时膨胀，因此不会产生冰晶对样品的损伤。有机溶剂能以比水快得多的速度从固态中升华，因此，干燥时间比上一方法短得多，不需要专用的冰冻干燥装置，只用普通的真空干燥器加一块金属块作样品台即可。但此法也有不足之处，就是有机溶剂对样品成分有抽提作用，易造成部分内含物丢失。

此法的操作程序与前法基本相同，只是无需用冷冻保护剂处理而已。

近 10 年，SEM 已有样品冷冻传输台作为附件可供选择。英国 Quorum 公司 SEM 冷冻传输 CryoSEM 附件不仅可完成样品冷冻和干燥，还可完成金属镀膜等处理程序，给操作人员带来很大的方便，而且样品损伤也小。

6. 样品的粘胶与安置

SEM 样品完成干燥后，需用导电胶或普通双面胶将样品粘牢，安置在金属样品台上。碳导电胶因增加导电性能和减少充放电效应等特点，是细菌粉末和细胞爬片等生物样品粘样所必备的。对于肠道、气管和叶片这一类粘贴面不平整的生物样品，普通双面胶可以将样品粘得更牢；或者采用细银粉加入少量胶性物质，再与丙酮或聚乙烯醇等有机溶剂混合，自行配制导电胶粘样。对不镀膜而直接观察的样品，必须用导电胶来粘固。

SEM 样品的粘胶与安置，是一项需要认真细致操作的重要步骤，操作过程中，应注意以下几点。①样品的大小和不同形状，采取相应的粘胶方式。要确实贴牢，但不能因涂胶过多而掩盖所要观察的结构。②安放样品以前，确实认准样品的观察面，要保证观察面向上，以免因错位而造成样品的毁坏。③经过脱水和干燥处理后的样品，具有脆而易碎的特点，故在胶粘时必须动作轻柔，安放准确，防止粗暴或反复夹持样品。④淀粉类粉末样品粘胶时应尽量避免成团，否则观察时会出现电荷积累和晃动等现象而影响观察效果。淀粉样品，可用无水乙醇制成稀的悬浮液，然后滴在 10mm×10mm 的导电玻璃上；或在样品台上粘上双面胶纸后，用枪头蘸取少许粉末样品，缓缓、小幅旋转手中枪头将样品轻落在样品台胶带纸上，然后将样品上多余的及未粘牢的粉末样品敲去。

总之，不论是哪类样品，都应达到粘胶牢固，便于镀膜和图像背景美观清晰的要求。

7. 样品的导电处理

生物样品、特别是经过干燥处理的样品，其表面电阻率很高（导电性能很差），当接受电子束照射时，极易造成电子的堆积。此时，受到电子束照射（轰击）的部分样品表面，形成了负电荷区，可对随之而来的初级电子束产生排斥作用，并能改变样品本身的二次电子运动方向，因而在显示荧光屏上出现忽明忽暗、图像模糊不清等现象。人们把上述情况称为放电效应，俗称"打火"现象。此外，生物样品多为 C、H、O、N、P、S 等原子序数较低的轻元素组成，因此不仅二次电子的发射率低，而且不能耐受电子轰击，这样就难以得到反差适当的理想图像，更无法实现高倍率 SEM 观察。鉴于上述情况，为了增强生物样品的导电性能，提高二次电子发射率及耐受电子轰击的能力，必须对样品进行增加导电性能的技术性处理。目前，对生物样品的导电处理，主要为表面镀膜法和组织导电法，表面镀膜最常用的方法有真空蒸发和离子溅射两种方法。

一般金属层的厚度在 10nm 以上，不能太厚。镀层太厚就可能会盖住样品表面的细节；假如样品镀层太薄，对于某些表面明显起伏的生物样品，不容易获得连续均匀的镀层，容易形成岛状结构，从而掩盖样品的真实表面。

（1）真空喷镀法　真空喷镀一般是在 $10^{-5}\sim10^{-7}$Pa 左右的真空中蒸发低熔点的金属。一般经常采用的是蒸镀金属金薄膜，但当要求高放大倍数时，金属膜的厚度应该在 10nm 以下，一般可以蒸镀 Au-Pd（6∶4）合金。这样可以避免岛状结构的形成。从经验上看，先蒸发一层很薄的碳，然后再蒸镀金属层可以获得比较好的效果。

（2）离子镀膜法（ion coating）　又称离子溅射（ion sputter），离子溅射是常用的增强生物样品导电性能比较理想的表面镀膜方法。与真空蒸发相比，当金属薄膜的厚度相同时，利用离子溅射法形成的金属膜具有粒子形状小，岛状结构小的特点。

1）离子镀膜的工作原理。尽管各厂家各型号的离子镀膜机外观各异，但其基本原理和构造相同。其溅射原理见图 4-16：在真空罩的顶部和底部分别装有阴极和阳极，阴极的内表面覆盖一层镀膜所用的金属箔片（由金、铂、金-钯或铂-钯合金制成，又称作金属靶）；样品放在下面的阳极上，真空罩事先通入氩、氖、氮等惰性气体，亦可用新鲜空气代替。当罩内真空度达到 $1\times10^{-1}\sim1\times10^{-2}$ Torr 低真空时，在两极间加以 1000～3000V 的直流电压。由于电场的作用，使真空罩内残留的气体分子被电离为阳离子和电子，它们则分别飞向阴极和阳极，并不断地与其他气体分子相碰撞，表现为紫色的辉光放电现象。此外，阳离子又可轰击阴极上的金属靶，使部分金属原子被溅射出来，这些金属原子在电场的加速作用和气体分子的碰击下，可以不同的方向和角度飞向阳极，并呈漫散射的方式覆盖在样品的表面，形成一层连续而均匀的金属膜。

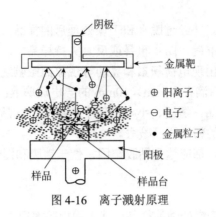

图 4-16　离子溅射原理

2）离子镀膜的技术要求。

①确实做好样品的预处理：样品在离子镀膜之前，必须进行严格的脱水、干燥等前处理。若样品干燥得不充分，金属离子不仅不能很好附着，反而会损伤样品，特别是能放出内含的有机气体，这些有机气体受电离而分解，会给样品带来"黑化污染"。

②控制离子溅射条件：样品要放在金属靶极的正下方，样品的数目不限，磁控式离子溅射仪仅需注意总面积不超过靶极面积即可。

离子溅射速度与样品到靶极的距离成反比，距离愈大溅射的速度愈慢。当两极之间的电压与样品到靶极的距离不变时，可通过对溅射时间的控制来掌握镀膜厚度。

阴极与阳极之间的电压选择，随靶极金属的溅射率而异，金的溅射率较高，电压可定为 800～1200V，铂的溅射率低，需用 1800～3000V 电压。铂和铂-钯合金的溅射镀膜，比金及其合金的颗粒细，更适合于高分辨 SEM 观察。

③防止溅射镀膜对生物样品的损伤：在溅射镀膜时，非导电样品位于辉光放电的光柱之中，飞向样品（阳极）的电子流可使其带有负电荷。部分阳离子亦会被吸过来。这样，样品在交错下来的阳离子和电子的冲击下，容易受到损伤。如果在镀膜之前，使样品稍具一定的导电性（如采用锇酸固定，单宁酸组织导电染色以及样品喷碳等方法），便可起到减少离子的冲击，防止样品损伤的作用。

须知，不同种类、不同部位生物样品具有不同的性质和不同的特点，有的比较坚硬，如骨骼、牙齿、指甲、毛发、贝壳、昆虫等；也有的比较柔软，如动物消化道、呼吸道等；还有的幼嫩多汁，如草本植物的根、茎、花柱、浆片等。因此，其处理方法和程序也不尽相同。主要分两大类，一类为含水量少的硬组织，如毛发、牙齿及植物的花粉、孢子、种子、昆虫等。此类样品一般含硅质、钙质、角质、珐琅质、纤维素和几丁质等成分，所以通常只需要对其表面清洁、粘胶、导电等简单处理即可进行观察。如要观察其断面或内部结构时，经断裂、解剖或酶消化、蚀刻等再粘胶、镀膜处理，即可进行观察拍照。另一类为含水分较多的软组织，如大多数的动植物器官、组织及细菌等均属此类。对于此类样品，在金属镀膜前，一般都需经过固定、脱水、干燥等处理，如不经处理或处理不当，就会造成样品损伤和变形，出现各种假象，因此对每一处理步骤都应给予重视。

（3）组织导电法　为了避免离子溅射法在抽真空和热辐射等因素给生物样品可能带来的损伤，人们又逐渐建立起不经金属镀膜处理的组织导电染色技术（TCT，非镀膜技术）。

1）组织导电技术的概念。组织导电技术是利用金属盐类，特别是重金属盐类化合物，与生物组织内蛋白质、脂类和淀粉起化学结合作用，以达到样品表面离子化、增强样品导电率、防止组织变形损伤及增强样品对电子束轰击耐受力的一项技术。经过这种技术处理和常规脱水后的样品，即使不再进行临界点干燥和金属镀膜，也可送入 SEM 观察。据文献报告，组织导电技术不仅适用于动物组织，也适用于植物 SEM 样品制备。因此，这一技术被认为是一种经济方便，行之有效并很有发展前途的导电处理方法。

2）基本操作程序。样品经常规取材、固定和清洗以后，即可将其浸泡组织导电液中，浸渍的时间与样品的性质、大小及导电液的种类有关，一般质地比较致密、体积比较小和以观察表面结构为主的样品，其浸渍时间较短（30min 至数小时）；体积大而柔软，或以观察内部结构为主的样品，其浸渍时间则应予延长，有的可达几十小时以上。导电液处理以后的样品。要用缓冲液和双重蒸馏水反复充分清洗，经乙醇或丙酮逐级脱水后，就可直接作 SEM 观察。如果把组织导电和脱水处理后的样品，再经临界点干燥或金属镀膜，将会制出更为理想的高分辨生物样品。

3）常用的组织导电法。

①单宁酸-锇酸法：将经过常规取材（或灌流取材）固定的样品，放进 2%～4%单宁酸或该液与 1%～6%戊二醛混合液中（换液两次，表面扫描约需 30min，观察内部结构则需 8h 以上），每次处理后均需充分清洗；然后将样品放入 2%～4%锇酸中 30min 至数小时，经常规脱水及干燥处理，用 SEM 观察。

②硫卡巴肼-锇酸法（OTO）：样品取材后，用 2%锇酸固定 30～60min，经充分清洗，将样品浸泡于硫卡巴肼（二氨基硫脲，缩写为 TOH）过饱和水溶液 10～30min，水洗 15min（重复 2～3 次）以后，再次用 2%锇酸固定 30～60min，最后转入脱水干燥。如果样品块较大时，则需延长组织导电处理的时间（数小时以上）。

4）其他组织导电液。

①硝酸银组织导电液：用 0.1mol/L 磷酸缓冲液将硝酸银配制为 1.5%～3%溶液，4℃，密封，黑暗处存放，处理时间由几分钟至数小时。

②乙酸铀导电液：用 70%乙醇，将乙酸铀配制为 2%的溶液，该液性质同硝酸银液。

③高锰酸钾导电液：用 0.1mol/L 磷酸缓冲液，将高锰酸钾配制为 5%的溶液。该液易保存，但样品处理时间较长，一般在几十小时以上。

④重铬酸钾导电液：用 0.1mol/L 磷酸缓冲液，将重铬酸钾配制为 2%～3%溶液。性质同上液。

⑤碘化钾导电液：将碘化钾 2g，碘 0.2g，共同溶于 100ml 蒸馏水内，最后再加 2.5%戊二醛 10ml 及葡萄糖 0.2g 配制而成。该液作用缓和容易保存，没有沉淀，使用方便；样品处理时由几分钟至数十小时，效果比以上诸液理想。

5）组织导电技术处理的注意事项。

①导电液易产生沉淀。用前最好经微孔滤膜过滤；导电液处理后的样品，要充分洗涤，防止对样品和镜筒的污染。

②经组织导电处理后的样品，具有硬而脆的特点，对以观察表面结构为主的样品，应注意勿损及观察表面；需观察内部构造时，可将样品折断或切断，即可得具有参差不齐断面的

结构图像。

③组织导电处理后的样品，图像的反差较强，在 SEM 观察时，应注意加以调节和控制，以得到反差适当的图像。

④单纯采用组织导电处理的样品，其导电效果和二次电子发射率，目前均不够理想，样品的分辨率亦较差，所以现在多主张与其他镀膜法结合使用。

四、扫描电镜技术在生物学领域中的应用

见图 4-17～图 4-20 所示。

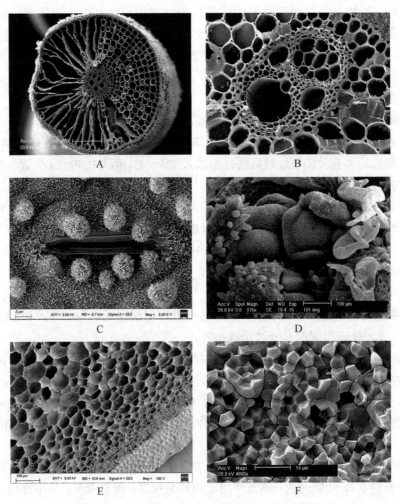

图 4-17　植物样品形貌

A. 水稻根（rice root）；B. 水稻茎节维管束（rice stem vascular bundle）；C. 水稻叶片气孔（stomata）；

D. 烟草花芽分化（tobacco bud differentiation）；E. 黄瓜（cucumber）；F. 水稻胚乳（rice endosperm）

图 A～D 制样方法：清洗→取材→固定→清洗→脱水→临界点干燥→粘样→镀膜→观察；

图 E 制样方法：冷冻切片→取材→固定→清洗→脱水→临界点干燥→粘样→镀膜→观察；

图 F 制样方法：将成熟籽粒掰断，切成合适厚度，自然断面朝上→镀膜→观察

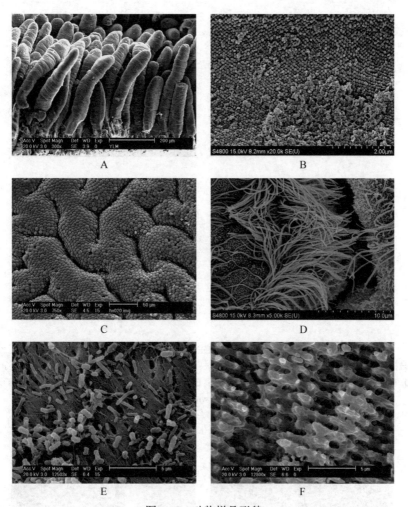

图 4-18 动物样品形貌

A. 小肠绒毛（intestine villus）；B. 小肠微绒毛（microvilli）；C. 中肠（midgut）；
D. 气管黏膜上皮（trachea epithelium，TE）；E. 股骨胶原纤维（collagen fibers in the femur）；
F. 晶状体（lens fibers）

制样方法：清洗→取材→固定→清洗→脱水→干燥→粘样→镀膜→观察；

图 A～D 样品制备要点：去除消化道和呼吸道黏膜上皮表面的黏液

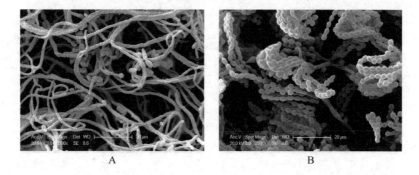

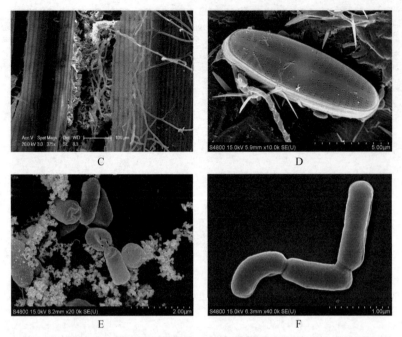

图 4-19　微生物样品形貌

A. 棘孢木霉（trichoderma）；B. 链霉菌（streptomyces）；C. 水稻叶鞘菌丝体（fungi in rice leaf sheath）；

D. 硅藻（a diatom attached to a submerged plant）；E. 大肠杆菌（*E. coli* inhibited by nanomaterials）；

F. 李斯特菌（*Listeria* with a gene knocked out）

制样方法：清洗→取材→固定→清洗→脱水→干燥→粘样→镀膜→观察；

图 A～D 样品制备要点：去除消化道和呼吸道黏膜上皮表面的黏液

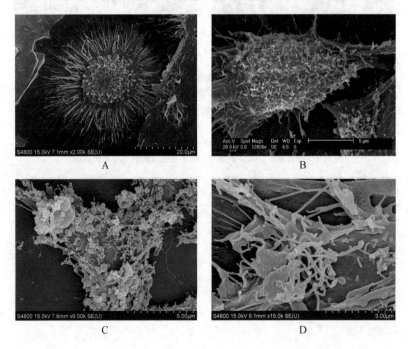

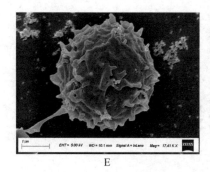
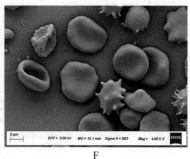

图 4-20　培养细胞样品形貌

A. 破骨细胞（osteoclast）；B. 成纤维细胞（fibroblast）；C. 钙化肌细胞（calcification of vsmc）；D. 干细胞（stem cell）；
E. T 淋巴细胞（T-lymphocytes）；F. 人红细胞和白细胞（human erythrocyte and leukocyte infected with plasmodium）
制样方法：清洗→取材→固定→清洗→脱水→干燥→粘样→镀膜→观察；
图 A～F 样品准备要点：实验材料的准备要用爬片的方法，其他同临界点干燥法

主要参考文献

王金发. 2003. 细胞生物学. 北京：科学出版社.

韦晓英，马彬，吴洪海，等. 2013. 游泳运动对大鼠心房肌细胞超微结构的影响. 中国康复医学杂志，28：319-324.

徐承水，党本元. 1995. 现代细胞生物学技术. 青岛：青岛海洋大学出版社.

D. L. 斯佩克特，R. D. 戈德曼，L. A. 莱因万德. 2001. 细胞实验指南. 黄培堂，等译. 北京：科学出版社.

Carp G. 2010. Cell and Molecular Biology：Concepts and Experiments. 6th edition.New Jersey：WILEY John Wiley & Sons，Inc.

Li JH，Vasanthan T，Hoover R，et al. 2003. Starch from hull-less barley：ultrastructure and distribution of granule-bound proteins. Cereal Chem，80（5）：524-532.

Liang C，Lan D，Zhao S，et al. 2015. The Ac124 protein is not essential for the propagation of *Autographa californica* multiple nucleopolyhedrovirus，but it is a viral pathogenicity factor. Arch Virol，160：275-284.

Wei C，Qin F，Zhou W，et al. 2010a. Formation of semi-compound C-type starch granule in high-amylose rice developed by antisense RNA inhibition of starch-branching enzyme. J Agr Food Chem，58（20）：11097-11104.

Wei C，Qin F，Zhou W，et al. 2010b. Granule structure and distribution of allomorphs in C-type high-amylose rice starch granule modified by antisense RNA inhibition of starch branching enzyme. J Agri Food Chem，58（22）：11946-11954.

Xu A，Wei C. 2020. Comprehensive comparison and applications of different sections in investigating the microstructure and histochemistry of cereal kernels. Plant Methods，16：8.

第五章　荧光显微分析技术

第一节　荧光显微镜

自詹森父子制造出的第一台显微镜（microscope）后，1845 年，英国皇家学会约翰·赫歇尔（John Herschel）发现，加入硫酸的奎宁苏打水在太阳照射下会发出天蓝色的光；1852 年，英国乔治·斯托克斯（George Stokes）将其定义为荧光，并提出荧光可以作为一种分析工具，为超高分辨率光学显微镜的研制奠定了基础。1911 年，德国的奥古斯特·科勒（August Köhler）与亨利·西登托普夫（Henry Siedentopf）将荧光技术与显微镜技术相结合，研制出了世界上首个荧光显微镜。荧光显微镜的分辨率远高于普通显微镜。此后，随着染色方法的改进和荧光蛋白的发现，荧光显微镜得到了极大的发展。

一、技术原理和仪器的基本构造

（一）技术原理

荧光是冷发光的一种，其激发过程几乎是瞬时发生的。该技术敏感性高，主要用于细胞结构和功能以及化学成分等的研究。在荧光显微镜的光路系统中，光源通过由不同滤光片组成的滤色系统后产生了相应波长的光，而此光将作为激发光，激发样品表面或者内部的荧光物质，使这些荧光物质发射出具有其峰值波长的荧光；随后通过物镜和目镜将其放大，使得微弱的荧光在特定背景下也得以辨认。

荧光显微镜也属于光学显微镜。与普通光学显微镜类似，根据物镜相对于载物台的位置，分为正置（upright）和倒置（inverted）荧光显微镜（图 5-1）。正置荧光显微镜的物镜位于标本的上方，其物镜数值孔径（numerical aperture，NA）高，工作距离短，主要用于切片的观察。倒置荧光显微镜的物镜位于标本下方，工作距离长，主要用于培养皿的直接观察，包括组织培养、细胞离体培养和浮游生物食品检验等。

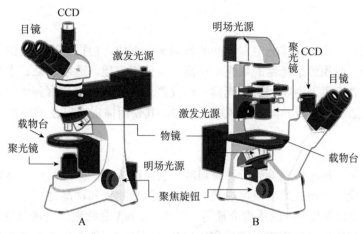

图 5-1　正置（A）和倒置（B）荧光显微镜

（二）仪器的基本构造

不同类型的荧光显微镜的主要构成组件大致相似。荧光显微镜与普通光学显微镜相比有一些特殊的组件，如荧光光源、激发滤光片、双色束分离器和阻断滤光片等，其中激发滤光片和阻断滤光片必须选择配合使用。

1. 荧光光源

一般采用 50～200W 的超高压汞灯作荧光光源。其材质为石英玻璃，中间呈球形，内充有一定数量的汞。工作时，由两个电极间放电，引起水银蒸发，球内气压迅速升高。在电极间放电使水银分子不断解离和还原过程中，发射光量子。超高压汞灯的发射的强蓝紫光使不同种类的荧光物质发光。由于超高压汞灯散发大量热能，因此，必须具有良好的散热条件，工作环境温度不宜太高。

2. 激发滤光片

激发滤光片位于光源和标本之间。由于每种荧光物质均具有一个产生最强荧光的激发光波长，因此，通过使用紫外、紫色、蓝色和绿色激发滤片等滤片，使其仅有一定波长的激发光照射到样本上，而其他光则被吸收。

3. 双色束分离器

允许较长波长的光线通过滤光片，同时反射较短波长的光线。将激发光反射到样品上，并同时只通过来自样品的发射光，传递到检测仪。

4. 发射滤光片

发射滤光片位于标本与目镜之间。每种物质被激发光照射后，在极短的时间内发射出较激发光波长更长的可见荧光。此荧光一般较激发光弱，故为能观察到荧光，需要在物镜后面安装阻断滤光片，使得特异性的荧光得以透过，而吸收和阻挡激发光进入目镜，以免干扰荧光和损伤眼睛。

5. 聚光镜

聚光镜采用石英玻璃或其他透紫外光的玻璃制作而成,根据其适用范围分为明视野和暗视野两种聚光器。明视野聚光器的聚光率不高,但使用方便,适用于低、中倍放大范围的观察,一般荧光显微镜多采用明视野聚光器;暗视野聚光器则可以观察到明视野中不易区分的微小荧光信号,随着科学研究向微观领域的推进,其使用需求也日益增加。

6. 物镜

当光线穿过某一种材料进入另一种材料时,会出现折射。因此,每一种物镜都是针对某一种浸没介质而设计,通过此手段可以最大限度地降低物镜和样品之间的空隙内存在的折射率差异,如盖玻片和样品所处的成像介质等(图 5-2)。NA 是物镜的一种属性,可以指示图像的最高分辨率。其数值部分依赖于物镜和盖玻片之间的材料的折射率。通常情况下,NA 越高,分辨率越高。NA 越高的物镜通常放大倍率越高,并需要使用某些类型的浸没介质。浸没介质用来调整物镜和盖玻片之间的折射率,确保其接近盖玻片自身的折射率。这可以最大限度地减少光线损失,获得更好的图像。

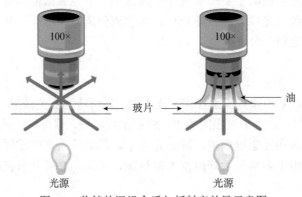

图 5-2 物镜的浸没介质与折射率差异示意图

7. 目镜

在荧光显微镜中多用低倍目镜,如 5× 和 6.3×。研究型荧光显微镜多用双筒目镜,观察方便。

8. CCD

为了满足将荧光显微镜得到的图像数字化信息化,以及更高的图片质量需求,数字 CCD 成像技术发展迅猛,通过与显微镜的配套使用,可以捕捉到十分微小荧光信号,人类肉眼可以观察到的可见光范围为 400~700nm,CCD 则可以检测到 400~1000nm 范围的光信号,拥有比人眼更卓越的成像能力,同时 CCD 可以提高图像的信噪比,获得更高质量的荧光图像。

(三)荧光显微镜的分类

根据光路系统的不同,荧光显微镜可以分为透射式和落射式(epifluorescence microscope)两种荧光显微镜。

（1）透射式荧光显微镜　属于旧式荧光显微镜，激发光源经聚光镜后，穿过样本材料，从而激发荧光。该显微镜在低倍镜时荧光强，但随着放大倍数的增加，其荧光减弱，对观察较大的样本材料较好。

（2）落射式荧光显微镜　这是近代发展起来的新式荧光显微镜（图 5-3），与透射式不同的是，从光源发出的光射到激发滤光片后，短波长的光由于双色束分离器滤镜（与光轴呈 45°角）上镀膜的性质而反射，并垂直射向物镜，并经物镜落射到样本表面，使样本受到激发，这时物镜起聚光器的作用。处在可见光区的荧光可透过滤镜而到达目镜观察，即作为照明聚光器和收集荧光的物镜为同一物镜。

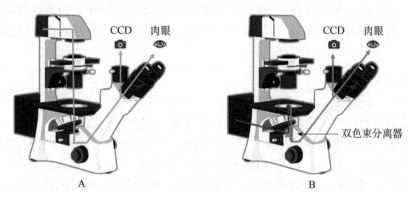

图 5-3　落射式倒置荧光显微镜的光路图
A. 明场照明的光路设置，照明光不穿过物镜，只有来自样品的透射光穿过物镜；
B. 激发光穿过滤光片和物镜到达样品，发射光穿过同一物镜和滤光片到达检测器

二、样品制备

样品的制备要求主要包括：①要有明确的可观测的结构，可通过反差或染色标记方式分辨。②比较好的保持原有的结构或特性（固定或活体培养）。③制备过程中不要引入干扰正常结构的物质。④以正确的可观测容器盛放（封片或活体培养）。⑤一般用厚度在 0.8～1.2mm 之间的载玻片。太厚则光吸收多且不能使激发光在样本上聚集。载玻片表面必须光洁，厚度均匀，并且无明显自发荧光。⑥盖玻片厚度一般在 0.17mm 左右，并且表面光洁。⑦组织切片或其他样本的厚度一般在 5～10μm。⑧封裱剂常用甘油，必须无自发荧光，无色透明，荧光的亮度在 pH8.5～9.5 时较亮，不易快速褪去。⑨一般暗视野荧光显微镜和用油镜观察时，必须使用镜油，最好是无荧光镜油，也可用甘油代替，液体石蜡也可用，但折光率较低，对图像质量有影响。

（一）组织或细胞固定

样品固定的目的是尽可能最大程度的保存细胞形态结构和物质组成的原有状态，防止细胞死后发生自溶或破坏，以便最大限度地反映固定前的生命活动，同时对细胞自身也起到了一定的固定作用。不同来源的组织或细胞，可根据实验条件和目的采用不同的固定方法。常用的包括液氮冷冻法和化学试剂固定法。

液氮冷冻法较为简单，采取新鲜组织后，即可放入液氮内保存待用。

化学试剂固定法常用的固定剂包括甲醛、多聚甲醛（paraformaldehyde，PFA）、戊二醛、丙酮、乙醇、甲醇等。其中 4% PFA 在细胞免疫荧光染色中最为常用。小鼠、大鼠等实验动物经生理盐水和 4% PFA 灌流，切取小块组织，组织块尽量小于 1cm×1cm×1cm，置于 4% PFA 内 4℃固定，可根据样品大小和密度调整固定时间，20min 至 12h 不等。然后用 PBS 冲洗 3 次，每次 10～30min，置于 20% 蔗糖中 4℃浸泡 1h 以上，样品下沉后，即可进行冷冻切片。

丙酮的组织穿透性强，可使蛋白沉淀，抗原固定较好，但对核固定较差，固定效果弱于多聚甲醛，且使细胞收缩严重，多用于细胞爬片。95% 乙醇脱水性强，但同时也易引起组织收缩、变硬，能沉淀一部分蛋白。甲醇的固定时间快，细胞收缩小，细胞核保存较戊二醛的反应速度快，是优良的前固定剂，但它的渗透速度较慢。因此，不同的蛋白应选用其适用的固定剂。

（二）组织切片或细胞压片

观察组织样品时需要制作组织切片。常用冷冻组织切片和石蜡切片。

石蜡切片适合需长期保存的标本，且组织细胞形态结构保持较好；但进行免疫荧光染色时需脱蜡、抗原修复，操作烦琐，石蜡自发荧光强，影响实验结果，且脱蜡过程中使用的二甲苯具有一定毒性，易对操作者造成损害。冷冻组织切片可尽量保持组织样品的抗原活性。冷冻方法可根据固定和保存条件不同而不同，但主要原则为加快冷冻速度以减少组织在冷冻过程中冰晶的形成。组织冷冻后，使用冷冻切片机将组织切成 5～15μm 的切片，粘贴于处理过的载玻片上，进行后续实验操作，或放入载玻片盒，−80℃密闭保存。冰冻切片适合对新鲜组织的制片，需要立即固定，染色效果较好，且避免石蜡自发荧光，尤其有利于临床快速诊断；但所制得的切片较厚、能够保存的时间短并且冰晶的形成会造成抗原弥散。震荡切片则不需冷冻或包埋，可以切较大的组织且细胞活性保持较好，但所得的切片较厚。

对于细胞薄片培养、微小生物压片和植物压片等，要求单层，并能很好地贴附在样品池中。细胞可选择直接培养在薄底的培养瓶中，组织标本无论是冰冻切片还是石蜡切片，均为越薄越好。

（三）透膜处理

如果需检测的目的蛋白属于胞内蛋白或者抗原抗体结合位点位于胞内的跨膜蛋白，抗体孵育前需进行透膜处理。

免疫荧光染色最为常用的透膜剂是一种非离子型表面活性剂（Triton X-100），其能够溶解脂质，增强细胞膜的通透性，便于抗体进入细胞内透膜的具体操作为加入 0.1% Triton X-100，室温透膜静置 15min。透膜剂能够溶解脂质，增强细胞膜的通透性，便于抗体进入细胞内。处理时间及透膜剂浓度都应适中。结束后洗涤，方法同细胞固定液的洗涤。

（四）样品封闭

封闭处理的目的是减少抗体与非特异性抗原的结合，常用的封闭液有 1%～5% 的 BSA 溶液、脱脂奶粉溶液或血清溶液。根据不同的实验需求，封闭的时间和条件可以进行适当调整。

（五）免疫荧光染色

除了荧光染料的直接标记外，免疫荧光染色是常用的标记方法，分为直接法和间接法。直接法是用偶联荧光标记物的抗体直接染色，该方法操作简单，特异性高，非特异性染色少；间接法是先用未标记的一抗与抗原反应，再利用荧光标记的二抗与一抗结合，该方法操作相对复杂，但灵敏度高，染色灵活，应用更广泛。在选择抗体方面，单克隆抗体特异性高，多克隆抗体对于低表达的蛋白更容易检出。在标记过程中需要注意以下几点。①荧光染料的选择应与荧光显微镜的配置相匹配，在进行多重染色时，应尽量选择激发波长或发射波长相差较大的组合，以便区分。②溶液 pH 对荧光强度影响极大，染色时需注意染色剂的最适 pH。③为了获得良好的效果，荧光染色必须在适当的温度下进行。有些荧光素在 20℃时开始出现猝灭作用，且温度越高，猝灭作用越强，甚至发生完全猝灭。④为防止抗体失活及荧光素的脱落或猝灭，荧光抗体应适量分装，避光保存。⑤在染色时，增加染液的浓度，荧光亮度增加。当溶液浓度增加到一定程度时，荧光亮度达到最大。此时再增加浓度，荧光亮度会由于色素分子间相互作用形成缔合分子的猝灭作用而下降。⑥能够引起荧光猝灭的物质主要包括卤酸盐类（碘离子作用最强，其次为溴离子，作用最小的为氯离子）、具有氧化作用的物质（如氨基苯、没食子酸、硝基苯等）和某些金属离子（如铁离子、银离子等）。⑦物质分子和荧光素以化学键的形式结合，如果吸收的激发能超过了它的结合键的结合力，可能会使结合键断裂，使荧光发生褪色（猝灭和漂白）。此时应降低激发光的强度。

（六）洗涤

洗涤的目的是去除上一步骤残留的物质。在细胞进行固定处理前要用 0.1mol/L PBS 洗涤以减少细胞的应激和去除附着的杂质。固定后和透膜后各洗涤 3 遍，每遍 2min，去除其中的固定剂和 Triton X-100。封闭后的封闭液无须洗涤，只需用移液器吸净。孵育二抗前，要充分洗净一抗，防止二抗与残留的一抗结合，影响结果的准确性，也可减少背景色。二抗孵育结束后，充分洗涤残留的二抗。

（七）封片

封片时添加少许防猝灭剂可防止样品猝灭。常用甘油和 PBS 等量混合，因每种荧光染料适应于不同的 pH，建议封闭液使用前调整 pH 直至荧光染料的最适 pH。目前商品化的防猝灭剂有 ProlongGold、Mowiol、Vectashield 和 DABCO/NPG 等。使用不同的封片剂具有不同的时长和不同的对染料光谱特性的影响，需根据拍摄需求和荧光染料的特性选择合适的封片剂。如果临时封片，也可以封于 50% 甘油中。

三、荧光显微镜的应用

（一）荧光显微镜技术的功能

1. 细胞形态学分析

某些样品在常规光学显微镜下（明场下）无法被有效地观察，但经光学探针染色后，在荧光显微镜下，可以观察细胞形状、周长、面积、平均荧光强度及细胞内颗粒数等，还可以观察细胞的溶酶体、线粒体、内质网、细胞骨架、结构性蛋白质、DNA、RNA、酶和受体分子等细胞内特异结构形态，以及细胞骨架等。

2. 荧光强度分析

用细胞荧光测定技术测量 DNA 是荧光显微技术和细胞光度技术相结合的产物，标志着前者由定性向定量测定发展。常用的有吖啶橙荧光染色测定 DNA 与 RNA 含量、溴化乙锭（ethidium bromide，EB）和碘化丙锭（propidium iodide，PI）染色观察 DNA 结合以及 DAPI 与细胞核 DNA 结合等。可以用于原位分子杂交、肿瘤细胞凋亡观察、单个活细胞水平的 DNA 损伤及修复等定量分析。

3. 特定成分的定位及动态观察

荧光是冷发光的一种，能量较低，对细胞损害较小，通过荧光观察可以对活细胞中的蛋白进行准确定位和动态观察。荧光显微镜可实时原位跟踪特定蛋白在细胞生长、分裂和分化过程中的定位，观察蛋白质相互作用和空间结构改变，动态观察蛋白质分泌过程，如蛋白激酶 C 的膜转位等。

4. 细胞内钙离子和 pH 动态分析

荧光显微镜可以更快速的捕捉物像，适用于各种快速进行的动态观察，因此广泛应用于钙离子成像技术，如钙流、钙火花现象的捕捉。用荧光探针标记样本中的钙离子，根据样本中的荧光探针特性单色光源发出单色光，诱发出荧光。然后根据荧光特性即可分析样本中的钙离子浓度，从而反映细胞活动。这对于研究细胞内动力学有重要意义。

（二）荧光显微镜的使用和图像拍摄

在使用过程中应该注意以下几点。①在暗室中开启超高压汞灯等待 5～15min 后，待光源稳定且眼睛适应暗室环境后再进行观察。②在对光源进行调节时，需佩戴护目镜工作并且避免眼睛直视紫外光源，防止紫外光源对眼部造成不可逆的损伤。③每次荧光显微镜的观察时长以 1～2h 为宜，并应尽量缩短时长；样本在接受紫外光照射 3～5min 后，荧光会发生衰减和猝灭，故对暂时不需要进行观察的样本应使用遮挡板遮盖激发光。④荧光显微镜的超高压汞灯的使用寿命有限，一天中应避免多次重复开机。当关机再用时，必须待灯泡充分冷却后才能打开。电源应安装稳压器，不稳定的电压会降低光源的寿命。⑤样本染色后应及时观察以免染色后时间过长荧光猝灭。

（三）数据分析

1. 形态学分析

荧光显微镜可以用于观察细胞的形态、结构、分布等。形态学分析主要包括原位检测核酸、蛋白和其他大分子以及细胞器等，同时可以对其细胞形状、周长、面积、平均荧光强度、数量等进行测定。可运用 Image Processing Pre-Filter、Adjust Threshold、Binary Processing Pre-

Filter 等工具选择合适滤镜、调节阈值，滤镜进行进一步处理，用 Binary lmage Editing 增加或擦除目标，使用 Measure Frame 中的 Define manualy，框选出较小的一块区域进行分析，避免测量错误带来的干扰。点击 Measurements 开始测量，可以得到目标的多项数据，并且还可以在工具栏中添加我们所需要的其他数据。接下来使用 Track Particles 分析和跟踪粒子，即可看到整个拍摄过程中目标运动的轨迹。还可以选择 Classifier 根据各种测量参数对目标进行分类，帮助识别复杂数据集中的模式。在 Measure 里含有多种测量工具可以对目标的细胞形状、周长、面积、平均荧光强度、数量等方面进行精准测量。

2. 用于面积测定和计数研究

通过 analyze 中的工具可用于细胞计数和蛋白计数。在计数前，应对导入的图像先进行滤镜处理和阈值处理。阈值处理能通过调节将需要识别的图像选在特定区域。滤镜系统包括图像预处理器（image processing pre-filter）、R 语言分析前滤镜（Binary Processing Pre Filter）等。通过这些滤镜可以调节值域的灰度值，剪切无研究价值的图像、对图片边缘进行平滑处理、填补染色时透明的部分等。例如，在细胞核的 DAPI 染色中，通过滤镜可以填补染色时透明的部分，使图像呈现一个完整的细胞结构。经滤镜处理后的图像荧光信号更易被系统识别，分析图像时，可以分析整张图像，也可以选取局部图像进行分析。软件会对目标图像上的细胞进行自动编号，获取其面积、长度、形状因素和平均荧光强度等参数，可以根据不同参数进行升降序、轨迹等分析。此外，还可以通过自定义数据对图像数据进行集群处理，以用于细胞计数研究。

第二节　激光共聚焦显微镜

1957 年，美国科学家 Marvin Minsky 首次介绍了激光扫描共聚焦显微镜（laser scanning confocal microscopy，LSCM）技术的基本工作原理。但由于当时图像质量不高，并没有得到足够的关注。1967 年，Egger 结合尼普科夫盘技术和拉曼光谱学理论成功地利用共聚焦显微镜得到一个光学横断面，但由于尼普科夫盘技术尚不成熟，当需要拍摄较为复杂的立体结构时，成像模糊，在实际应用中仍存在较大缺陷。直到 1987 年，White 等用免疫荧光标记法获得胚胎大分子物质的清晰图像，标志着 LSCM 技术日渐成熟。现在 LSCM 已经发展为一项成熟的高分辨率光学显微镜技术。

随着科学技术的飞速发展，生物等领域对纳米尺度的微结构观测与分析的需求，对显微分辨率提出了更高的要求。但由于光学衍射的限制，通常显微镜的分辨率只能到达 220nm 左右。20 世纪 90 年代以来，科学家们一直致力于寻找提高分辨率的方法。1994 年，德国科学家斯特凡·W·赫尔（Stefan W. Hell）提出的受激发射损耗显微术（stimulated emission depletion microscopy，STED）经过不断的改进与发展，已广泛应用于生物医药领域。光活化定位显微镜（photoactivated localization microscopy，PALM）和随机光学重建显微镜（stochastic optical reconstruction microscopy，STORM）技术也是突破光学衍射极限的方法。其都利用单个分子成像的原理，通过重复拍摄，利用单个荧光分子位置叠加来还原位置结构信息。2014 年，诺贝尔化学奖授予了美国科学家埃里克·白兹格（Eric Betzig）、威廉·E·莫纳尔（William E. Moerner）和德国科学家 Stefan W. Hell，以表彰他们在超高分辨率荧光显微镜方面做出的跨时代贡献。此外，传统的共聚焦显微镜技术使用线性（单光子）吸收过程产生的对比度，仅限于组织表面附近（100μm）的高分辨率成像，而在更大的深度、强度和多光散射的图像较为模糊。而双光子激光扫描显微镜与体内荧光标记技术相结合，实现了高深度（700μm）、低损伤成像，在完整的组织和活体动物中开辟了快速扩展的成像研究领域。

一、技术原理和仪器的基本构造

（一）技术原理

LSCM 是以荧光显微镜成像为基础，通过加装激光扫描装置，利用计算机进行图像处理，提高了光学成像的分辨率。其原理是：由激光器发射特定波长的激发光，通过针孔（pinhole）形成点光源聚焦于样品的焦平面上，然后被二向色镜反射，对焦平面上的样本进行逐点扫描，采集点的光信号经探测孔聚集后，由 PMT 探测收集处理后输出到计算机上成像，通过载物台在 x、y、z 方向上移动实现线、面、三维成像。由于照明针孔与探测针孔相对于物镜焦平面是共轭的，只有焦平面上的点可以同时聚焦于照明针孔与探测针孔，即共聚焦（图 5-4）。

与荧光显微镜相比，LSCM 具有如下技术优势。①传统荧光显微镜使用汞灯或氙灯的光线照明，图像可以用肉眼直接观察，但当荧光样本稍厚时，其在焦平面以外的荧光结构模糊。而 LSCM 采用的多为 PMT 或 hyD 相机，比荧光显微镜的 CCD 相机的分辨率大大提高。②LSCM 选用激光作为光源，由于激光的光谱较窄，能量高，分辨率高，即使微弱的荧光也能够捕捉到。③LSCM 采取顺序扫描方式，即在采集不同染料荧光时，按顺序使用不同激发光激发，避免了激发光对不同荧光染料的交叉激发影响。④LSCM 利用放置在检测器前的探测针孔实现了点探测，光路中的扫描系统在样品焦平面上扫描，产生一幅完整的共焦图像。载物台沿着 z 轴上下移动，就可得到样品不同层面连续的光切图像，即光学切片。将这些连续的光学切片扫描图通过软件进行三维重建，便可得到其三维立体结构，从而十分灵活、直观地进行形态学观察，并揭示亚细胞结构的空间关系。

双光子激发的基本原理是：在高光子密度激发下，荧光分子可以同时吸收两个相同或不同波长的光子，从基态跃迁到两倍光子能量的激发态的过程。亦可理解为先吸收一个光子的能量跃迁到一个虚拟的中间态，然后再吸收一个光子的能量跃迁到激发态。其优势在于对样品的光损伤小、穿透能力强、漂白区域小、高分辨率、荧光收集率高和图像对比度高等。

超分辨率成像技术主要包括以下两种方法。①基于特殊强度分布照明光场的超分辨成像方法，如 STED。STED 利用光子在激发态的瞬间用相位相差 180° 的圆环形 STED 激光照射荧光分子，使部分处于激发态的荧光分子受激耗损而回到基态，不产生光子，突破衍射极限；该技术大大提高了分辨率，但用于损耗的光照强度很大，对设备要求较高。②基于单分子成像和定位的方法（single molecule localization microscopy，SMLM），包括 PALM 和 STORM。两者的原理相似，成像过程均需要往复循环；在每个循环周期里，荧光分子被连续的激活、成像和漂白。PALM 是使用光活化荧光蛋白发光来标记蛋白质，利用 405 和 561 激活不断的往复激发和漂白，直至全部标记的细胞成像，其利用高斯拟合中心还原单个荧光分子的具体位置，实现了高分辨率单分子的定位。STORM 技术是利用 Cy3 和 Cy5 分子对作为荧光标记，利用高斯拟合成像，最终实现超分辨率成像。PALM 成像主要用于外源表达蛋白质的高分辨成像，而 STORM 主要用于细胞内源蛋白质的高分辨成像。PALM 和 STORM 的分辨率都能达到 10nm 左右。由于需要重复多次拍摄，拍摄时间较长，无法实现活细胞追踪。

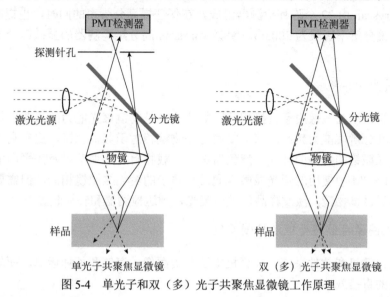

图 5-4　单光子和双（多）光子共聚焦显微镜工作原理

（二）仪器的基本构造

从激光器发出的光被放大后，通过扫描仪中的照明针孔形成激发光源，并经物镜聚焦在样品的焦平面上。由相应的照射点发射的荧光通过检测针孔到达检测器，并在计算机屏幕上成像。焦平面上样本每个点的荧光图像即为光切片的完整共焦图像。根据此工作原理，LSCM 系统主要包括激光器、扫描模块、荧光显微镜系统、计算机系统和其他辅助系统。

LSM800 双光子共聚焦显微镜照片

1. 激光器

LSCM 使用激光作为光源。常用的激光器包括：①紫外激光器 351nm 和 364nm；②近紫外激光器 405nm；③氩离子激光器主要用于激发蓝绿色荧光，如 457nm、477nm、488nm 和 514nm；④绿色激光器 561nm，主要用于激发红色荧光和红外激光激光器 633nm。

2. 扫描模块

LSCM 的扫描模块主要由针孔光阑、分束器、荧光分色器和检测器组成。受激发后样品荧光进入扫描仪，经检测针孔光阑、分束器和分色器选择后，将其分为单色荧光，分别在不同的荧光通道中检测，并形成相应的共焦图像。同时，可以在计算机屏幕上显示几个平行的单色荧光图像及其合成图像。

3. 检测器

目前市面上的检测器主要有 PMT、hyD 和 Airyscan。PMT 主要是由光电发射阴极（光阴极）和聚焦电极、电子倍增极及电子收集极（阳极）等组成，灵敏度高，成本低；相比 CCD，需要一个点一个点的扫谱，时间长，采谱速度慢，受强光影响大；使用时需要注意保护管子，加压时也需要注意，维护麻烦一些。HyD 检测器包含一个集成放大器，将光子转换成加速电子，可以在没有电路噪声下产生可测量的信号，具有更快的处理速度，更高的灵敏度和更好的信噪比。Airyscan 由 32 个阵列检测器组成，在保证提高分辨率的同时，也提高了信噪比；常规光学显微镜分辨率极限为 200nm，配套 Airyscan 高分辨检测器的显微镜分辨率极限可达 140nm。

4. 显微镜光学系统

显微镜光学系统与成像质量直接相关。数值孔径是物镜聚光能力的重要表征，物镜的数值孔径越大，其分辨率能力越高。平场复消色差物镜相对于其他物镜，更有利于荧光采集和成像。全自动显微镜的物镜的转换、滤色器选择、载物台运动调节以及焦平面的记忆锁定都由电脑控制。LSCM 中使用的荧光显微镜通常与传统的荧光显微镜相同，但需要与扫描仪连接。激光进入显微镜物镜，激发样品，发出荧光，到达检测器和转换装置。

5. 计算机图像存储与处理及控制系统

主要包括计算机和软件系统。计算机主要负责图像的存储和处理运算。而软件是硬件控制和功能实现的直接载体。

6. 辅助设备

主要包括风冷、水冷式冷却系统和稳压电源。

二、激光共聚焦显微镜的应用

（一）LSCM 技术的功能

除了具备荧光显微镜的常规功能并呈现更高的分辨率外，LSCM 技术还可以用于如下分析。

1. 细胞间通讯

间隙连接可以介导部分生物信号和生物物质的转导，在动植物细胞的增殖分化等生物活动中发挥着重要作用。LSCM 可以观察到间隙连接中各个组分的转移，进而评估细胞间信号转导的情况等。该技术广泛用于胚胎发生、生殖发育、神经生物学、肿瘤发生等过程中间隙连接通讯的基本机制，鉴别对间隙连接作用有潜在毒性的化学物质等。

2. 三维图像的重建

传统的显微镜只能形成二维图像，LSCM 通过装有高精度马达的载物台，使样品沿 z 轴上下移动，对同一样品在 z 轴上的不同层面进行实时连续断层扫描成像，逐层获得高反差、高分辨率的二维图像。再利用 LSCM 的三维重建软件，将二维图像叠加可构成样品的三维立体结构，这些软件处理可以模拟样品三维旋转和空间变换，获得多视角动态视图，增加样品的三维观赏性。它的优点是可以对样品的立体结构分析，能十分灵活、直观地进行形态学观察，并揭示亚细胞结构的空间关系。

3. 观察细胞侵袭与迁移

细胞的侵袭和迁移与很多生理或病理过程有关，如细胞觅食、免疫反应、癌症反应等。目前随着 LSCM 光子产生效率的改善，与更亮的物镜和更小光毒性的染料结合后，通过减小每次扫描时激光束对活细胞的损伤，用于长时程定时扫描，记录细胞迁移和侵袭等细胞生物学现象。

4. 荧光漂白恢复技术

荧光漂白后恢复（fluorescence recovery after photobleaching，FRAP）被广泛应用于研究活细胞内分子的流动性，例如，细胞间隙连接及胞间通讯研究、生物膜分子运动、细胞质及细胞器内小分子物质的移动，或细胞骨架蛋白、核膜结构等大分子组装，可以获得细胞的分子扩散、运动和结合等信息。分析漂白区域在各时间段的荧光强度变化并绘制曲线，利用曲线及数据可以得到关于分子迁移速率、动态分子比例的信息。FRAP 可测量蛋白质动力学，质膜或胞质不同组分的侧向扩散，不同条件下膜受体和脂质的迁移，细胞骨架动力学等。

5. 荧光共振能量传递

荧光共振能量传递（fluorescence resonance energy transfer，FRET）技术用于在细胞生理条件下无损伤研究蛋白与蛋白之间的相互作用。LSCM 可以实时捕捉荧光共振能量传递时的变化并进行分析检测，是供体向受体转移荧光能量的现象，是一种检测分子间相互作用力的物理方法。

（二）数据分析

不同公司的软件使用方法虽不同，但功能基本大同小异，以徕卡共聚焦显微镜为例，对数据分析进行介绍。

1. 共定位分析

Quantify 可以进行共定位方面的研究，如：其中的 Line Profile 工具对图像信息进行归一化处理后，获取的各信号峰值变化趋势和荧光强度的变化可用于共定位分析。共定位分析可以进行细胞形态学研究，物质交换运输和蛋白质的动态变化研究提供依据。

2. 三维立体重构

由于 LSCM 的高分辨率，其可随 z 轴不断移动，得到样品不同层面连续的光切图像，然后利用其软件进行三维重建，得到三维立体结构，从而能十分灵活、直观地进行形态学观察，并揭示不同物质的空间关系。利用 3D 模块打开所要分析的文件，可以对其进行详细的分析。首先利用 Background 调节图片，得到更加清晰的图像。再利用 z-scanning 可以调整球差，减小轴向的拉伸。通过 Section 可以看到 xyz 层的切面图，拉动图像上的轴面还可以得到不同位置的切面图。Clipping 工具则是可以将图像分为两半,将其中一半透明化,拉动轴面可以改变透明化的面积,其中 Manipulator 可以改变截面的角度,得到比较刁钻的角度的切面图。利用 Depth coding 可以将目标按照深浅标示出来。利用 Maximum 可以得到最大亮度的投影,可以用来研究空间位置上的共定位。Shadow 则可以得到一个具有阴影的图像,在控制面板还通过可以调节光线射来的方向,调节阴影的位置上,多用于材料方面的研究。

3. 大图拼接与动态扫描

当样品的大小超出了显微镜的成像范围,在不改变物镜放大倍数的情况下,需要得到完整的样品图像时,可采用大图拼接的拍摄模式。LSCM 搭载的配件使它拥有着大图拼接和动态扫描的这一普通显微镜不具有的功能。Tilescan 工具不仅可以获取样品的多个局部图像,而且能将它们组合成一个完整的图像。Stage(Mark & Find)工具则是可以沿 x 轴和 y 轴移动样品台从而移动到要标记的样本的位置,还可以在控制面板直接输入 x、y 轴的坐标跳转到目标位置实现了动态扫描的功能。

4. 活细胞分析

在用 LSCM 进行活细胞延时成像时,要使用活细胞培养装置,如专用的加热系统,用于载物台、水浴、物镜和气体的加热,还可控制 CO_2 浓度、湿度和温度等,以保证细胞在正常的生长环境下,进行成像拍摄。LSCM 可以对活细胞进行连续扫描,并且对细胞内或细胞间的物质代谢或信息传递进行动态观察,为生命科学开拓了一条观察生命活细胞的结构及特定分子、离子生物学变化的新途径,成为分子细胞生物学、神经科学、药理学和遗传学等领域中新一代强有力的研究工具。

主要参考文献

边玮. 2010. 激光共聚焦显微镜样品制备方法(二)——组织切片样品. 电子显微学报, 29(4): 339-402.

陈东明. 2010. 显微镜直流汞灯电源. 中国科技信息, 15: 127-128.

董宪品, 张鹏, 毕明刚. 2010. 活细胞激光扫描共聚焦显微镜在中药药理研究中的应用. 中药药理与临床, 26(5): 169-171.

韩卓, 陈晓燕, 马道荣, 等. 2009. 激光扫描共聚焦显微镜实验技术与应用. 科技信息, 19: 27-28.

郝翔, 匡翠方, 顾兆泰, 等. 2013. 基于时间相关单光子计数的离线式 g-STED 超分辨显微术. 中国激光, 40(1): 127-131.

李成辉, 田云飞, 闫曙光. 2020. 激光扫描共聚焦显微成像技术与应用. 实验科学与技术, 18(4): 33-38.

李叶, 黄华平, 林培群, 等. 2015. 激光扫描共聚焦显微镜的基本原理及其使用技巧. 电子显微学报, 34(2): 169-176.

李叶, 黄华平, 林培群, 等. 2015. 激光扫描共聚焦显微镜. 实验室研究与探索, 34(7): 262-269.

林曼娜, 向承林, 李建军, 等. 2019. LSM 880 with Airyscan 激光扫描共聚焦显微镜高级功能和管理. 电子显微学报, 38(3): 271-275.

林曼娜. 2021. 荧光显微镜的成像原理及其在生物医学中的应用. 电子显微学报，40（1）：90-93.

宁月辉. 2008. ZnO 纳米粒子对生物细胞的影响研究. 东北师范大学硕士学位论文.

王丽婷，孙玮. 2016. 激光共聚焦检测双酚 A 致精母细胞损伤后线粒体膜电位的变化. 中国医学装备，13（2）：106-109.

王鹏程，王晨，米华玲，等. 2006. 拟南芥中一个未知功能蛋白的叶绿体亚细胞定位研究. 植物学通报，23（3）：249-254.

吴立柱，赵宝存，齐志广，等. 2006. 小麦糖原合成酶激酶的亚细胞定位及功能鉴定. 中国农业科学，39（4）：842-847.

余礼厚. 2010. 激光共聚焦显微镜样品制备方法（一）——细胞培养样品. 电子显微学报，29（2）：185-188.

严薇，柴毅，廖琪. 2010. 构建高效运行的大型仪器设备共享服务体系. 实验技术与管理，27（10）：4-7.

杨子贤，王洪星，易小平. 2013. 激光扫描共聚焦显微镜在生物科学研究中的应用. 热带生物学报，4（1）：99-104.

殷晓燕. 2009. 单分子荧光成像技术在液-固界面研究中的应用. 湖南大学硕士学位论文.

张莹，胡纳，汪瞱，等. 2012. 体视学与激光共聚焦显微镜图像分析黑色素瘤细胞三维形态学参数的变化. 光学学报，32（9）：205-212.

朱珊珊，黄志江. 2005. 激光扫描共聚焦显微镜在生命科学研究中的应用. 国外医学. 麻醉学与复苏分册，2：118-119.

宗艾伦，周迎生. 2019. STORM 和 STED 显微成像技术特点的比较. 中国实验动物学报，27（1）：115-118.

Cheng R，Meng F，Ma S，et al. 2011. Reduction and temperature dual-responsive crosslinked polymersomes for targeted intracellular protein delivery. Chem，21：19013-19020.

Dixon AE，Damaskinos S，Atkinson MR. 1991. A scanning confocal microscope for transmission and reflection imaging. Nature，351：551-553.

Egger MD. 1989. The development of confocal microscopy. TINS，12：11.

Flusberg BA，Jung JC，Cocker ED，et al. 2005. *In vivo* brain imaging using a portable 3.9 gram two-photon fluorescence microendoscope. Opt Lett，30（17）：2272-2274.

Helmchen F，Denk W. 2002. New developments in multiphoton microscopy. Curr Opin Neurobiol，12：593-601.

Helmchen F，Denk W. 2005. Deep tissue two-photon microscopy. Nat Methods，2（12）：932-940.

Kipper FC，Tamajusukua SK，Minussi DC. 2018. Analysis of NTP Dase2 in the cell membrane using fluorescence recovery after photobleaching（FRAP）. Cytom Part A，93（2）：232-238.

Komatsu FT，Nomura T，Kaku Y，et al. 2021. *In vivo* identification of tumor cells of the basal layer of the epidermis in an early lesion of extramammary Paget's disease：a reflectance confocal microscopic analysis. JAAD Case Reports，11：1-2. https：//doi.org/10.1016/j.jdcr.2021.02.026.

Lacarbonara M，Lacarbonara V，Cazzolla AP，et al. 2017. Odontomas in developmental age：confocal laser scanning microscopy analysis of a case. Eur J Paediatr Dent，18（1）：77-79.

Laino L，Favia G，Menditti D，et al. 2015. Confocal laser scanning microscopy analysis of 10 cases of craniofacial fibrous dysplasia. Ultrastruct Pathol，39（4）：231-234.

Mowla A，Taimre T，Bertling K，et al. 2018. Confocal laser feedback microscopy for in depth imaging applications. Electron Lett，54（4）：196-198.

Paddock SW. 1999. Confocal laser scanning microscopy. Biotechniques，27（5）：992-1004.

Pawley JB. 2006. Handbook of biological confocal microscopy. Boston：Springer.

White JG. 1987. Confocal microscopy comes of age. Nature，328：183-184.

Zhu H，Lu X，Lu Y. 2002. Changes of microtubule pattern during the megasporogenesis of polyembryonic rice strain APIV. Chin J Rice Sci，16（2）：134-140.

Ziomek G，van BC，Esfandiarei M. 2016. Measurement of calcium fluctuations within the sarcoplasmic reticulum of cultured smooth muscle cells using FRET-based confocal imaging. JOVE-J Vis Exp，20（112）：53912.

第六章　有机质谱分析技术

质谱（mass spectrometry，MS）法是一种测定样品离子的质荷比（mass-to-charge ratio，m/z）的分析方法。用其研究有机分子电离形成的各种离子及其丰度分布状况可以对有机化合物的结构进行分析。有机质谱仪一般由真空系统、进样系统、离子源、质量分析器和计算机控制与数据处理系统（工作站）等部分组成。质谱仪的离子源、质量分析器和检测器必须在高真空状态下工作，以减少本底的干扰，避免发生不必要的离子-分子反应。色谱-质谱联用技术将色谱的分离能力与质谱的定性能力相结合，可对复杂混合物进行更准确地定量和定性分析。其过程包括：①样品首先由色谱进样器进入色谱仪，经色谱柱分离出的各个组分依次通过色谱-质谱仪的接口进入质谱仪的离子源；②离子源将样品分子电离成带电的离子，并使离子在光学系统的作用下会聚成有一定几何形状和一定能量的离子束，进入质量分析器；③质量分析器将这些离子按 m/z 顺序分开并排列成谱；④检测器接收这些离子，并转换成电压信号放大输出，输出的信号经过计算机采集和处理便得到质谱图。随着色谱-质谱联用技术以及软电离技术的发展，以气相色谱-质谱（gas chromatography-mass spectrometry，GC-MS）联用仪、液相色谱-质谱（liquid chromatography-mass spectrometry，LC-MS）联用仪以及基质辅助激光解吸电离源（matrix-assisted laser desorption ionization，MALDI）质谱仪为代表的有机质谱，在生命科学领域得到了广泛的应用，成为复杂有机小分子和生物大分子分离、分析、结构鉴定的强有力的工具。

第一节　气相色谱-质谱联用技术

由于 GC 柱分离后的样品呈气态，流动相也是气体，这与质谱的进样要求相匹配，因此，GC-MS 联用技术是最易实现的色质联用技术，具备 GC 法的高效分离能力和质谱法的定性分析能力，分辨率高，检测灵敏度高。自 20 世纪 50 年代第一台商品化的气质联用仪问世以来，GC-MS 联用技术已发展为一种目前最成熟、应用最广泛的分离分析技术。此外，GC-MS 通常采用电子轰击离子化（electron impact ionization，EI）技术，获得的质谱图可以进行标准谱库检索。目前，GC-MS 技术可用于定性多组分混合物中未知挥发性组分、判断化合物的分子结构、测定未知组分的相对分子质量、修正色谱分析的错误判断以及鉴定部分分离甚至未分离的色谱峰。

一、技术原理

（一）GC 基础理论

JY/T 0574-2020-
气相色谱
分析方法通则

1. GC 原理

色谱法是 1906 年俄国植物学家茨维特发现并命名的。他将植物叶子色素溶液通过装填有吸附剂的柱子后发现，各种色素以不同的速率通过柱子，从而彼此分开形成不同的色带（图 6-1）。色谱柱内不移动的、起分离作用的物质称为固定相；不断流过固定相并携带待测组分向前移动的物质称为流动相。利用待分离的各种物质在两相中的分配系数、吸附能力的不同，使各化合物被固定相保留的时间不同，并按一定顺序从色谱柱依次流出，实现复杂样品的分离。GC 法以气体为流动相，固体或液膜为固定相。其分离对象是可挥发且热稳定的样品，样品沸点一般不超过 500℃。

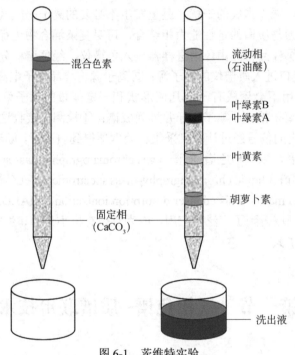

混合色素

流动相
（石油醚）

叶绿素B
叶绿素A

叶黄素

胡萝卜素

固定相
（CaCO₃）

洗出液

图 6-1　茨维特实验

2. GC 基本术语

（1）色谱图　色谱柱流出物通过检测器时所产生的响应信号对应时间或载气流出体积的曲线图。横坐标为保留时间（time，单位 min），纵坐标为信号强度（relative abundance）。

（2）保留时间（t_R）　进样的组分从进样到出现最大值所需要的时间。

（3）死时间（t_0）　不被固定相吸附的气体从进样到柱后出现最大浓度时的时间。

（4）峰高（peak height）　从峰顶到峰底的距离。

（5）峰面积（peak area）　峰顶与峰底围成的面积。

（6）**基线（baseline）** 在正常操作条件下，仅有载气通过检测器系统时所产生的相应信号曲线。

（7）**分流比（split ratio）** 样品在进样口完全气化并与载气充分混合后，一部分进入色谱柱柱内，其余的被排出进样器。分流比为排空的试样量与进入毛细管柱的试样量之比，即分流比=分流流量/柱流量。

（8）**柱温（column temperature）** 色谱分析时色谱柱的温度，即为柱温度。

（9）**柱效（column efficiency）** 色谱柱形成尖锐色谱峰的能力。

（二）MS 联用基础理论

1. MS 基本原理

样品分子在离子源内离子化后裂解成不同 m/z 的离子，进而在电场和磁场的作用下被分离，并按 m/z 的大小排列而成的图谱。质谱图以 m/z 为横坐标，相对强度（相对丰度）为纵坐标。一般以原始质谱图上的最强的离子峰定为基峰，其相对丰度为 100%，其他离子峰则以对基峰的相对百分值表示。

2. MS 基本术语

（1）**质荷比** 带电离子的质量与所带电荷之比值。

（2）**平均分子量（average mass）** 化合物中所有元素的原子量之和。

（3）**单同位素分子量（monoisotopic mass）** 化合物中元素最高丰度同位素质量数的加和。

（4）**分辨率（resolution）** 质谱仪区分两个质量相近的离子的能力。

（5）**质量范围（mass range）** 质谱仪能检测到的最低和最高 m/z 范围，取决于质量分析器的类型。

（6）**准确度（accuracy）** 离子测量的准确性。一般用真实值和测量值之间的误差来评价，单位 ppm（part per million）。主要取决于质量分析器的性能和分辨率的设置。

（7）**灵敏度（sensitivity）** 检测器对一定样品量的信号响应值，即最少样品量的检出程度。

（8）**扫描宽度（scan width）** 质谱扫描某个离子时的采样窗口宽度。

（9）**总离子流谱图（total ion chromatogram，TIC）** 在选定的 m/z 范围内，对离子电流总和进行连续检测与记录的谱图。此图中色谱法上的每一个点是一张质谱图中所有离子的总强度。

（10）**提取离子流图（extracted ion chromatogram，EIC）** 设定提取离子流的 m/z，即可生成该谱图。

（11）**轮廓质谱图（profile）** 质谱数据的原始采集内容，即通过连续扫描获得的计数信号。

（12）**棒状质谱图（centroid）** 由连续扫描质谱图谱经数模转换而成，即计算每个碎片离子峰的面积和重心。由不连续的 m/z 碎片离子峰组成，便于观察和比较，是常用的质谱图存储和表达方式。

二、气相色谱–质谱联用仪的基本构造

GC-MS 联用仪一般由以下几个部分组成：气相色谱部分、气质接口、质谱仪部分（离

子源、质量分析器、检测器）和数据分析系统（图 6-2）。根据质量分析器的不同，常用的商业化 GC-MS 仪器可分为单四极杆、三重四极杆、飞行时间、离子阱和扇形磁场 GC-MS 联用仪等。其中，单四极杆 GC-MS 系统的使用最为广泛。现以其为例介绍仪器的基本构造。

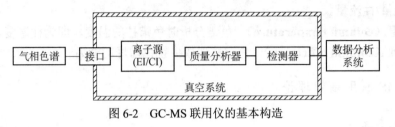

图 6-2　GC-MS 联用仪的基本构造

（一）气相色谱及接口

色谱部分和一般的色谱仪基本相同，包括进样系统、色谱柱系统和载气系统。GC-MS 联用仪多使用毛细管色谱柱，因为毛细管中载气流量小，不会破坏质谱的真空系统。GC-MS 联用仪载气通常使用氦气，串联质谱需要氩气、氮气等碰撞气。配备化学电离源的质谱需要甲烷等反应气。接口是 GC 到 MS 的连接部件，可采用直接连接法将毛细管直接导入质谱仪，并使用石墨垫圈密封。

（二）离子源

1. EI 源

EI 源是 GC-MS 联用中最经典的离子源。在用具备一定能量（70eV）的电子束撞击目标化合物分子，失去一个外层电子，形成带正电荷的分子离子（$M^{+\cdot}$），分子离子进一步碎裂成各种碎片离子、中性离子或游离基，在电场作用下，正离子被加速、聚焦、进入质量分析器分析。EI 源的特点是离子源结构简单、仪器操作方便、电离效率高、能量分散小、所得图谱具有特征性，对化合物的鉴别和结构解析十分有利。但 EI 源所得分子离子峰不强，有时不能识别，并且不适合于高分子量和热不稳定的化合物。

2. 化学离子化（chemical ionization，CI）源

CI 源将反应气（甲烷、异丁烷、氨气等）与样品按一定比例混合，然后进行电子轰击。基于离子-分子反应，反应气先被电离形成一次、二次离子，这些离子再与样品分子发生反应，使目标化合物分子变成离子（$[M+H]^+$、$[M-H]^-$、$[M+NH_4]^+$）。CI 源特点是 CI 碰撞的能量显著低于 EI 源的能量，有助于得到目标化合物分子的分子离子，能够获取分子量信息。另外，CI 源碎片较少，但重复性比 EI 源差，几乎没有标准谱库。

（三）质量分析器

四极杆质量分析器（quadrupole analyzer）（图 6-3）由四根平行的圆柱形电极组成，在横截面上，四根电极分成两组，在相对的电极上加上一个相同的交流电压和直流电压，而在相

邻的电极上加上相反的交流电压和直流电压。样品离子沿轴向进入电场后，在极性相反的电极间振荡，只有 *m/z* 在某个范围内的离子才能通过四极杆到达检测器，其余离子因振幅过大与电极碰撞放电中和后被抽走。因此，改变电压或频率可使不同 *m/z* 的离子依次到达检测器，被分离检测。

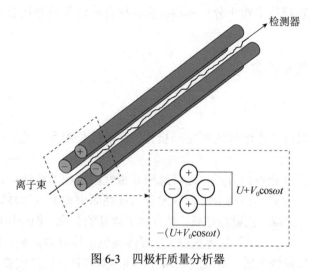

图 6-3　四极杆质量分析器

（四）质量检测器

GC-MS 主要使用电子倍增器作为质量检测器，其作用是将来自质量分析器的离子束进行放大并进行检测。电子倍增器的原理为：质量分析器出来的离子轰击电子倍增管的阴极表面，产生二次电子，二次电子继续轰击后面的一系列电极，电子数目逐级倍增，最后由阳极接受，获得倍增后的离子束信号。

（五）真空系统

质谱仪的离子源、分析器和检测器都必须处在优于 10^{-5}mbar 的真空中才能工作。一般真空系统由机械真空泵和扩散泵或涡轮分子泵组成。良好的真空系统可保证离子在离子源和分析器正常运行，消减不必要的离子碰撞、散射效应、复合反应和离子-分子反应，减小本底与记忆效应。

（六）数据分析系统

数据分析系统的作用是快速准确地采集和处理数据。

三、样品制备与数据分析

（一）样品前处理

样品前处理的最终目的是将待测组分从集体中分离出来，并达到分析仪器能够检测的状态。GC-MS 分析中的样品前处理一般概括为：提取、纯化、浓缩和衍生化（必要时）。①提取：用物理、化学或生物的手段破坏待测组分与样品基质组分直接的结合力，将待测组分从样品中进行有选择地提取。②纯化：将待测物和提取过程共萃取物有选择地进行分离，达到分析方法在质量控制指标上的要求。③浓缩：减少样品溶液中的溶剂含量，提高组分浓度。④衍生化：通过化学反应将样品中难于分析检测的目标化合物定量地转化成另一易于分析检测的化合物。

（二）GC-MS 数据采集

1. GC 分离

GC 的分离效果取决于色谱柱的固定相极性、色谱柱长度和内径、炉温、载气类型和流速等。

（1）色谱柱　分离非极性组分时，通常选用非极性固定相的色谱柱，此时各组分按沸点由低到高的顺序出峰。分离极性组分时，一般选用极性固定相的色谱柱，此时各组分按极性大小顺序，极性小的先出峰。色谱柱越长，越有利于样品的分离，但分析时间也越长。色谱柱内径越小，柱效越高；内径越大，柱容量越大。厚液膜色谱柱柱容量高、惰性高，但流失性也高，用于保留和分离挥发性物质；薄液膜则相反，柱容量较低、惰性较差，但流失性较低，用于降低高沸点物质和高分子量物质的保留时间。

（2）炉温　通常有恒温分析和程序升温分析两种模式，其中程序升温分析的使用更为广泛。恒温分析即整个分析过程中色谱炉温保持恒定，这种方式适用于组分简单的样品。程序升温分析指色谱炉温按设置的程序连续地随时间线性或非线性逐渐升高。程序升温的条件包括起始温度、维持起始温度的时间、升温速率、最终温度和维持最终温度的时间。程序升温可设多阶程序升温，减少分析时间并使色谱峰变窄，适用于较复杂、难分离的混合物。

（3）载气　一般根据色谱柱内径及长度选择载气流速大小。载气流速与色谱柱理论塔板高度有关，当流速低时，样品的扩散比较严重，柱效较低；当流速太高时，样品的传滞阻力较大，柱效也较低。

2. 质谱仪扫描方式

（1）全扫描（full scan）模式　适用于未知化合物的结构鉴定。在 EI 源中，电子轰击能量为 70eV 时，全扫描模式采集较宽质量范围内的不同 m/z 的离子，得到目标化合物更多的离子碎片信息。采集的目标化合物质谱图可以和标准谱图进行比对，获取更多的结构信息。

（2）选择性离子监测（selected ion monitor，SIM）模式　适用于目标化合物的定量分析。尤其是目标化合物的浓度较低时，SIM 模式能最大限度地降低干扰，从而提高检出灵敏度（信噪比）。

3. 谱库检索

GC-MS 联用仪采集的质谱图通常采用正常（70eV）EI 电离方式，这些图谱与标准质谱图的获取条件一致，可做标准谱库检索。谱库检索通常从 TIC 或 EIC 上选取某色谱峰对应的质谱图，经扣除本底谱、平均和归一化等处理，获得该色谱峰的归一化棒状质谱图。再将该未知物的归一化棒状谱（不经处理或与谱库中标准谱同样简化法处理）与标准谱比较，得出相似度（或匹配度）最高的数个标准物作为检索结果，给出标准物名称、分子量、分子式或结构式等，并提供试样谱和标准谱的比较谱图。在 GC-MS 联用仪中，NIST 检索系统是目前较为通用的谱库检索系统。

四、气相色谱–质谱联用技术在生物学领域的应用

GC-MS 图例
及文字说明

GC-MS 技术主要解决复杂混合物的成分分析、杂质成分的鉴定和定量分析以及目标化合物残留的定量分析。因此，GC-MS 应用的范围涉及化学化工、法医毒理、生物医药、食品安全、环境、天然产物等众多领域。

（一）在代谢组学中的应用

代谢组学是关于定量描述生物体内源性代谢物质的整体及其对内、外因素改变应答规律的科学，涉及生物科学的众多研究领域，如：疾病病理研究、药物研究、临床诊断及治疗、畜牧与农林业研究、表型和生理功能研究等。非靶向代谢组学能无偏向性地对所有小分子代谢物同时进行检测分析，多用于疾病诊断、机理研究以及生物标记物的发现；靶向代谢组学仅对感兴趣的目标性代谢物进行同时定量。

GC-MS 可以分析生物样本中的多种物质，以易挥发及衍生化的初生代谢物（如氨基酸类、有机酸类和脂肪酸类）为主。多数生物样品需进行衍生化处理才能进行 GC-MS 代谢组学分析，因此衍生化条件的优化是影响 GC-MS 代谢组学分析有效性的重要因素。GC-MS 通常配有较完善的标准代谢物谱库，可以方便地得到代谢组分的定性结果，在代谢物鉴定、代谢途径研究具有一定优势。GC-MS 方法的代谢组学主要分析生物体受外界刺激前后体内大多数小分子代谢物的动态变化，重点寻找在实验组和对照组中有显著变化的代谢物，进而研究这些代谢物与生理病理变化的相关关系。

（二）在生物医药研究中的应用

GC-MS 技术现已广泛地应用于化学药物分析以及中药分析领域，包括药物中溶剂残留的分析、药物含量及杂质的分析、挥发油、甾类、生物碱、脂肪酸、脂溶性成分等中药有效成分的研究。

（三）在食品安全及农兽药残留中的应用

GC-MS 技术在食品接触材料、食品中的天然毒素、食品风味物质、食品添加剂等方面具有广泛的应用。在农兽药残留检测中，GC-MS 可对蔬菜、水果中的有机磷、有机氯、氨基甲酸酯类农药及各种兽药成分进行检测。

第二节 液相色谱–质谱联用技术

一、液相色谱–质谱联用技术原理

LC 以液体作为流动相，固定相可以有多种形式，如纸、薄板和填充床等。为了区分各种方法，根据固定相的形式产生了各自的命名，如纸色谱、薄层色谱和柱液相色谱。按其分离机理，LC 可分为吸附色谱法、分配色谱法、离子交换色谱和凝胶色谱法等 4 种类型。

经典 LC 的流动相是依靠重力缓慢地流过色谱柱，因此固定相的粒度不可能太小（100~150μm）。分离后的样品被分级收集后再进行分析，使经典 LC 不仅分离效率低、分析速度慢，而且操作也比较复杂。20 世纪 60 年代，在经典 LC 法的基础上引入了 GC 理论，发展成高效液相色谱（high performance liquid chromatography，HPLC）。与经典 LC 法的区别是填料颗粒小而均匀（小于 10μm）。因为较小的填充颗粒具有高柱效，但会引起高阻力，需用高压输送流动相，故又称高压 LC。使用 HPLC 时，液体待检测物被注入色谱柱，通过压力在固定相中移动，由于被测物种不同物质与固定相的相互作用不同，不同的物质顺序离开色谱柱，通过检测器得到不同的峰信号，最后通过分析比对来判断待测物所含有的物质。HPLC 的特点是采用了高压输液泵、高灵敏度检测器和高效微粒固定相，适于分析高沸点不易挥发、分子量大、不同极性的有机化合物。

质谱将待测的样品分子气化，用具有一定能量的电子束（或具有一定能量的快速原子）轰击气态分子，使气态分子失去一个电子而成为带正电的分子离子。分子离子还可能断裂成各种碎片离子，所有的正离子在电场和磁场的综合作用下按 m/z 大小依次排列而得到谱图。

二、液相色谱–质谱联用仪的基本构造

（一）LC 基本构造

液相色谱仪主要由溶剂托盘架、真空脱气机、泵、进样系统、柱温箱、检测系统、仪器控制及数据记录系统构成（图 6-4）。溶剂输送系统应保证流速的恒定、低或者无脉动、准确精密；进样系统分为自动进样系统和手动进样系统。手动进样系统目前已经很少用了。进样器通常采用自动进样系统，以提高进样的准确、重现性并提高分析工作的效率；色谱柱及流动相的选择是样品中成分的分离的关键；LC-MS 系统中，MS 是 LC 的高选择性、通用检测器，通常同时配备 DAD 二极管阵列检测器，作为 MS 的补充并获得化合物的紫外及可见光谱。色谱柱是 HPLC 的心脏；稳定的、高性能的色谱柱是建立耐用、重现的分离分析方法的基础；色谱柱的填料多数是由硅胶颗粒制备的。以硅胶为基质键合有机表面层，如 C_{18}、C_8 等用得最多，即常用的反相色谱柱（RPLC），RPLC 中的流动相为乙腈/水，甲醇/水，必要时添加改性酸或者缓冲盐等。

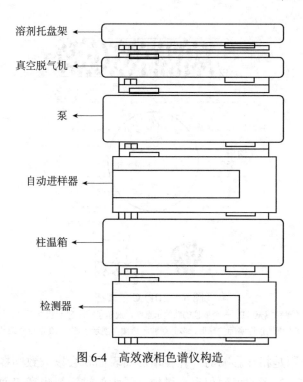

图 6-4 高效液相色谱仪构造

（二）质谱仪基本构造

质谱主要由离子源、真空系统和数据系统组成。①样品引入方式：色质谱联机时，样品导入方式为液相色谱仪；②离子源：离子生成的部件。LCMS 中的离子源都是在大气压下工作的离子源；③离子光学组件：一般由毛细管，skimmer，八级杆和 lens 透镜组成，其作用为离子源部分的离子聚焦导引到后面的质量分析器上；④质量分析器：质谱的核心部件。扫描时可获得离子的质核比，质谱的分类主要是基于质谱的分析器的不同进行分类的；⑤检测器：将离子转化成电子，并且记录下强度；⑥数据系统：控制仪器的软件和数据定性定量分析的软件。

三、液相色谱仪的固定相和流动相

色谱柱（图 6-5）是液相色谱仪系统的"心脏"。色谱柱填充包括固相载体和附着的固定相。需要注意的是，硅胶整体柱（momoliths）则是柱子由一个内部连接的多孔床组成，与柱子以不同的颗粒填充的情况相反（整体柱可以被认为是一个大块的颗粒填充了整个柱子）。

（一）液相色谱固定相

1. 颗粒特征

颗粒的特征用形状或类型、物理体积（颗粒直径）、颗粒中固有的孔径大小和表面积来表

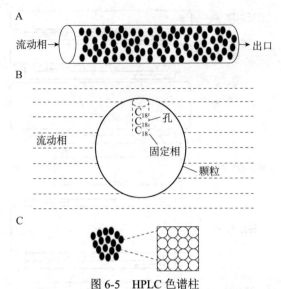

图 6-5　HPLC 色谱柱

A. 色谱柱由球形的颗粒填充；B. 一个单独的颗粒示意图，展示了一个理想状态下的孔附着了 C_{18} 官能团；
C. 更加接近实际的球形，多孔颗粒示意图，展示了放大 10 倍后的细节

示。孔径大小和表面积是相互影响的，孔径增加而表面积会以大致同样的比例缩小。当孔径减小时保留时间增加，柱子的表面积也会增加。最大的进样量也和表面积成正比，所以较大的表面积一般是更加受用的，也就是说尽可能用最小孔径的颗粒。但是溶质分子必须能够无障碍的浸入孔径，这就要求孔径要大于溶质分子。柱子的空隙间体积是指颗粒之间的空间，通常它大概是总柱子体积的 40%。综上所述，颗粒的物理特征及尺寸非常重要，因为很大程度上决定填充柱的效能。

2. 颗粒类型

颗粒类型主要有：①完全多孔的硅胶颗粒；②薄壳型颗粒；③表面多孔的颗粒；④灌注颗粒。

3. 颗粒尺寸和孔径

常规分离实验一般选用粒径为 5μm 的色谱柱，因为这样大小的颗粒对柱效、压降（柱压）、方便性、设备需求和色谱柱的寿命而言，是很好的折中方案。但目前粒径为 3μm 的及更小粒径的色谱柱越来越流行，其主要原因是为了缩短分离时间和增加样品的产出。小粒径的色谱柱能产生很窄的峰，任何柱外的色谱峰展宽都必须被最小化。颗粒粒径小于 2μm 的色谱柱主要用在能够承受更高压力的设备上。

孔径大小在 8～12nm 的全孔和表面多孔的颗粒常用于分离分子质量小于 10kDa 的分子，其填料拥有 125～400m^2/g 的表面积，这样可以允许进样样品量约 50μg。

较大的分子通常是生物分子比如蛋白质需要较大孔径的柱子，这样可以避免孔径里的扩散作用受到阻滞，造成柱效的减退。更宽的孔径意味着更小的表面积及更小的样品量。C_{18} 色谱柱常用在反相色谱法中，其常用柱子的物理特性总结在表 6-1 中。

表 6-1 一些 C_{18} 商品柱的颗粒的性质

填充材料	孔径（nm）	表面积（m^2/g）	碳承载（%）	键合相的覆盖（$\mu mol/m^2$）
Ace C_{18}	10	300	15.5	na [c]
Ascentis C_{18}	10	450	25	3.7
Halo C_{18} [a]	9	150	8	3.5
Hypersil Gold C_{18}	17.5	220	10	na
Luna C_{18}（2）	10	400	17.5	3.0
Sunfire C_{18}	10	340	16	na
TSK-GEL ODS-100V	10	450	15	na
XBridge C_{18} [b]	13.5	185	na	3.1
Zorbax XDB-C_{18} plus	9.5	160	8	na

注：a. 表面多孔颗粒，其他颗粒都是全多孔颗粒；b. 混合固定相；c. 混合固定相

4. 硅胶载体

以颗粒或者整体柱为形式的硅胶是最常见的用于制造色谱柱填充物的载体。其主要特点在于：一方面硅胶颗粒具有较高的机械强度，使得填充床可以在较高压力的操作条件下稳定很长时间；另一方面硅胶颗粒可以和不同的配合基键合，如 C_8、C_{18}、苯基和氰基，用来分析不同的样品和改变分离的选择性。基于硅胶的柱子能与水和所有的有机溶剂兼容，当溶剂改变时，它们也不会膨胀或萎缩（基于聚合物的颗粒却会出现这些问题），硅胶颗粒尤其适用于梯度洗脱-分离实验中流动相的组成是不断变化的。当流动相的 pH>8 时硅胶就开始溶解，这样会造成以硅胶颗粒填充的柱子使用寿命缩短。但是，使用特殊的键合相有助于在较高的 pH 下稳定硅胶颗粒，或者用硅胶之外的柱载体来提高柱子在高 pH 时的稳定性。对于碱性的溶质分子而言，使用硅胶柱子的另外一个限制就是容易造成拖尾峰。

目前大多数使用的硅胶颗粒是球形的。球形颗粒更容易重复的填充到色谱柱上，从而得到柱效高的柱子，并且球形的颗粒也比较坚实。

颗粒的大小是决定柱效（由塔板数 N 值）的主要因素。我们可以通过几种不同直径的颗粒填充的柱子（图 6-6）来说明：用塔板高度 H（与 N 成反比）对流动相的速度 u（和流动相的流速成正比）作图。当多孔颗粒的直径 dp 由 $5\mu m$ 减小到 $1.8\mu m$，塔板高度 H 减少与每毫米的柱子长度上柱效增加相对应。对于填充完好的全孔颗粒柱子，针对小分子来说，减少后的塔板高度值 $h=H/dp$，约等于 2。2006 年才作为（塔板高度的）下限用于评判填充完好的全孔颗粒柱子的柱效。

5. 固定相

柱子的固定相决定了保留时间和选择性，它必须满足一定的实际要求比如可接受的稳定性、重现性、峰形和柱效 N。

（1）键合固定相 通过有机硅烷和硅醇在硅胶颗粒表面上发生共价反应（"键合"）来生成固定相或者配合基 R 是制备 RPC 填料的常用方法（图 6-7）。

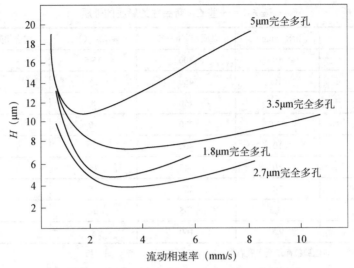

图 6-6　柱效能可随颗粒大小和类型的改变而改变

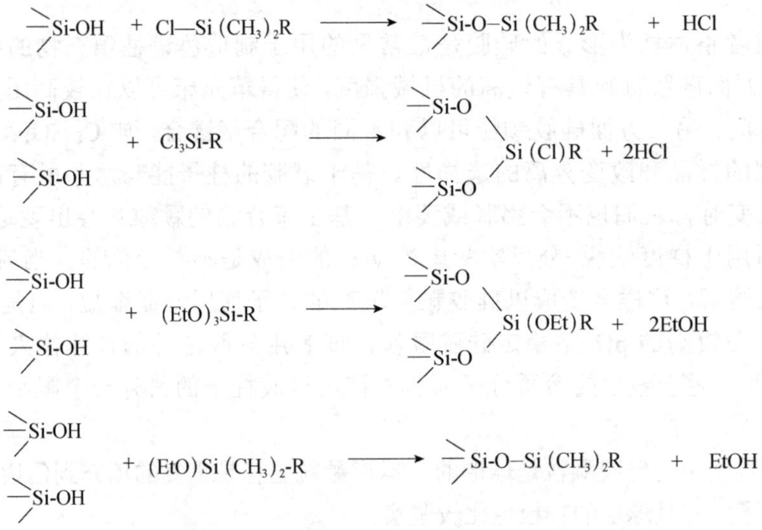

图 6-7　用硅烷和硅胶反应合成不同的键合相柱子填料

（2）基于其他有机物的固定相　除硅胶外，金属氧化物，机械承托的聚合物如交联的聚苯乙烯和聚丁二烯也用在基于硅胶颗粒的固定相中。因为它们的柱效和重现性比较差，而且也缺少含有不同的官能团的键合相，因此这些柱子到目前为止使用的很少。

（3）柱子的功能性（配合基种类）　常见的 RPC 柱子配合基是烷基，比如 C_3、C_8、C_{18}。以苯基或者苯己基组成的叫苯基柱。如果配合基连接了氰基，我们就称之为氰基柱。所谓的嵌入性基团（EPG）相目前变得越来越流行，因为它们和水相能够兼容，也可以减少与硅烷醇相互作用的影响，并且具有独特的选择性，使用这类柱子分析碱性溶质分子时峰形一般也会很好。这种类型的键合相所包括的配合基包括酰胺、氨基甲酸盐和尿素（这类分子都是强氢键型碱），或者在配合基结构中嵌入其他极性的官能团。一些 EPG 填料的稳定性与烷基或者芳基的柱子相比较差。配合基的特性主要决定了柱子的选择性（表 6-2）。

表 6-2　HPLC 固定相中的官能团

官能团	模式	用途
C_3	RPC	主要用于分离蛋白质
C_4	RPC	
C_5	RPC	
C_8	RPC	最常用的柱子；相近的保留能力和选择性
C_{18}	RPC	
C_{30}	RPC	主要用于胡萝卜素的分离
苯基	RPC	常用的柱子，主要用于改变选择性
嵌入极性基团 （酰胺、氨基甲酸盐、尿素）	RPC	常用的柱子，主要与含水比例较高的流动相（<5%有机溶剂）共用，以提高碱性溶质分子的峰形，或者改变选择性
高氟苯酚（PFP）	RPC	较少用的柱子，主要用于改变选择性
氰基	RPC, NPC	较少用的柱子
NH_2（氨基）	RPC, NPC, IEC	较少用的柱子
双醇	RP, NP, SEC	主要用在 SEC 分离
WAX	IEC	主要用于分离无机离子或者较大的生物分子
WCX	IEC	
SAX	IEC	
SCX	IEC	

6. 色谱柱的选择

C_{18} 柱的种类很多，如何针对自己要分析的化合物进行选择呢？对于液相色谱工作者来说，我们在日常工作中会碰见多种多样的被分析物，而其中弱极性或中等极性的化合物占有非常大的比例。而对于这类化合物的分析，我们应用最多的色谱柱是 C_{18} 柱。

一般来说，选择 C_{18} 主要看它的疏水保留性，碳载量高的 C_{18} 色谱柱保留性强些，适合分离复杂成分及有关物质的分离，而碳载量低的 C_{18} 色谱柱保留性弱些，但其优势是出峰快，适合做化合物的含量测定。当遇到较强极性的化合物一般会使用较高比例的水相作为流动相，甚至会用到 100%水流动相，可以选择极性封端的 C_{18} 键合相，这样的色谱柱一般以 aQ 结尾。

另一种适合极性较强化合物分离的键合相是极性基团嵌入的 C_{18} 键合相，比如 Accucore Polar Premium、Acclaim PolarAdvantage II，它们都是极性酰胺基嵌入的 C_{18}，采用专门的表面化学键合技术，在配体与硅胶表面之间形成多点黏附，因此这种特殊设计的键合相 pH 在 1.5～10.5 的条件下保持稳定，并且在纯水流动相下也不会出现键合相塌陷，具有与 C_{18} 互补的、独特的选择性。根据目前我们现有的色谱柱进行简单介绍如下。

（1）苯基柱　苯基柱是苯基通过碳链连接键合于硅胶基质上。连接的碳链以 3 个 C 最常见（如 Syncronis Phenyl），还有一些采用 4 个（如 Hypersil Gold Phenyl）或者更多的（如 Accucore Phenyl-Hexyl）碳链来键合。4 个或者更多的碳链连接在某种程度上可以使苯环与被分析芳香化合物苯环能够更好地接触。苯基键合相由于碳链的存在，所以具有一定的疏水保留能力（但是要弱于 C_{18}），而苯环的存在又为芳香化合物提供了独特的选择性。因为苯环可以与芳香化合物之间形成 π-π 相互作用，从而提供了与 C_{18} 不同的选择性。而对于苯环上含有吸电子基团的化合物，苯基柱的保留很强。所以，对于芳香类的混合物，如果 C_{18} 不能满足我们的分析要求时，建议大家不妨尝试一下苯基柱。

（2）五氟苯基柱 五氟苯基（PFP）与苯基柱有些相似之处，都是苯环通过碳链键合于硅胶表面，只不过苯环上的剩余 5 个 H 是被氟原子取代了。PFP 将含氟基团引入键合相中，使溶质-固定相相互作用发生了显著变化，提供与 C_{18} 不同的选择性。苯环上的氟原子增强键合相和分析物之间的 π-π 相互作用，从而提高了对分析物的保留和选择性。使用含氟基团键合相，对取代位置不同的卤代混合物有较强的保留和极佳的选择性，这将实现对卤化物位置异构体的保留和选择性。色谱柱同时也适合分析极性非卤化物，尤其适用于分析含羟基、羧基、硝基或其他极性基团的化合物。当这些官能团位于芳香或其他刚性环上时，高选择性体现得最为明显。

（3）HILIC 色谱柱 除了反相色谱柱，大家越来越多的用到亲水相互作用色谱（hydrophilic-interaction chromatography，HILIC），它指用正相极性填料做固定相，高比例乙腈和水做流动相进行分析，流动相中的水相部分表现为强溶剂，这与传统的反相色谱法完全相反，因此，HILIC 色谱又被称为反反相色谱。在 HILIC 色谱柱上，物质的洗脱顺序与反相色谱恰恰相反，在反相色谱柱上很难保留或者根本不保留的物质，在通常的实验条件下，它们在 HILIC 柱上有较强的保留。HILIC 使用的梯度和反相模式也是相反的，初始条件为高比例有机相，典型的有机相是 95%乙腈，逐步降低到水相（水相比例小于 40%）。

（4）C_8 色谱柱 C_8 色谱柱的键合相是 8 个碳原子的长链。C_8 键合相是推荐用于中等疏水性分析物或当需要低疏水性固定相以获得最佳保留时。C_8 选择性与 C_{18} 色谱柱相似，但保留更低，有较低的疏水性，能更快洗脱化合物。尤其对于做食品研究，除了芳香化合物之外，还会碰到另外一类特别的化合物——长链脂溶性化合物（如维生素 A、D、E、K 胡萝卜素，甾体及食用油中的长链油脂等）。对于这类化合物的分析来说，C_{18} 还是显得力不从心，这时可以采用 C_8 分析这类化合物。

（5）aQ 色谱柱 Accucore aQ 键合相使用极性基团进行封端，因此可以保留并分离极性化合物，使 Accucore aQ 键合相成为对痕量极性分析物进行定量的首选。在反相键合相中引入极性基团，使得填料更容易被水浸润。Accucore aQ 的极性封端基团，使其可以在 100%水相中使用，而不会降低性能或降低稳定性。

（6）Organic Acid 色谱柱 Acclaim Organic Acid（OA）色谱柱是一种硅胶基质的反相色谱柱，设计用于高效、高通量有机酸分析。它在分离羟基脂肪酸和芳香有机酸方面具有无可匹敌的优异性能。Acclaim OA 是测定小分子亲水性有机酸、C_1 到 C_7 脂肪酸以及亲水性芳香酸时推荐使用的色谱柱，对食品与饮料产品、药物制剂、镀液以及制造化学品、化学半成品和环境样品的分析和质量保证也有重要作用。与 100%水流动相兼容，在低 pH 条件下具有水解稳定性，非常适合有机酸的反相保留，对多种有机酸有理想选择性，分析有机酸类时柱效及峰形出色。

（7）Amino 色谱柱 Amino 色谱柱采用氨丙基键合相，通过胺基与分析物中的极性基团发生极性相互作用，从而实现对分析物的保留和分离，适用于极性化合物的分离，对许多同分异构体和结构类似物也能实现较好分离。氨基柱可以用于分离单、双糖，如葡萄糖、果糖、蔗糖、麦芽糖、乳糖。

（8）手性柱 固定相为纤维素衍生物手性固定相，适合分析含有酰胺基，芳香基，羰基，硝基，磺酰基，氰基，羟基类化合物，以及胺和羧酸类化合物，另外还可以是氨基酸的衍生物。反相柱使用水-有机溶剂流动相，适合分析水溶性样品（比如生物活性样品），或者对 pH 有特定要求的样品。要避免极端 pH，因为这样会损伤固定相的硅胶基质。反相柱也适合应用于 LC-MS 中。

（二）液相色谱的流动相

反相色谱是分离中性和离子化样品的首选分离方法，它使用柱子的填充物是极性较低的键合相，比如 C_8 或者 C_{18}。这里"中性"样品指的是样品中不带正电荷或者负电荷的分子，通常是由于酸或碱被离子化的结果。流动相在大多数情况下使用的是水和乙腈或者甲醇，其他的有机溶剂（比如异丙醇、四氢呋喃）使用的较少，一个首选的有机溶剂用来做反相色谱的流动相是水和甲醇或者乙腈的混合液，相对黏度不大，在分离实验条件下能保持稳定性，在 UV 检测器最低的波长下是透光的，而且价格适中易购买到。常用的有机溶剂根据属性按照下面的顺序排列：ACN（首选）>MeOH>IPA>THF（较少使用）。洗脱方法有梯度洗脱和等度洗脱。

四、液相色谱–质谱联用技术在生物领域的应用

（一）保健品、食品中的非法添加成分

不同型号液质 联用仪功能介绍　液质联用技术 案例

随着生活水平的提高，保健品也受到了广大群众的青睐。为了赋予或增强其疗效，一些不法商贩在保健品中添加了禁用物质，其副作用严重影响到身体健康。保健品作为一类特殊食品，其安全性也得到了广泛关注。

一些不法商贩为了牟利，获得更多回头客，在凉皮汤料中添加罂粟。罂粟中主要含有罂粟碱、可待因、吗啡等物质。首先，对罂粟碱、吗啡、可待因进行母离子确认，随后对质谱参数如碎裂电压、碰撞能量等进行优化（见表 6-3）。

表 6-3　正模式母离子/子离子对及质谱参数

化合物名称	母离子	子离子	碎裂电压	碰撞能量
罂粟碱	340.2	324.2	142	30
		202.1	142	23
吗啡	286.2	201.1	141	25
		58.2	141	28
可待因	300.2	215.2	154	24
		58.2	154	28

依据混合对照品溶液的总离子流图和提取离子流图确定罂粟的主要生物碱成分吗啡、可待因、罂粟碱这 3 种物质的色谱保留时间。空白溶液的总离子流图和提取离子流图用于排除试剂和仪器设备因素导致的可能的假阳性结果。对比检材提取溶液、检材加标溶液与混合对照品溶液的总离子流图和提取离子流图以及对应色谱保留时间的质谱图，依据色谱保留时间、母离子/子离子对质谱图、3 种物质的提取离子流图定性鉴定检材提取溶液中是否存在吗啡、可待因、罂粟碱这 3 种物质，从而确定检材中是否含有罂粟成分。

（二）农药残留

为防治病虫害，通常会给蔬菜施药，由于追求产量，造成蔬菜中存在不同程度的农药残留问题，甚至更有使用禁用农药，使得蔬菜中残留的农药已经严重危害到人们的身体健康问题，因此，农残的检测已经受到广泛关注（表6-4）。

表 6-4 目标化合物母离子、子离子对及质谱优化参数

序号	化合物	分子量	定量离子对	碎裂电压	CID	极性
1	对乙酰氨基酚	151	152.1>110.1	106	13	＋
2	磺胺甲噁唑	253	254.2>156.1	98	11	＋
3	阿替洛尔	266	267.3>190.1	125	15	＋
4	甲氧苄氨嘧啶	290	291.3>230.2	133	22	＋
5	卡巴西平	236	237.2>194.1	131	16	＋
6	阿司匹林	180	203.1>142.9	89	1	＋
7	狄兰汀	252	251.1>207.9	154	12	＋
8	萘普生	230	231.1>185.0	75	6	＋
9	避蚊胺	191	192.2>119.2	119	14	＋
10	阿莫西林	419	441.4>441.4	178	1	＋
11	二甲苯氧庚酸	250	249.3>121.1	73	3	－
12	双氯芬酸	295	294.1>250.1	75	1	－
13	三氯卡班	314	313.1>160.1	148	3	－
14	三氯生	288	287.0>287.0	75	2	－

造成蔬菜农药残留量超标的主要是国家禁止在蔬菜生产中使用的有机磷农药和氨基甲酸酯类农药。表6-4中针对14种常见农药残留采用三重四极杆液质联用仪对色谱及质谱条件优化，建立了快速、简便、准确的检测方法。

第三节 基质辅助激光解吸电离源质谱

MALDI是新型软电离技术，它与电喷雾电离技术的出现，使生物大分子电离产生气相离子成为可能，促使质谱技术在生命科学领域获得广泛应用和发展。MALDI源质谱仪具有对盐和添加物的耐受能力高，可测定质量范围宽，且灵敏度高、样品制备简单快速等优点，是现代生物大分子研究中重要的技术手段之一。

一、技术原理

（一）MALDI 的技术原理

1987年，日本岛津中央研究所的田中耕一首次将MALDI质谱技术成功应用于电离与分析生物大分子。他采用钴超微粉末和甘油的混合液作为基质，成功地测定了如羧肽酶-A、胰蛋白酶等大分子物质，并以此与美国科学家约翰·芬恩（ESI-MS）一同获得了2002年的诺贝

尔化学奖。MALDI 技术的发展主要在于经验的积累，而对于其具体的理论机理，还需要进一步研究。目前，其公认的机制为：当用激光照射晶体时，激光光束的能量首先被发色团的基质吸收，能量蓄积并迅速产热，基质晶体迅速气化，使包含在其晶格中的样品解吸附，基质与样品之间发生电荷转移使样品分子电离（图6-8）。该过程是一个非常复杂的固相-气相的过程，其间形成大量的活性物质如离子、电子、自由基等。这些活性物质间可以发生相互作用，从而引起离子源内的反应。由于基质吸收了激光的大部分能量并气化，样品分子只吸收少量的激光能量，避免了被分析物分子化学键的断裂。此外，基质在样品离子形成过程中还充当质子化或去质子化试剂，使样品分子带上电荷（正或负）。而 MALDI 源产生的离子多为单电荷离子，其谱图中的离子与肽段或蛋白质质量可直接对应。

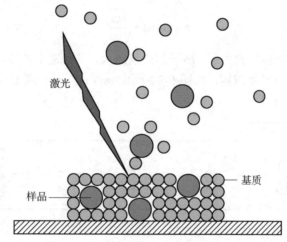

图 6-8 基质辅助激光解吸离子化示意图

MALDI 技术依赖于有机基质的作用，这些基质具有吸收特殊光波长的能力。待测物质的溶液与基质的溶液混合后蒸发，与样品形成晶体或半晶体，此时用一定波长的脉冲式激光进行照射时，基质分子能有效地吸收激光的能量，使基质分子和样品分子从固相解吸，进入气相并得到电离。基质的使用是 MALDI 电离技术的关键，常用的基质多为一些小分子有机酸及其衍生物（表6-5），它们具有以下特性：①能嵌入样品分子间与之形成共结晶；②能溶解于可溶解样品分子的溶剂；③在真空状态下是稳定的；④可吸收激光，既与激光形成共振吸收；⑤可激发样品分子离子化。

表 6-5 MALDI 源质谱常用基质

化合物名称	简称	溶剂	激发波长（nm）	适用范围
2，5-二羟基苯甲酸 （2，5-dihydroxy benzoic acid）	DHB	乙腈、水、甲醇、丙酮、氯仿	337、355、266	多肽、核苷酸、寡核苷酸、寡糖
芥子酸 （3，5-dimethoxy-4-hydroxcinnamic acid）	SA	乙腈、水、丙酮、氯仿	337、355、266	多肽、蛋白、脂类
α-氰基-4-羟基肉桂酸 （α-Cyano-4-hydroxycinnamic acid）	CHCA	乙腈、水、乙醇、丙酮	337、355	多肽，脂类，核苷酸
吡啶甲酸 （picolinic acid）	PA	乙醇	266	寡核苷酸
3-羟基吡啶甲酸 （3-hydroxy picolinic acid）	3-HPA	乙醇	337、355	寡核苷酸

（二）飞行时间质量分析器原理

飞行时间质量分析器（time of flight，TOF）是一种将离子通过无场作用下的漂移方式得到分离的质量分析器，其主要部分是一个离子漂移管。离子源中产生的离子经过加速电场，获得动能，再进入高真空无电场飞行管道，以在加速电场获得的速度飞行。设离子在加速电场获得的动能为 E，为加速电场电压为 U，加速后的离子速度为 v，飞行长度为 L，离子的质量为 m，离子带电荷数为 z，则可推算离子达检测器的飞行时间 t 与其质荷比的平方根 $(m/z)^{1/2}$ 成正比（式中 const 为一常数）。

由：
$$E = U \cdot z = \frac{1}{2}mv^2, \quad t = \frac{L}{v} \tag{6-1}$$

推出：
$$t = \text{const} \cdot \sqrt{\frac{m}{z}} \tag{6-2}$$

简而言之，对于能量相同的离子，离子的质量越大，飞行速度越慢，达到接收器所用的时间越长，质量越小，所用时间越短，如图 6-9 所示，$m_1 > m_2 > m_3$，则 $t_1 > t_2 > t_3$，根据这一原理，可以把不同质量的离子分开。

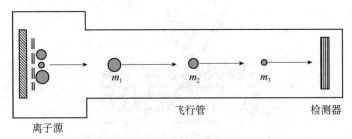

m_1　　m_2　　m_3

飞行管　　　　　检测器

离子源

图 6-9　飞行时间分析器原理图

飞行时间分析器有线性飞行时间检测器和反射飞行时间分析器。早期的飞行时间质谱仪为线性飞行时间质量检测器，虽然其质量分析范围很大，但是质量分辨率和准确度并不高。因为离子在离开离子源时初始能量不同，使得具有相同质荷比的离子达到检测器的时间有一定差异，造成分辨能力下降。为提高仪器的分辨率和质量检测准确度，研究者在线性检测器前面加上一组静电场反射镜，构成反射飞行时间质量检测器（图 6-10）。该检测器通过离子反射技术，将自由飞行中的离子反射，初始能量大的离子由于初始速度快，进入静电场反射镜的距离长，返回时的路程也就长，初始能量小的离子返回时的路程短，使得质量相同而初始动能不同的离子更加一致地达到检测器，进而提高了仪器的分辨能力。因反射电场电压较高，相比线性模式，反射模式的检测方式只能分析 10 000Da 以下的离子。

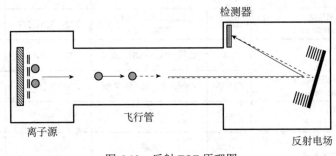

检测器

飞行管　　　　　　　　　　反射电场

离子源

图 6-10　反射 TOF 原理图

（三）串联质谱测定多肽序列原理

MALDI源质谱的质量分析器可设计为串联飞行管（TOF-TOF）质谱，两个飞行管区中有一个碰撞室，以实现离子的串级分析来获得肽段的碎片离子，再根据肽段碎片离子之间的质量差进行氨基酸序列的推测。蛋白质质谱鉴定的基本流程，主要包括蛋白酶解、一级质谱（二级质谱）、质谱数据解析与检索这几个步骤。蛋白质被酶切位点专一的蛋白酶酶解后得到的一级质谱图即为肽片段质量图谱，因为每种蛋白质的氨基酸序列都不相同，被酶解后，其产生的肽片段序列所对应的肽混合物质量数也具有特征性。串联质谱通过多肽分子在质谱中的碎片离子来测定多肽序列。在一级质谱基础之上，选取一个或多个肽段作为"母离子"，通过串联质谱产生碎片离子图谱。在二级质谱中，肽键断裂时会产生a、b、c型（电荷保留在N端）和x、y、z型（电荷保留在C端）系列离子，其中b型和y型离子在质谱图中较为多见（图6-11），根据y、b系列相邻离子的质量差，对应氨基酸残基的相对分子质量（表6-6），可推算氨基酸序列。

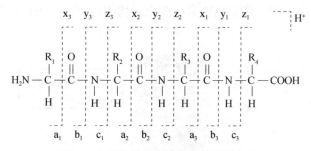

图6-11 多肽分子在质谱中的碎裂方式

表6-6 20种氨基酸残基相对分子质量

氨基酸名称	氨基酸缩写	单同位素相对分子质量	平均相对分子质量
Glycine	G	57.0215	57.0519
Alanine	A	71.0371	71.078
Arginine	R	156.1011	156.186
Asparagine	N	114.0429	114.103
Aspartic acid	D	115.0269	115.087
Cysteine	C	103.0092	103.143
Glutamic acid	E	129.0426	129.114
Glutamine	Q	128.0586	128.129
Valine	V	99.0684	99.131
Histidine	H	137.0589	137.139
Isoleucine	I	113.0841	113.158
Leucine	L	113.0841	113.158
Lysine	K	128.095	128.172
Methionine	M	131.0405	131.196
Phenylalanine	F	147.0684	147.174
Proline	P	97.0528	97.115

续表

氨基酸名称	氨基酸缩写	单同位素相对分子质量	平均相对分子质量
Serine	S	87.032	87.077
Threonine	T	101.0477	101.104
Tryptophan	W	186.0793	186.21
Tyrosine	Y	163.0633	163.173

二、仪器的基本构造

MALDI-TOF/TOF 质谱仪主要由 MALDI 离子源和 TOF 质量分析器组成，并且质量分析器为 TOF-TOF 设计，两个飞行管区中有一个碰撞室，以实现离子的串级分析。以 AB SCIEX 公司 4800 *plus* MALDI TOF/TOF™ 质谱仪为例（图 6-12），样品在离子源内受激光的轰击而电离，受加速电场的作用获得一定的动能后，在无电场的真空管内飞行，通过测量离子的飞行时间即可测得离子的质量。

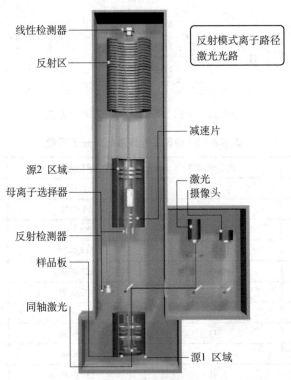

图 6-12 AB SCIEX 4800 *plus* MALDI TOF/TOF™ 质谱仪结构示意图（SCIEX 公司提供）

此外，MALDI 源质谱是根据肽段碎片离子之间的质量差进行氨基酸序列的推测，其常见的样品碎裂方式为：源后裂解（post-source decay，PSD）、源内裂解（in source decay，ISD）和碰撞诱导解离（collision-induced dissociation，CID）。PSD 技术可用于配备反射 TOF 的 MALDI 质谱仪，母离子获取能量后进入无场区，发生亚稳离子裂解，但该方法在低分子量端（小于 500Da），易受基质干扰。ISD 适用于 MALDI 离子源，母离子获取能量后在离子源内裂解，其获得的谱图简单，在中、大分子量肽的序列测定方面有一定优势。CID 法为如今发展比较成熟的模式，已应用于各种离子源质谱仪，如 FAB、ESI、MALDI 等，离子产生后进入质量检测器前，施加一定的电压，使离子的运动速度大大提高，当离子与中性分子碰撞时，就会导致离子的碎裂。TOF/TOF 可配备高能 CID，获得特有的高能碎片信息，采集速度快、灵敏度高；其缺点是碎片离子较为复杂，谱图分析相对困难，且只能测定较小分子量的肽段序列（小于 3500Da）。目前，前两种技术在商业化质谱仪中的实际应用较少，CID 技术应用最为广泛。

三、样品制备与数据分析

（一）样品制备

蛋白质的酶解是蛋白质质谱鉴定的关键前处理步骤。以考马斯亮蓝染色的蛋白质凝胶为例，其胶内酶解步骤如下。

1. 脱色

将凝胶条带切成约 1mm² 大小的胶粒，并将胶粒至于离心管中，加入 200μl 含 50%乙腈，25mmol/L 碳酸氢铵的溶液，并用纯水清洗。加入脱色液后，60℃恒温 15min。吸出脱色液，加水清洗 10min，然后再重复清洗至蓝色褪尽，加纯乙腈 200μl 脱水至胶粒完全变白，弃清液，室温干燥。

2. 还原烷基化

加入 10mmol/L 二硫苏糖醇（25mmol/L 碳酸氢铵溶液配制）20μl，37℃恒温 1h；冷却到室温后，吸干。加入 55mmol/L 碘乙酰胺（25mmol/L 碳酸氢铵溶液配制）20μl，置于暗室 45min；依次用 25mmol/L 碳酸氢铵溶液、含 50%乙腈，25mmol/L 碳酸氢铵的溶液各清洗 15min。

3. 脱水

加入 200μl 纯乙腈静置 30min 后，弃清液。重复该步骤至凝胶完全脱水变成白色，室温干燥。

4. 酶液泡胀

加入 5~15μl 酶液（0.01μg/μl，25mmol/L 碳酸氢铵溶液配制），4℃放置 30min；待酶液完全被吸收，补充 25mmol/L 碳酸氢铵溶液 5~15μl，使胶块完全浸没于溶液中，37℃恒温 15h 或过夜。

5. 萃取提肽

加入萃取液（50%乙腈，0.1%三氟乙酸溶液）20μl 后，60℃恒温 10min，再超声 1min，收集萃取液。重复萃取步骤一次，合并萃取液后用离心浓缩仪干燥。干燥后的肽段用 3μl 萃取液重新溶解进行质谱检测。

（二）数据分析

1. 串联质谱分析测试

酶解后肽段的质谱分析参数示例：取 0.7μl 酶解液或干燥重新溶解的肽段与基质饱和溶液（50%乙腈，0.1%TFA 水溶液配制）等体积充分混合，点到不锈钢 MALDI 靶板上，在室温下自然干燥后，用 5800 MALDI-TOF/TOF 质谱仪进行分析测试。一级质谱采用反射正离子模式，质量范围 800～4000，每个图谱采集 4000shots。二级质谱采用正离子模式，碰撞能量 2kV，CID 打开，每个样品最多选择 20 个 MS 峰，最小信噪比 20，分辨率 200，每个图谱累积 3000shots。获得的质谱数据以质谱峰列表形式导出，进行下一步数据库检索。

2. MASCOT 检索鉴定蛋白质

Mascot 是一款强大的数据库检索软件，可以实现从质谱数据到蛋白质的鉴定，其检索方式包括以下 3 种：Peptide Mass Fingerprint（肽质量指纹图谱）、Sequence Query（部分序列比对）和 MS/MS Ion Search（串联质谱检索）。其中，串联质谱检索是目前应用最广的高通量鉴定蛋白质方法，该方式通过对一个或者多个未被解析的肽段 MS/MS 数据进行对库比较从而进行蛋白鉴定。

3. 检索参数设置

数据库（database）：NCBInr 和 SwissProt 是目前最广泛应用的数据库，NCBInr 是一个综合性非冗余数据库，时常更新；SwissProt 则建库质量很高，特别适合做 PMF 的数据检索。

物种（taxonomy）：对于已测序生物，直接选择该物种数据库即可；对于非测序生物，一般选择采用近缘物种的数据库或者下载相关物种 EST 数据或转录组数据构建本地库。

酶（enzyme）：一般选择最常用的 Trypsin（胰蛋白酶）。

漏切位点（missed cleavages）：允许最大的未被酶切位点数，一般选择 1。

固定修饰（fixed modification）：一般选择半胱氨酸碘乙酰胺化-Carbamidomethyl（C）。

可变修饰（variable modification）：一般选择甲硫氨酸氧化-Oxidation（M），也可能存在 N-乙酰化。对于一些有特殊化学处理修饰的氨基酸功能基团修饰，可人为在本地数据库中进行配置。可变修饰选择越多，检索速度越慢，而且易出现假阳性结果，需人工确认存在修饰的结果。

肽段容差（peptide tol. ±）：主要以 ppm 和 Da 两种形式，表示前体离子所测误差值的大小，其大小与仪器类型相关，TOF 等高分辨质谱可能在几个 ppm 到几十个 ppm 之间。

二级质谱离子容差（MS/MS tol. ±）：表示二级质谱中碎片离子的质量误差。

单同位素分子量或平均分子量（monoisotopic or average）：一般选单同位素质量。

数据文件（data file）：导入需要检索的质谱数据 peaklist 文件。

肽段带电荷数（peptide charge）：一级质谱中多肽或者前体离子的带电荷情况，MALDI 类型的质谱一般为 1+。

仪器（instrument）：选择对应的仪器类型。

四、MALDI 源质谱在生物大分子分析中的应用

**MALDI 质谱案例
及文字说明**

（一）蛋白质鉴定和定量分析

在蛋白质组学研究领域，快速、准确地鉴定蛋白质是其发展的关键技术手段之一。传统的蛋白质化学方法（Edman 降解法或氨基酸组成分析技术），已远远不能满足当代蛋白质组学高通量、高准确度等要求。而生物质谱仪的使用，可通过肽质量指纹图谱（peptide mass fingerprint，PMF）、碎片离子分析、肽段从头测序等方法获得序列信息，使高通量检测蛋白质成为可能。目前，MALDI 源质谱对蛋白质的鉴定与定量分析主要为两个路线：基于凝胶分离的蛋白质点或者条带的鉴定，以及基于 LC-MALDI 的蛋白质鉴定和定量分析。

（二）基于凝胶分离的蛋白质鉴定

一维 SDS-PAGE 电泳与双向电泳技术为蛋白质组学研究中重要的蛋白质分离技术。而MALDI-TOF/TOF 质谱仪分析速度快、通量高、准确度高，特别适用于凝胶分离蛋白质点或者条带的鉴定，为胶上蛋白质大规模鉴定的首选方法。我们可通过 MALDI-TOF 一级质谱分析特异性酶解或化学水解后的肽段，获得蛋白质的肽质量指纹图谱，再通过 MALDI-TOF/TOF 二级质谱分析，获得肽段的序列信息，进一步提高蛋白质鉴定的可靠性。

（三）基于 LC-MALDI 的蛋白质鉴定和定量分析

运用液相点靶系统，可以将复杂的混合物通过液相系统进行分离后再运用 MALDI 质谱检测，该方法与 LC-ESI-MS/MS 系统获得的数据相结合，可获得更为完整的质谱信息。同时，LC-MALDI TOF/TOF 能够满足标记定量蛋白质组学的需要，是基于同位素标记的相对定量分析试验的重要平台（iTRAQ、SILAC、ICAT）。

以 4 重 iTRAQ 技术为例，其试剂在结构上包含 3 个化学基团：报告基团、平衡基团、反应基团。4 个试剂中报告基团的质量数分别为 114、115、116、117，反应基团则与肽段的氨基反应连接，平衡基团的作用是调节试剂的总质量数，其质量数分别为 31、30、29、28，使得试剂的总质量数为 145。该试剂可同时标记 4 个样品，对四个样品进行定量。标记后的肽段经过液相分离，进行一级质谱和二级质谱分析。因为被标记的不同样本中的同一肽段具有相同的质量数，故在一级质谱中表现为一个峰。而在二级质谱中，平衡基团发生了中性丢失，报告基团产生的信号离子表现为不同质荷比（114~117）的峰，根据波峰的高度及面积，可以鉴定该蛋白/肽段在不同样品的定量信息。

（四）未知蛋白质的序列分析

对于结构未知的新蛋白，要获得其蛋白序列，可采用化学修饰的方法对新蛋白进行从头测序（*de novo* sequence）。从头测序是选择二级质谱的某一离子峰，从该离子峰开始，向高和低的 *m/z* 的方向找寻对应的相差氨基酸残基的碎片离子峰，理论上通过依次找寻可以得到一系列的氨基酸序列。但从头测序对于谱图的要求比较高，并且酶解肽段的碎裂情况往往比较

复杂，除了 N 端和 C 端断裂离子，还包括内部断裂和侧链断裂离子，给序列推算带来较大的困难。而利用化学修饰（如 ^{18}O 标记，磺基异硫氰酸苯酯标记等），则可使 y 型离子比较容易辨别，提高鉴定序列的准确性。

（五）生物大分子的分子量分析

MALDI 源质谱具有快速、准确、灵敏度高、样品消耗量少的特点，其对于样品中盐和表面活性剂的耐受程度也较高，并且产生的离子多为单电荷离子，与 TOF 检测器联用时，最高检测质量数可达 300kDa，在生物大分子相对分子量的检测具有独特的优势。以牛血清白蛋白 BSA 为例，运用 MALDI-TOF MS 检测蛋白质的分子量时，基质一般采用 SA 基质，选用线性模式扫描。

另外，对于一些其他类型的大分子样品，如糖蛋白、淀粉、壳聚糖、高分子聚合物等，通过对基质、溶液体系和检测方法的优化，MALDI-TOF 也可作为一种有效的分析手段。

（六）蛋白质翻译后修饰的分析

翻译后修饰在生物体细胞内蛋白质功能的调节中具有关键作用，是蛋白质组学研究的重要方向。目前已经发现了数百种的蛋白翻译后修饰，最常见的为磷酸化和糖基化修饰。对于磷酸化肽段的识别，可以采用 MALDI-TOF 质谱结合磷酸酶水解的方法进行分析。通过磷酸（酯）酶处理后，肽段会脱去基团，使其相应肽段的质量减少 80Da，可通过质谱检测这种特定质量数的变化，来确定磷酸化的肽段。另外，运用固相金属离子亲和色谱法结合 MALDI-TOF 分析，通过比较 IMAC 柱处理前后肽谱的变化，也可检测到磷酸化肽段。MALDI-TOF/TOF 的串联质谱可对磷酸化的氨基酸位点进行识别：选定磷酸化的肽段作为"母离子"，通过 CID 方式将肽段打碎，检测其产生的碎片离子，根据其碎片离子的质量数推断肽段的序列以及磷酸化位点。

因糖蛋白分子结构的不均一性及多样性，给质谱检测糖蛋白带来了一定的困难。目前，电喷雾技术为蛋白糖基化结构分析的首选，但 MALDI 源质谱的运用，可为 ESI-MS 在糖蛋白研究中提供补充信息。MALDI-TOF 的 PSD 技术，可以直接得到单糖碎片，对于分析糖肽结构具有较大的帮助。此外，MALDI 源质谱检测糖蛋白时，基质以及制靶技术的改进，也提高了检测的灵敏度和准确性。目前，有研究者提出，相较于其他常用基质，CHCA 更适用于糖蛋白的分析，其对于糖蛋白的响应比较稳定，且重复性好。而通过凝集素富集、硼酸富集、亲水性色谱等技术可将糖基化蛋白质和其他蛋白质进行分离后，再将获得的糖肽进行质谱分析。

（七）质谱成像

MALDI 组织分子成像技术是近年来的新兴技术，已应用于生物标志物寻找、药物靶向筛选、临床病理研究等领域。它通过对覆盖有基质的生物组织表面直接进行质谱扫描和分析，将 MALDI 质谱的离子扫描产生的离子信号通过数据处理与图像重建技术结合，从而对生物组织中化合物的组成、相对丰度及分布情况进行高通量、全面、快速的分析，具有广阔的前景。

MALDI 组织成像技术包括几大关键部分：组织切片的制备，基质的选择和点覆，质谱分析方法，数据统计及处理。一般用于组织成像的切片多位冷冻切片，其样品的储存，包埋方法以及切片厚度的选择对成像结果的重复性和准确性具有较大影响。目前，一般建议采用液氮保存，冰或聚合树脂包埋，切片厚度为 3～5μm 为宜。基质以 SA、CHCA、DHB 为主，其包覆方法分为喷雾法和点样法，喷雾法图像像素高，但易引起组织切片表面分析物迁移，点样法可有效防止分析物迁移，但其分辨率受到基质结晶尺寸的限制。质谱数据采集可通过以下几个方面进行优化：采集模式、激光的能量范围、质量范围、采样点间距和每个采样点激光照射次数。最后质谱成像图构建包括：数据处理、分析，图像识别，三维重建，而这部分一般由仪器相配备的成像软件完成。

（八）微生物快速鉴定

MALDI-TOF MS 适用于蛋白质、多肽等生物大分子物质的分析，它无须复杂的样品处理，可直接分析细菌培养液、菌体、动物组织等非常复杂的生物样品。每种微生物都有自身独特的蛋白质组成，因而拥有独特的蛋白质指纹图谱。在微生物的鉴定方面，可通过 MALDI-TOF MS 分析检测样本蛋白组成成分获得特征性的模式峰，与数据库中微生物指纹图谱进行比较，从而实现微生物的快速鉴定。目前，随着相关数据库的不断完善，样品前处理方法的改进以及仪器分析重复性的提高，MALDI-TOF 以其快速、高通量、高灵敏度的特点，在临床微生物检验领域已表现出巨大的潜力。

主要参考文献

柏冬，宋剑南.2012. 基于气相色谱-质谱联用和图模型分析的脂代谢异常患者血浆代谢组学研究. 分析化学，40（10）：1482-1487.

陈晶，付华，陈益，等.2002. 质谱在肽和蛋白质序列分析中的应用. 有机化学，2：81-90.

辜雪琴，范国荣，陆峰，等.2015. 气相色谱-质谱代谢组学研究关键技术及典型应用. 中国医药工业杂志，46（1）：68-73.

郭爱静，赵伟，李丽敏，等.2016. 白酒中 18 种邻苯二甲酸酯的气相色谱串联质谱测定法. 环境与健康杂志，33（7）：649-652.

郭洪伟，田云刚，王建霞，等.2019. 金果榄中脂肪酸成分的 GC-MS 分析. 吉首大学学报（自然科学版），40（6）：44-46，51.

韩蔓，江汉美，雷念念.2020. HS-SPME-GC-MS 和主成分分析法分析九味羌活不同剂型的挥发性成分. 国际药学研究杂志，47（5）：395-402.

黄廓均.2020. 莪术挥发性成分的 GC-MS 分析. 陕西中医药大学学报，43（4）：68-73.

黄欣，龚益飞，虞科，等.2007. 基于气相色谱-质谱的代谢组学方法研究四氯化碳致小鼠急性肝损伤. 分析化学，12：1736-1740.

刘虎威.2004. 气相色谱方法及应用. 北京：化学工业出版社.

钱小红，贺福初.2003. 蛋白质组学：理论与方法. 北京：科学出版社.

盛龙生，苏焕华，郭丹滨. 2005. 色谱质谱联用技术. 北京：化学工业出版社.

施耐德. 2012. 现代液相色谱技术导论. 陈小明，唐雅妍，译. 北京：人民卫生出版社.

王京兰，万晶宏，罗凌，等. 2000. 蛋白质组研究中肽质量指纹谱鉴定方法的建立及应用. 生物化学与生物物理学报，4：373-378.

魏林阳，徐金晶，吴红军. 2007. 水产品中氯霉素残留的气质联用法检测. 光谱实验室，2：201-205.

徐静，万家余，许娜，等. 2012. MALDI质谱成像的样本制备技术及应用研究进展. 中国实验诊断学，16（10）：1939-1942.

杨芃原，钱小红，盛龙生. 2003. 生物质谱技术与方法. 北京：科学出版社.

易路遥，刘绪平，章红，等. 2015. 气质联用法测定叶菜类蔬菜中8种农药残留. 中国食品卫生杂志，27（S1）：1-3.

张爱萍，李杨，翟玉秀，等. 2020. 顶空固相微萃取结合气质联用技术结合相对气味活度值对甘肃细毛羊肉特征挥发性风味物质的研究. 肉类工业，2：31-36.

周新文，金红，杨芃原. 2011. 基于MALDI源生物质谱技术平台的建立. 实验室研究与探索，30（11）：398-401.

周新文，严钦，周珮，等. 2009. 磺基异硫氰酸苯酯化学辅助方法对新蛋白质进行从头测序. 高等学校化学学报，30（4）：706-711.

Bamba T，Fukusaki E，Nakazawa Y，et al. 2003. Analysis of long-chain polyprenols using supercritical fluid chromatography and matrix-assisted laser desorption ionization time-of-flight mass spectrometry. Journal of Chromatography A，995（1-2）：203-207.

Bennett K，Stensballe A，Podtelejnikov A，et al. 2002. Phosphopeptide detection and sequencing by MALDI quadrupole-time-of-flight tandem mass spectrometry. J Mass Spectrom，37（2）：179-190.

Betts JC，Blackstock WP，Ward MA，et al. 1997. Identification of phosphorylation sites on neurofilament proteins by nanoelectrospray mass spectrometry. J Biol Chem，272（20）：12922-12927.

Boesl U，Weinkauf R，Schlag E. 1992. Reflectron time-of-flight mass spectrometry and laser excitation for the analysis of neutrals，ionized molecules and secondary fragments. Int J Mass Spectrom，112（2-3）：121-166.

Coning Pd，Swinley J. 2019. A Practical Guide to Gas Analysis by Gas Chromatography. Amsterdam：Elsevier.

Cotter RJ，Russell DH. 2007. Time-of-Flight Mass spectrometry：instrumentation and applications in biological research. J Am Soc Mass Spectr，9：1104-1105.

Debois D，Smargiasso N，Demeure K，et al. 2013. MALDI in-source decay，from sequencing to imaging. Top Curr Chem，331：117-141.

Dorsey J G，Fanali S，Giese R W，et al. 2009. Editors' Choice III. Journal of Chromatography A，1216（4）：641-754.

Fallas M M，Neue U D，Hadley M R，et al. 2008. Investigation of the effect of pressure on retention of small molecules using reversed-phase ultra-high-pressure liquid chromatography. Journal of Chromatography A，1209（1-2）：195-205.

Griffin P，Furer-Jonscher K，Hood L，et al. 1992. Analysis of Proteins by Mass Spectrometry. NewYork：Academic Press.

Hagglund P，Bunkenborg J，Elortza F，et al. 2004. A new strategy for identification of N-glycosylated proteins and unambiguous assignment of their glycosylation sites using HILIC enrichment and partial deglycosylation. J Proteome Res，3（3）：556-566.

Hsieh SY，Tseng CL，Lee YS，et al. 2008. Highly efficient classification and identification of human pathogenic bacteria by MALDI-TOF MS. Mol Cell Proteomics，7（2）：448-456.

Jennings W，Mittlefehldt E，Stremple P. 1997. Analytical Gas Chromatography. 2nd Edition. NewYork：Academic Press.

Johnson R，Martin S，Biemann K. 1988. Collision-induced fragmentation of（M+H）$^+$ ions of peptides. Int J Mass Spectrom，86：137-154.

Kaji H，Saito H，Yamauchi Y，et al. 2003. Lectin affinity capture，isotope-coded tagging and mass spectrometry to identify N-linked glycoproteins. Nat Biotechnol，21（6）：667-672.

Kitson FG，Larsen BS，McEwen CN. 1996. Gas Chromatography and Mass Spectrometry. San Diego：Academic Press.

Korfmacher WA. 2010. Using Mass Spectrometry for Drug Metabolism Studies，Second Edition. Oxford：Taylor and Francis.

Larsen M，Sorensen G，Fey S，et al. 2001. Phospho-proteomics：Evaluation of the use of enzymatic de-phosphorylation and differential mass spectrometric peptide mass mapping for site specific phosphorylation assignment in proteins separated by gel electrophoresis. Proteomics，1（2）：223-238.

Loeser E，Babiak S，Drumm P. 2009. Water-immiscible solvents as diluents in reversed-phase liquid chromatography. Journal of Chromatography A，1216（15）：3409-3412.

Naven TJ，Harvey DJ，Brown J，et al. 1997. Fragmentation of complex carbohydrates following ionization by matrix-assisted laser desorption with an instrument fitted with time-lag focusing. Rapid Commun Mass Spectrom，11（15）：1681-1686.

Siuzdak G. 1996. Mass Analyzers and Ion Detectors. In：Siuzdak G. Mass Spectrometry for Biotechnology. San Diego：Academic Press：32-55.

Sugiura Y，Shimma S，Setou M. 2006. Thin Sectioning Improves the Peak Intensity and Signal-to-Noise Ratio in Direct Tissue Mass Spectrometry. J Mass Spectrom Soc Jpn，54（2）：45-48.

Svec F. 2004. Electrochromatography. Journal of Chromatography A，1044（1-2）：1-338.

Tanaka K，Waki H，Ido Y，et al. 1988. Protein and polymer analyses up to *m/z* 100 000 by laser ionization time-of-flight mass spectrometry. Rapid Commun Mass Sp，2（8）：151-153.

Touboul D，Brunelle A，Laprevote O. 2006. Structural analysis of secondary ions by post-source decay in time-of-flight secondary ion mass spectrometry. Rapid Commun Mass Spectrom，20（4）：703-709.

Xu Y，Wu Z，Zhang L，et al. 2009. Highly Specific Enrichment of Glycopeptides Using Boronic Acid-Functionalized Mesoporous Silica. Analytical Chemistry，81（1）：503-508.

Yates J，McCormack A，Hayden J，et al. 1994. Sequencing peptides derived from the class II major histocompatibility complex by tandem mass spectrometry. NewYork：Academic Press：380-388.

Zhang H，Ma L，He K，et al. 2008. An algorithm for thorough background subtraction from high-resolution LC/MS data：Application to the detection of troglitazone metabolites in rat plasma，bile，and urine. J Mass Spectrom，43（9）：1191-1200.

第七章　磁共振波谱技术

第一节　核磁共振波谱技术

核磁共振（nuclear magnetic resonance，NMR）技术是一种研究物质的分子结构及物理特性的光谱方法。1946年，斯坦福大学的Bloch小组和哈佛大学的Purcell小组同时独立地发现了宏观物质的NMR现象后，NMR已发展成为分析化学领域内的一种重要工具，研究范围日益广泛，目前涉及的学科包括物理学、化学、生物、医学和材料科学等。与其他方法相比，NMR技术是在组成物质最基本单元的原子水平上进行分析，其优势在于：①可以在天然状态、不破坏分子结构（包括空间结构）的情况下对样品进行检测；②能提供丰富的结构信息，包括官能团、官能团之间的连接、分子之间的相互作用、溶液中分子的空间结构和功能的关系以及分子的动力学行为等；③在合适的参数条件下，谱峰的积分面积与原子核的数目成正比，可以同时达到定性和定量的效果。

一、技术原理

自旋量子数（I）是原子核的基本性质。根据I的不同，原子核可分为三类：①中子数和质子数均为偶数的原子核，如^{12}C、^{16}O、^{32}S，I为0，没有NMR现象；②中子数与质子数一个偶数、一个奇数的原子核，如^{1}H、^{13}C、^{15}N、^{19}F、^{31}P，I为半整数（$I=1/2$、$3/2$等）；③中子数、质子数均为奇数的原子核，I为整数，如^{2}H、^{14}N（$I=1$）。I为整数（如1、2等）和大于1/2半整数（如3/2、5/2等）的原子核具有核四极矩。

当I不为零的原子核处于静磁场B_0（通常假定为z轴方向）中时，因自旋轴与磁场方向保持某一夹角，会绕静磁场进动，这与陀螺在地球引力作用下的运动方式相似，称为拉莫尔进动，进动频率ω_L由下式决定：

$$\omega_L = \gamma B_0 \tag{7-1}$$

式中，γ——原子核的磁旋比，有时也称为旋磁比，它的符号决定了进动的方向。

在静磁场中，自旋量子数为I的原子核能级会分裂成$2I+1$个不同的能级，它们之间的能级间隔为γB_0。从能级吸收角度来看，如果有某一电磁波施加到自旋系统上，当其频率与该能级间隔相匹配时，原子核会从低能级跃迁到高能级，诱发NMR吸收。

从核磁感应的角度，NMR 现象也可以看成是经典电磁学范围内的问题。由于原子核是带正电荷的，而带电体的转动必定会产生磁矩，因此，每一自旋不为零的原子核本质上可以看成是一个微观磁矩。在没有磁场的情况下，各原子核磁矩的方向是杂乱无章的，其宏观聚集体检测不到任何宏观磁化强度。但当其处于沿 z 轴取向的均匀静磁场中时，达到平衡后沿磁场取向的自旋因具有最低的能量而在系统中具有较大的权重因子，此时，核自旋系统在 z 轴方向将具有宏观磁化强度 M_0。如果沿垂直于静磁场 B_0 的 x 方向施加一功率很强的射频脉冲，M_0 将沿着 x 轴进行转动，即自旋受到了激发，这种转动在 NMR 中称为章动。章动是偏离平衡态的运动，当撤去射频脉冲后，磁化强度向平衡态恢复，此时，横向磁化强度的旋进会使探头检测线圈中的磁通量发生变化，在仪器监控屏幕上展示出来的就是随检测时间的自由感应衰减信号（free induction decay，FID）。FID 信号通过傅里叶变换，从时畴信号转换为频畴信号，就得到了常见的一维 NMR 谱。

与一维谱对应的是二维谱，二维谱是两个独立频率变量的信号函数。一般第二个时间变量 t_2 表示采样时间，第一个时间变量 t_1 则是与 t_2 无关的独立变量，是脉冲序列中的某一个变化的时间间隔。

虽然二维核磁实验的类型多种多样，但脉冲序列在时间轴上均由以下四个部分组成。①预备期：等待体系回到平衡状态后，发射激发脉冲制备出实验所需的横向磁化强度。②演化期：在时间 t_1 内使横向磁化强度在化学位移和/或耦合作用下自由演化，以获得 F_1 维的信息。③混合期：通过磁化强度的相干转移和/或极化转移得到 F_1 维和 F_2 维的相关信息，建立信号检出的条件，混合期有可能不存在。④检测期：在时间 t_2 内检测 FID 信号，获得 F_2 维的信息。

引入第二个真实坐标维的建议是 Jeener 于 1971 年提出的，从建议到 1974 年实现（1976 年首次报道）第一张二维 NMR 谱，经历了多年的艰苦探索。在当时计算机状况十分落后的条件下，科学家克服困难，成功地进行了二维 Fourier 变换。此后，不断发展出各种新的核磁实验方法，加上高场 NMR 谱仪的出现、超低温探头与微量样品探头的推出，使 NMR 波谱技术在生物学中得到越来越广泛的应用。生物科学研究中常用的部分同位素核的各种 NMR 参数见表 7-1。

表 7-1 生物科学研究中常用同位素核的 NMR 参数

同位素	天然丰度	自旋量子数	磁旋比[①]	共振频率（MHz）[②]	检测灵敏度[③]
¹H	0.99985	1/2	26.752	100	1
⁷Li	0.9258	3/2	10.3975	38.866	0.27
¹¹B	0.8042	3/2	8.5843	32.084	0.13
¹³C	0.01108	1/2	6.7283	25.144	1.76×10^{-4}
¹⁵N	0.0037	1/2	−2.7126	10.133	3.85×10^{-5}
¹⁹F	1	1/2	25.181	94.08	0.83
²³Na	1	3/2	7.08013	26.466	0.0925
²⁷Al	1	5/2	4.976	26.077	0.21
²⁹Si	0.047	1/2	−5.3188	19.865	3.69×10^{-4}
³¹P	1	1/2	10.841	40.481	0.0663

注：①磁旋比的单位是 10^7rad/（T·s）；②共振频率以 ¹H 频率为 100MHz 做参考；③检测灵敏度以 ¹H 为 1 作为参考，并考虑了同位素的天然丰度

二、仪器的基本构造

第一台商业化 NMR 仪器于 1953 年推出，早期的仪器采用永久磁铁或电磁铁作为磁体，磁感应强度最高为 2.23T，对应质子的共振频率为 100MHz，实验数据采集方式为连续扫描，扫描速度慢（如常用 250s 记录一张氢谱），当样品量较少或检测天然丰度较小的原子核时，很难得到高质量的核磁谱图。

1966 年出现了能达到更高磁场强度的液氦冷却的超导磁体，并发展出了脉冲傅里叶变换和二维 NMR 技术，大大增强了仪器的灵敏度，显著提升了信号的分辨率，拓展了 NMR 技术的应用领域。现在广泛使用的仪器都属于这一类，主要由磁体系统、机柜、操作控制台三部分组成。目前商品化的最高场谱仪已达到 1.2GHz。

NMR 谱仪的磁体系统包括超导磁体、探头、前置放大器等。超导磁体的结构如图 7-1 所示，主要作用是产生一个强而均匀的磁场。超导磁体的磁场由主线圈、低温匀场线圈和室温匀场线圈构成，前两者在仪器安装调试好后基本不会发生变化。主线圈和低温匀场线圈浸泡在内层的液氦腔中，维持 4.2K 低温，外层是维持 77K 低温的液氮腔。内外层之间是真空腔，进一步减少了内层与外界的热传导，从而降低液氦的挥发。磁体顶部有液氮和液氦的输入口与排气口。根据仪器构造不同，液氦通常每 2～8 个月充满一次，液氮则每 1～2 周充满一次。

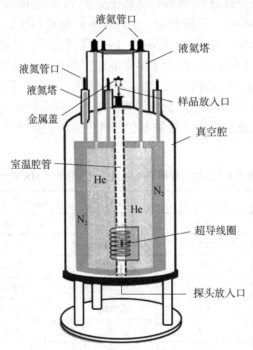

图 7-1　核磁共振谱仪超导磁体剖面图

室温匀场线圈共计有 20～30 组，安装在磁体室温腔中，围绕着探头的样品区。它们经由谱仪中的匀场装置与匀场按钮相连接，可以在 x、y、z、z_2、xy、xz 等 20 多个方向控制产生各种非常特殊的磁力线，校正静磁场 B_0 的空间不均匀性。

探头腔体从上至下穿过整个磁体的中心。实验时，样品从上面放入磁体，在气流控制下从上往下缓慢落入探头。探头的功能是支撑样品、发射激发样品的射频信号并检测 NMR 信号。后二者是通过固定在探头上的同一套射频线圈进行的，这些线圈采用马鞍型，紧贴在探头的玻璃套管上。常见的线圈有选择性线圈和宽带线圈，前者仅能激发和观察特定频率的原子核，后者则可以分析某一较宽共振频率范围内的原子核。超低温液体探头的发射/接受线圈和调谐匹配电路利用液氦或液氮维持在极低温度，大大降低了电子随机热运动所致的噪声（Johnson-Nyquist 噪声），有效增加了信噪比。

磁体旁边常配有前置放大器，其功能是把射频激发信号经同轴电缆传送至探头，并把核磁信号从样品处传回接收器。由于从探头线圈中出来的样品核磁信号一般非常微弱，通过前置放大器使低能核磁信号与高能射频脉冲分离，并尽早对其进行放大（从微伏到毫伏），可以减小在电缆传输中的衰减，从而使所得谱图具有更好的信噪比。另外，前置放大器还传送和接收氘（或者氟）的锁场信号。

机柜容纳了一台现代数字谱仪相关的大部分电子硬件，主要有采样控制系统、控温单元和各种功放等。根据不同的系统配置，这个单元可能是单柜或者双柜。

激发样品需要相对大的信号振幅，这就需要功放的参与。功放可以是内置的（合并在采样控制系统机架内）或者外置的（独立单元）。射频脉冲从功放输出经前置放大器传给样品。功放主要有两种：选择性功放（也称为 ^1H 或质子功放）是专门设计用来放大 ^1H 和 ^{19}F 核的高频信号。宽带功放（也被称为 X 功放）主要用来放大宽范围内除 ^1H 和 ^{19}F 核外其他原子核的频率信号。

采样控制系统内的各个单元分别负责发射激发样品的射频脉冲，并接收、放大、数字化样品产生的 NMR 信号。当数据被接收和数字化后，信息被传输到主机进行进一步的处理和储存。在某种程度上，可以把采样控制系统看成一台计算机。这台计算机最靠近谱仪硬件，并在实验进行期间完全控制谱仪的操作，从而保证操作指令不间断进而保证采样的真实性和完整性。

控温单元可以是一个独立的单元或者被合并进其他单元，其功能是通过可控的方式改变样品的温度或者保持温度恒定。

操作控制台的组成包括计算机主机（或服务器）、显示器、键盘等，用来运行谱仪控制程序、核磁数据采集、处理与分析软件等。核磁实验的所有操作，从实验脉冲序列的选择、实验参数的设置、各项命令的执行到数据的采集、存储和分析，从放入、旋转、取出样品到控制锁场匀场系统等基本操作，都可以由实验人员在操作控制台输入指令控制完成。

三、实验技术与数据分析

（一）样品制备与实验操作

1. 样品要求

一般来说，测试氢谱需要的样品量比较小，大概 5～10mg 就可以了，对于二维谱和碳谱样品量就要比较大，最好有几十个毫克。采用高场仪器、超低温或微量探头测试时，样品需要量可以更少一些。如果用 NMR 确定样品的化学结构时，样品应该越纯越好（一般应>95%）。

2. 选择溶剂

样品应尽可能溶解在氘代溶剂中测试。常用的氘代溶剂有：氯仿、重水、甲醇、丙酮、二甲基亚砜（DMSO）、苯、吡啶等。选择溶剂时要考虑的因素包括：溶剂与样品间是否存在相互作用、样品溶解度的大小（通常越大越好）、溶剂残留峰和样品峰是否重叠、黏度、价格成本等。当作变温实验时，要考虑溶剂的熔点、沸点以及测试温度下样品的溶解度。含有活泼氢的化合物需要做重水交换实验时，可以采用 DMSO 作为溶剂。如果样品单一氘代试剂不能溶解，可以使用混合氘代试剂。NMR 实验中常用氘代溶剂及残留 ^1H 和 ^{13}C 的化学位移见表 7-2。

选择好溶剂后，样品需要均匀地溶解于整个溶液中，如有悬浮的固体颗粒，最好用过滤或离心法去除，否则会影响匀场效果。有些溶剂如 DMSO、吡啶等，具有较强的吸水性，配成样品溶液后，应保持干燥或尽量与空气中的水分隔绝。

表 7-2   NMR 实验中常用氘代溶剂及残留 ^1H 和 ^{13}C 的化学位移

名称	分子式	^1H（ppm）	^{13}C（ppm）
氘代丙酮	CD_3COCD_3	2.05	206.0，29.8
氘代苯	C_6D_6	7.16	128.0
氘代氯仿	$CDCl_3$	7.26	77.0
重水	D_2O	4.80	
氘代二甲基亚砜	CD_3SOCD_3	2.50	39.5
氘代甲醇	CD_3OD	4.84 3.31	49.9
氘代乙腈	CD_2CN	1.94	118.3
氘代吡啶	C_5D_5N	8.71 7.55 7.19	149.9 135.5 123.5

3. 配制样品

溶剂量的问题：一般样品的溶剂量应该约为 0.5ml，不要超过 1ml，在核磁管中的长度大概为 4cm 左右。溶剂量太小了会影响匀场，进而影响实验速度和谱图质量；溶剂量超出太多不仅浪费，还会产生扩散现象。

核磁管：首先尽量选用优质核磁管，要求管内外壁光滑干净，无弯曲变形及上下粗细不均匀、管壁无划痕破损。还有就是最好不要在核磁管上乱贴标签，这会导致核磁管轴向的不均衡，在样品旋转的时候影响分辨率，还有可能打碎核磁管造成重大损失。

4. 调谐探头

在对化合物进行 NMR 分析时，常常需要使用特定频率（谐振频率）的信号对其进行激发。由于不同样品的导电性和介电常数有所差异，这就需要调整探头内部电路的电容以获取对关注频率的最大吸收。探头一般有两种电容可调，一种用于达到理想的共振频率（常称为调谐），另一种完成必要的阻抗匹配（常称为匹配），两者相互影响，要轮番交替进行优化。新式的探头一般都配备自动调谐附件，多数情况下无须操作者干预，即可自动完成该项调节过程。

5. 锁场匀场

仪器操作中常说的匀场就是改变不同室温匀场线圈的电流，从而调节各个方向的磁场，尽可能精确消除样品中存在的任何磁场梯度，使检测区域中不同位置样品的原子核感受到完全相同的磁场，以获得高的谱图分辨率（优于 1Hz）。磁场的不均匀性受到磁体设计、探头材质、核磁管管壁厚度、样品性质等因素的影响。匀场可以用不同的方法来实现，如观察锁信号电平、观测通道上的 FID 形状或面积。对于较新的具有脉冲梯度场的探头，可以通过使用场图进行迭代计算来自动调节匀场。

操作注意事项：①严禁使用心脏起搏器或金属关节的人进入仪器室，严禁携带任何铁磁性物质靠近磁体。②探头的保护：在实验中设定的各功率不能超过探头所能经受的最大功率；做变温实验时，为了保护探头线圈不被氧化，要使用氮气而不是压缩空气。

6. 设置采样参数

采集谱图前的最后一个关键步骤是设置合适的采样参数。采样参数主要包括与仪器有关的参数、与脉冲程序有关的参数、与样品和谱图有关的参数。与仪器有关的参数主要和仪器型号和配置有关，大部分在仪器安装时已经设置好。与脉冲程序有关的参数包括实验脉冲程序、脉冲功率、脉冲宽度及各时间延迟等。与样品和谱图有关的参数包括采样谱宽、采样数据点、采样次数、接收增益、采样温度等。

（二）数据处理与谱图分析

尽管 NMR 直接观测的 FID 信号中已包含信号所应包含的所有信息（幅度，频率，线宽），但当有两个以上核的信号叠合在一起时，时域信号很难直接利用，需要将原始的 FID 信号通过傅里叶变换转成频域信号，以获得各个核自旋的直观精确信息。傅里叶变换后的谱图经常同时含有吸收和扩散信号，可以通过调整零级和一级相位得到纯粹的吸收信号，最后再对基线进行校正后就得到一张理想的 NMR 谱图。在一维谱如氢谱中得到的主要参数有 3 个：化学位移、耦合常数和峰面积。从物理学的角度看，还有弛豫时间这个参数，但在多数情况下，氢核弛豫速率较快，弛豫时间的长短对谱图影响较小，不影响谱图的解析。二维谱图根据实验的不同其交叉峰反映出不同的结构信息。

1. 化学位移

原子核不是孤立存在的，核外电子云受 B_0 的诱导会产生一个方向与 B_0 相反，大小与 B_0 成正比的诱导磁场。它使原子核实际受到的外磁场强度减小，也就是说核外电子对原子核有屏蔽作用，屏蔽作用的大小与核外电子云密度有关。电子云密度和核所处的化学环境有关，这种因核所处化学环境改变而引起的共振条件（核的共振频率或外磁场强度）变化的现象称为化学位移（chemical shift，用 δ 值表示）。

核外电子云密度越大，核受到的屏蔽作用越大，实际感受到的外磁场强度降低越多，共振频率降低的幅度也越大。如果要维持原子核以原有的频率发生共振，外磁场强度则必须增强越多，此时化学位移越处于高场。反之，核外电子云密度越小，化学位移越处于低场。由于化学位移的大小与核所处的化学环境有密切关系，主要受到核外 s 轨道电子抗磁屏蔽、键电子顺磁屏蔽、相邻核的各向异性、溶剂、介质等因素的影响，因此就有可能根据化学位移的大小来了解核所处的化学环境，即了解有机化合物的分子结构。

为了使化学位移有简单、直观的可比性，实际操作时一般采用某一标准物质作为基准，测定样品和标准物质的共振频率之差与标准物质的共振频率的比值作为化学位移值。由于频率差值相对于标准物质的共振频率小几个数量级，且后者十分接近仪器的公称频率，故化学位移常可按式 7-2 计算，单位是百万分之一，是无量纲单位。实验中常用的标准物是四甲基硅烷 $(CH_3)_4Si$，简称 TMS。在 ^1H 谱和 ^{13}C 谱中都规定标准物 TMS 的化学位移值 δ 为 0，位于图谱的右边，在它的左边 δ 为正值，在它的右边 δ 为负值。不同同位素化学位移的变化幅度与变化范围有所差异，绝大部分有机物中氢核或碳核的化学位移都是正值，如 ^1H 的 δ 值大部分在 0～20，^{13}C 的 δ 值大部分在 0～250，而 ^{195}Pt 的 δ 值可达 13 000。

$$\delta = \frac{v_{样} - v_{标}}{v_0} \times 10^6 \qquad (7\text{-}2)$$

2. 自旋耦合

同一分子中不同的磁性核之间存在相互干扰，这种相互作用很小，对化学位移没有影响，但会改变谱峰的形状，称为自旋-自旋耦合（spin-spin coupling），由自旋耦合产生的多重谱峰现象称为自旋裂分。

耦合常数 J 表示耦合的磁核之间相互干扰程度的大小，以赫兹 Hz 为单位。J 的大小与外加磁场强度无关，而与两个核在分子中化学键的性质、相隔的化学键的数目和种类以及核所处的空间相对位置等因素有关。所以 J 与化学位移值一样是有机物结构解析的重要依据。

一组磁等价的核如果与另外 n 个磁等价的核相邻时，这一组核的谱峰将被裂分为 $2nI+1$ 个峰，I 为自旋量子数。对于 ^1H 以及 ^{13}C、^{19}F 等核种来说，$I=1/2$，裂分峰数目等于 $n+1$ 个，因此通常称为"$n+1$ 规律"。

生物样品中常含有其他的自旋量子数不等于零的核，如 ^2D、^{13}C、^{14}N、^{19}F、^{31}P 等，它们与 ^1H 也会发生耦合作用。其中，^2D 与 ^1H 的耦合很小，仅为 ^1H 和 ^1H 之间耦合的 1/6.5，而且 ^2D 与 ^1H 的耦合也较少遇到，主要出现在氘代溶剂中。例如使用氘代丙酮作溶剂时，常常能在 2.05 处发现一个裂距很小的五重峰，这就是氘代不完全的丙酮（CHD_2COCD_3）中 ^2D 与 ^1H 的耦合，因为 ^2D 的自旋量子数为 1，根据 $2nI+1$ 规律，^1H 被裂分成五重峰；^{13}C 因天然丰度仅 1.1%左右，所以它与 ^1H 的耦合在一般情况下看不到，只有在放大很多倍时，才比较明显；^{14}N 的自旋量子数为 1，有电四极弛豫，它与 ^1H 的耦合比较复杂；^{19}F、^{31}P 的自旋量子数均为 1/2，所以它们对 ^1H 的耦合与 ^1H-^1H 的耦合一样符合 $n+1$ 规律。

峰形符合 $n+1$ 规律的谱图称为一级谱图，当相互耦合的两种质子化学位移值差值 Δv 很小，不能满足 $\Delta v/J > 6$ 的条件时，裂分峰的数目会超过 $n+1$ 规律所计算的数目，各峰之间的相对强度关系更加复杂，此时的谱图称为二级谱。

3. 二维谱数据分析

二维 NMR 谱有两个独立的时间变量，经两次傅里叶变换得到的是两个独立的频率变量之间的关系（二维谱也包含有强度这一维度，不过这一维度隐含在二维图谱的等高线中）。

在二维谱中，横坐标从右指向左，标识为 F_2 维，对应着直接采样（或称为真实采样）的 t_2 维；纵坐标从上指向下，标识为 F_1 维，对应着间接采样的 t_1 维。二维中必定有一维是观测核的化学位移（或频率），并且在该维上的投影谱与一维谱相符，而另一维的坐标则依谱的类型和研究目的而定。

解释二维谱时，有两个问题我们要搞清楚：首先，坐标轴反映了什么？F_2 维反映了采样核的化学位移，F_1 维可以反映同核（如 COSY）、异核（如 HSQC）或耦合常数（如 J 分辨谱）的信息。其次，我们要了解磁化矢量在采样期 t_1 和 t_2 期间是怎样关联的，这样我们可以指认和解释交叉峰。

（三）常用 NMR 实验

在设置采样参数时，选择不同的脉冲程序可以得到不同的 NMR 谱图，常用的 NMR 实验一般有氢谱、碳谱、DEPT 谱、COSY、NOESY、HSQC、HMBC 等，它们从各个角度反映了化合物的结构信息。其中，NMR 氢谱（^{1}H NMR，也称为质子磁共振谱，proton magnetic resonance）是发展最早、研究得最多、应用最为广泛的 NMR 波谱，在早期较长一段时间里 NMR 氢谱几乎是 NMR 谱的代名词，化学位移、耦合常数与峰面积等能提供样品的官能团及相互连接的信息。

有机化合物中的碳原子构成了有机物的骨架，因此观察和研究碳原子的信号可以获得有机物极为丰富的结构信息。随着脉冲傅里叶变换 NMR 谱仪问世，NMR 碳谱（^{13}C NMR）的工作迅速发展起来，测试技术和方法也在不断地改进和增加。碳谱的特点如下。①信号强度低，常常要进行长时间的累加才能得到一张信噪比较好的图谱。②化学位移范围宽，对化学环境有微小差异的核也能区别。③图谱简单。最常见的碳谱是宽带全去耦谱，每一种化学等价的碳原子只有一条谱线。即使是不去耦的碳谱，也可用一级谱解析，比氢谱简单。④弛豫时间长，可以通过测定弛豫时间来得到更多的结构信息。⑤共振方法多。^{13}C NMR 除宽带全去耦谱外，还有多种其他的共振方法，比氢谱的信息更丰富，解析结论更清楚。如偏共振去耦谱，可获得 ^{13}C–^{1}H 耦合信息；反转门控去耦谱，可获得定量信息等。⑥峰高不能定量地反映碳原子数量。⑦质子噪声去耦谱可以使碳谱简化，但是它损失了 ^{13}C 和 ^{1}H 之间的耦合信息，因此无法确定谱线所属的碳原子的级数，目前常采用 DEPT 谱技术来解决这一问题。在 DEPT45 实验中，CH、CH$_2$、CH$_3$ 均出正峰；在 DEPT90 实验中，CH 出正峰，CH$_2$、CH$_3$ 不出峰；在 DEPT135 实验中，CH、CH$_3$ 出正峰，CH$_2$ 出负峰；季碳原子在 3 种实验中都不出峰。这样我们只需要选取其中的两种实验如 DEPT90 和 DPPT135 并与全去偶碳谱对照就可以得到碳原子级数的信息。

二维谱的出现是 NMR 技术发展史上的重要里程碑。它向人们展示了 NMR 的无穷魅力，可以直接勾画出微观分子的结构和动力学过程，不但使得到的结构信息更加客观可靠，而且提高了所能解决的问题难度，增加了解决问题的途径。

如今二维 NMR 实验类型已经难以计数，可以将它们从物理机制上主要地分为基于耦合的相干转移谱和基于动力学过程的极化转移谱两大类。从实验角度看，二维实验又可分为同核和异核实验，复数采样和实数采样实验，用梯度场和不用梯度场实验，等等。不管怎样分类，二维谱在仪器操作过程上是有其共性的，不同的二维实验只是脉冲序列不同而已。以下是几个常用的二维核磁实验。

^{1}H-^{1}H COSY（^{1}H-^{1}H 位移相关谱，correlated spectroscopy）：一般为正方形，对角线（一般为左下-右上）上的峰称为对角峰，对角线外的峰称为相关峰或交叉峰，每个相关峰或交叉峰主要反映了两个峰组间的 ^3J 耦合关系，但有时也会出现少数反映长程耦合的相关峰。另一

方面，当 ^3J 小时（如两面角接近 90°，使 ^3J 很小），也可能没有相应的交叉峰。解析谱图时取任一交叉峰作为出发点，通过它作垂线，会与某对角线峰及上方的氢谱中的某峰组相交，它们即是构成此交叉峰的一个峰组。再通过该交叉峰作水平线，与另一对角线峰相交，再通过该对角线峰作垂线，又会与氢谱中的另一峰组相交，此即构成该交叉峰的另一峰组。

^1H-^1H NOESY（^1H-^1H NOE 谱，nuclear overhauser effect spectroscopy）的谱图与 ^1H-^1H COSY 谱非常相似，图谱解析方法也相同，唯一不同的是图中的交叉峰表示两个氢核之间存在 NOE 效应（一般说来，两个原子核间的空间距离小于 0.5nm 时会产生 NOE 效应），而与二者之间相距多少根化学键无关，因此它对确定化合物结构、构型和构象以及生物大分子（如蛋白质分子在溶液中的二级结构等）有着重要意义。由于 NOESY 实验是由 COSY 实验发展而来的，因此图谱中往往出现 COSY 峰，即 J 耦合交叉峰，故在解析时需对照它的 ^1H-^1H COSY 谱将 J 耦合交叉峰扣除。

在相敏 NOESY 谱图中，EXSY 交叉峰永远与对角峰同相位，但 NOESY 交叉峰的相位却依情况而定。对于小分子或溶液黏度小时，分子能快速运动，NOESY 交叉峰与对角峰反相位，出负峰。而对于大分子或溶液黏度很大时，分子翻滚运动不自如，NOESY 交叉峰与对角峰同相位，出正峰。而当遇到中等大小的分子时（分子量 1000～3000），不管 NOE 作用有多强，均无法测到 NOESY 交叉峰，此时测定旋转坐标系中的 NOESY 则是一种理想的解决方法，由此测得的图谱称为 ROESY（rotating frame overhause effect spectroscopy）谱。

^{13}C-^1H HSQC（检测 ^1H 的异核单量子相干，^1H-detected heteronuclear single-quantum coherence）谱或 HMQC（检测 ^1H 的异核多量子相干，^1H-detected heteronuclear multiple quantum coherence）谱是 ^{13}C 和 ^1H 核之间的位移相关谱。图谱中的交叉峰或相关峰反映了对应的 ^{13}C 和 ^1H 核直接相连，因此季碳不出现相关峰。谱图中不存在对角峰。

^{13}C-^1H HMBC（检测 ^1H 的异核多键相关，^1H-detected heteronuclear multiple-bond correlation）谱也是 ^{13}C 和 ^1H 核之间的位移相关谱，它是将相隔两至四根化学键的 ^{13}C 和 ^1H 核关联起来，这些关联甚至能跨越季碳、杂原子等，因而对于推测和确定化合物的结构非常有用。

四、核磁共振波谱法在生物研究中的应用

NMR 技术出现不久，就被应用于生物研究领域。1954 年，Jacobson、Anderson 和 Amol 通过观察水中质子信号的线宽与积分面积，试图反映 DNA 的水化。尽管后来证明当时的测量结果并不能清楚表明 DNA 的水化，但他们的报告引起了人们的兴趣，更多的人开始把 NMR 作为生物研究的工具。随着 1964 年超导 NMR 波谱仪投入商品化生产，及 70 年代后二维 NMR 技术的发展，NMR 技术在生物学中得到了越来越广泛的应用，研究对象几乎涵盖到生物体的所有组分，包括氨基酸、糖、核苷、多肽、蛋白质、tRNA、mRNA、DNA、多糖、淀粉、天然产物、代谢产物等。

（一）基于 NMR 的代谢组学研究

代谢组学研究的是在病理生理刺激或基因改变条件下生物体系代谢水平的应答，提供有关细胞代谢和调控的信息，能够从某种程度上反映生命过程的本质，研究范围涉及功能基因

组学、营养学、病理学、药理学、毒理学、植物学、微生物学以及系统生物学等众多领域。

代谢组学的出现，主要得益于分析技术的发展使得对大量样品和大量代谢物的快速定量测定成为可能，代谢物整体水平的检测所依赖的方法是分析化学中的各种谱学技术，NMR 是其中最为常用的方法之一。不断提高的磁场强度使得 NMR 谱仪的分辨率有了更进一步的提升，超低温探头的出现也让 NMR 的检测灵敏度有了一定程度的提高，自动进样技术极大地缩短了大批量样品的检测时间，而计算机技术的飞速发展为数据分析的速度和可靠性提供了更有力的支撑。

代谢组学研究中利用核磁共振技术可以检测代谢物水平的整体和动态变化，提取潜在的有诊断或常规程序化价值的生化信息，以此来反映生物体在外源刺激作用下真实的体内的生物学过程，建立"组学"参数的输入与响应输出之间的联系。研究过程一般包括四个步骤。①给予生物体一定的刺激。②代谢组数据的采集，用 NMR 测定其中代谢物的种类、含量和状态以及其变化。③建立表征代谢特征的时空模型，在代谢组学中最常用的建模方法是主成分分析（principle components analysis，PCA）。④建立代谢物时空变化与生物体特性的关系，达到从不同层次和水平上阐述生物体对相应刺激的响应的目的。

作为众多化学分析方法中的一种，NMR 在代谢物组学的研究中起着非常重要的作用。这主要取决于 NMR 所具有的优势：首先，用 NMR 分析生物体液等复杂混合物时样品的前处理简单，测试手段丰富，包括液体高分辨 NMR、高分辨魔角旋转（HR-MAS）NMR 和活体 NMR 波谱，因此，能够在最接近生理状态的条件下对不同类型的样品进行检测。其中需要特别提到 HR-MAS 方法，该方法是将样品在与静磁场成魔角（54.7°）的方向旋转，消除了磁场不均匀性、化学位移各向异性和偶极-偶极相互作用带来的谱线增宽影响，从而可以获得与液体高分辨 NMR 相媲美的分辨率。更重要的是，这种方法对代谢物在组织中的定位有独特的优点，目前已经有不少将此方法用于肝脏，脑组织，前列腺等组织的研究报道。其次，NMR 是一种无损的多参数和动态分析技术，NMR 同时具有定性分析和定量分析功能，并且通过单次检测可以得到所有含量在 NMR 检测限以上的物质（含有 NMR 可观测核的物质）的特征 NMR 谱，以及这些物质在整个刺激周期中的动态变化，而且 NMR 谱携带有丰富的分子结构和动力学信息；再次，NMR 检测可以在很短的时间内完成（一般 5～10min），这对于实现高通量样品检测和保证样品在检测期内维持原有性质来说是至关重要的。此外，流动探头、自动进样技术和自动 NMR 谱处理技术的出现和不断完善，也使得测定速度和准确性不断提高。而且，NMR 手段灵活多变，通过操控脉冲序列我们可以获得多种多样的信息。例如代谢组学中常用到的谱编辑手段：使用单脉冲、CPMG（carr-purcell-meiboom-gill）和扩散加权序列，可以分别获得样品中不同官能团、不同分子量或不同存在状态的分子的 ^1H NMR 谱。

仪器和分析技术的发展，特别是基于计算机的模式识别和专家系统的发展将对基于 NMR 的代谢研究的进步产生巨大的推进作用。但是，仍有大量方法学上的问题需要解决：生物体系的复杂性决定了生物体液以及生物组织组成的复杂性，从而造成了 NMR 谱峰的重叠，对物质的归属和精确定量造成一定的影响；NMR 方法的低灵敏度也是一直困扰 NMR 工作者的一个问题；NMR 方法检测动态范围有限，很难同时检测同一样品中含量相差很大的物质，现有的代谢组学数据分析方法对高含量物质浓度的变化有很好的识别能力，但是对低含量代谢物分析的准确性和可靠性都较低，然而在某些情况下这些低含量的物质往往携带了重要的信息。虽然科研工作者已经得到了大量与重要生理病理变化或基因变异等有关的标志性代谢物，但是离建立完整的诊断专家系统，实现诊断常规化还有很长的距离。

（二）结构生物学

20 世纪 90 年代以来，随着高场 NMR 谱仪（800MHz、900MHz）和超低温探头的出现、各种新的核磁实验脉冲技术的应用以及各种新的分子生物学方法的产生，NMR 波谱技术开始在结构生物学中得到广泛应用，特别是对蛋白质实行部分氘标、对氨基酸选择性标记（或者片段标记）的新标记技术，以及将蛋白质放在部分定向的介质中从而测得残存的偶极-偶极耦合（residual dipolar couplings，RDC）、能够提高分辨率和灵敏度的 TROSY、CRINEPT 等新的脉冲实验方法。这些技术的进步使得可用 NMR 方法测定的蛋白质的分子量理论上将不受限制。NMR 波谱技术在结构生物学中有如下应用。

1. 研究生物高分子及其复合物在溶液中的三维结构和功能

蛋白质的分子结构是其生物功能的基础。液相 NMR 技术能够在溶液状态下，即更加接近生理环境（pH、盐浓度、温度等）的状态下，在原子分辨率下对蛋白质等生物大分子三维结构进行研究。对于分子量较小的短肽和分子量小于 10kDa 的蛋白质，一般使用未标记的样品通过采集二维谱进行化学位移归属和结构解析；而对于分子量大于 10kDa 而小于 25kDa 的蛋白质，由于氢谱的谱峰重叠比较严重，需要使用 ^{13}C 和 ^{15}N 标记的样品，采集一系列的 ^{1}H、^{13}C、^{15}N 三共振谱图进行化学位移归属和结构解析。对于分子量更大的蛋白质，则需要使用 D_2O 配制的培养基获得氘代的蛋白样品进行 NMR 实验。

蛋白质分子核磁共振谱图解析的第一步就是要通过对一系列核磁共振谱图的解析来指认其主链和侧链信号，然后利用获得的结构约束计算蛋白质溶液结构。常用于蛋白质溶液结构计算的结构约束主要包括 NOE、二面角、氢键以及 RDC，其中 NOE 约束的获得方法是通过采集 NOESY 实验，角度约束的获得是测定主链肽键的二面角，氢键的约束传统上依靠蛋白质在重水中主链酰胺基的氢氘交换实验，同时结合观察到的 NOE 交叉峰以及初步的二级结构信息获得。RDC 约束的获得是将蛋白溶解于具有一定程度各向异性的溶剂中以使之产生微弱的空间取向特异性，然后通过实验提取出残余偶极耦合的数据。蛋白质溶液结构计算是一个多步骤、循环推进的过程，其中包括了初始结构的生成、NOE 信号归属、结构计算，以及结构精修。

尽管目前已经用 NMR 方法测定了不少大的蛋白质的三维结构，但是与 X 射线衍射相比，NMR 不仅花费更多的时间、更多的经费，而且不是所有的样品都适合，所以测定大的蛋白质及其复合物的三维结构，不是 NMR 波谱的优势所在。

2. 研究动态的生物大分子之间以及与配基的相互作用

研究蛋白质-蛋白质，蛋白质-核酸，蛋白质-配基相互作用十分重要。细胞中蛋白质相互作用是动态的、低亲和力的（解离常数 K_d 常常大于 $10^{-4}mol/L$），许多复合物瞬时存在，不稳定。NMR 波谱技术特别适合研究瞬时存在、不稳定的复合物。通过滴定实验，根据对 ^{1}H-^{15}N HSQC 化学位移的扰动，可以在接近生理条件下确定蛋白质相互作用界面。该方法十分灵敏，K_d 为 $10^{-2}mol/L$ 的非常弱的蛋白质-蛋白质相互作用也能被检测。

3. 研究生物大分子的动态行为

在生命活动中，蛋白质是不断运动的，仅有静态的三维结构常常不足以解释其生物功能。要真正阐明蛋白质发挥功能的结构基础，对于蛋白质分子的"动态结构"的研究显得至关重要。液相 NMR 技术通过原子核弛豫过程可以在原子水平对蛋白质多位点的动力学特性进行研究，具有其他研究手段不可比拟的优越性。

蛋白质的柔性及运动性与功能有密切关系。例如酶的动力学对于其功能态的热力学稳定性及催化功能十分重要。由于蛋白质是一个残基间相互耦联的动力学系统，配基结合将会引起信号在蛋白质内部的传递，引起别构效应。NMR 特别适合研究蛋白质的动力学。NMR 研究的时间尺度可以包括从皮秒到秒的范围，得到的动力学信息可以特别确定到所研究的基团。通过自旋-晶格弛豫时间、自旋-自旋弛豫时间、NOE 的测量可以获得皮秒-纳秒的动力学信息。

4. 研究蛋白质折叠、折叠动力学

按照统计物理学的观点，处于自然状态下的蛋白质溶液中，虽然绝大部分蛋白质以自然折叠状态存在，仍然有很少量的部分折叠状态和完全非折叠状态的蛋白质存在。寻常实验方法难以检测到这些部分折叠状态和完全非折叠状态的蛋白质。在远低于变性转换区的温度或变性剂浓度下进行的 H/D 交换实验被称为自然态 H/D 交换实验（NHX）。实验中以蛋白结构中氨基质子和溶剂质子的交换为探针，通过改变溶液的环境，如加入少量的变性剂、改变温度等，非自然态折叠构象的组成比例可以改变。单个残基的稳定性可以通过各自氨基质子交换的速率以及质子交换对变性剂的敏感程度检测出来。通过氢键打开方式以及交换所伴随的能量变化的不同，也可以得到蛋白质二级结构稳定性高低的信息。

（三）固体生物材料

核磁共振在测定液体样品时，所得谱图的线宽一般小于 1Hz。但对于找不到合适溶剂溶解的样品、溶解后结构会发生改变的样品以及需要了解从液态与固态间结构变化的样品，必须在固态下进行测试。膜蛋白、骨头、羟基磷灰石、淀粉等很多生物材料结构信息的获得就离不开固体核磁共振技术。

NMR 中的一些重要相互作用主要包括纵向静磁场的塞曼作用、横向振荡磁场的射频作用、化学屏蔽作用、直接偶极作用、四极矩作用等。其中，有一些是各向同性的相互作用，另一些则是各向异性的相互作用。它们的区别在于，前者对 NMR 信号频率的影响与分子的空间取向无关，而后者则有关，故后者可能因为被测分子空间取向的不同而造成谱线的宽化，导致分辨率和灵敏度的降低。在液体中，由于分子的快速翻滚运动，消除了各种可能使谱线宽化的各向异性的 NMR 相互作用。因此，液体 NMR 谱图中的共振信号十分尖锐，有很高的分辨率，这是液体 NMR 成为测定溶液中化合物结构的最强大的方法的原因之一。但在固体中，由于上述分子运动的缺失导致 NMR 信号受到各向异性的相互作用影响而被展宽，分辨率和灵敏度低。如果希望得到类似液体 NMR 所给出的信息，必须通过高分辨率固体 NMR 技术才能实现。

在固体核磁分析中，常采用魔角旋转、交叉极化、高功率去耦等技术减弱谱线的宽化，提高信噪比可以得到与液体核磁类似的高分辨谱，并且可以研究很多溶液中不存在的固体分子间相互作用，考察样品中某种特定核的局部环境，观测短程有序的结构信息，从根本上掌握材料的结构和功能的联系。下面我们以淀粉为例介绍下固体核磁共振技术的应用。

淀粉是由直链淀粉和支链淀粉组成的半晶体结构，其中直链淀粉和支链淀粉所占比例及支链淀粉的精细结构决定淀粉特性，进而决定淀粉的品质和用途。支链淀粉分子的分支形式影响淀粉的结晶和晶体形式，支链淀粉平均链长与淀粉晶体类型密切相关：短链（20 个葡萄

糖单位）形成 A-型晶体，主要存在于禾谷类作物种子中；长链（35 个葡萄糖单位）形成 B-型晶体，主要存在于植物块茎中和高直链作物种子中；中等长度链（25 个葡萄糖单位）形成 C-型晶体，由 A-型晶体和 B-型晶体共同组成，主要存在于豆类作物种子和薯蓣类根状茎中。直链淀粉含量与淀粉结晶度呈负相关性，淀粉分子中的直链淀粉和支链淀粉中的短链部分形成双螺旋结构。

固体 ^{13}C CP/MAS NMR（^{13}C cross polarization magic-angle spinning nuclear magnetic resonance）技术不仅能够精确计算淀粉的相对结晶度，而且也能计算淀粉的双螺旋含量，被广泛用于淀粉晶体结构的研究中。天然淀粉的 ^{13}C CP/MAS NMR 波谱图基本相似，如图 7-2 所示，主要包括 C_1、C_4、$C_{2,3,5}$ 和 C_6 四个区域，区别主要表现在 C_1 区域。无定形淀粉的 ^{13}C CP/MAS NMR 波谱在化学位移 δ_C 103.0 附近有 1 组谱峰，这是葡萄糖 C_1 区域的无定形峰，与直链淀粉和脂含量有关。A-型淀粉在 C_1 区域表现为特有的 3 个结晶峰特征，这主要是其螺旋对称排列中的 3 个葡萄糖残基所致；B-型淀粉则由于其对称排列中的 2 个葡萄糖残基形成了特有的 2 个结晶峰特征。C-型淀粉因其含有的 A-型和 B-型晶体不同，C_1 区域可以表现为双峰结晶峰，也可以表现为 3 峰结晶峰。如果 A-型晶体含量较多，C_1 区域表现为 3 峰结晶峰；如果 B-型晶体含量较多，C_1 区域则表现为双峰结晶峰。通过计算无定型区、结晶区相对于天然淀粉的面积比例，即可得到双螺旋结构的相对含量。

生物 NMR 波谱技术作为交叉学科，涉及磁共振波谱学、生物化学、分子生物学、计算生物学等学科，需要多学科科研人员的广泛合作，在某些研究领域，它甚至可以起到其他技术所不可替代的作用。随着技术的发展，NMR 波谱技术在生物学中的应用将更加深入和广泛。

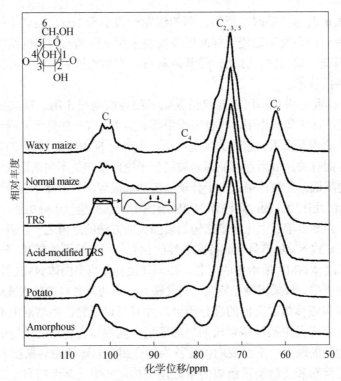

图 7-2 淀粉的 ^{13}C CP/MAS NMR 波谱图

Acid-modified TRS：酸解 TRS；Amorphous：无定形；Normal maize：普通玉米；Potato：马铃薯；
TRS（transgenic resistant starch rice line）：转基因高直链抗性淀粉水稻；Waxy maize：糯玉米

第二节　电子顺磁共振波谱技术

电子顺磁共振（electron paramagnetic resonance，EPR）也被称为电子自旋共振（electron spin resonance，ESR），是一种检测样品中未成对电子的波谱学方法。

1944 年，Zavoisky 在喀山大学率先成功检测到 $CuCl_2 \cdot 2H_2O$ 粉末的室温 EPR 信号，当时实验所使用的磁场和频率分别是 4.76mT 和 133MHz（属于射频段）。两年后，他将频率提高到 3GHz（S-波段），即微波范围。通过 EPR 检测，能够得到有意义的结构和动态信息，而且检测过程中不会破坏研究对象的结构，也不会影响正在发生的化学、物理过程。EPR 波谱技术在化学、物理、材料、环境、生命科学和医学等领域的应用十分广泛。

EPR 波谱技术的研究对象主要有以下几类。①自由基，即分子的基态含有一个未成对电子的物质，包括气体自由基、液体自由基、固体自由基、无机自由基、有机自由基等。②利用紫外辐射、γ 射线辐照或电子轰击等方法，在固体中产生的自由基。③固体中的点缺陷、色心、空位等。④过渡族金属离子，d 轨道未充满，有未成对电子。⑤稀土族金属离子，f 轨道未充满，有未成对电子。⑥含有未成对导电电子的体系，如某些金属和半导体。

根据 EPR 谱仪的差异可分为连续波（continuous wave EPR，CW-EPR）谱仪和脉冲（pulse EPR）谱仪。此外，还有更高级的高频高场 EPR（high frequency and high field spectroscopy）技术。本书中仅涉及连续波 EPR 谱仪相关理论和知识。

一、电子顺磁共振波谱基本原理

EPR 技术是在物理学和电子学的基础上建立起来的，其原理涉及物理、数学和化学学科的相关知识。本章尽量用一些较易理解的语言和方式来描述 EPR 的基本原理。

（一）电子顺磁共振的产生

原子是由位于原子中心的原子核和一些微小的电子组成的，这些电子绕着原子核的中心运动，就像地球绕着太阳运行一样。除了绕着原子核运动，电子也会像地球自转一样进行自转运动，这种运动就是所谓的自旋。自由电子是带有一个单位负电荷的粒子，它的自旋运动会产生磁场，其自旋角动量为：

$$S = \hbar\sqrt{S(S+1)} = \hbar\sqrt{3} / 2 \tag{7-3}$$

式中，S——电子自旋量子数，对于单电子，$S=1/2$。

电子的自旋角动量 S 在 z 方向（磁场方向）的投影 S_z 为：

$$S_z = M_s\hbar \tag{7-4}$$

式中，M_S——磁场中，电子自旋量子数在 z 方向的投影，当 $M_S=1/2$ 时，电子自旋朝上，一般用"↑"或"α"表示，S_z 为 $+\hbar/2$，平行于 z 方向；当 $M_S=-1/2$ 时，电子自旋朝下，一般用"↓"或"β"表示，S_z 为 $-\hbar/2$，反平行于 z 方向。

电子自旋运动产生的自旋磁矩（也即本征磁矩）为：

$$\mu_s = -g_e \beta_e S \tag{7-5}$$

式中，μ_s ——自旋磁矩，磁矩是一个矢量，具有方向性；

g_e ——电子的波谱分裂因子，也称为朗德因子，是一个无量纲因子，自由电子的 g_e=2.0023；

β_e ——玻尔磁子（Bohr magneton），电子本征磁矩的基本单位；$\beta_e = e\hbar / 2m_e = 9.2741 \times 10^{-24} \text{J} \cdot \text{T}^{-1}$，$2\pi\hbar = h$ 是 Plank 常数，m_e 是电子的质量；

S ——电子的自旋角动量。

"–"负号——是因为电子带的是负电荷，表明电子自旋磁矩 μ_s 与自旋角动量 S 的方向是相反的。

自旋磁矩 μ_s 在 z 方向的投影为：

$$\mu_{s,z} = -g_e \beta_e M_S = -g_e \beta_e (\pm 1/2) \tag{7-6}$$

在经典电磁学中，将一个磁矩为 μ 的小磁体放入外磁场 H 中，它们之间会产生一个相互作用能 E：

$$E = -\mu \cdot H = -\mu H \cos\theta \tag{7-7}$$

式中，H——磁场强度；

μ——磁矩 μ 在磁场方向的投影；

θ——磁矩 μ 与外磁场 H 之间的夹角。

当 $\theta = 0$ 时，$E_- = -\mu H$，即电子自旋磁矩与外磁场方向平行时，能量最低（负号 "–" 表示吸引能），体系最稳定；当 $\theta = 180°$ 时，$E_+ = \mu H$，即电子自旋磁矩与外磁场方向反平行时，能量最高（正号 "+" 表示排斥能），体系最不稳定。

将式（7-6）代入（7-7），电子自旋与沿着 z 方向的磁场 H 之间的相互作用能为：

$$E = -\mu \cdot H = -\mu_{s,z} H = -(-g_e \beta_e M_S)H = +g_e \beta_e M_S H \tag{7-8}$$

所以，对于两种自旋态，能量 E 是不同的，具体如下：

当 $M_S = +1/2$ 时，$E_+ = (+1/2)g_e \beta_e H$（自旋朝上，$\alpha$）；

当 $M_S = -1/2$ 时，$E_- = (-1/2)g_e \beta_e H$（自旋朝下，$\beta$）。

这两种自旋态的能级差：

$$\Delta E = E_+ - E_- = g_e \beta_e H \tag{7-9}$$

当 $H = 0$ 时，$E_+ = E_-$；

当 $H \neq 0$ 时，$E_+ \neq E_-$，能级发生分裂（图 7-3），这种分裂称为 "电子-塞曼分裂"，能级差如式（7-9）所示。

因此，如果将体系由状态 E_- 变成 E_+，需要从外界吸收能量 $\Delta E = g_e \beta_e H$，电子自旋由朝下变成朝上，$\Delta M_S = +1$；反之，由状态 E_+ 变成 E_-，则向外界释放能量 $\Delta E = -g_e \beta_e H$，电子由自旋朝上变成朝下，$\Delta M_S = -1$，跃迁所需能量随着磁场 H 的增大而增加。这些跃迁，除了需要能量 ΔE 外，还需要电子自旋 $\alpha \rightleftarrows \beta$ 的翻转，选择定则为 $\Delta M_S = \pm 1$。

如果，这些跃迁所需的能量 ΔE 由电磁辐射 $h\nu$（图 7-1）提供，则需满足以下条件。

①辐射的磁场方向垂直于外磁场 H 的 z 方向；

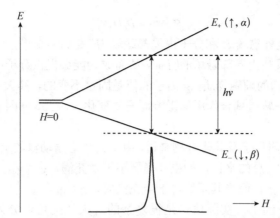

图 7-3　自由电子自旋在外磁场 H 中的塞曼分裂和共振现象

②辐射的能量满足电子塞曼分裂的能量差：

$$hv = E_+ - E_- = g_e\beta_e H \qquad (7\text{-}10)$$

式中，h——Plank（普朗克）常数；

　　　v——电磁辐射的频率，单位为 Hz，Hz=s^{-1}；

　　　H——磁场强度，单位为高斯（Gauss）或毫特斯拉（mT）。

以上即为电子顺磁共振发生的条件。

公式（7-10）还可以被表述为：

$$v = g_e(\beta_e / h)H = \gamma_e H \qquad (7\text{-}11)$$

式中，γ_e——频率与磁场强度的转换因子，$\gamma_e = v / H = g_e\beta_e / h$，称为电子的旋磁比。对于自由电子，$g_e = 2.0023$，$\gamma_e = 28.024\text{MHz/mT}$。

为了满足电子顺磁共振的条件，理论上，我们可以选择固定频率，扫描磁场，即扫场模式；或者固定磁场，扫描频率，即扫频模式。但是在技术上，只能实现第一种方式。因此，在一个含有自由电子的体系中，给其施加磁场 $H=350\text{mT}$，通过公式（7-10）我们就能够计算出所需的电磁辐射的频率为 $v = 9.79 \times 10^9\text{Hz} = 9.79\text{GHz}$，该频率属于微波的频率范围，是连续波电子顺磁共振波谱仪常用的 X 波段。

（二）g 因子

在前文公式（7-5）中，谈到电子自旋磁矩和自旋角动量时，已经引入了 g 因子，但那是对自由电子而言的，其值为 $g_e = 2.0023$。所谓自由电子，即它只具有自旋角动量而没有轨道角动量，或者说它的轨道角动量已经完全猝灭了。实验表明，大部分自由基的 g 值都十分接近 g_e 值，这是因为，对于自由基来说，它的自旋磁矩贡献占 99% 以上。

事实上，并不是所有顺磁分子中的未成对电子都是自由电子，例如，MgO 晶格中的 Fe^+ 在 4.2K 时信号出现在 1629.06 高斯（$v=9.4175\text{GHz}$），远离自由电子的共振信号位置 3400 高斯。因此，为了描述所有顺磁物质的共振条件，如式 7-10 所示，将自由电子的 g_e 换成特定样品的 g 因子，将磁场 H 换成特定样品实际的共振磁场值 H_r，得：

$$hv = g\beta_e H_r \qquad (7\text{-}12a)$$

或

$$g = h\nu / \beta_e H_r \tag{7-12b}$$

我们可将 H_r 看成是外磁场 H 和分子内局部磁场 H' 叠加的结果，而 H' 由分子结构确定，因此，g 因子在本质上反映出局部磁场的特征，从而成为能够提供分子结构信息的一个重要参数。显然，对于特定结构的顺磁物质，g 因子的值是固定不变的，其大小受其所处的环境（配位场或晶体场）对自旋-轨道耦合作用的影响而发生变化。因此，g 因子又被称为顺磁物质的指纹。

对于大多数过渡金属离子及其化合物来说，由于其轨道角动量的贡献较大，其 g 值就远离 g_e 值。总的来说，如果 d 壳层小于半充满，$g < g_e$，如果 d 壳层大于半充满，$g > g_e$，而当其正好等于半充满时，$g \approx g_e$。

化学元素周期表

关于顺磁物质的 g 因子，实际情形是很复杂的，大体上可以分为 3 种情况。

（1）轨道角动量基本上无贡献，体系可以用纯自旋角动量算符 $\hat{S}$ 描述，$g = g_e$，这是最简单的情况。

（2）自由原子的情况，即原子不受任何晶体场的作用。此时，自旋角动量和轨道角动量均有贡献。原子中电子的总自旋磁矩 μ_s 为：

$$\mu_s = -g_e \beta_e \sqrt{S(S+1)} \tag{7-13}$$

如果这些未成对电子分布在各自不同的轨道上，那么其总轨道磁矩 μ_L 为：

$$\mu_L = -g_L \beta_e \sqrt{L(L+1)} \tag{7-14}$$

那么，原子的总角动量 J 是总自旋角动量 S 和总轨道角动量 L 的矢量和，自旋-轨道发生耦合，即

$$J = S + L \tag{7-15}$$

总角动量量子数 J 的取值范围如下：

$$J = |L-S|, |L-S|+1, \cdots, L+S \tag{7-16}$$

但是，我们是无法直接根据总角动量 J 而获得总磁矩 μ_J 的大小。J 和 μ_J 之间的关系可用下式来表示：

$$\mu_J = -g_J \beta J \tag{7-17}$$

式中，g_J——光谱分裂项，也称为朗德 g 因子（landé g-factor），对于谱项 $^{2S+1}L_J$ 来说，

$$g_J = 1 + \frac{J(J+1) + S(S+1) - L(L+1)}{2J(J+1)} \tag{7-18}$$

在纯自旋磁矩，即无轨道磁矩时，$L = 0$，$J = S$，$g_J = g_e = 2.0023$；反之，纯轨道磁矩时，$S = 0$，$J = L$，$g_J = 1$。

以上的这两种情况中，提及的电子、自旋、轨道等基本原理都是针对自由的或囚禁的非键原子或者处于球形对称的原子而言的，也即都是各向同性体系中的情况。

（3）中间情况（各向异性体系）：对于处在分子场或晶体场中的原子或离子，必然要考虑到周围环境对该原子或离子中未成对电子所处壳层轨道及其电子排布的影响，情形要复杂得多。这里有两种相互竞争的因素：一方面，晶体场的作用会导致轨道角动量的猝灭/冻结（quenching of orbital angular momentum）。轨道角动量对原子磁矩没有贡献，称之为轨道角动量被"猝灭"或"冻结"，轨道磁矩为零。另一方面，自旋磁矩和轨道磁矩之间的自旋-轨道耦合作用又倾向于掺入轨道角动量。因此，处在晶体场中的顺磁离子，其 g 因子的值就既不是

g_e，也不是 g_J，而是介于两者之间，此时 g 因子不再是各向同性的，而是表现出强烈的各向异性，具有了方向性，g_x，g_y，g_z 的值会相差比较大，所以，这种情况下 g 因子应该用张量来表示，即

$$\hat{H} = -\mu \cdot H = \beta_e \hat{H} \cdot \hat{g} \cdot \hat{S} = \beta_e \left[H_x, H_y, H_z \right] \begin{bmatrix} g_{xx} & g_{xy} & g_{xz} \\ g_{yx} & g_{yy} & g_{yz} \\ g_{zx} & g_{zy} & g_{zz} \end{bmatrix} \begin{bmatrix} \hat{S}_x \\ \hat{S}_y \\ \hat{S}_z \end{bmatrix} \quad (7\text{-}19)$$

处在分子场或晶体场中的顺磁离子主要包括过渡族离子（d 轨道未充满，$d^{1\sim9}$）和稀土族金属离子（f 轨道未充满，$f^{1\sim13}$）。对于过渡族离子来说，g 因子的情况比较复杂，要针对顺磁离子所处化合物的分子结构具体分析。

（三）超精细分裂

在一个外加磁场中时，如果未成对电子只与磁场有相互作用，那么所有的 EPR 谱都只有一条谱线，这样我们就只能从 g 因子、线型和线宽来分析不同顺磁离子的谱图，得不到更多有用的信息。然而，在实际的研究体系中，顺磁分子中除了有未成对电子外，往往还存在磁性原子核（核自旋量子数 $I>0$），这种电子自旋与核自旋之间的磁相互作用，即为超精细相互作用（hyperfine interaction，*hfi*），这种超精细相互作用产生的 EPR 谱线分裂，称为超精细分裂（*hfs*），由超精细分裂组成的 EPR 波谱称为超精细结构。超精细结构的出现大大提高了 EPR 波谱的应用价值，通过超精细结构，我们不仅能够鉴别不同的自由基，还可以用来分析和研究自由基结构。

未成对电子与磁性核之间的超精细相互作用机理主要有两种：一种是"偶极-偶极相互作用"，另一种是"费米接触相互作用"（Fermi contact hyperfine interaction）。下面来分别说明它们的基本含义。

1. 偶极-偶极相互作用

这种作用可以类比于电子的偶极-偶极相互作用，即把电子自旋磁矩和核自旋磁矩都看成是经典的磁偶极子。当外磁场比局域磁场 H' 大得多的情况下，两个磁偶极子之间的相互作用能 $E_{偶极}$ 近似等于：

$$E_{偶极} = \frac{(1 - 3\cos^2\theta)}{r^3} \mu_{ez}\mu_{Nz} = H'\mu_{ez} \quad （7\text{-}20）$$

式中，μ_{ez}——电子的磁偶极矩在外磁场 z 方向的分量；

μ_{Nz}——核的磁偶极矩在外磁场 z 方向的分量；

r——磁偶极子之间的距离；

θ——两个偶极子之间的连线与外磁场 H 间的夹角（图 7-4）。

由式（7-20）可知，$E_{偶极}$ 的取向依赖于 θ 角，由于电子并不是定域在空间的某个位置上，所以 H' 的有效值必须对电子所在空间的所有可能位置进行平均才能得到，这就牵涉到对电子概率分布函数求平均的问题。对于位于 s 轨道中的未成对电子，由于 s 轨道呈球形对称，通过求解得到 $\langle H' \rangle = 0$，这就是说 s 轨道上的未成对电子没有受到局域磁场 H' 的作用，EPR 谱图不会产生超精细分裂，但是实验表明，氢原子的超精细分裂值为 1420 MHz。这说明，除了偶极-偶极相互作用外，还有另外一种相互作用存在，即费米接触相互作用。

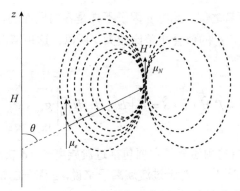

图 7-4　磁偶极子 μ_e 与 μ_N 之间的相互作用，μ_N 方向表示 $M_I = 1/2$

2. 费米接触相互作用

实验指出，只有 s 轨道中的电子才有费米接触相互作用，这是因为 s 轨道有一个显著的特征：即它在核上的电子云密度不为零，而其他的轨道（p，d，f）在核上的电子云密度均为零。由于 s 轨道在空间的分布是各向同性的，所以费米接触相互作用也是各向同性的。溶液自由基的 EPR 谱图中出现复杂的超精细分裂谱线主要是由费米接触相互作用引起的。

在各向同性体系中，超精细相互作用的自旋哈密顿量是：

$$\hat{H} = \hat{S} \cdot \hat{A} \cdot \hat{I} \tag{7-21}$$

式中，A——超精细耦合常数，也可用小写 a 表示。

在考虑了电子自旋和核自旋在磁场中的超精细相互作用，以及核的塞曼作用后，在外磁场 H 中，哈密顿算符可以表示为：

$$\hat{H} = g_{iso}\beta_e H M_S + A_{iso} M_S M_I + g_N \beta_N H M_I \tag{7-22}$$

式中，第一项是电子自旋和磁场相互作用的塞曼分裂项，也即前面讲的 EPR 共振条件，对于各向同性体系，g 因子也可以直接用 g 来表示，下面的示例中，为了描述的简便，各向同性体系中 g 因子，均用 g 来表示；第二项是电子自旋与核自旋的超精细相互作用项（即费米接触相互作用）；第三项为核的塞曼分裂项，是核磁共振研究的内容。

对于氢原子或其他各向同性体系，为了简化运算，在外磁场很强的情况下，我们可以将式（7-22）中的第三项忽略，得到哈密顿算符的一级近似：

$$\hat{H} = g_{iso}\beta_e H M_S + A_{iso} M_S M_I \tag{7-23}$$

对于大多数溶液自由基来说（7-23）式也足够精确了，所以，下面用一级近似式（7-23）来讨论两种简单体系，作为示例。

（1）含一个未成对电子和一个 $I=1/2$ 磁性核的体系

氢原子就属于这种体系。由于体系中只含有一个未成对电子和一个磁性核，所以，电子的自旋量子数 $M_S = \pm 1/2$；核的自旋量子数 $M_I = \pm 1/2$。因而，该体系有四个自旋状态，即有四个塞曼能级，通过求解式（7-23）的薛定谔方程，得到：

$$E_1 = +\frac{1}{2}g\beta_e H + \frac{1}{4}A_{iso}\left(M_S = +\frac{1}{2}, M_I = +\frac{1}{2}\right)$$

$$E_2 = +\frac{1}{2}g\beta_e H - \frac{1}{4}A_{iso}\left(M_S = +\frac{1}{2}, M_I = -\frac{1}{2}\right)$$

$$E_3 = -\frac{1}{2} g \beta_e H + \frac{1}{4} A_{\text{iso}} \left(M_S = -\frac{1}{2}, M_I = -\frac{1}{2} \right)$$

$$E_4 = -\frac{1}{2} g \beta_e H - \frac{1}{4} A_{\text{iso}} \left(M_S = -\frac{1}{2}, M_I = +\frac{1}{2} \right)$$

由上可知，原来在磁场中，未成对电子只有两个分裂的能级，而当体系中加入一个磁性核之后，能级被进一步分裂为四个能级。但是，并不是在这四个能级之间的任意跃迁都是允许的，根据量子力学选择定则，EPR 跃迁的选律为 $\Delta M_S = \pm 1$，$\Delta M_I = 0$。所以，只有 $E_1 \leftrightarrow E_4$ 和 $E_2 \leftrightarrow E_3$ 的跃迁是允许的，能级差为

$$\left. \begin{array}{l} h\nu = \Delta E_1 = E_1 - E_4 = g\beta_e H + \dfrac{1}{2} A_{\text{iso}} \\[2mm] h\nu = \Delta E_2 = E_2 - E_3 = g\beta_e H - \dfrac{1}{2} A_{\text{iso}} \end{array} \right\} \tag{7-24}$$

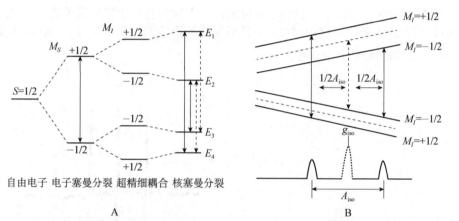

图 7-5　A. $S=1/2$，$I=1/2$ 体系在外磁场中的能级结构示意图（ $A_{\text{iso}} >0$），实线箭头为允许跃迁（$E_1 \leftrightarrow E_4$，$E_2 \leftrightarrow E_3$）；虚线箭头为禁戒跃迁（$E_1 \leftrightarrow E_3$，$E_2 \leftrightarrow E_4$）。B. $S=1/2$，$I=1/2$ 体系在外加磁场中的塞曼分裂和 g_{iso}、A_{iso} 的标注，虚线表示核自旋 $I = 0$ 的 $M_S = \pm 1/2$ 的情形，实线表示核自旋 $I = 1/2$ 的 $M_S = \pm 1/2$ 的情形

如图 7-5 所示，B 图中的谱线是吸收谱线，EPR 谱仪输出的是一次微分曲线。当 $A_{\text{iso}}>0$ 时，对于 $M_I =+1/2$ 的情形，电子感受的外加静磁场 H_0 与 $A_{\text{iso}}/2$ 方向相同，二者叠加为 $H_0+A_{\text{iso}}/2$，因此，使用一个小于共振磁场 H_r 的实际磁场 H_0 就能够引起共振。对于 $M_I = -1/2$，电子感受的外加静磁场 H_0 与 $A_{\text{iso}}/2$ 方向相反，二者相差为 $H_0-A_{\text{iso}}/2$，因此，需要增大磁场强度以抵消 $A_{\text{iso}}/2$，才会引起共振，故共振时的实际磁场 H_0 大于 H_r。在频率 ν 固定的情况下，与 $M_I = +1/2$ 所对应的吸收峰由 g_{iso} 对应的共振磁场 H_r 向低场移动 $A_{\text{iso}}/2$，得 $H_1=H_r-A_{\text{iso}}/2$；与 $M_I =-1/2$ 所对应的吸收峰则向高场移动 $A_{\text{iso}}/2$，得 $H_2=H_r+A_{\text{iso}}/2$。这两条超精细分裂谱线之间的距离恰好等于超精细耦合常数 A_{iso}。对于 $A_{\text{iso}} <0$ 的情况，变化趋势正好相反。实验中，不能从 EPR 谱图中判断出究竟哪一条谱线是 H_1，哪一条谱线是 H_2，因而也就无法确定 A_{iso} 的符号，得到的只是 A_{iso} 的绝对值，即

$$\left| A_{\text{iso}} \right| = \left| H_2 - H_1 \right| \tag{7-25}$$

（2）含有一个未成对电子和一个 $I=1$ 磁性核的体系

氢元素的另一个同位素 ^{2}H（氘，D）就属于这个体系。这个体系中，$M_S = \pm 1/2$，$M_I = 1$，0，-1。因而，该体系有 6 个自旋状态，即有 6 个塞曼能级，根据 EPR 跃迁选律，仅有 3 个允

许跃迁，产生 3 条谱线，

$$
\left.\begin{aligned}
h\nu &= \Delta E_1 = E_1 - E_6 = g\beta_e H + A_{\mathrm{iso}} \\
h\nu &= \Delta E_2 = E_2 - E_5 = g\beta_e H \\
h\nu &= \Delta E_3 = E_3 - E_4 = g\beta_e H - A_{\mathrm{iso}}
\end{aligned}\right\} \tag{7-26}
$$

此体系的能级结构示意图及固定频率时的谱图见图 7-6。

如图 7-6B 所示，当 I 为整数时，与 $M_I = 0$ 所对应的吸收峰与 g_{iso} 所对应的共振磁场相重叠，这与 I 为半整数时的情形不同；与 $M_I = +1$ 相对应的吸收峰由 g_{iso} 所对应的共振磁场向低场移动 A_{iso}，得到 $H_0 - A_{\mathrm{iso}}$；与 $M_I = -1$ 所对应的吸收峰则向高场移动 A_{iso}，得到 $H_0 + A_{\mathrm{iso}}$。这个体系的 EPR 谱图为等强度的三重峰，其中任意相邻的两重峰之间的间隔恰好是超精细分裂常数 A_{iso}，即

$$
\left|A_{\mathrm{iso}}\right| = \left|H_2 - H_1\right| = \left|H_3 - H_2\right| \tag{7-27}
$$

从上述两个示例的讨论中，我们不难得出：对于只含有一个自旋量子数为 I 的磁性核的体系，可以得到 $2I+1$ 条等强度的谱线，并且相邻两条谱线间的距离为 A_{iso}。从而，我们可以推导出更复杂体系的超精细分裂谱图的情况。

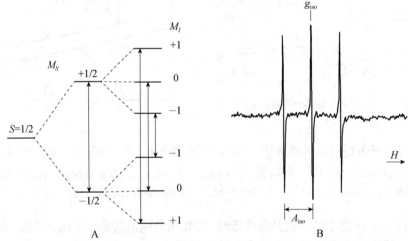

图 7-6　A. $S=1/2$，$I=1$ 体系在外磁场中的能级结构示意图（$A_{\mathrm{iso}} > 0$），实线箭头为允许跃迁（$E_1 \leftrightarrow E_6$，$E_2 \leftrightarrow E_5$，$E_3 \leftrightarrow E_4$）；B. 固定频率时，$S=1/2$，$I=1$ 体系的 EPR 谱图，及超精细分裂常数 A_{iso} 的标注

（3）含有一个未成对电子和 n 个 $I=1/2$ 磁性核的体系

此体系的 EPR 谱的超精细分裂谱线的数量为 $2nI+1$，谱线的强度分布呈二项分布 C_n^k，即"杨辉三角（Pascal's triangle）"（表 7-3）。

表 7-3　n 个 $I=1/2$ 磁性核体系的超精细分裂谱

$I=1/2$ 磁性核个数 n	谱线强度	谱线的条数
0	1	1
1	1　1	2
2	1　2　1	3
3	1　3　3　1	4

续表

$I=1/2$ 磁性核个数 n	谱线强度	谱线的条数
4	1 4 4 4 1	5
⋮	⋮	⋮
n	C_n^k	$2nI+1$

（4）含有一个未成对电子和 n 个 $I=1$ 磁性核的体系

该体系的 EPR 谱超精细分裂峰个数也遵循 $2nI+1$ 的规律，但是谱线的强度不再遵循杨辉三角的原则，表 7-4 列出了 n 为 0 到 4 的超精细分裂情况。

表 7-4　n 个 $I=1/2$ 磁性核体系的超精细分裂谱

$I=1$ 磁性核个数 n	谱线强度	谱线的条数
0	1	1
1	1 1 1	3
2	1 2 3 2 1	5
3	1 3 6 7 6 3 1	7
4	1 4 10 16 19 16 10 4 1	9

（5）含有 k 个非等性的磁性核，每个非等性核又含有 n_1，n_2，n_3，$\cdots$，n_k 个自旋量子数分别为 I_1，I_2，I_3，$\cdots$，I_k 等性核 X 的体系。

EPR 谱线的数量由下式决定：

$$(2n_1I_1+1)(2n_2I_2+1)(2n_3I_3+1)\cdots(2n_kI_k+1) \tag{7-28}$$

假设，每个磁性核的超精细耦合常数分别为 A_{X_1}，A_{X_2}，A_{X_3}，$\cdots$，A_{X_k}，则整个 EPR 谱的谱宽，也即谱图最外侧两条谱线之间的距离，则为：

$$(2n_1I_1\left|a_{X_1}\right|)+(2n_2I_2\left|a_{X_2}\right|)+(2n_3I_3\left|a_{X_3}\right|)+\cdots+(2n_kI_k\left|a_{X_k}\right|) \tag{7-29}$$

3. 各向异性体系的超精细分裂

以上讨论的均是各向同性体系中 EPR 谱图的超精细分裂情况，对于各向异性的体系来说，跟前面所述的 g 因子的情况一样，超精细分裂常数在各向异性体系中也是一个张量。这时自旋哈密顿算符用下式表示：

$$\hat{H}=\hat{S}\bullet\hat{A}\bullet\hat{I}=\begin{bmatrix}\hat{S}_x\bullet\hat{S}_y\bullet\hat{S}_z\end{bmatrix}\begin{bmatrix}A_{xx} & A_{xy} & A_{xz}\\ A_{yx} & A_{yy} & A_{yz}\\ A_{zx} & A_{xy} & A_{zx}\end{bmatrix}\begin{bmatrix}\hat{I}_X\\ \hat{I}_y\\ \hat{I}_z\end{bmatrix} \tag{7-30}$$

如果顺磁离子所处环境是轴对称的，则 $A_{xx}=A_{yy}=A_\perp$，$A_{zz}=A_{/\!/}$。

二、电子顺磁共振波谱仪的结构

本书只涉及连续波电子顺磁共振波谱仪的内容，所以下面只介绍连续波谱仪的构造，简称为 EPR 谱仪。EPR 谱仪构造见

Bruker A300EPR 谱仪　　谱仪照片

图 7-7。根据 EPR 发生共振的条件（公式 7-10），理论上只要频率 v 和磁场强度 H 满足共振条件，就可以实现 EPR 的测量，但是由于技术上的各种原因，很难对如此宽的频率进行扫描，所以一般都采用扫场法，即固定 v，扫描 H，这是因为磁场容易做到均匀、连续的变化。表 7-5 列出了目前连续波 EPR 谱仪常用的频率及对应的字母代号，其中最常用的是 X 波段。

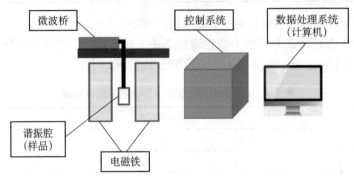

图 7-7　EPR 谱仪构造示意图

表 7-5　部分 EPR 谱仪所使用频率、波长和共振磁场

波段代号	代表频率及其范围（GHz）	波长（cm）	$g\sim2.0$ 的共振磁场强度（G）
L	1（1～2）	30	360
S	3（2～4）	10	1 100
X	9.5（8～12）	3.16	3 390
K	24（18～26）	1.25	8 500
Q	35（26～40）	0.86	12 500
W	95（75～110）	0.33	36 900

　　EPR 谱仪从构造上，主要由磁场系统、微波系统、样品腔、检测系统、数据处理系统等几部分构成。

1. 微波系统

　　微波系统主要由微波源、前置放大器、衰减器、隔离器、环形器等电子器件组成，为 EPR 共振发生提供电磁辐射能量。通常，EPR 谱仪中常将微波系统与检测系统集成在一个盒子里，称为"微波桥"。微波源的主要构件是电子振荡器。通常规定微波的频率范围在 $1\leqslant v\leqslant100\text{GHz}$，需要各种不同的振荡管产生，如特制的二极管、三极管（某些固体器件如耿氏二极管）、速调管、磁控管、行波管等。在这些振荡管中，速调管仍然是最佳、最常用的微波源，但如今已大部分被耿氏二极管所取代。速调管输出的微波频率是能够做到很稳定的。

　　环形器的作用主要是通过改变微波传输方向，使微波进入到谐振腔中的同时，使从谐振腔反射回来的微波进入到检测器中，而不再返回到微波源。如图 7-8 所示，为了防止有少量的微波由检测器反射回来经端口 3 进入端口 1，因此在端口 4 的终端负载上涂有吸收微波的材料，这样从检测器反射回来的任意微波都不会返回微波源，影响端口 1 处的微波入射功率。

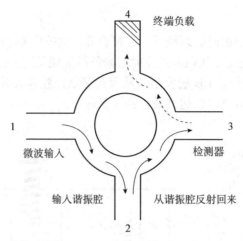

图 7-8　四端口微波环形器示意图（参考徐元植，2016，改画）

微波的有效传输主要采用同轴电缆、波导管等，其中波导管是微波出入谐振腔的传输过程中最常用的一种。

2. 谐振腔

谐振腔是中空的金属腔，最常见的有矩形和圆柱形两种形状。谐振腔是样品发生 EPR 共振吸收的场所，这也就意味着谐振腔具有储存微波能量的功能，所以在腔的共振频率上，不会有微波被反射回去。

各种脉冲腔　　标准腔–高温腔–双模腔等

实验中，我们用下沉线（dip）来检测微波自谐振腔中反射的强弱，如图 7-9 所示。因此，我们还可以用另一种方式来表达 Q 值：

$$Q = \frac{v_{res}}{\Delta v} \tag{7-31}$$

式中，v_{res}——谐振腔的共振频率；

Δv——下沉线的半高全宽。

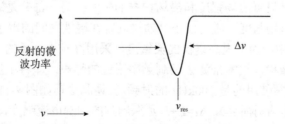

图 7-9　谐振腔下沉线检测 Q 值示意图

在谐振腔内，电磁场形成驻波，使得电场与磁场分布完全不同相，呈 90°的相位差，即磁场最大时，电场最小；反之亦然。实验中极大地利用了电场和磁场在谐振腔中的这种空间分布的优势。常用的 EPR 矩形谐振腔中的电磁场空间分布如图 7-10A、B 所示。大多数样品在电场分布的空间是没有微波吸收的，同时 Q 值会随着微波能量损耗的增加而下降。只有磁场才能引起 EPR 共振吸收。所以，我们一般会将样品置于谐振腔中电场最小而磁场最大的位置，这样能够获得最强的 EPR 信号和最高的灵敏度。谐振腔的设计便是基于样品最佳放置位置。

微波从微波桥中进入谐振腔必须经过一个耦合孔，也被称为 Iris，如图 7-10C 所示。通过 Iris 的尺寸来控制进入谐振腔和从谐振腔反射回来的微波能量。在 Iris 的前端有一根 Iris 螺丝，通过其向上或向下旋转来改变 Iris 的大小，从而调节谐振腔和波导（用来传输微波的一根长方形管）之间的能量传输效率，以达到最佳的匹配。

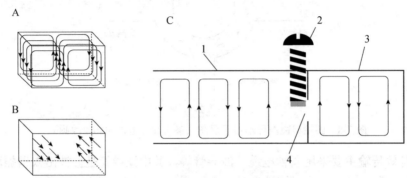

图 7-10　A、B 分别为 EPR 矩形谐振腔中磁场和电场空间分布；C. Iris 螺丝调节
波导与谐振腔实现匹配示意图
1. 波导管；2. Iris 螺丝；3. 谐振腔；4. Iris

为了满足不同 EPR 实验的需求，除了上述两种谐振腔外，还有一些特殊用途的谐振腔，如高温和低温谐振腔（变温实验）、光辐照谐振腔（现场光学实验），双模腔（平行和垂直两种模式），高压谐振腔（可变压力）等。

3. 磁场系统

磁场系统是为塞曼分裂提供稳定均匀且线性变化的静磁场的系统。连续波 EPR 谱仪的磁体常用的是电磁体，其核心线圈是由铜线或铜带绕成，通过改变电流强度从而在放置样品的空间位置获得均匀的磁场强度。

在实验中为了能够准确、可控地扫描磁场，一般都配置有磁场控制器，它主要包括两个部分的功能：一部分是设置磁场强度和磁场扫描的时间；另一部分是通过校准磁体线圈产生的电流来获得准确的磁场强度。磁场校正是通过固定在磁铁之间的霍尔探头来完成的。

连续波 EPR 谱仪中，为了提高谱仪的灵敏度，采用高频小调场的调制技术来降低输出信号的噪声，并使用相敏检波技术来滤去调制频率附近的噪声，即将小振幅的正弦调制磁场叠加到外部静磁场中，通常使用的是 100kHz 的射频波。调制原理如图 7-11 所示。图中 $\Delta H = H_a - H_b$ 是调制场的幅度（简称调制幅度），$\Delta I = I_a - I_b$ 是探测到的调制电流强度，任意 ab 区间的斜率为 $k = \Delta I / \Delta H$。随着磁场增大，当有 EPR 信号时，调制场快速扫描通过信号部分，这时从谐振腔反射回来的微波是与调制场频率相同且振幅调制的，然后 EPR 吸收信号被转换成一个正弦波，且正弦波的幅度与吸收信号的斜率 k 成比例。k 越大，调制信号越强。

4. 检测系统

连续波 EPR 谱仪最常用检测器是肖特基二极管，其将微波功率转换为可探测的电流。为了定量信号强度，并获得最优的检测灵敏度，二极管的使用应该保持在其线性区域。另外，二极管检测器会产生一个与检测信号频率呈反比的固有噪声。为了抑制该噪声，提高检测灵敏度，连续波谱仪中采用了磁场调制（图7-11）结合相敏检波技术。这种技术不仅能减小检测二极管固有噪声和消除DC电子器件引起的基线漂移，而且能够将EPR信号从实验室存在的噪声源及干扰中提取出来。

　　磁场调制与相敏检测技术相结合能够明显提高EPR信号的信噪比S/N和稳定信号基线。因此连续波EPR技术输出的信号都是一阶微分谱。如图7-11所示，要将任意a、b两点分辨开，那么调制幅度约为这两点间隔ΔH的1/5或更小。随着磁场调制幅度的增加，EPR信号强度增加，但是当调制幅度过大时（大于EPR谱线宽），谱线会变宽，失真，发生畸变。在实验中要根据具体检测对象选择最优的调制频率和调制幅度。

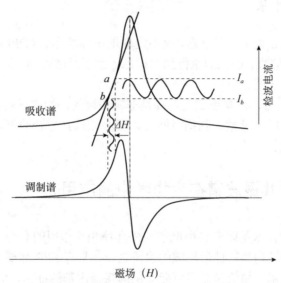

图7-11　小振幅100kHz的调制信号示意图（参考徐元植，2016，改画）

5. 检测数据处理系统

　　现代谱仪均采用计算机作为数据处理系统，将仪器控制、操作和数据处理软件集成在计算机中，通过控制计算机来实现大部分操作，如样品调谐、测量参数设置，磁场扫描、数据处理等。

三、样品准备和测试

装样

（一）样品准备

　　根据物理状态的不同，样品可以分为固态（粉末、单晶）、液态、气态；根据介电损耗，分为介电损耗和非介电损耗样品，例如水就是典型的介电损耗样品。

　　EPR样品管都是高纯度石英制成的，防止材料中存在的杂质和缺陷。EPR灵敏度很高，所以所需的样品量很少。对于溶液样品来说，样品浓度尽可能控制在1mmol/L以下，如果浓度过高会造成许多问题。介电损耗的溶液样品，会部分或完全吸收微波中的电场部分，导致磁场部分的减弱甚至消失。室温测试时，一般用石英材质的扁平池或毛细管。普通的玻璃毛细管，具有很强的、高自旋Fe^{3+}的信号，如果此信号会干扰待测样品的EPR信号，可使用石英材质的毛细管。非介电损耗的样品可以直接盛放于普通的 EPR 样品管。低温测试时，不需要考虑样品的其他物理因素。固体样品，如粉末类样品，如果具有介电损耗性质，则用量越少，EPR 信号越强。

普通的 EPR 石英管，外径一般约 3～5mm。EPR 常用的标准矩形腔的有效测试高度为 25mm，这个高度对于 4mm 外径的样品管来说，可盛放的有效样品体积约为 150L。

对于低温测试的蛋白质等生物样品，为防止冰晶对蛋白质的机械损伤，需要添加甘油或蔗糖等作为抗冻剂。

（二）测试注意事项

测试之前要确保仪器处于正常状态，要不定期地用标准样品（DPPH 或仪器自带的标准样品）来校准仪器的磁场强度，确保测量得到的样品 g 因子是准确的。另外，准确测量 g 因子的前提是，测量参数选择正确、合适。

针对不同的 EPR 信号，测量参数的选择是非常关键的，如磁场范围、微波功率的选择、调制幅度、调制频率、时间常数、扫描时间等，都必须选择适合的值，才能得到一张数据准确、信噪比较高的谱图。

四、电子顺磁共振波谱在生物学中的应用

电子顺磁共振波谱技术是研究自由电子与外环境相互作用的有力工具之一，是探测和研究自由基、金属配合物结构和特性最权威的手段之一。只有 EPR 才能明确地检测到不成对电子，如自由基。其他技术，如荧光光谱可能提供间接自由基的证据，但 EPR 可提供不容置疑的、它们存在的唯一直接证据，是检测自由基最直接的手段。

EPR 技术还可以阐明不成对电子附近的分子结构和分子运动的动态过程。这是因为 EPR 样品对局部区域环境的存在是非常灵敏的。因此，该技术在生物、材料科学、医药科学等广泛应用领域可作为其他方法的理想补充，特别是在生物学中的应用，已经成为研究细胞膜结构唯一的有效方法。

EPR 技术在生物学中应用主要有：自旋标记和自旋探针技术；自旋捕获技术；生物组织中自由基检测；抗氧化剂筛选和自由基清除；酶反应；生物系统中 NO 自由基检测，等等。下面就以几个范例来介绍 EPR 技术在生物学科中的应用。

（一）EPR 自旋捕获技术在活性氧检测中的应用

EPR 是检测自由基最直接的手段，但是所检测的自由基必须是稳定、长寿命的，而生物体系和化学反应中产生的自由基大部分都是不稳定的，例如活性氧粒子（羟基自由基、超氧阴离子自由基等）。自旋捕获技术就是将一种不饱和的抗磁性物质（称为自旋捕获剂，一般为氮酮和亚硝基化合物），加入被研究体系中，其与待检测自由基生成寿命较长的自旋加合物，从而实现 EPR 检测。

EPR 自旋捕获实验常用到的捕获剂有 PBN（α-苯基-*N*-叔丁基硝酮）、DMPO（5，5-二甲基-1-吡咯啉-*N*-氧化物）、BMPO（5-叔丁氧羰基-5-甲基-1-吡咯啉-*N*-氧化物）等。每种自旋捕

获剂都有各自的优缺点和特异性，即并不是任选一种自旋捕获剂便可以捕获所有种类的自由基，每种自由基的检测需选择合适的自旋捕获剂。目前，活性氧粒子常用的自旋捕获剂是 DMPO 或 BMPO。DMPO 水溶性较好，对氧自由基捕获效率比较高，得到的 EPR 谱图能够提供关于自由基结构较多的信息。但是 DMPO 对光和热比较敏感，需避光和低温保存。DMPO 应该是无色透明的，但是被氧化后就会变成浅黄色，这时可能已经生成了 DMPO 的氧化物 DMPO-X，本身就有 EPR 信号。BMPO 在室温是固体，水溶性也比较好，与 DMPO 相比，其形成的自旋加合物更稳定，但是其加成产物会形成顺式和反式两种构象，且这两种构象的比例不是固定不变的，会随着 pH、反应条件等改变而改变。图 7-12 给出了 DMPO 和 BMPO 的平面结构。

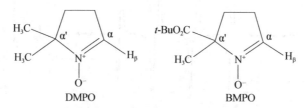

图 7-12 DMPO 和 BMPO 的平面结构示意图

纳米酶，即具有类酶活性的纳米材料，作为一种人工酶，现在已被广泛应用在生物医学领域。高立增等采用了一种方法将纳米酶诱导到目标肿瘤细胞上，并选择性地发挥其活性来摧毁肿瘤细胞。他们合成了一种氮掺杂多孔碳球材料的纳米酶，此酶具有类氧化酶、过氧化物酶、过氧化氢酶及超氧化物歧化酶 4 种酶活性，从而可以实现体内活性氧物种的调控。此纳米酶能够调节细胞内活性氧的种类，这可以通过体外 EPR 实验来证明，即通过 EPR 自旋捕获实验来直接检测酶催化反应活性氧自由基的产生。

图 7-13 是 BMPO 自由基加成产物的两种立体异构体及上文中纳米酶催化底物生成羟基自由基的 BMPO 自旋捕获 EPR 实验谱图，实际上是 BMPO 和羟基自由基加成产物 BMPO-OH 的顺、反两种构象的叠加谱图。其中顺式构象比例大于反式构象。反式构象比例约为 18%，其中超精细分裂常数为：A_N=13.47G，A_{H_β}=15.31G；顺式构象比例约为 82%，其中超精细分裂常数为：A_N=13.56G，A_{H_β}=12.30G。

（二）EPR 在一氧化氮（NO）自由基检测中的应用

NO 是体内产生的一种氮自由基，是内皮细胞衍生的血管扩张因子。在很多细胞，如内皮细胞、神经元细胞、巨噬细胞、血小板等都能产生 NO 自由基。它可以介导许多生物学作用，从扩张血管、抑制血小板黏着，到介导巨噬细胞和中性粒细胞杀伤病原体。在很多情况下，NO 对生物组织起到的是好的作用，如防止血栓形成，防止血小板凝聚等。但是作为自由基也具有毒性作用，如引起低血压，损伤正常细胞等。NO 自由基在心肌和脑组织缺血再灌注损伤过程中起着重要作用。

NO 自由基不能直接检测，实验中常用两种 EPR 技术来实现它的检测。一种是用传统的自旋捕获技术，即用硝基或硝酮类化合物作为自旋捕获剂，另一种是用铁盐络合物来捕获。

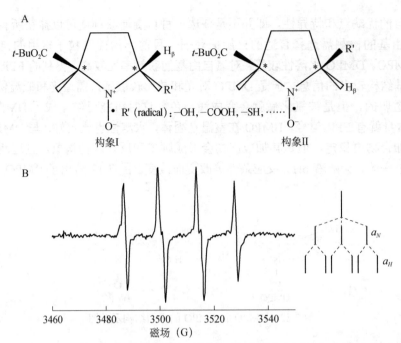

图 7-13 A. BMPO 自由基加成产物的两种立体异构体；B. BMPO 捕获纳米酶催化反应中生成的
羟基自由基的实验谱图

*表示手性碳原子。构象 I 是反式结构，自由基-R′ 与酯基异侧；构象 II 是顺式结构，自由基-R′ 与酯基同侧

检测 NO 自由基常用的自旋捕获剂有两类：一类是 NOCT（NO cheletropic trap）类化合物，如 2-芴酮，检测原理是通过光解此类化合物产生的光解产物能够和 NO 自由基反应，生成相对稳定的氮氧自由基来实现 NO 自由基的检测，曾用于检测肝脏巨噬细胞产生的 NO 自由基。但此类物质不溶于水，捕获后生成的自旋加合物也不稳定，因此限制了此类物质的应用。另一类是 Nitronyl 类物质，如 PTIO（2-phenyl-4，4，5，5,-tetramethylimidazoline-1-yloxyl-3-oxide），曾用于检测生物体系中的 NO，但此类物质的缺点是容易被维生素 C、超氧阴离子等非特异性还原产生 NO 信号，影响其在生物体系中检测 NO 自由基的准确度。

为了更好地特异性检测 NO 自由基，并提高检测灵敏度，选择用铁盐络合剂来检测生物体内产生的 NO 自由基。常用的铁盐络合物主要是一些二碳硫化合物，如 DETC（diethyldithiocarbamte）、DTCS（N-dithiocarboxy-sarcosine）、MGD（N-methyl-L-serine dithiocarbamate）等。这类化合物检测 NO 自由基的原理是，通过与铁络合后，形成铁盐络合物来捕获 NO 自由基。DETC 形成的铁盐络合物是脂溶性的，它的缺点是会在水溶液中沉淀，特别是细胞体系；优点是：容易穿透血脑屏障，适合检测细胞内和细胞膜内的 NO 自由基；另外，利用其脂溶性的特点，可以采取用脂溶性溶剂（如乙酸乙酯）提取，从而提高检测 NO 自由基的灵敏度。

DTCS 和 MGD 是一类水溶性的铁盐络合物，DTCS 络合物水溶性比 MGD 更好。利用水溶性好的特点，这两种物质适合检测生理和病例条件下体内产生的一氧化氮自由基。这一类络合物的铁盐结合 NO 自由基后形成稳定的 $NOFe^{2+}(DTCS)_2$ 和 $NOFe^{2+}(MGD)_2$，且不需要低温，在室温下就可以检测到 EPR 谱图，具有典型的强度比为 1∶1∶1 的三重峰（$g=2.04$，$A_N=12.6\,G$），如图 7-14 所示为 DTCS 铁盐络合物捕获 NO 自由基的 EPR 谱图。

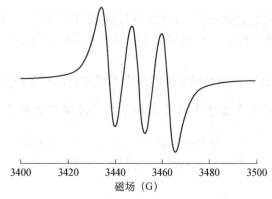

图 7-14 铁盐络合物 DTCS 捕获 NO 自由基的 EPR 谱图

（三）EPR 自旋标记技术在生物学中的应用

与 NMR 相比，EPR 的最大局限性就是只能检测顺磁性的物质，而大多数物质都不具有顺磁性，所以大大限制了 EPR 的应用范围。1965 年，McConnell 等人引入了自旋标记的概念和方法，为 EPR 的应用开辟了一个新天地。

自旋标记是将某些稳定的自由基按照共价或非共价的方式加入到被研究的体系中，然后借助于这些自由基的 EPR 波谱来分析该体系微观的结构、运动状态和理化特性，实现非顺磁性物质的电子顺磁共振研究。

这些稳定的自由基就是自旋标记物，应当符合以下条件：①足够稳定；②能够以某种方式结合到被研究物质的某个位置上；③得到的 EPR 谱对被研究物质所处的环境的物理、化学性质及其变化极为敏感，而标记物本身对体系干扰甚微。

符合上述性质的自由基被称为自旋标记（spin label）或自旋探针（spin probe）。自旋标记指的是与被研究物质以共价方式结合，常用来化学修饰或共价结合到蛋白质、酶和核酸上，研究这些物质的结构及动力学问题。自旋探针指的是与被研究物质以非共价的方式结合，多用于液晶和细胞膜的研究中，探讨细胞膜的流动性和动力学性质。

研究发现氮氧自由基是最符合上述条件的自旋标记物，实验室经常使用的氮氧自由基自旋标记物有 3 种：哌啶氮氧自由基、吡咯烷氮氧自由基和恶唑烷氮氧自由基。

自旋标记技术已广泛应用于生物学的各个领域，特别是在细胞膜流动性、蛋白质的结构和动力学性质等方面。

1. 自旋标记 EPR 技术在酶和蛋白中的应用

酶在生物体系内起着非常重要的作用。利用自旋标记 EPR 技术可以提供酶和蛋白质的结构和功能的各种信息。如酶的催化速率、变性机理、蛋白质的对称性以及蛋白酶活性部位构象的改变等。自旋标记 EPR 技术在各种酶体系中已得到具体应用，如溶菌酶、核糖核酸酶、柠檬酸合成酶、胰蛋白酶、凝血酶、胆碱酯酶等。

2. 自旋标记 EPR 技术在细胞膜结构研究中的应用

利用自旋标记物 TEMPO 在水相和脂相中超精细分裂常数的不同，其在水相和脂相中分配系数随温度而改变的特性，可以研究细胞膜的相变。TEMPO 还可以用来研究细胞膜的通透性。

细胞膜的动态结构既包含膜脂的流动性，也包括膜蛋白等组分的运动状态。细胞膜的流动性可以用两个特征参数来描述，有序参数 S 和旋转相关时间 τ_c。常用的自旋标记物是脂肪酸恶唑烷类标记物。

自旋标记 EPR 技术还可以用来研究细胞膜中脂类与蛋白相互作用。

3. 自旋标记 EPR 技术在膜蛋白的结构和动态特性研究中的应用

马来酰亚胺自旋标记物可以特异性地结合到蛋白质的巯基位置，通过其分子结构中 m 大小不同表明链长不同，从而来探测巯基结合位置的构象变化，以及蛋白质巯基结合位置的构象方面的信息。

（四）EPR 技术在生物学中的其他应用

1. 抗氧化剂的筛选和研究

EPR 技术是直接研究和检测顺磁性物质的最灵敏和最有效的方法。EPR 作为检测自由基的首选方法，具有灵敏度高、无损检测、化学反应没有干扰等优点。如，赵保路对茶多酚的抗氧化剂机理进行了研究；Jie Guoliang 等对普洱茶提取物清除自由基效果及其对成纤维细胞氧化损伤方面的保护效果做了研究。

2. 光合系统中活性自由基产生分子机制研究

光系统 Ⅱ 膜在强光照射下，其内生的超氧阴离子自由基、过氧化氢自由基和羟基自由基等会被激发出来。可以通过自旋捕获 EPR 技术对这些自由基进行直接检测。Yu 等研究了在光系统 Ⅱ 的光抑制中，超氧阴离子、过氧化氢和羟基自由基对放氧复合体的损伤。刘等利用自旋捕获 EPR 技术监测了 D1/D2/细胞色素 b-559 光系统 Ⅱ 反应中心（PS Ⅱ RC）复合物中超氧阴离子和羟基自由基的生成。

3. 生物电子转移，辅酶和维生素

生物电子转移分短程和长程电子转移。辅酶和维生素又是参与生物生长发育和代谢所必需的一类微量有机物质，它们得到或失去一个电子（和质子）时，会形成经典的有机自由基。

4. 金属蛋白和金属酶

以金属离子作为辅基（或辅助因子）的蛋白和酶，统称为金属蛋白和酶，这是一类广泛分布的、具有重要生理功能的蛋白复合体。过渡金属也是 EPR 研究的一类很重要的对象。过渡金属蛋白可简单分为电子转移蛋白和普通的金属蛋白两大类。

主要参考文献

陈瑗，周玫. 自由基医学基础与病理生理. 北京：人民卫生出版社，2002.

裘祖文. 1982. 电子自旋共振波谱. 北京：科学出版社.

徐广智. 1982. 电子自旋共振波谱基本原理. 北京：科学出版社.

徐元植，姚加. 2016. 电子磁共振波谱学. 北京：清华大学出版社.

张德良，李美芬，赵保路. 2001. 乙酸乙酯抽提法在 ESR 检测一氧化氮自由基中的应用. 生物化学与生物物理进展，28：94-97.

张建中，黄宁娜，赵保路，等. 1988. 血卟啉衍生物的光敏作用对人工膜脂类动力学和相图的影响. 科学通报，33：1258-1260.

张建中，赵保路，张清刚. 1987. 自旋标记 ESR 波谱的基本理论和应用. 北京：科学出版社.

赵保路. 2009. 电子自旋共振技术在生物和医学中的应用. 合肥：中国科学技术大学出版社.

赵保路，张清刚，张建中，等. 1984. 用脂肪酸自旋标记研究中国地鼠肺正常细胞 V79 和癌变细胞 V79-B1 膜通透性的影响. 科学通报，29：48-50.

Brunold TC，Conrad KS，Liptak MD，et al. 2009. Spectroscopically validated density functional theory studies of the B_{12} cofactors and their interactions with enzyme active sites. Coordin Chem Rev，253（5-6）：779-794.

Buckel W，Thauer RK. 2018. Flavin-based electron bifurcation，a new mechanism of biological energy coupling. Chem Rev，118（7）：3862-3886.

Can M，Armstrong FA，Ragsdale SW. 2014. Structure，function，and mechanism of the nickel metalloenzymes，CO dehydrogenase，and acetyl-CoA synthase. Chem Rev，114（8）：4149-4174.

Cramer WA，Kallas T. 2016. Cytochrome Complexes：Evolution，Structures，Energy Transduction，and Signaling. Berlin：Springer，2016.

Fan KL，Xi JQ，Gao LZ，et al. 2018. *In vivo* guiding nitrogen-doped carbon nanozyme for tumor catalytic therapy. Nat Commun，9（1）：1440.

Feyziyev Y，Deák Z，Styring S，et al. 2013. Electron transfer from Cyt b_{559} and tyrosine-D to the S_2 and S_3 states of the water oxidizing complex in photosystem II at cryogenic temperatures. J Bioenerg Biomembr，45（1-2）：111-120.

Gelder BF，Beinert H. 1969. Studies of the heme components of cytochrome c oxidase by EPR spectroscopy. BBA - Bioenergetics，189（1）：1-24.

Gerson F，Huber W. 2003. Electron Spin Resonance Spectroscopy of Organic Radicals. Wiley-VCH.

Hagen WR. 2008. Biomolecular EPR Spectroscopy. Los Angeles：CRC Press.

Holm RH，Kennepohl P，Solomon EI. 1996. Structural and functional aspects of metal sites in biology. Chem Rev，96（7）：2239-2314.

Hyde JS，Sczaniecki PB，Froncisz W. 1989. The Bruker lecture alternatives to field modulation in electron spin resonance spectroscopy. Chem Soc Faraday Trans，1（85）：3901-3912.

Jie G，Lin Z，Zhang L，et al. 2006. Free radical scavenging effect of Pu-erh tea extracts and their protective effect on the oxidative damage in the HPF-1 cell. J Agricu Food Chem，54（21）：8508-8604.

Konovalov TA，Kispert LD，Redding K. 2004. Photo- and chemically- produced phylloquinone biradicals：EPR and ENDOR study. J Photoch Photobio A，161（2-3）：255-260.

Berliner LJ. 1976. Spin Labeling：Theory and application. New York：Academic Press.

Berliner LJ. 1998. Spin Labeling：The next Millenium. London：Plenum Press.

Liu K，Sun J，Song YG，et al. 2004. Superoxide，hydrogen peroxide and hydroxyl radical in D1/D2/cytochrome b-559 Photosystem II reaction center complex. Photosynth Res，81：41-47.

Moser CC，Farid TA，Chobot SE，et al. 2006. Electron tunneling chains of mitochondria. BBA-Bioenergetics，1757（9-10）：1096-1109.

Shi HL，Yang FJ，Zhao BL，et al. 1994. Effects of r-HuEPO on the biophysical characteristics of erythrocyte membrane in patients with anemia of chronic renal failure. Cell Res，4：57-64.

Slichter CP. 1990. Principles of Magnetic Resonance. 3rd. Berlin：Springer，184.

Solomon EI，Heppner DE，Johnston EM，et al. 2014. Copper active sites in biology. Chem Rev，114（7）：3659-3853.

Song YG，Liu B，Wang L F，et al. 2006. Damage to the oxygen-evolving complex by superoxide anion，hydrogen peroxide，and hydroxyl radical in photoinhibition of photosystem II. Photosynth Res，90：67-78.

Xi JQ，Wei G，Gao LZ，et al. 2019. Light-enhanced sponge-like carbon nanozyme used for synergetic antibacterial therapy. Biomater Sci，7：4131-4141.

Xin WJ，Zhao BL，Zhang JZ. 1985. Effect of temperature the property of sulfhydryl binding site on the membrane of normal cell V79 and cancer cell V79-B1 of Chinse hamster lung. Science Bulletin，38：961-964.

Xu BL，Wang H，Gao LZ，et al. 2019. A Single-Atom Nanozyme for Wound Disinfection Applications. Angew Chem Int Ed，58（15）：4911-4916.

Zhao B. 2006. The health effects of tea polyphenols and their antioxidant mechanism. J Clin Biochem Nutr，38：59-68.

第八章 光 谱 技 术

第一节 紫外-可见光谱技术

一、技术原理

紫外-可见光谱（ultraviolet and visible spectroscopy，UV-Vis 光谱）技术是基于紫外-可见分光光度计进行的检测分析手段，它灵敏度高、精确度好、操作简单、分析速

紫外可见近红外
吸收光谱仪

JY/T 0570-2020
紫外和可见吸收光
谱分析方法通则

度快。该技术能够对各种有机物或者无机物进行定性和定量分析。UV-Vis 光谱是电子光谱，由分子的外层价电子跃迁产生，属于分子吸收光谱。与红外光谱的窄吸收带不同，由于电子能级的跃迁所需要的能量（ΔE_e 约 $1\sim20\text{eV}$）比振动转动能级的跃迁所需的能量（ΔE_v 约为 $0.05\sim1\text{eV}$；ΔE_r 约为 $0.005\sim0.05\text{eV}$）大得多，所以每种电子能级的跃迁总伴随着振动和转动能级间的跃迁。因而电子光谱中总包含有若干振动能级和转动能级间跃迁，其产生的谱线呈现宽谱带。

物质对光的吸收是物质与辐射能相互作用的一种形式。当物质受到光的照射时，只有当入射光的能量与物质分子的激发态与基态的能量差相等时，光才能与物质发生相互作用，被物质吸收，所以物质对光的吸收具有选择性。根据普朗克的量子论，物质对光的选择性吸收即物质对不同波长光的选择性吸收。我们看到的光是透过物质的光，或者物质散射和反射回来的光，其与物质吸收的光互补。例如，可见光是复合光，物质由于对可见光中的某些特定波长的光选择性吸收而呈现不同的颜色，高锰酸钾溶液由于选择性吸收可见光中的绿光而显示紫色。

（一）定性分析

物质对 UV-Vis 光的吸收波长分布是由产生谱带的跃迁能级间的能量差所决定，反映了物质分子内部的能级分布。不同物质分子的能级千差万别，它们内部各种能级差也不同。所以，物质对不同波长光的选择性吸收反映了物质分子内部结构的差异，谱图上的吸收谱带是物质定性的依据之一。另外，吸收谱带的强度与分子偶极矩变化和跃迁概率有关，能够提供分子结构的信息。检测某种物质对不同单色波长的吸收，得到一条以波长（λ）为横坐标，吸光度

（A）为纵坐标的连续曲线，称为 UV-Vis 光谱曲线。物质对不同波长光的吸光度不同，吸光度最大处所对应的波长为最大吸收波长 λ_{max}。不同物质由于含有相同的基团，其吸收谱带可能相同，但吸收强度不一定相同。因此，物质的吸收曲线、最大吸收波长（λ_{max}）和最大摩尔吸收系数（ε_{max}）是物质定性的依据。有机化合物在 UV-Vis 光区的吸收谱带主要由电子跃迁和电荷迁移跃迁产生，而无机化合物则主要是由电荷迁移跃迁和配位场跃迁产生。

1. UV-Vis 区的吸收谱带

（1）电子跃迁产生的吸收谱带　有机化合物的价电子通常分为三类：形成单键的 σ 电子、形成不饱和键的 π 电子和氮、氧、硫、卤素等杂原子上未成键的 n 电子。有机化合物的电子跃迁有 σ→σ*、n→σ*、π→π* 和 n→π* 4 种类型，它们跃迁所需能量依次减小，产生的吸收波长依次增大。①σ→σ* 跃迁吸收谱带。σ→σ* 跃迁所需能量较大，σ→σ* 跃迁所产生的吸收波长小于 190nm（$\lambda_{max} < 170$nm），在远紫外区或者真空紫外区。饱和烷烃只有 σ→σ* 跃迁，其吸收光谱在远紫外区。②n→σ* 跃迁吸收谱带。n→σ* 跃迁所需能量同样较大，n→σ* 跃迁产生的吸收波长为 150～250nm（$\lambda_{max} < 200$nm），大部分在远紫外区和近紫外区。吸收系数小，一般为 10～100 L/（mol·cm），不易被检测到。含有孤对电子（O、N、S、卤素等杂原子）的饱和烃衍生物的可发生此类跃迁。③π→π* 跃迁吸收谱带。π→π* 跃迁所需能量较小，π→π* 跃迁产生的吸收波长在远紫外区的近紫外端或者近紫外区，吸收强度强，ε_{max} 一般大于 10^4 L/（mol·cm）。不饱和化合物均可产生此类跃迁，吸收峰随着不饱和程度和共轭程度的增强向长波长移动。④n→π* 跃迁吸收谱带。n→π* 跃迁所需能量最小，n→π* 跃迁产生的吸收波长一般在近紫外区-可见光区，吸收强度弱，ε_{max} 一般小于 100L/（mol·cm）。n→π* 跃迁产生的谱带又称为 R 带。有杂原子的不饱和化合物中，杂原子上的孤对电子会发生 n→π* 跃迁。

（2）电荷迁移跃迁产生的吸收谱带　无机化合物或者配合物在光激发下，电子吸收能量后，可能会从化合物的一部分（电子给予体）迁移到化合物的另一部分（电子接受体），发生电荷迁移，由此，在紫外-可见光区产生的吸收称为电荷迁移吸收谱带。有机物和无机物的电荷迁移跃迁类似，电子亲和力越低，电子就越容易离域被激发，激发所需的能量越低，产生的吸收波长越长。很多过渡金属离子与含生色团的试剂反应产生的配合物以及很多水合无机离子，均可产生电荷迁移。配体 NH_3、F^-、Cl^-、Br^- 和 I^- 的电子亲和力依次下降，其产生的吸收谱带波长依次增大。电荷迁移跃迁的最大特点是吸收系数大，一般 $\varepsilon_{max} > 10^4$L/（mol·cm），因此，它们的灵敏度高，可以用于定量分析。

（3）配位场跃迁产生的吸收谱带　配位场跃迁分别为 d−d 跃迁和 f−f 跃迁。d−d 跃迁和 f−f 跃迁必须在配体的配位场作用下才能发生，所以称为配位场跃迁。由于配位体的能量差（分裂能）较小，所以，配位场跃迁所产生的吸收光谱波长较长，一般位于可见光区，且吸收强度弱，吸收系数小，一般用于定性分析。

金属离子影响下的配位体 π→π* 跃迁。紫外-可见分光光度法的许多显色反应就是应用这类谱带进行定量分析。显色反应中用的显色剂的配位体大多含有生色团和助色团，当与金属离子配位时，其配位体共轭结构发生了变化，导致其吸收谱带蓝移或者红移。一般，络合物与配位体的 λ_{max} 的差在 60nm 以上方可进行定量分析。

2. UV-Vis 光谱的影响因素

先介绍几种常见的术语。①生色团：能产生 UV-Vis 吸收的不饱和基团，一般指能引起

n→π*和 π→π*跃迁的基团。②助色团：本身无紫外吸收，和生色团连接时可以使生色团的吸收波长变长或者吸收强度增强，一般是带有非键电子对的基团。含有孤对电子，能与生色团中 π 电子相互作用产生 n-π 共轭作用，使 π→π*跃迁能量降低。对有机化合物来说，主要为含有杂原子的饱和基团，如—F、—Cl、—Br、—OH、—SH、—OCH₃、—NH₂、—NH—、—NR₂和—OR 等，它们的助色效应依次增强。③红移和蓝移：由于基团取代、共轭效应和溶剂效应等，使化合物的吸收谱带的 λ_{max} 改变。向长波长移动为红移，向短波长移动为蓝移。④增色效应和减色效应：使吸收强度（即吸收系数）增强或者减弱的效应。

（1）取代基的影响 当物质的不饱和基团上的氢被助色团取代时，物质的吸收光谱发生迁移。当生色团与—SR₂、—NR₂、—OR、—NH₂和卤素等含有孤对电子的助色团相连时，由于产生了 n→π 共轭作用，使 π→π*跃迁产生的吸收谱带发生红移。烷基虽然没有孤对电子，但是弱的给电子基团，能够与 π 键产生超共轭效应使 π→π*跃迁吸收波长红移。羰基上的碳与助色团相连，助色团 n 电子与羰基双键的 π 电子形成的 n→π 共轭作用，这种作用提高了 π*轨道的能级，但 n 轨道未变化，因此 n→π*跃迁所需能量增加，导致 R 带蓝移。

（2）共轭效应的影响 一种化合物中有两个或者两个以上的生色团，按相互间的位置可以分为共轭和非共轭。非共轭时各个生色团独立吸收，吸收带由各生色团的吸收带叠加而成，如发生共轭后，π 电子的运动范围变大，π*轨道能量降低，π→π*跃迁能级差减少，所需能量降低，原来单个生色团的吸收峰消失，在长波方向产生吸收系数显著增加的新吸收峰。共轭体系越大，红移和增色效应越明显。

（3）空间位阻效应的影响 化合物的位置异构、顺反异构和构象异构都会产生空间位阻效应。空间位阻会使吸收谱带蓝移，产生减色效应。

（4）互变异构的影响 互变异构体可以互相转变，通常在某一状态下会达到一种平衡状态，以其中某一种形式为优势构象，如酮-烯醇式互变异构体。酮式异构体中的两个羰基没有形成共轭，烯醇式异构体是羰基和乙烯的共轭。例如，乙酰乙酸乙酯的酮式异构体 n→π*跃迁产生的吸收谱带的 λ_{max} 和 ε_{max} 分别为 272nm，16L/（mol·cm）。而烯醇式异构体 π→π*跃迁产生的吸收谱带的 λ_{max} 和 ε_{max} 分别为 243nm，1.6×10^4L/（mol·cm）。至于是烯醇式还是酮式为主，则与分子结构、官能团组成以及溶剂等相关。在水溶液中，酮式异构体可以和水分子形成溶剂氢键增加稳定性，所以在水溶液中主要以酮式异构体为主，而在非极性溶剂中，烯醇式异构体可以形成分子内氢键，以烯醇式异构体为主。随着溶剂极性的增加，烯醇式异构体含量降低。

（5）溶剂效应的影响 不同的溶剂会影响物质的吸收谱带的形状和吸收强度，即溶剂效应。溶剂的极性和 pH 对 UV-Vis 光谱的影响较大。

溶剂极性对光谱精细结构有影响。当检测的物质状态为气态时，分子间作用力弱，分子的振动转动跃迁所产生的吸收带能够区分开，表现出物质的精细结构。溶剂的溶剂化作用限制了分子的转动，随着溶剂极性增加，分子的振动越受限，物质的振动精细结构逐渐消失，吸收曲线变得更为平滑。

溶剂的极性增强，π→π*跃迁产生的谱带红移，而 n→π*跃迁产生的谱带发生蓝移。溶剂的 pH 值改变能够引起溶液体系发生很多改变。溶液的 pH 值的改变可能会引起朗伯比尔定律的偏离。例如重铬酸钾在溶液中存在以下平衡。

$$Cr_2O_7^{2-} + H_2O \rightleftharpoons 2H^+ + 2CrO_4^{2-}$$

溶液的 pH 改变引起平衡的移动,提高溶液 pH,平衡向右移动,$Cr_2O_7^{2-}$ 的浓度降低,检测到的浓度要低于理论计算值,引起偏离。

pH 的改变还能影响不饱和酸碱类化合物的吸收谱带的偏移。增加溶液的 pH,酸性化合物,吸收谱带红移;碱性化合物,吸收谱带蓝移。pH 的改变还可能引起共轭体系的延长或缩短。因此在研究物质的 UV-Vis 光谱时,需考虑溶剂的选择。

3. 常见有机化合物的 UV-Vis 光谱

饱和烃分子只有 σ 键,只能产生 σ→σ* 跃迁,其吸收光谱出现在远紫外区,超出常规紫外-可见分光光度计的检测范围(180~900nm),只能被真空紫外分光光度计检测到。当饱和烷烃的氢被含孤对电子的杂原子取代时,产生 n→σ* 跃迁,吸收谱带红移。直接用 UV-Vis 光谱来分析烷烃和取代烷烃价值不大,但它们是检测样品 UV-Vis 光谱的良好溶剂。

非共轭不饱和烃如烯烃和炔烃,含有 σ 和 π 键,可以产生 σ→σ* 和 π→π* 跃迁,π→π* 跃迁所需能量虽比 σ→σ* 跃迁低,但吸收波长仍在远紫外区(160~190nm),吸收强度较强。

羰基化合物的羰基的氧原子有两对 n 电子,因此羰基化合物能产生 n→σ*、π→π* 和 n→π* 跃迁,其中 π→π* 和 n→σ* 跃迁谱带均在远紫外区,n→π* 跃迁产生 R 带在 270~300nm。当为醛酮化合物时,其 R 带吸收强度弱,吸光系数低[ε_{max} 约 10~20L/(mol·cm)]。羰基上的碳与助色团相连,会导致 R 带蓝移。

共轭不饱和烃有共轭体系,产生共轭效应,在共轭体系中的 π→π* 跃迁产生的吸收谱带称为 K 带,K 带的特点是吸收系数强[$\varepsilon_{max} > 10^4$L/(mol·cm)],吸收波长比 R 带小。K 带的 λ_{max} 和 ε_{max} 与共轭体系的数目、位置、取代基种类相关。K 带是共轭化合物的特征吸收带,可用于判断化合物有无共轭结构,是 UV-Vis 光谱中应用最多的吸收带。

α,β-不饱和醛酮的羰基和乙烯基形成共轭,由于共轭效应使 π→π* 跃迁红移为 K 带(165~250nm),强吸收[$\varepsilon_{max} > 10^4$L/(mol·cm)]。羰基双键的 R 带同样红移到 290~310nm,ε_{max} 小于 10^2L/(mol·cm),弱吸收。

芳香族化合物有三个特征吸收带 B 带、E_1 带和 E_2 带,都是由 π→π* 跃迁产生。B 带:苯型谱带,是苯环振动跃迁与 π→π* 跃迁叠加引起,吸收谱带在 230~270nm 之间,吸收强度较弱。在气态和非极性溶剂中,苯及其同系物出现精细结构吸收,又称苯的精细结构吸收带。在极性溶剂中精细结构消失。E 带:乙烯型谱带,E 带可分为 E_1 和 E_2 两个吸收带,二者分别是苯环中的乙烯键和共轭乙烯键的 π→π* 跃迁所产生。苯的 E_1 带的 λ_{max} 为 184nm,吸收特别强,ε_{max} 约为 4.7×10^4L/(mol·cm);E_2 带的 λ_{max} 为 203nm,中等强度吸收,ε_{max} 约为 7.4×10^3L/(mol·cm)。当苯环上的氢被取代时,苯的三个特征谱带都会发生显著变化,尤其是 B 带和 E_2 带。当苯环上有助色团取代时,E 带和 B 带均发生红移的同时还会产生 R 带,R 带吸收波长最长。当苯环上有生色团取代并和苯环共轭时,E 带和 B 带均发生很大的红移,E_2 带又称为 K 带。稠环芳烃均有 B 带、E_1 带和 E_2 带三个吸收带,相比于苯,吸收带均发生红移,且吸收强度增加。苯环越多,吸收强度越强,红移也越多。不饱和杂环化合物与相对应的芳香化合物紫外光谱十分相似,存在助色或者生色基团,发生红移和产生增色效应。表 8-1 列举了一些不同类型电子跃迁所对应的典型基团及其峰位特征。

表 8-1 不同类型电子跃迁所对应的典型基团及其峰位特征

跃迁类型	吸收带	最大吸收波长 λ_{max}（nm）	摩尔吸收系数 ε_{max}[L/（mol·cm）]	典型化合键
σ→σ*跃迁	远紫外区	<170	吸收强，>10^4	饱和键
n→σ*跃迁	远紫外区	150~230	吸收弱，10~100	含有杂原子的饱和键
π→π*跃迁	远紫外区	160~190	吸收强，>10^4	非共轭不饱和键
	K 带	217~250	吸收强，>10^4	共轭不饱和键
	B 带	230~270	吸收弱，<100	苯型谱带，苯环振动及 π→π*重叠引起
	E_1带	约 190（苯）	吸收强，>10^4	芳香环的乙烯键
	E_2带	约 203（苯）	中强或强吸收，7.4×10^3（苯）	芳香环的共轭二烯键
n→π*跃迁	R 带	250~500	吸收弱，10~100	含杂原子的不饱和键

（二）定量分析

UV-Vis 光谱曲线反映了物质对不同波长光的选择性吸收及吸收强度。同一种物质的不同浓度，其吸收曲线形状相似，λ_{max} 不变，但吸光度与浓度成正比，因此，UV-Vis 光谱可用于定量分析。

1. 溶液样品的定量分析

依据朗伯-比尔定律：

$$A = -\lg T = kbc \tag{8-1}$$

式中，A ——吸光度；

$\quad T$ ——透过率，%；

$\quad b$ ——样品厚度（光程），cm；

$\quad c$ ——溶液浓度，mol/L 或 g/L；

$\quad k$ ——吸收系数，表示物质在一定温度、溶剂等条件下，对特定波长光吸收强度的特征常数，与溶液浓度无关，是物质的定性依据。当浓度单位为 g/L 时，k 为质量吸收系数 a[L/（g·cm）]；当浓度单位为 mol/L 时，ε 是摩尔吸收系数[L/（mol·cm）]。k 越大，表示该物质对此波长光的吸收能力越强。

液体样品朗伯-比尔定律的偏离。朗伯-比尔定律要求入射光为单色光（要求仪器具有较好性能的单色器）；吸收体系为均匀分布的稀溶液；光与物质的作用仅限于吸收，而无荧光和光化学现象；吸收过程中吸收体系各物质之间无相互作用。

紫外-可见分光光度计的单色器只能获得近乎单色的狭窄光带，并非真正的单色光，而复合光会导致朗伯-比尔定律的偏离，因此，进行物质的定量分析时，为了降低单色光带来的偏离，一般选择具有 ε_{max} 的 λ_{max} 来定量分析，此波长下的检测灵敏度最高（图 8-1）。

当待测样品是胶体溶液、乳浊液或悬浮物质，而非均匀分布的稀溶液时，入射光通过样品后，一部分被样品吸收，还有一部分因散射而损失，导致偏离。此时，可以使用积分球附件检测样品，获取样品的散射光，以减少偏离。

根据朗伯-比尔定律的基本假设，除要求入射光是单色光外，还假设吸收粒子是独立的，彼此之间无相互作用，一般浓度小于 0.01mol/L 的稀溶液可认为分子之间无相互作用。高浓度溶液吸收组分粒子间的平均距离减小，以致每个粒子都可影响其邻近粒子的电荷分布，这种

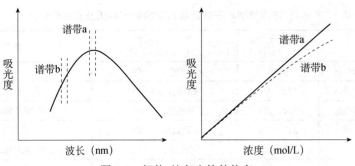

图 8-1 朗伯-比尔定律的偏离

相互作用可使其吸光能力发生变化导致偏离,因此,比尔定律仅适用于稀溶液。可见,摩尔吸收系数不能通过直接检测 1mol/L 高浓度物质的吸光度来获得,而是需要分析低浓度样品的吸光度,通过计算求得。

溶液体系中的吸光组分可能会随着条件的变化形成新的化合物,从而改变吸光物质的浓度,如吸光组分的解离、缔合,络合物的逐级形成、光化学反应、互变异构体、配合物配位数的变化以及与溶剂的相互作用等,都可能导致被测组分的吸收曲线发生明显的变化。其吸收峰的位置、强度及光谱精细结构都会有所不同,从而破坏了原来的吸光度与浓度之间的函数关系,导致比尔定律的偏离。例如,显色剂 KSCN 与 Fe^{3+} 形成红色配合物 $Fe(SCN)_3$,存在下面的解离平衡:

$$Fe(SCN)_3 \rightleftharpoons 3SCN^- + Fe^{3+}$$

当样品溶液浓度降低时,解离平衡发生变化,解离度增大,平衡向右解离。样品溶液稀释一倍时,$Fe(SCN)_3$ 浓度降低大于一倍,检测到的吸光度也降低一半以上,从而引起朗伯-比尔定律的偏离。

2. 固体样品的定量分析

物质的 UV-Vis 光谱不仅可以通过检测光的透过,还可以通过检测光的反射来获取。固体样品可以通过检测光的反射来分析固体对光的吸收。光的反射一般分为镜面反射与漫反射。镜面反射只发生在样品的表层,光没有进入样品的内部,未与样品发生相互作用,因此,镜面反射光没有负载样品的结构和组成信息,不能用于样品的定性和定量分析。漫反射光是光进入样品内部后,经过多次反射、折射、衍射和吸收后返回表面的光。漫反射光是光与样品内部分子发生相互作用后的光,负载了样品结构和组成信息。漫反射光的强度取决于样品对光的吸收以及样品的物理状态。同透射光谱一样定义反射吸光度 A:

$$A = \lg \frac{1}{R_\infty{}'} \tag{8-2}$$

式中,$R_\infty{}'$——相对反射率,紫外-可见分光光度计一般检测样品的相对漫反射率,是以白色标准物质为参比(假设其不吸收光,反射率为 100%),得到相对反射率,$R_\infty{}'$ = R_∞(样品)/R_∞(参比),$R_\infty{}'$ 即为相对反射率,常用参比样品为 MgO、$BaSO_4$、$MgSO_4$ 和聚四氟乙烯等。

也可以将反射率经过库贝尔卡-芒克方程(K-M 函数)校正后进行定量分析。K-M 函数与样品浓度呈正比关系。

$$F\left(R_{\infty}\right)=\frac{\left(1-R_{\infty}^2\right)}{2R_{\infty}}=\frac{K}{S}=bc \tag{8-3}$$

式中，$F\left(R_{\infty}\right)$——K-M 函数；

R_{∞}——无限厚样品的反射系数 R 的极限值；

K ——吸收系数；

S ——散射系数；

b ——为常数，物质吸收系数；

c ——样品组分浓度（一般为质量百分比）。

二、紫外-可见分光光度计的基本构造

（一）仪器的基本结构

Cary 5000
紫外光谱仪功能
介绍

紫外-可见分光光度计的检测波长一般在 200～900nm，有的仪器接通氮气后可检测到 180nm，有的还可以检测到近红外区至 3300nm。顺着光的路径，紫外-可见分光光度计的基本构造由 6 个部件组成：光源、单色器、切光器（双光路）、样品室（各种附件）、检测器和数据处理及输出系统。

1. 光源

光源为仪器提供足够强度的连续波长辐射，要有很好的稳定性和较长的使用时间。一般紫外区采用气体放电光源，如氘灯或者氢灯（185～450nm）；可见、近红外区一般采用热辐射光源，如碘钨灯和钨灯（320～3300nm）。仪器校准一般采用氘灯（486.02nm 和 656.10nm），也有一些仪器额外采用汞灯用于校准。其校准波长有：3.65nm、296.78nm、312.57nm、365.02nm、404.66nm、435.83nm、546.08nm 和 576.96nm。

2. 单色器

单色器能够从复合光源分离出有一定 $\Delta\lambda$ 的单一波长的单色光，单色器分离出的某种波长的单色光，不是真正的单色光，是包含有非常狭窄 $\Delta\lambda$ 的光，被认为单色光。单色器是紫外-可见分光光度计的核心部件，影响仪器的工作波长范围、波长准确度、杂散光、光谱带宽（分辨率）等性能指标。根据色散元件分为棱镜单色器和光栅单色器。

3. 切光器

双光束分光光度计需增加切光器把单色光分为两束光交替通过参比和样品，有的仪器还增加一个黑区来降低噪声，其透过率=（透过样品光强度-暗电流强度）/（透过参比光强度-暗电流强度）。超低的噪声、杂散光能够提高仪器的线性范围，检测高吸光度样品时，准确度更高。

4. 样品室（各种附件）

样品室是参比样品或被测样品放置的暗室，内部黑色无光，密封无尘，涂层（镀层）抗腐

蚀。能够放置各种类型的池架附件和相应比色皿，如控温附件、流动池、自动样品架、积分球等。

液体池架：一般的紫外-可见分光光度计都会配备一个可放两只标准比色皿的固定池架，还可以选配一些适用于不同光程的液体池支架或者可调节支架。另外还有可与控温器搭配使用的单池或者多池支架。

在液体定性定量分析中，比色皿是最常用的容器。按材质分石英（170~2700nm）、玻璃（334~2500nm）、近红外石英（220~3800nm）和塑料（340~750nm）等。在生物样品中常使用微量（小于600μl）或者超微量比色皿（小于50μl）。有些微量比色皿的四面均为透光面，在检测样品时需注意比色皿的通光方向不同，其检测光程不同。检测挥发性样品需选用气密式比色皿。比色皿一般为2个一组，且它们之间是配对的。

控温附件可应用于不同温度下，样品的 UV-Vis 光谱的变化。控温附件的性能取决于温度控制精度，温度范围，温度稳定性，温度准确性等。在生物样品的检测中应用很多，如 DNA 的 T_m 检测等。

积分球附件是一个特殊的检测器（图 8-2），积分球是一个中空的球体，内壁涂有具有高漫反射、散射的材料，如聚四氟乙烯、硫酸钡、镀金的散射面料、诗贝伦等。它的内径可以从几厘米到几十厘米不等，球体上有三个口，参比光进入的参比口、样品光进入的透射口和放置样品或者标准白板的反射口。不管是检测样品的漫透过光还是反射光，进入积分球体的不同方向的光在球体内全方位漫反射，最后全部被积分球上的检测器捕获。相比于只能检测单一方向的检测器，它能够检测到不同方向的透过光或反射光。积分球附件可用于悬浮液、不均匀固体的漫透过和粉末样品的漫反射等。

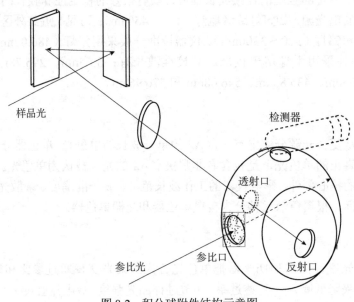

图 8-2　积分球附件结构示意图

5. 检测器（光电转换器）

光电转换器将光信号转变为电信号，是紫外-可见分光光度计的关键部件。紫外-可见分光光度计测量光强度，并非直接检测，而是将光强度转换为电流信号进行检测。常用的光电转换元件有光电池、PMT、光二极管阵列检测器和硫化铅检测器。紫外-可见分光光度计一般在紫外-可见光区（<900nm）使用 PMT 检测器；近红外区（>800nm）使用硫化铅检测器（PbS）或者铟镓砷检测器（InGaAs）。

6. 数据处理及输出系统

紫外-可见分光光度计的输出系统包含放大器、A/D 变换器和计算机（软件），方便用户操作仪器并获取处理数据。将检测器检测到的光电流信号转化成电压信号，电压信号再经放大器放大，经过放大器放大的电压信号变成数字信号，再输送给计算机（软件）进行处理，显示给用户。

（二）仪器的分类

紫外-可见分光光度计的种类很多，按其光学系统可分为单光束紫外-可见分光光度计、双光束紫外-可见分光光度计和双波长紫外-可见分光光度计（图 8-3）。

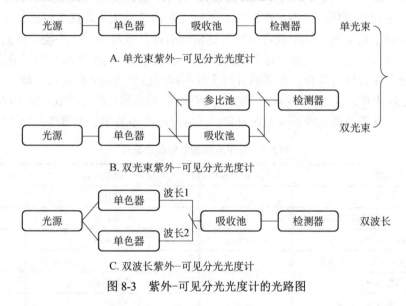

图 8-3　紫外-可见分光光度计的光路图

1. 单光束紫外-可见分光光度计

单光束紫外-可见分光光度计只有一束单色光通过样品（图 8-3A），检测时，先检测参比记录数据，然后再检测样品。由于其光源波动、杂散光和仪器噪声等不能实时扣除，因此单光束分光光度计精确度差，测量误差也大。一般精确度要求较高的科研单位、质检单位、制药企业不适宜使用此类型仪器。有些单光束分光光度计会增加一束光不通过样品直接到检测器用于消除光源波动对数据的影响。

2. 双光束紫外-可见分光光度计

双光束紫外-可见分光光度计的一束单色光经过斩波器或者扇形旋转镜分成两束单色光，交替通过参比和样品（图 8-3B）。因为有两束单色光，所以能够部分消除光源波动、杂散光和仪器噪声等影响，所以双光束分光光度计的性能指标优于单光束分光光度计。

3. 双波长紫外-可见分光光度计

双波长紫外-可见分光光度计将光源发射的光分别经过两个单色器从而同时获得波长为 λ_1 和 λ_2 的两束单色光，交替通过同一样品，从而获得样品在 λ_1 和 λ_2 的吸光度差（图 8-3C）。主要适用于样品的单组分或者多组分定量分析。双波长紫外-可见分光光度计的两个波长单色光通过的是同一样品，可以消除仪器背景噪声和额外参比带来的误差，提高样品的测量准确度。

三、样品制备

（一）样品溶剂的选择

由于溶剂对物质 UV-Vis 谱带的影响很大，所以溶剂的选择非常重要。①溶剂首先要能很好地溶解样品，能获得一定的浓度以得到合适吸光度（吸光度值需大于仪器的噪声，一般大于 0.1）。②溶剂对待测样品应该是惰性的，不能发生化学反应。③在溶解度允许的范围内，尽量选择极性较小的溶剂。其不仅可以获得更精细的样品吸收谱带，还能够降低样品与溶剂分子之间的相互作用力，减少溶剂对光谱的影响。④溶剂在样品的吸收光谱区应无明显吸收。很多溶剂自身在紫外区有吸收，不同的溶剂具有不同的截止波长（最短可用波长）。在选择分析波长时，需避让开溶剂的截止波长。表 8-2 为常用溶剂的紫外截止波长，由于仪器状态和检测条件的不同，其紫外截止波长有细微差别。⑤尽量选择不易燃、无毒性、价格便宜的溶剂。

表 8-2　常用溶剂的紫外截止波长

溶剂	截止波长（nm）	溶剂	截止波长（nm）
乙腈	190	氯仿	245
环己烷、正庚烷、正己烷、戊烷、水	200	乙酸乙酯	256
甲醇、正辛醇	205	四氯化碳	263
乙醇、正丙醇、正丁醇、异丙醇	210	二甲基亚砜、N, N-二甲基乙酰胺	268
四氢呋喃	215	三氯乙烷	273
乙醚、二异丙醚、甘油	220	苯	280
二氯乙烷	225	甲苯	285
乙酸	230	二甲苯	290
二氯甲烷	235	丙酮	330

（二）样品浓度选择

样品的浓度不能太高也不能太低，尤其在定量分析中。样品的浓度太稀，信号可能会低于仪器的噪声，分析结果就不稳定。样品浓度高，样品的分子之间产生相互作用，甚至发生缔合作用，定量分析时会导致朗伯比尔定律的偏离。有时样品浓度太高，信号就可能会超出仪器的检测上限而导致样品吸收峰强度太高而溢出。一般样品的浓度在 10～200μg/ml，具体以样品浓度的吸光度为参照，一般吸光度在 0.1～1 之间比较合适。

（三）样品的光解

光解就是样品在紫外-可见光的照射下，会发生化学反应，样品的组分发生变化，如某些维生素，染料等。如果对同一样品多次检测，吸光度值一直在降低或者升高，可能存在样品的光解。如果样品有光解特性，应将样品存放于棕色瓶，或者将样品瓶用黑纸包裹。

（四）比色皿的使用

比色皿的使用和保存会直接影响检测结果的可靠性、准确性。使用和清洗时应避免手接触比色皿的光学面，光学面上的残留会影响检测结果。使用时样品的高度一般在比色皿的 2/3 处，如果样品的高度低于比色皿的 2/3，可调整比色皿在样品架中的高度，使光束能够通过样品溶液。使用微量池时也需调节比色池位置，保证光束能够照射样品溶液。比色皿使用后应用合适的清洗液清洗，尤其是较难清洗的微量比色皿。如酸性样品可用弱碱性溶液清洗，碱性样品可选用弱酸性溶液清洗（勿使用铬酸洗液），有机杂质选择甲醇或乙醇清洗。对于难清洗样品，可以先使用硝酸：过氧化氢（5：1）混合溶液或者盐酸：水：甲醇（1：3：4）混合溶液清洗，然后再用水清洗干净。也可用超声清洗，但功率不可太高，否则会损坏比色皿尤其是有胶黏合的比色皿。

四、数据分析

紫外案例

（一）定性分析方法

因为物质对紫外-可见光的吸收只是分子生色团和助色团的特征，而不是整个分子的特征，且 UV-Vis 光谱的吸收峰本身的特征性不明显，UV-Vis 光谱一般与其他光谱如红外光谱、核磁波谱和质谱共同用于未知物质的结构分析。对于特定物质可以用 UV-Vis 光谱法定性，有时还可以用标准物质来定性。

1. 利用标准物质定性

在相同的检测条件下，如果一个未知物的 UV-Vis 光谱与标准物质的吸收曲线形状完全相同，如吸收峰的位置、数目、拐点、λ_{max} 和 ε_{max} 完全一致，可初步判断未知物和标准物是同一种物质。但需注意的是，有的物质由于有相同的生色团而光谱相似，如联菲与菲，联萘与萘等。

2. 利用 UV-Vis 光谱数据定性

根据物质吸收峰的位置和吸收强度来初步判断化合物的官能团和化合物的种类。如果化合物在 220～800nm 内无紫外吸收，说明该化合物是脂肪烃、脂环烃或它们的简单衍生物（氯化物、醇、醚、羧酸等），甚至可能是非共轭的烯。如在 220～250nm 内显示强的吸收[$\varepsilon_{max} > 10^4$ L/（mol·cm）]，这表明 K 带的存在，样品有共轭体系。250～290nm 内显示中等强度吸收[$\varepsilon_{max} = 10^3 \sim 10^4$ L/（mol·cm）]，且在非极性溶剂中常显示不同程度的精细结构，说明可能存在苯环或杂芳环。250～350nm 内显示中、低强度的吸收，说明可能有羰基或共轭羰基的存在。300nm 以上有高强度的吸收，说明该样品可能具有较大的共轭体系。若有高强度吸收且具有明显的精细结构，说明可能存在稠环芳烃、稠环杂芳烃或其衍生物。同样也可利用溶剂效应，分析溶剂的极性和 pH 的变化与光谱变化的相关性。如增加极性导致 K 带的红移和 R 带的蓝移。酸性物质、不饱和酸、烯醇和苯胺类化合物，改变 pH，如光谱发生变化，表示可离子化基团与共轭体系相关。

3. 纯度检查

可以利用紫外-可见分光光度计检查样品的纯度，由于杂质和待测样品的 UV-Vis 光谱的特征峰不同，分别检测各自吸收峰的吸光度值来比较。如 A_{260}/A_{280} 可用来判断核酸样品的纯度和含量。核酸因有嘌呤环和嘧啶环的共轭体系在 260nm 和 280nm 均有吸收。蛋白质含有芳香氨基酸，其 λ_{max} 在 280nm，在 260nm 的吸收值仅为核酸的十分之一或更低。纯双链 DNA 和纯 RNA 的 A_{260}/A_{280} 分别为 1.8 和 2.0。如果 DNA 样品的 A_{260}/A_{280} 比值低于 1.8，说明有蛋白污染，高于 1.8 可能有 RNA 污染。

（二）定量分析方法

1. 单组分定量分析

标准比较法：用相同的方法检测标准样品 $c_{标}$ 和待测样品 $c_{样}$ 在某一波长的吸光度 $A_{标}$ 和 $A_{样}$，然后按照公式 $c_{样}=c_{标} A_{样}/A_{标}$ 计算。在实际检测中，由于朗伯比尔定律的偏离、仪器和实验操作的误差，此公式得到的结果误差较高，一般不采用。

标准曲线法：紫外-可见分光光度法最常用的定量分析方法为标准曲线法。配制一系列浓度的标准样品，其吸光度在 0.1~0.8（可根据仪器性能调整）。以 A 为纵坐标，浓度为横坐标，按照最小二乘法绘制标准曲线，计算出回归方程。

2. 多组分分析

如果各组分吸收光谱不重叠，参照单组分定量分析。如多组分的吸收光谱相互重叠，但不完全重叠。不同组分在选择的检测波长处的吸收系数需有足够大的差别，通过解联立方程、双波长分光光度法和导数分光光度法等方法来分析。

（1）解联立方程 根据光谱吸光度的加和性，检测样品在多个波长下的吸光度，解方程即可求出各自组分的浓度。

$$\begin{cases} A_{\lambda_1}^{A+B} = A_{\lambda_1}^{A} + A_{\lambda_1}^{B} = \varepsilon_{\lambda_1}^{A}bc_A + \varepsilon_{\lambda_1}^{B}bc_B \\ A_{\lambda_2}^{A+B} = A_{\lambda_2}^{A} + A_{\lambda_2}^{B} = \varepsilon_{\lambda_2}^{A}bc_A + \varepsilon_{\lambda_2}^{B}bc_B \end{cases} \tag{8-4}$$

式中，$A_{\lambda_1}^{A+B}$、$A_{\lambda_2}^{A+B}$——混合样品分别在 λ_1 和 λ_2 波长下的吸光度；

$A_{\lambda_1}^{A}$、$A_{\lambda_2}^{A}$、$A_{\lambda_1}^{B}$、$A_{\lambda_2}^{B}$——被测组分 A 和 B 分别在 λ_1 和 λ_2 波长下的吸光度；

$\varepsilon_{\lambda_1}^{A}$、$\varepsilon_{\lambda_2}^{A}$、$\varepsilon_{\lambda_1}^{B}$、$\varepsilon_{\lambda_2}^{B}$——被测组分 A 和 B 分别在 λ_1 和 λ_2 波长下的吸光系数。

（2）双波长分光光度法 双波长等吸收法：当被测组分 A 和参比组分 B（或干扰组分）的光谱吸收峰在检测波长范围内重叠，选择参比组分有相同吸收系数的两波长 λ_1 和 λ_2（图 8-

4A），且被测组分与参比组分的吸收系数相差足够大，则 λ_1 和 λ_2 处的吸光度差值与被测组分的浓度成正比，与参比组分无关。

$$\Delta A = A_{\lambda_1} - A_{\lambda_2} = A_{测量波长} - A_{参比波长} = \left(\varepsilon_{\lambda_1} - \varepsilon_{\lambda_2}\right)bc \tag{8-5}$$

式中，ΔA ——混合样品在 λ_1 和 λ_2 吸光度差；

   A_{λ_1} ——混合样品在 λ_1 的吸光度；

   A_{λ_2} ——混合样品在 λ_2 的吸光度；

   ε_{λ_1} ——被测组分 A 在 λ_1 的吸光系数；

   ε_{λ_2} ——被测组分 A 在 λ_2 的吸光系数。

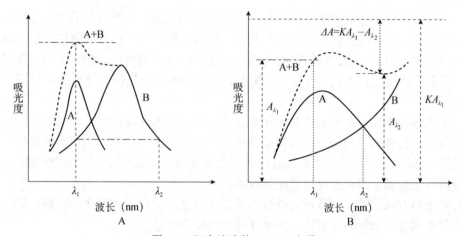

图 8-4 混合溶液的 UV-Vis 光谱

比例系数双波长法：当被测组分 A 和参比组分 B（或干扰组分）的光谱重叠但参比组分的吸收峰不在测定波长范围内（图 8-4B），参比组分在检测的两波长 λ_1 和 λ_2 处的吸光度成一定比值，$K = A_{\lambda_2}^{B} / A_{\lambda_1}^{B}$，即 $K = \varepsilon_{\lambda_2}^{B} / \varepsilon_{\lambda_1}^{B}$；且被测组分与干扰组分的吸收差足够大。设 $\Delta A = KA_{\lambda_1}^{A+B} - A_{\lambda_2}^{A+B}$，则两波长处吸光度的差值与被测组分的浓度成正比。

$$\Delta A = KA_{\lambda_1}^{A+B} - A_{\lambda_2}^{A+B} = KA_{\lambda_1}^{A} - A_{\lambda_2}^{A} = \left(K\varepsilon_{\lambda_1}^{A} - \varepsilon_{\lambda_2}^{A}\right)bc_A \tag{8-6}$$

式中，K ——参比组分 B 在 λ_2 和 λ_1 吸光系数比；

   ΔA ——混合样品的 $KA_{\lambda_1}^{A+B}$ 与 $A_{\lambda_2}^{A+B}$ 的差；

   $A_{\lambda_1}^{A}$ ——被测组分 A 在 λ_1 的吸光度；

   $A_{\lambda_2}^{A}$ ——被测组分 A 在 λ_2 的吸光度；

   $\varepsilon_{\lambda_1}^{A}$ ——被测组分 A 在 λ_1 的吸光系数；

   $\varepsilon_{\lambda_2}^{A}$ ——被测组分 A 在 λ_2 的吸光系数。

（3）导数分光光度法 如果多组分的吸收光谱相互重叠的非常接近或者有很大的背景干扰，可采用导数分光光度法。一般是运用软件对光谱数据自动求导，其导数数据与浓度成正比。奇数阶导数光谱的零，或者偶数阶导数光谱的极值对应常规光谱的最大值。导数阶数越大，重叠峰分的越开。

第二节 红外光谱技术

红外光具有波动性，属于电磁波总谱的红外区，常用波长（λ）、频率（ν）及波数（$\tilde{\nu}$）来描述其波动性，波长范围为 0.7～1000μm。红外区按波长可分为三个区：近红外区 0.75～2.5μm（13 300～4000cm^{-1}）、中红外区 2.5～25μm（4000～400cm^{-1}）和远红外区 25～1000μm（400～10cm^{-1}）。

红外光谱是由分子振动和转动引起的，又称为振-转光谱，当连续波长红外光照射化合物时，分子吸收光子后，根据光子能量发生振动、转动能级跃迁，相应区域的透射光减弱，从而形成红外光谱。因此，分子的吸收谱线特点能够反映分子的内部结构。不同物质因结构存在差异，所需的跃迁能量不同，所以，可以通过化合物的红外光谱对物质结构进行定性定量分析。

与其他光谱法相比，红外光谱法的优点如下：①适用的样品范围广，通过相应附件可以直接检测固体、液体和气体等不同状态的物质；②样品前处理简单，无烦琐的步骤，检测速度快，通常 1min 内即可完成；③检测过程对样品无损伤，可回收再利用；④检测时样品用量少，部分附件支持微克级甚至皮克级样品检测。

红外光谱也有局限性：①分析红外谱图需要丰富的经验和专业的化学背景；②一般为半定量，定量准确度不如紫外光谱法；③区分混合物能力较差。

一、技术原理

（一）红外光谱的基本概念

（1）波长（λ） 光子在一个振动周期内传播的距离，即相邻两峰间的距离。

（2）频率（ν） 一秒钟内经过某点的电磁波数目，即每秒振动的次数，单位是（s^{-1}）或赫兹（Hz）。

（3）波数（$\tilde{\nu}$） 光在真空中行进 1cm 长度的电磁波的数目，用方程定义为：$\tilde{\nu}=1/\lambda$，单位是 cm^{-1}。光谱线的差距实质是能级的差别，其与频率成正比，也与波数成正比，故光谱数据通常用波数纪录。

（4）分子吸收能量（ΔE） 物质分子被光照射吸收光能后，从基态跃迁到激发态所吸收的能量。其与光子频率成正比，与波长成反比。可由以下公式表示：

$$\Delta E = E_2 - E_1 = h\nu = \frac{hc}{\lambda} \tag{8-7}$$

式中，ΔE ——光子能量；

E_2 ——分子在激发态的能量；

E_1 ——分子在基态的能量；

h ——普朗克常数；

ν ——光子频率；

c ——光速;

λ ——波长。

（二）红外光谱的产生条件

红外光谱是分子振动-转动能级跃迁产生的,但不是所有的振动转动能级跃迁都能产生红外吸收峰,物质吸收红外光发生振动-转动能级跃迁必须满足以下两个条件:①红外辐射光量子具有的能量等于分子振动能量差 ΔE;②分子振动时必须伴随偶极矩的大小或方向变化,只有具有偶极矩变化的分子才有红外活性,例如, CO_2 具有红外活性,而 O_2 和 N_2 无红外活性。

（三）双原子分子的振动

简单的双原子化合物的振动方式是分子中的两个原子以平衡点为中心,沿着键的方向,以极小的振幅(以原子核间的距离作为参考)做周期性的伸缩运动。这种分子振动模型,可以用经典力学的方法来表示,如图8-5所示,化学键相当于无质量的弹簧,它连接两个刚性小球 A 和 B,而两个小球的质量分别等于两个原子的质量。 r_e 为平衡时两原子间的距离, r 为某瞬间两原子因振动所达到的距离。按照胡克定律,回复到平衡位置的力 F 应与 $r–r_e$ 成正比,可由以下公式表示:

$$F=-K\left(r-r_e\right)=-Kq \tag{8-8}$$

式中, K ——化学键的力常数,定义为将两个原子由平衡位置伸长单位长度时的恢复力,相当于胡克弹簧常数,是化学键的本来属性,与键伸缩和张合的难易程度有关,而与原子质量无关;

q ——振动坐标。

该体系的基本振动频率计算公式如下:

$$\nu=\frac{1}{2\pi}\sqrt{\frac{K}{\mu}} \text{ 或 } \tilde{\nu}=\frac{\nu}{c}=\frac{1}{2\pi c}\sqrt{\frac{K}{\mu}} \tag{8-9}$$

式中, K ——化学键力常数;

ν ——光子频率;

c ——光速;

μ ——折合质量,即 $\mu=m_1 m_2\left(m_1+m_2\right)$

该公式表明,影响基本振动频率的直接原因是相对原子质量和化学键的力常数。化学键的力常数 K 越大,原子折合质量 μ 越小,则化学键的振动频率越高,吸收峰出现在高波数区,反之,峰出现在低波数区。

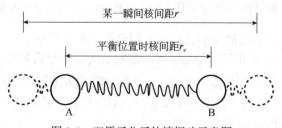

图8-5 双原子分子伸缩振动示意图

（四）多原子分子的振动

双原子仅有一种振动方式，而大部分的化合物分子是多原子分子，振动形式比双原子分子复杂。红外光谱中分子的基本振动形式可分为两大类：一类为伸缩振动，另一类为弯曲振动或变形振动。

1. 伸缩振动

原子沿键轴方向做周期性的伸和缩，键长发生变化而键角不变的振动称为伸缩振动。伸缩振动又可分为对称和不对称伸缩振动。对称伸缩振动是指两个化学键在同一平面内均等地同时向外或向内伸缩；而不对称伸缩振动是指两个化学键在同一平面内，一个向外伸展，另一个向内收缩。值得注意的是对于同一基团，不对称伸缩振动的频率要比对称伸缩振动的频率稍高。

2. 变形振动

变形振动是指在振动过程中键长不变，而键角发生变化的振动。确定一个原子在空间的位置需要三个坐标，而要确定 n 个原子组成的分子的空间位置，则需要 $3n$ 个坐标，即该分子有 $3n$ 个空间维度。但分子是整体的，所以可以用三个自由度来描述其质心运动。线形分子有两个转动自由度，而非线形的分子则有三个自由度转动。因此，线形分子有 $3n-5$ 个基本振动，而非线形分子则有 $3n-6$ 个基本振动。这些基本振动又称为简正振动，其与分子质心的运动和分子转动无关。

多原子分子的振动包括多种形式，以 CH_2 基团为例，其各种振动如图 8-6 所示，A 为对称伸缩振动，B 为非对称伸缩振动，C 为面内弯曲振动或剪切振动，D 为面外弯曲振动或面外摇摆，E 为面外弯曲振动或扭曲，F 为面内摇动。

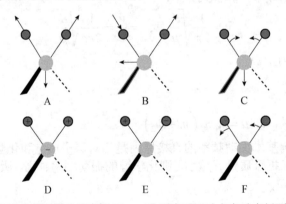

图 8-6 CH_2 基团的变形振动示意图（+、-分别表示运动方向垂直纸面向里和向外）

除了基频振动外，还有可能得到其他频率的吸收，如下所示。

①合频频率（$\nu_m + \nu_n$），也称为组频，同时激发了两个基频到激发态；② 差频（$\nu_m - \nu_n$），一个振动模式从基态跃迁至激发态，同时另一个振动模式从激发态回归至基态；③倍频（2ν，3ν……），由基态至第二激发态、第三激发态……的跃迁。差频很弱，一般不易观察到，而合频和倍频属于同一数量级，出现在高频区。

（五）基团频率

1. 官能团的特征吸收频率

在实践中检测的红外样品绝大多数是有机化合物，而有机物是多原子分子，往往一个化合物的红外吸收峰数目很多，若要归类每个红外吸收峰非常困难。随着化学学科的发展，化学家们通过测试大量的标准品，发现一定官能团总对应一定的特征吸收，并归纳出了各种官能团的特征频率表，这对于红外读谱和推测分子结构具有重要的指导意义。组成分子的各种基团，如 O—H、N—H、C—H、C≡C、C≡O 等，都有特定的红外吸收区域，且分子中的其他部分对其吸收位置影响较小。这个吸收谱带能代表某个基团的存在，且吸收强度较高，被称为基团频率。该吸收谱带所在坐标的位置被称作特征吸收峰。

2. 影响基团频率的因素

基团频率主要取决于基团中原子的质量和原子间的化学键力常数。由于在不同化合物中的相同基团受到的分子内部和分子间的相互作用力的影响不同，该基团的特征吸收不总在一个固定频率上，其会依赖于分子结构和检测环境的变化而呈现出特征吸收谱带频率的位移。由于羰基的吸收频率变化较大，化合物分子的结构变化所引起的羰基吸收频率变化最明显，因此，以下讨论主要以羰基为例。

（1）电子效应 电子效应包括诱导效应、中介效应和共轭效应，这些效应都是由于化学键的电子分布不均匀引起的。因为羰基的碳原子和氧原子之间是双键，而双键的键力常数比单键大，所以羰基的振动频率较高。而羰基是极性基团，其氧原子是吸电子基团，会导致 π 电子云密度降低，振动频率下降，即红外吸收频率下降。

1）诱导效应。诱导效应与分子的几何形状无关，是沿着化学键直接起作用的，由于取代基具有不同的电负性，通过静电诱导效应使分子总电子云密度发生变化，从而改变了键力常数，最终导致基团的特征频率发生位移。例如：脂肪酮羰基的特征吸收频率为 $1715cm^{-1}$，卤原子取代一侧烷基，卤原子是吸电子基团，使羰基的双键性增强，最终导致羰基的吸收频率上升。

2）中介效应。含有孤对电子的原子（O、S、N 等），会与相邻的不饱和基团共轭，使不饱和基团的振动波数降低，而自身连接的化学键振动波数上升，此种效应称其为中介效应。电负性弱的原子，较易供出孤电子对，中介效应大，反之中介效应弱。最典型的例子是酰胺的羰基吸收。因为存在中介效应，使羰基的双键性减弱，因此导致伯、仲、叔酰胺羰基吸收频率均低于 $1690cm^{-1}$。

3）共轭效应。共轭效应的存在使体系中电子云密度平均化，双键伸长（电子云密度降低），力常数降低，使其吸收频率向低波数方向移动。例如：羰基与其他双键共轭，其 π 电子的离域增加，使双键趋向单键变化，使双键键级降低，即振动频率下降。

电子效应是一个很复杂的因素，通常几种效应综合作用官能团的吸收频率，在前面列举的例子里，卤代酮分子中诱导效应大于中介效应，所以诱导效应起主导作用，振动频率升高。

（2）空间效应

1）环张力。环状烃类化合物与链状化合物相比，吸收频率上升。脂环酮羰基在六元环、五元环、四元环、三元环的吸收频率，随着环张力的加大而增加，分别为 1715cm^{-1}、1745cm^{-1}、1780cm^{-1}、1850cm^{-1}。然而对于环烯烃类化合物来说，随着环原子的减少，羰基的吸收频率下降。

2）空间障碍。当分子内的共轭体系的共平面性被破坏时，共轭体系也会受到影响，此时共轭效应下降，基团的振动波数和波形发生变化，吸收频率将移向高波数区域。

（3）氢键效应 分子间或分子内形成氢键，都会导致电子云密度平均化，使参与形成氢键的原化学键的键力下降，因此有氢键的基团伸缩振动频率减少。但因为偶极矩的增大，所以吸收强度增加。醇的羟基在游离态、二聚体和多聚体中，因氢键效应，其吸收频率向低波数方向移动。

（4）质量效应（氘代的影响） 含氢基团的氢原子被氘取代之后，基团的吸收频率会下降。这一效应在指认含氢基团的红外吸收峰时可发挥积极作用，当指认困难时，可将官能团的氢进行氘代，若该官能团的吸收峰向低波数移动，说明原先的指认是正确的。

3. 基团频率区和指纹区

按照红外光谱与分子结构的特征，红外光谱可大致分为两个区域：官能团区（1300～4000cm^{-1}）和指纹区（400～1300cm^{-1}）。在官能团区每一个红外吸收峰都能与一定的官能团相对应。而与官能团区不同，虽然在另一区域内一些吸收峰也对应某些官能团，但大多数吸收峰仅显示了化合物的红外特征，犹如人的指纹，故称这一区域为指纹区。官能团区的形成主要是因为含氢的官能团折合质量小，含双键或三键的官能团键力常数大，分子的其他部分对这些官能团的振动影响小，且它们的振动频率高，易于与该分子的其他振动相区别。在这个高波数区域中的几乎每个吸收都与某一含氢官能团或含双键、三键基团相对应，从而形成了官能团区域。因折合质量大或键力常数小，分子中不连氢原子的单键的伸缩振动或各种键的弯曲振动频率相应较小，属于低波数区域，且这些振动频率差异性不大，但吸收频率数目较多，在该低波数范围内各基团之间相互连接产生较强的耦合作用。这些低波数区域内的吸收峰结构上有一点儿细微的变化都会导致谱图发生变化，从而形成了指纹区。

（1）2500～4000cm^{-1} 为 X—H 伸缩振动区，其中 X 包括 O、N、C 或 S 等原子。O—H 基的伸缩振动出现在 3200～3650cm^{-1}，是判断有无醇、酚和有机酸类的重要依据。N—H 伸缩振动也出现在 3100～3500cm^{-1}，可能会对 O—H 振动产生干扰。C—H 的伸缩振动有饱和的和不饱和的两种。饱和的 C—H 伸缩振动频率在 2800～3000cm^{-1} 范围内，取代基几乎对它们无影响。不饱和的 C—H 伸缩振动出现在 3000cm^{-1} 以上，可以通过这一特征判断化合物 CH$_2$ 和 CH$_3$ 的比例。

（2）2000～2500cm^{-1} 为累积双键和三键的伸缩振动区。除去空气中的 CO$_2$ 在 2365cm^{-1} 处的吸收峰外，此处任何小峰都不能忽略，它们都能提供重要的结构信息。

（3）1500～2000cm^{-1} 为双键的伸缩振动区，这个区域最重要的是羰基的吸收，除去一些特殊情况（羧酸盐等），大部分化合物的羰基集中在 1650～1900cm^{-1}。羰基峰一般比较尖锐且呈强吸收。C=C 键的吸收出现在 1600～1670cm^{-1}，一般峰较弱。烯基碳氢面外弯曲的倍频也可能出现在这一区域。苯的衍生物的泛频谱带出现在 1650～2000cm^{-1}，是 C—H 面外和 C=C 面内变形振动的泛频吸收，虽然强度很弱，但足以辅助判断苯环取代。

（4）**1300～1500cm⁻¹** 主要提供 C—H 的弯曲振动的信息，苯环（～1450cm⁻¹、～1500cm⁻¹）杂芳环（同苯环）、硝基的振动可能在此区域。

（5）**900～1300cm⁻¹** 所有单键的伸缩振动频率、分子骨架振动频率都在该区域。还包括部分氢基团的弯曲振动和含重原子的双键的伸缩振动也在该区域。

（6）**400～900cm⁻¹** 苯环取代在 650～900cm⁻¹ 范围内产生吸收，该区域是判断苯环取代位置的主要依据。

二、傅里叶变换红外光谱仪

红外光谱仪的发展大体经历了三个阶段，第一代仪器用棱镜作单色器，第二代仪器用光栅作单色器，两代均为色散型红外光谱仪。第三代光干涉型红外光谱仪，即傅里叶变换红外光谱仪（Fourier transform infrared spectrometer，FT-IR），是 20 世纪 70 年代随着傅里叶变换技术和计算机的发展引入红外光谱仪而问世的。由于干涉仪不能直接获取大家熟悉的光谱图，而是光源的干涉图，因此根据傅里叶变换函数的特性，通过计算机将光源的干涉图转换成光源的光谱图。

（一）FT-IR 的重要部件和工作原理

FT-IR 主要由红外光源、迈克逊干涉仪（Michelson interferometer）、检测器、计算机组成。其中迈克逊干涉仪是 FT-IR 光学系统的核心部件，迈克逊干涉仪的结构如图 8-7 所示。迈克逊干涉仪由定镜、动镜、光束分离器和检测器组成。其作用是将光源发出的红外光经光束分离器分成两束，分别为 50%透射光和 50%反射光，分离的两束光经动镜和定镜反射又会合成一束，经过样品后投射到检测器上。由于动镜的移动，导致两束光产生光程差，发生干涉现象，最终在检测时产生包含了样品的红外吸收波长和强度特征的干涉信号。通过计算机对这些干涉信号进行傅里叶变换的数学处理后，在终端会获得吸收强度或透过率和波数变化的红外光谱图（图 8-8）。

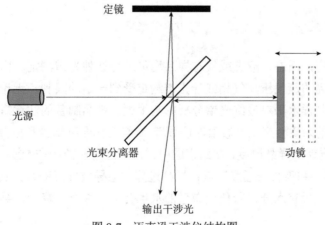

图 8-7 迈克逊干涉仪结构图

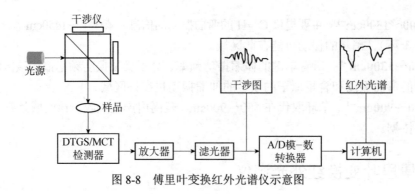

图 8-8　傅里叶变换红外光谱仪示意图

（二）仪器的主要优点

包括以下几点。①信号"多路输出"，扫描速度快：在整个扫描时间内傅里叶变换红外光谱仪会同时测定所有频率的信息，一般获得一张红外光谱图只要 1s 时间，这对测定不稳定物质、瞬间反应以及与色谱法联用十分有利。②具有很高的分辨率：色散型红外光谱仪分辨率只有 0.2cm^{-1}，而 FT-IR 的分辨率达 0.1～0.005cm^{-1}。③灵敏度高：计算机储存和累加功能方便对红外光谱进行多次检测和累加。信号强度与累加次数（n）成正比，而噪声则仅增加 $n^{1/2}$ 倍，提高信噪比。另外，因干涉仪部分不使用狭缝装置和单色器，故能量损失小，到达检测器的能量大，可以分析 10^{-9}g 数量级的样品。④波数精度高：FT-IR 一般波数可准确至 0.01cm^{-1}。⑤光谱范围广：FT-IR 可检测 10 000～10cm^{-1} 范围光谱。

（三）仪器的主要附件

FT-IR 根据不同的样品配备有压片检测装置、衰减全反射（ATR）附件（硒化锌、金刚石、锗）、反射附件、液体池、气体池、红外显微镜等。

三、样品制备

（一）样品要求

样品适用范围广，固态、液态或气态样品均可进行红外光谱测定。由于绝大多数化合物在常温下没有足够高的蒸气压，气相红外光谱测定受到一定的限制。无论样品以何种方式和状态测定，样品的制样水平对最终光谱分析影响很大。样品制备的注意事项如下。①样品纯度大于 98%。过多的杂质会产生"假阳性信号"，影响对化合物结构和成分的鉴定。②样品厚度。应根据实时图谱调节样品厚度，原始谱图中样品透过率应控制在 50%～80%范围内。样品过薄，信噪比（S/N）和吸收峰强度降低；样品过厚，会导致峰形变宽，甚至出现截顶。③样品要干燥。样品不应含有水分，即使极微量的水也会影响峰位、峰形，导致结构解析产生错误结论。

（二）制样方法

1. 固体样品的制备

（1）薄膜法 ①将样品溶解在三氯甲烷、甲醇、丙酮等挥发性和溶解性都较强的溶剂里，取少许溶液涂布在红外透过性材料板上，待溶剂挥发后得到薄膜。②热稳定且可塑性强的固体样品夹在两加热板中间，加压成薄膜。③在不改变样品性状的前提下，可用切片机切成薄片。④有弹性的样品如橡胶状、发泡状等，可使用菱形架加压成薄膜状。

（2）压片法 溴化钾压片法普遍适用于固体粉末样品。将溴化钾和样品烘干，有些特殊样品如蛋白，高温会使其变性，破坏二级结构，需要冷冻干燥。还有些常温下较难研磨的高分子材料，可通过液氮冷冻后研磨成粉。取约 200mg 溴化钾和 1mg 样品在玛瑙研钵中充分研细混匀，导入压片模具，通过压片机（5000kgf/cm² 压力，1 kgf/cm²=0.98MPa）压制成片，即可检测。同时还需光谱纯溴化钾片作为背景。

（3）ATR 法 样品用量极少，固体和液体样品均适用。将样品（粉末样品约 5～50μg，液体样品约 20μl）均匀覆盖在晶体表面，拧紧上方压杆，使样品和晶体紧密贴合（液体样品可不进行按压），即可上机检测。ATR 附件适用于塑料薄膜、橡胶、玻璃块等不可研磨的样品，该方法无须处理样品，可直接检测。

（4）显微红外法 红外显微镜是 FT-IR 的重要附件，红外显微镜拥有独立的检测器，一般为 MCT 检测器，检测模式也包含透过、反射和 ATR 等。其中 ATR 模式配有钻石池、显微 ATR 附件等，其中最常用的是 ATR 附件。红外显微镜可以检测纳克级甚至皮克级痕量物质，例如：油漆痕迹鉴定、枪击残留物等。油漆痕迹取样时多在两辆车撞击处提取肉眼看上去外观一致的油漆，用显微镊移至显微镜下观察并确定检测位点（通常需找三个位点分别检测进行比较），插入 ATR 附件，并调整 Z 轴位置使晶体与样品贴合紧密，即可检测。枪击残留物的提取较为复杂，在射击者手上贴双面胶，射击者在射击后，取下胶条刮取微小火药颗粒，然后用上述同样方法检测即可。

2. 液体样品的制备

水溶剂样品选择硫酸钡液体架，有机溶剂样品可选择溴化钾液体架。将样品滴入两枚窗片的缝隙间形成液膜。可以通过选择不同型号的垫片调整液膜的厚度。

液体样品也可使用 ATR 附件，检测方法同固体样品。

3. 气体样品的制备

气体样品通常使用石英玻璃气体池装载样品。

淀粉样品红外谱
图处理步骤

傅里叶红外
仪基本操作步骤

四、红外光谱图分析的一般步骤

红外光谱图多用透光率 $T\%$ 为纵坐标，表示吸收强度，以波数为横坐标，表示吸收峰的位置。红外光谱图中出现的吸收峰（又称谱带），分别和分子中某个/些官能团的吸收对应，因此红外光谱提供的主要是官能团的信息。分析一张红外光谱，首先要观察谱带位置；其次需要注意谱带的强度，即峰的面积和高度；之后谱带形状；最后要综合分析同一官能团的伸缩、弯曲、摇摆几种振动的相关谱带。这四个方面称为读谱四要素，即峰位、峰强、峰形和峰组，从不同角度提供分子结构的基本信息。

（一）谱带位置（峰位）

峰位（吸收峰对应的波数值）是红外吸收最重要的特征，反映了分子的内部结构和存在状态，是结构鉴定和定性鉴别的重要依据。但其会受到分子内外两个因素的影响，一是分子结构内的因素，包括：振动偶合、空间效应及电子效应；二是外部环境，包括：氢键、物态变化等。$C=O$、NH、OH 等官能团在 $650 \sim 903 cm^{-1}$ 和 $1300 \sim 4000 cm^{-1}$ 有强特征吸收峰。而基团的特征吸收频率只是相对固定，会在较窄的区域波动。振动频率与成键原子对键力常数呈正相关，而与折合质量呈负相关。例如：高分子聚合物中的羰基通常在 $1725 cm^{-1} \pm 5 cm^{-1}$ 出现伸缩振动，如果羰基与双键或苯环共轭，则振动向低频位移。简单来说，与吸电子基团共轭使羰基的伸缩振动向高频位移，推电子基团则使其向低频位移。以下按照吸电子能力强弱次序列举些原子或基团。通常以氢为标准来衡量原子或基团的吸电子能力，排在氢前面的为吸电子基，排在氢后面的则为推电子基。

$F > Cl > S > Br > I > OCH_3 > OH（NHCOCH_3）> C_6H_5 > H > CH_3 > CH（CH_3）_2 > C（CH_3）_3$

（二）谱带强度（峰强）

峰强取决于基团振动过程中偶极矩变化的大小。峰强常用作定量分析，与分子振动的对称性有关，分子对称性越高，振动中分子偶极矩变化越小，峰强也越弱。例如聚苯乙烯是苯环单取代，而对苯二甲酸乙二醇酯是对位双取代，对称性比前者好，所以聚苯乙烯的骨架振动（$1601 cm^{-1}$、$1583 cm^{-1}$、$1493 cm^{-1}$）明显强于对苯二甲酸乙二醇酯的骨架振动（$1615 cm^{-1}$、$1579 cm^{-1}$、$1504 cm^{-1}$）。

总的来说，极性越强的基团在振动时偶极矩的变化越大，因此谱带强度都较大。每种有机化合物均可显示若干红外吸收峰，这极利于对各吸收峰强度进行比较。对大量的红外光谱图进行归纳，可获得各种官能团红外吸收强度的变化范围。因此，只有当吸收峰的位置和强度都在一定范围内时，才能准确推断官能团的存在。以羰基为例，$1680 \sim 1780 cm^{-1}$ 是典型的羰基吸收区域，通常情况谱带强度较强，但如果这个区域内出现了吸收峰且强度低，这不能说明研究的化合物存在羰基，而只能表明该化合物中存在含羰基化合物的杂质。

（三）谱带形状（峰形）

吸收峰的形状也取决于官能团的种类，从峰形可辅助判断官能团。例如缔合羟基、缔合伯胺基及炔氢的吸收峰位置差别不大，但峰形却不一样，缔合羟基峰圆滑而钝，缔合伯胺基吸收峰有分岔，炔氢的峰形尖锐。在混合物的鉴定中，峰形的改变也是判断某种物质存在的依据之一。相较于纯的聚乙烯，混有碳酸钙的聚乙烯的红外光谱在 $1469 cm^{-1}$ 的吸收峰变强、变宽。

（四）谱带组合（峰组）

峰位、峰强、峰形是针对某个基团的一种振动方式吸收带的情况。在实际样品分子结构鉴定过程中，情况要复杂得多，不能孤立地研究一个基团的几种振动方式的谱带，而要综合分析该基团的伸缩、弯曲、摇摆振动的一组谱带。例如高分子聚合物里有 A 基团，其会同时发生伸缩、弯曲、摇摆几种振动，那么在红外光谱中的不同区域就会相对应的出现一组吸收带。在分析红外光谱图时，假设某一区域出现了 A 基团的特征吸收，可以先假定 A 基团的存在，之后再寻找 A 基团在其他区域的吸收。如果在其他相关区域也找到了 A 基团的吸收峰，就能确定高聚物中含有 A 基团，若未找到 A 基团的吸收，则应该排除 A 基团的存在或存疑。

总之，只有同时综合注意峰位、峰强、峰形、峰组，并与已知谱图进行比较，才能得出可靠结论。

第三节　圆二色光谱技术

圆二色光谱是一种特殊的吸收谱，可以用于检测手性分子的构象信息。手性（chirality）是自然界的本质属性之一，是大分子和分子水平呈现多种现象的源泉。两个分子的结构从平面上看一模一样，但在空间上完全不同，犹如实物和镜子里的镜像不能重合，这种物质称为手性分子（chiral molecules）。一些有机物，特别是天然产物、合成药物、生物大分子（蛋白质、核酸、糖）等大多具有手性。

在分子结构中，由于分子中原子在空间上排列方式不同所产生的异构体称为立体异构体。其中，在空间上不能重叠、互为镜像关系的称为对映异构体（简称对映体）。非对映体之间彼此属于不同结构的化合物，所以，它们的物理、化学和生物学性质均不同。一对对映体在非手性环境中的物理化学性质（熔点、沸点、旋光度、溶解度、分子式等）几乎完全相同，但旋光方向相反；在手性环境中，尤其在生理条件下，它们表现出不同的生理现象。

构象是由于分子中的某个原子（基团）绕 C—C 单键自由旋转而形成的不同的、暂时的、易变的空间结构形式。其中，优势构象的势能最低、最稳定。构型是因分子中存在不对称元素而产生的异构体中的原子或取代基团的空间排列关系。其中，能真实描述手性分子中各取代基的空间排列情况的是分子的绝对构型。在绝对构型中，能使偏振光的偏振面按顺时针方向旋转（右旋）的对映体称为右旋体，反之称为左旋体。左、右旋体 1∶1 混合而成的混合物称为外消旋体，没有旋光性，它的物理性质和左/右旋体的熔点、密度及溶解度都不相同。对于单一对映体，在谱图中可能出现正峰或负峰，而外消旋体不出峰；如果对映体含量不同，则谱图上表现出的是占优势百分含量对映体的信号峰。

圆二色光谱与 UV-Vis 光谱存在紧密联系，两者的谱带范围一致。可以说，只有具有 UV-Vis 光谱的手性分子才可能具有圆二色光谱特性。

一、技术原理

**JY/T 0572-2020
圆二色光谱分析
方法通则**

根据量子力学原则，分子中的价电子总是处于某一运动状态之中，并处于一定的能级。当电子吸收了外加能量后，从一个较低能级跃迁到较高能级（激发态），所吸收的能量 $\Delta E = E_1 - E_2 = h\nu$（式中：$h$ 为普朗克常数，ν 为频率）时，将会产生吸收光谱。光谱的波形、强度、位置及数目等，反映了该物质在不同的光谱区域吸收能力的分布情况，可以为推断物质内部结构提供重要信息。

光波是一种横电磁波，包含电场矢量（E）和磁场矢量（H）两个振动。这两个矢量以相同的相位在两个相互垂直的平面内振动。E 和 H 强度随时间的变化如图 8-9 所示。E 和 H 与光的传播方向相互垂直。

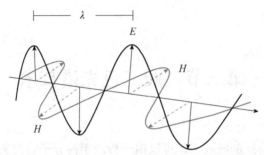

图 8-9　光波的电场矢量和磁场矢量（λ 为波长）

（一）光的偏振

光波具有偏振现象。光波中产生的感光作用主要是由电场矢量 E 引起，因此，一般把 E 作为光波的振动矢量。矢量 E 与光传播方向所决定的平面叫做振动面。当自然光入射到电气石晶片时，晶片强烈吸收振动面与晶轴垂直的光波，而只允许振动面平行于晶轴的光波通过（图 8-10A）。因此，通过晶片的光就变为具有一定振动面（与晶轴平行）的光，称为平面偏振光（plane polarized light）。这种现象称为光的偏振。

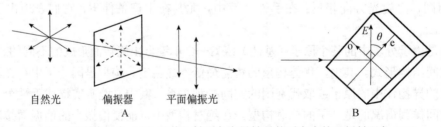

自然光　　　　偏振器　　　平面偏振光
　　　　　　　　A
　　　　　　　　　　　　　　　　　　　　　　　B

图 8-10　平面偏振光（A）及其入射到各向异性晶体后产生的双折射现象（B）

各向异性的晶体或其他状态的介质，常将一束入射光分解为两束折射光，即双折射。其中遵循折射定律的称为寻常光（o 光），不遵循的称为非常光（e 光）。o 光的振动方向垂直于自己的主截面（晶轴与光传播方向所在的平面），e 光在自己的主截面内。o 光和 e 光是两束频率相同、振动方向相互垂直的平面偏振光。在晶体内，o 光和 e 光受到不同的吸收。能使 o 光和 e 光的光程相差 1/4 波长的晶片称为四分之一波片。此时，相位差 $\Delta\varphi$ 为 $\pi/2$，所以透射的合成光是长轴与光轴重叠的正椭圆偏振光。如图 8-10B 所示，若一束平面偏振光以与晶体表面垂直的方向射入四分之一波片，其偏振面与晶轴的夹角 $\theta = 45°$，则 o 光和 e 光的振幅大小相等，透射的合成光是圆偏振光（elliptically polarized light）。

测定不同波长的圆二色谱，需要随波长而变的四分之一波片。实际做法是将一块高纯的融溶石英与结晶石英黏结，结晶石英的光轴与光的入射方向垂直，并与晶片的面平行。在光轴的垂直位置上加一高频振荡，改变振荡频率，就能使此调制器在不同波长时都是四分之一波片。两束矢量方向互相垂直的平面偏振光，其相位差 1/4 波长时，合成的矢量则沿着一个螺旋前进。即设想有一个半径为电场矢量 E 的圆柱体，圆柱体的轴正好是光的传播方向，每个电场矢量的顶点在给定的时间都是在圆柱体的表面上，随着时间的变化，螺旋线也不断地上升。如果面对光传播方向去观察，则电场矢量的轨迹为一个圆。这种光叫作圆偏振光。电场矢量沿顺时针方向旋转，称为右旋圆偏振光，反之为左旋圆偏振光（图 8-11）。

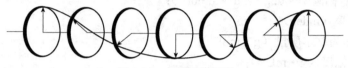

图 8-11 左旋圆偏振光

可见，平面偏振光可以分解成两束相位相等而旋转方向相反的圆偏振光。振幅相等、相位相同的左、右圆偏振光可以合成一束平面偏振光（图 8-12A）；振幅相等、相位不同的两束圆偏振光的矢量和为平面偏振光，但方向改变（图 8-12B）。振幅不等、相位相同的左、右圆偏振光的矢量和为椭圆偏振光（图 8-12C）。振幅不等、相位不同的两束圆偏振光的矢量和为椭圆偏振光，但方向发生改变（图 8-12D）。

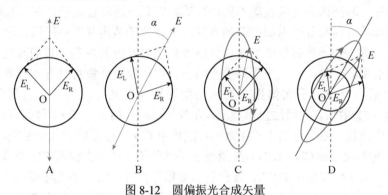

图 8-12 圆偏振光合成矢量

（二）手性物质的旋光性和圆二色性

1. 旋光性（optical rotation）

手性物质对左、右圆偏振光的折射率不同，使透射光的偏振面对入射光的偏振面有 α 角度的旋转（透射的两圆偏振光的波长不变，相位和振幅发生变化），这种性质称为旋光性或光学活性，α 为旋光角（图 8-13A）。对着透射光观测，偏振面按顺时针方向旋转的称为右旋，用"+"表示，按逆时针旋转的称为左旋，用"一"表示。旋光度 α 与溶液的浓度 c、样品管的长度 l、温度 t 和光的波长 λ 有关。旋光性的量常用比旋光度"$[\alpha]_\lambda^t$"来表示，即一定温度和波长条件下，样品管长度为 1dm，样品浓度为 $1g \cdot mL^{-1}$ 时测得的旋光度。不同波长的偏振光通过手性物质后的旋转角度不同。测量旋光性与波长的函数关系，便可得到一个旋光色散（optical rotatory dispersion，ORD）谱。

2. 圆二色性（circular dichroism，CD）

手性物质对左、右旋圆偏振光的吸收率不同，它们的差值 $\Delta\varepsilon = \varepsilon_L - \varepsilon_R$，称为圆二色性。按波长扫描就得到了 CD 谱。若 $\varepsilon_L > \varepsilon_R$，得到正 CD 谱曲线，即该物质为右旋；相反，则得到负 CD 谱曲线，即该物质为左旋。由于此时透过的光为椭圆偏振光，因此也用椭圆度 θ 来表示。摩尔椭圆率[θ]或摩尔圆二色性 $\Delta\varepsilon$ 的关系如下：

$$[\theta] = \frac{\theta \times M}{c \times l \times 10} = 2.303\Delta\varepsilon\frac{4500}{\pi} \approx 3300\Delta\varepsilon \qquad (8\text{-}10)$$

式中，[θ]——摩尔椭圆率（$deg \cdot cm^2 \cdot dmol^{-1}$）；

θ——椭圆率（mdeg）；

M——样品的摩尔质量（$g \cdot mol^{-1}$）；

c——样品浓度（$g \cdot mL^{-1}$）；

l——光程（cm）；

$\Delta\varepsilon$——吸收率的差值（$mol^{-1} \cdot L \cdot cm^{-1}$）。

摩尔椭圆率常用于蛋白质和核酸分析。蛋白质的单体残基平均相对分子质量在 100～120 之间（约为 115），核酸约为 330（钠盐）。此时，摩尔浓度用单个残基（monomeric residue）的方式表示，即相对分子质量（molecular mass）/氨基酸残基数量（number of amino acids）。

磁圆二色性（magnetic CD，MCD）是与磁场相关的圆二色性，是物质对沿磁场方向传播的一定频率的左、右圆偏振光吸收率不同的性质。它是一种对任何物质都存在的普遍效应，取决于外界磁场的方向和分子内部电荷的方向，手性分子结构并不是磁圆二色性所必需的。经典电磁理论认为，处于外磁场中的任何介质都呈现出双折射性质，它们对左、右圆偏振光具有不同的折射率。于是，一束平面偏振光的左、右圆偏振分量将具有不同的传播速度，经过一段时间之后再合成的平面偏振光的偏振面则转动了某一角度，这种现象称为法拉第（Faraday）磁致旋光效应。利用法拉第效应，在外加磁场作用下，许多原来没有光学活性的物质也具有了光学活性，原来可测出 CD 谱的在磁场中 CD 信号将增大几个量级。

诱导圆二色（induced CD，ICD）是指当非手性分子（理论上没有 CD 信号）进入手性环境（如具有手性的生物大分子 DNA、蛋白质和多糖等）时，由于手性环境的影响，在非手性分子的 UV-Vis 区会产生 CD 信号。另外，手性分子通过共价键或非共价键等方式与非手性物质作用也会使非手性物质产生 ICD 信号，这在药物分子与生物大分子的相互作用等方面应用广泛。

3. 旋光性和圆二色性的关系

①旋光是基于左、右圆偏振光在被测物介质中折射率的不同，受温度和溶剂变化的影响，很难做到梯度洗脱；而 CD 是基于对左、右圆偏振光吸收能力的不同，灵敏度和选择性更高。折射和吸收是同一现象的两个方面，都说明偏振光和不对称分子结构的相互作用。它们的表达形式虽然不同，但都涉及分子结构的相同参数（不对称生色团）。使入射光偏振面旋转的样品，必然有圆二色性，反之亦然。CD 反映光与分子间能量的交换，旋光性则是与分子中电子

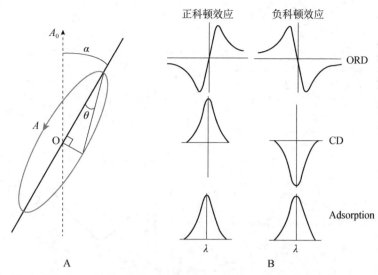

图 8-13　CD、ORD 及其与吸收光谱的关系

A. A_0 为入射光偏振面，A 为椭圆偏振光沿逆时针方向旋转；

B. CD、ORD 与 UV-Vis 谱的科顿效应

的运动有关。CD 和旋光性可由 Kronig-Krammers 转换方程相互转换。②ORD 和 CD 谱同时产生。对于一对对映体，它们的紫外 UV-Vis 谱相同，但在 ORD 和 CD 谱中却是一正一负，谱型互为镜影。对于无生色团的物质，UV-Vis 区无吸收峰；ORD 谱在从紫外到可见区跨越时，右旋物质曲线呈单调上升趋势，左旋物质曲线呈单调下降趋势；CD 谱为近水平直线。对于有多个生色团的物质，CD 和 ORD 谱图均比较复杂。③CD 谱的极值与吸收峰一致，称为科顿效应（cotton effect）。对于有生色团的物质，理想状态下，科顿效应曲线总是发生在光学活性物质的吸收带附近。在 ORD 谱中，所有波长都有数值，科顿效应的极值不在吸收带的顶端，这对分析科顿效应的归属带来了困难（图 8-13B）。对于比较复杂的样品来说，相对于 ORD，CD 谱中峰的位置与吸收峰的位置基本重叠，因此，每一个谱峰的贡献者可以通过吸收光谱来寻找（图 8-14）。④蛋白质残基本身有旋光值，要讨论 ORD 与构象关系时，必须扣除残基的旋光，但 ORD 只能测出氨基酸的旋光值而无法测出残基的旋光值。对于 CD 来说，肽键上与 α 碳原子有关的共价键的吸收光谱带在红外区，或在 <180nm 的超远紫外区。在可见波长或紫外区，它与 α 碳原子相关的价电子不表现任何吸收带，即没有它的 CD 带。因此，残基除非有生色基团，否则就不提供 CD 谱。

4. 圆二色光谱分析的特点

在生物大分子的结构研究中，FT-IR、X 射线衍射（X-ray diffraction，XRD）光谱、核磁共振（nuclear magnetic resonance，NMR）波谱和 CD 光谱等分析技术发挥了重要作用。FTIR 可以获得分子中主要官能团信息，对其一级结构进行表征；另外，红外光谱的酰胺 I 带来自与 C=O 的伸缩振动，也可以表征蛋白质二级结构。XRD 技术能够分析晶体样品的分子结构。NMR 技术能测出溶液状态下较小蛋白质的构象，但对分子量大于 15kDa 的蛋白质的计算处理非常复杂。而 CD 谱不仅可以测定大分子量蛋白质的结构，而且可以研究自然状态下蛋白质的结构，是研究稀溶液中蛋白质构象的一种快速、简单、较准确的方法。与其他方法相比，

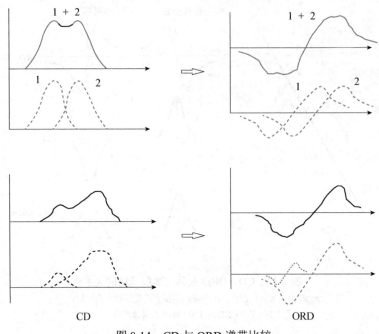

图 8-14　CD 与 ORD 谱带比较

CD 谱有着独特的优点：①CD 谱仪对有特定结构的物质有反应，若化合物无规则结构，则其 CD 强度为零，若有序结构则会产生正或负信号。因此对于组成复杂的体系，CD 谱比紫外吸收谱选择性高，干扰少，可用于药物和食品添加剂中的光学活性物质的测定。②在蛋白质组学中，XRD 技术是目前确定蛋白质构象最准确的方法，但由于蛋白质等生物大分子物质的结构复杂且为柔性，所以得到所需的晶体结构较为困难，相比之下，CD 谱是研究稀溶液中蛋白质构象的一种快速、简单、相对准确的方法，样品较易获得。③CD 谱对溶液中蛋白质、核酸等大分子的立体结构变化高度灵敏，能检测到立体化学的微小变化。可见，CD 光谱对手性分子的测定具有专属性，更加适合于手性药物的分析研究，目前已被广泛应用于蛋白质构象研究、酶动力学、光学活性物质纯度测量、手性药物定量分析等领域。

　　CD 和 MCD 谱比一般的吸收谱弱几个量级，但由于它们对分子结构十分敏感，已成为研究分子构型和分子间相互作用的重要光谱实验之一。生物大分子的光学活性来源于特有的空间结构，可以通过 CD 谱的形状、谱峰位置、强度及随实验条件的变化等信息来获知。

二、圆二色光谱仪的基本构造

　　CD 谱仪的结构由光源、单色器、起偏镜、光电调节器、样品池、检测器组成（图 8-15）。起偏镜将单色光生成平面偏振光，而光电调节器将平面偏振光转化成左、右圆偏振光。左右圆偏振光以极快的速度交替通过样品池，样品对左右圆偏振光吸收的差值即可被检测器检测到。目前，普通的研究型 CD 谱仪的检测范围一般在 180～700nm 之间。特殊的 CD 谱仪可检测到更宽的范围，大约在 130～1600nm，延伸到近红外甚至红外区。

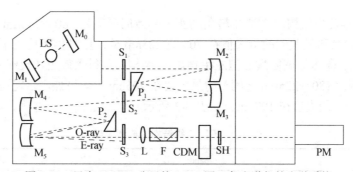

图 8-15　日本 JASCO 公司的 J-810 圆二色光谱仪的光学系统

其中 M₀～M₅ 为球面反射镜；LS 为光源；S₁～S₃ 为狭缝；P₁ 为水平光轴棱镜；P₂ 为垂直光轴棱镜；
O-ray 为正常光；E-ray 为异常光；L 为透镜；F 为滤光器；CDM 为 CD 调制器；SH 为遮光板；PM 为 PMT

三、圆二色光谱在蛋白质结构研究中的应用

自 20 世纪 60 年代，Kendrew 采用 XRD 技术首次揭示肌红蛋白的折叠结构以来，蛋白质的研究从氨基酸残基序列的测定，深入到空间结构——构象的确定。近年来，人们发现疯牛病、克-雅氏病和震颤病等神经退行性疾病是由 Prion 蛋白所致，而构象变化在 Prion 蛋白的致病作用中起重要作用。要深入理解蛋白质的生物活性，就必须要了解它的构象及其相关变化。

蛋白质或多肽是由氨基酸通过肽键连接而成的具有特定结构的生物大分子，同时也是具有多个手性中心的分子，主要的光学活性生色基团是肽链骨架中的肽键、芳香氨基酸残基及二硫键，另外，有的蛋白质辅基对蛋白质的圆二色性也有影响。

蛋白质一般有一级结构、二级结构、超二级结构、结构域、三级结构和四级结构几个结构层次。相同的氨基酸序列，因蛋白质的空间结构不同，影响了生色基团的光学活性，其圆二色性也将有较大的差异。蛋白质的圆二色性主要是活性生色基团和空间结构两方面圆二色性的总和。根据电子跃迁能级能量的大小，蛋白质的 CD 谱主要分为三个波长范围。①远紫外区（250nm 以下）：主要由肽键的 n→π* 电子跃迁引起，反映了肽键的圆二色性。主要应用于蛋白质二级结构的解析。②近紫外区（250～320nm）：主要由侧链芳香基团的 π→π* 电子跃迁引起，可反映蛋白质中芳香氨基酸残基、二硫键微环境的变化，但该区要求样品的浓度大，约高出远紫外区样品浓度 1～2 个数量级。主要揭示蛋白质的三级结构信息。③UV-Vis 区（300～700nm）：主要由蛋白质辅基等外在生色基团引起。主要用于辅基的偶合分析。

（一）利用远紫外 CD 谱预测蛋白质二级结构

1. 190～250nm 光谱区域——肽键的特征吸收峰

稳定蛋白质二级结构的是氢键。由于肽键具有部分双键性质，使酰胺平面有一定的刚性，而相邻的两个酰胺平面之间则可以有一定的角度，使主链出现各种构象。肽键的排列方向决定了肽键能级跃迁的分裂情况。二级结构不同，其 CD 谱的位置、吸收的强弱也都不相同。远紫外 CD 谱能反映出蛋白质或多肽链二级结构的信息。①α-螺旋结构：正科顿效应的最大值在靠近 192nm 处，负科顿效应（200～250nm 之间）的最大值分别在 222nm 和 208nm；②β-折叠结构：正科顿效应的最大值在 195nm 处，负科顿效应（210～250nm 之间）的最大值在 216nm

处；③球蛋白的 β-转角结构：Ⅰ型 β-转角的正科顿效应区间为 180～200nm 之间，由于氨基酸残基的不同导致负科顿效应的最大值在 205 或 225nm 处；Ⅱ型 β-转角的正科顿效应区间为 200～220nm 之间；④多聚脯氨酸Ⅱ型左手螺旋 P₂ 结构：正科顿效应（较弱）在 225～250nm 之间，负科顿效应（180～225nm 之间）的最大值在 205nm 处。另外，无规则卷曲负的科顿效应（185～220nm），最大值在 197nm。如表 8-3 所示。

表 8-3　不同二级结构的典型谱带

	− band（nm）	+ band（nm）
α-螺旋	222；208	192
β-折叠	216	195
β-转角	180～200（Ⅰ型，强）；200～220（Ⅱ型，弱）	205 或 225（Ⅰ型）
多聚脯氨酸Ⅱ型螺旋	225～250（弱）	205
无规则卷曲	/	197

药物与蛋白结合后，蛋白的空间结构可能发生改变。若变化较大，则 CD 谱图上的科顿效应变化明显，可以通过直接对比反应前后图谱的差异来判断；若结构影响较小，比较图谱无法得出明显的差异，可以利用软件来计算不同结构的百分含量。

单一波长 CD 信号的变化可以测定蛋白质或多肽由动力学或热力学引起的二级结构的变化。α-螺旋结构在 208、222nm 处有特征峰，可以利用这两处的摩尔椭圆度来简单估算 α-螺旋的含量。这种方法的优点是能够快速地获取这两点的实验数据，反映瞬时的动力学和热力学信息，可作为光谱探针对 α-螺旋的变化作简单的推算；但缺点是忽略了蛋白质中其他二级结构及芳香基团对[θ]的贡献，分析结果具有误差性。对于非 α-螺旋结构含量的估算，由于 α-螺旋的 CD 值对其他螺旋结构的干扰很大，难于得到理想的估算值。

2. 190nm 以下的真空紫外区

该区包含更为丰富的蛋白质二级结构信息。在环境温度 4℃ 条件下，Lees 等建立了 170nm 及 175nm 远紫外光谱下限的 SP170 和 SP175 两套参考蛋白圆二色谱体系。SP175 参考体系主要由球蛋白组成，而对纤维蛋白及多肽的二级结构预测效果较差。

3. 影响二级结构的其他因素

研究表明，膜蛋白紫外电子光谱跃迁受到周围环境介电常数的影响，其原因可能是由于溶剂影响了电子由基态跃迁到激发态（n→π*，π→π*）的跃迁能量。膜蛋白镶嵌于疏水的脂质环境中，不同于溶液环境中的蛋白质，因此，膜蛋白紫外 CD 谱可能跟溶液状态下的 CD 信号有所区别。另外，蛋白质结构丰富多样，将其分为 4～5 个二级结构元件貌似有点粗糙。如螺旋的长度对[θ]值有一定的影响；β-折叠的[θ]值与其链长及链的数目有关，并受环境影响较大，因此，在利用 CD 谱预测蛋白质二级结构时可能带来误差。此外，由于二硫键及芳香氨基酸在远紫外区也有 CD 峰，远紫外 CD 谱是包括肽键、芳香氨基酸及二硫键在内的[θ]值贡献的加和，这对以肽键电子跃迁产生 CD 谱为主要依据的拟合预测蛋白质二级结构的方法产生干扰。因此，在采用参考蛋白拟合预测未知蛋白时，应尽可能收集未知蛋白包括其他谱学在内的相关信息。

（二）利用近紫外 CD 谱表征三级结构信息：芳香氨基酸残基及二硫键

三级结构的形成和稳定主要靠侧链间的各种次级键（如氢键、疏水作用、范德华力和静电作用）维系。芳香族氨基酸残基及二硫键处于不对称微环境时，在近紫外区表现出 CD 信号。研究表明，色氨酸（Trp）在 285～305nm 区间有精细的特征性 CD 信号；酪氨酸（Tyr）在 275～285nm 区间有特征性 CD 信号；苯丙氨酸（Phe）在 260～270nm 区间有弱而尖锐的特征性 CD 信号（图 8-16）。不对称的二硫键的 CD 信号峰反映在 195～200nm 和 250～260nm 处。实际的近紫外 CD 谱形状与大小受蛋白质中芳香氨基酸的种类、所处环境（包括氢键、极性基团及极化率等）及空间位置结构（空间位置小于 1nm 的基团形成偶极子）的影响。

近紫外 CD 谱可作为一种灵敏的光谱探针，反映 Trp、Tyr 和 Phe 及二硫键所处微环境的扰动，能应用于研究蛋白质三级结构的精细变化。如火菇素的近紫外 CD 谱（245～320nm）表明，二硫键和芳香氨基酸对 CD 谱有较大贡献。总的来说，在 250～280nm 之间，由于芳香氨酸残基的侧链的谱峰常因微区特征的不同而改变，不同谱峰之间可能产生重叠。另外，近紫外 CD 谱还可以用来分析人血清白蛋白（human serum albumin，HSA）及其 3 个结构域中的芳香氨基酸残基、二硫键在不同 pH 条件下所处微环境的改变。

近紫外 CD 谱的测量所需蛋白质溶液的浓度一般比远紫外测量高 1～2 个数量级，可在 1cm 石英池中进行。

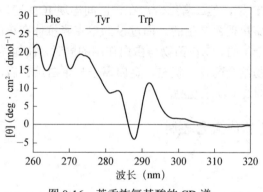

图 8-16 芳香族氨基酸的 CD 谱

（三）利用 CD 谱研究药物的作用机理

药物作用的体内靶点多为蛋白质等大分子物质，而药物与蛋白结合后必然引起蛋白构象的改变，反应前后的 CD 谱图也必然发生改变。无论药物自身有无手性，只要发生反应就可以观测到。通过分析研究 CD 谱图的差异，可以揭示药物的作用机理。

1. 各对映体与生物大分子的亲和力

在药物化学和生物化学中，手性药物各异构体在作用机理、体内代谢和药理作用等方面都存在差异。因此，对手性药物各异构体的作用机理等方面的研究意义重大。比如，①正反式顺铂与 HSA 的结合分析表明，反式顺铂与 HSA 结合后，α-螺旋含量降低，这种改变是由于金属结合蛋白后切断了部分二硫键所致。同步对比实验表明，反式顺铂较顺式顺铂更容易结合并切断二硫键。②研究 R 和 S 构型的氧氟沙星与合成的多聚核苷酸 poly（A-T）、poly（G-C）、 poly（C-I）的作用表明，*R*-氧氟沙星仅与 poly（G-C）作用明显，而 *S*-氧氟沙星与三者作用皆很强，说明核苷酸对 *S*-氧氟沙星的立体选择性强，同时也证明了 *S*-氧氟沙星的药效强于 *R*-氧氟沙星这一结论。

2. 药物与蛋白等的相互作用

药物进入机体后，与体内各种蛋白的相互作用直接影响着药物的分布、游离浓度、代谢、稳定性和毒性等，因此，研究药物与体内蛋白的相互作用对指导药物设计和临床用药意义重大。比如，①利用 CD 法研究 52 种镇静、镇痛和抗抑郁药物与 HSA-I 的作用发现，大部分药物结合 HSA-I 后，能够诱导产生强烈的科顿效应，但乙酰苯胺和阿司匹林没有该现象。②运用 CD 谱、荧光光谱、UV-Vis 谱研究盐酸塞多平与牛血清白蛋白（bovine serum albumin，BSA）的相互作用表明，蛋白与药物结合后，构型发生了明显的改变。α-螺旋含量明显降低，说明药物与 BSA 主要肽段的氨基酸残基作用，破坏了部分氢键。③氟尿嘧啶是广泛应用的抗癌药物，但该药物体内半衰期短，严重影响药物的疗效。利用 CD、UV、NMR 等技术研究氟尿嘧啶与 HSA 的作用表明，该药物仅与 HSA 的 I 区（香豆素结合区）有立体特异性黏合作用，而与 II 区（苯二氮卓类结合区）无作用（该结论与 H-NMR 测定结果一致）。因此，在服用氟尿嘧啶时，应尽量避免同时服用其他竞争性结合血清白蛋白的药物，以延长其代谢时间，增强药效。④圆二色性也可以通过诱导产生。比如，研究抗体和卟啉的作用发现，单克隆抗体和卟啉在 350～450nm 区间都无 CD 谱，但二者结合后在该区间出现 ICD 谱，且遵守朗伯-比耳定律，说明光谱的变化不是由聚集现象产生的。而过量的单克隆抗体在该区域内未出现 CD 谱，说明抗体与卟啉的结合是专一的。⑤在药物与蛋白作用的同时，往往需要金属离子的协同作用，使蛋白的结构调整到最易结合药物的状态。金属离子与蛋白结合后，蛋白的二级结构与三级结构的微小变化，可以通过 CD 来观测。

（四）蛋白质类药物的质量控制

1. 蛋白质稳定性

蛋白类药物多不稳定，易受环境因素如温度、pH 和浓度等的影响。基于 CD 对蛋白构象反应灵敏的优点，可以利用 CD 来考察影响药物稳定性的外部因素，寻找最佳的储存和使用条件。

2. 蛋白质结构确证

CD 被广泛用于蛋白质二级结构的确证研究中，不同厂家生产的仪器都带有用于结构分析的软件，可以有效地计算出 α-螺旋、β-折叠、转角、不规则卷曲的比例。其中 α-螺旋的算法较成熟，可以通过公式粗略的计算 α-螺旋的含量，即 α-螺旋所含的氨基酸残基与整个蛋白质氨基酸残基数量的百分比。由于该方法只考虑了 α-螺旋在单波长的贡献，忽略了其他 3 种结构的贡献，所以只能粗略的计算 α-螺旋的含量，要得到精确的数值还是要借助软件。目前，国内外研究的焦点多集中在对蛋白二级结构的确证，对三、四级结构的构型研究较少。CD 用于结构确证还有待于其数据处理软件的进一步提高。如 Sreerama 等改进的 SELCON 软件更适用于变性的、不规则卷曲含量多的蛋白质二级结构的分析。另外，CD 并不能提供结构方面的完整信息，需要与 XRD、NMR 等技术联用才能完整的表达蛋白质、多肽等的结构信息。CD 在解决蛋白质的四级结构方面仍有困难，即使与其他仪器联用也只能用于分析四级结构与

二、三级结构间的相互关系。

（五）蛋白质样品分析的要点

1. 蛋白质纯度和浓度

主要包括：①应尽量排除核酸或寡核苷酸片段的影响（可以用核酸酶处理）。②在 SDS-PAGE 中的纯度大于 95%。SDS 在远 UV 区没有吸收。③不溶解的蛋白聚集体能歪曲 CD 谱的形状和强度，下降信噪比。除了目检外，分光光度法、超速离心法、凝胶渗透法也可以确定是否有聚集体。蛋白质溶液可以通过离心或 0.2μm 滤网过滤来去除。④若蛋白质是冻干粉，溶解时要轻轻振动，避免变性。⑤GST 或 MBP 融合蛋白需要去掉 GST 或 MBP。

2. 缓冲溶剂的影响

主要包括以下几点。①高浓度（100～500mmol/L）的咪唑（His 层析柱）或 NaCl（离子交换柱）在远 UV 区有强吸收，其浓度应≤1mmol/L。可以利用透析或凝胶渗透去除保护性试剂或缓冲离子。②蛋白质折叠状态代表蛋白质/溶剂及蛋白质/蛋白质之间的平衡状态。为了分散蛋白质表面电荷，需要选择最小粒子强度的缓冲系统。缓冲液应在适当 pK_a 上下 1 个 pH 单元范围内，并且，当添加高电荷配体时，有足够的浓度来抑制电荷。③Tris 具有高温度系数，其 pH 应该接近于特定温度的 pH。④对于远 UV 区的研究，合适的缓冲液包括磷酸盐、Tris 和硼酸盐。它们的 pH 范围为 6～10。需要注意的是，在 pH 为 1～3 时，磷酸盐合适，因为磷酸的第一电离作用的 pK_a 是 2；pH 为 4～6 时，缓冲液以羧酸基团的电离作用为基础，羧酸基团在 200nm 以下有强吸收。⑤当生物学分析和分光镜对溶剂的要求相冲突时，优先考虑前者，试图适合后者。如，维持离子强度时，用盐而不用氯化物，尽量用短光程降低缓冲液的吸收。⑥有些缓冲系统（如 PBS）与金属离子的螯合作用在 UV 区有吸收，应根据实验要求来选择溶剂/缓冲系统。⑦测试前，任何溶剂均需作为空白进行检测；还要确定蛋白质在测试阶段的稳定性，不被光源照射所破坏。⑧含有 C—Cl 键的溶剂在 230nm 处有强吸收；二甲基亚砜和二甲基酰胺分别在 240nm 处和 250nm 处有强吸收。⑨对于 190nm 以下的检测，可以考虑有机溶剂乙腈、乙醇和甲醇（HPLC 级）等。

3. 蛋白质保护剂的影响

在蛋白质保存过程中，常加入保护剂，使其类似细胞内的条件。如加入甘油（丙三醇）至 50%（V/V）来保存。需要注意以下几点。①有些保护剂，如蛋白质降解抑制剂二硫苏糖醇，能够维持 Cys 处于还原状态，但其在 220nm 处有强吸收。CD 检测时，保护剂应通过透析或者过滤去除。②EDTA 能够螯合蛋白质作用必需的金属离子，常用作稳定剂。虽然其在 200nm 以下有显著吸收，但 1mmol/L EDTA 在短光程内影响不大。③蛋白质变性剂尿素（8mol/L）或 GdmCl（6mol/L），即使用 0.02cm 光程，在 210nm 以下也有强吸收，影响较大。但对 222nm 或 225nm 处的影响不大。④变性剂 LiClO₄ 在远 UV 区吸收较小。但在 LiClO₄ 存在的情况下测得的 CD 谱可能对二级结构的分析有影响。⑤以烷基糖苷（alkyl glycosides）为基础的去污剂比较适合远 UV 研究。⑥Triton X-100 在 280nm 附近有强吸收，并且较难从蛋白质中去除。⑦氯离子在 200nm 以下有强吸收。如果为了保护蛋白质结构需要维持离子强度，最好添加在该区无显著吸收的硫酸盐、氟化物等阴离子。

（六）实例

1. 牛血清白蛋白

BSA 是牛血清中的一种球蛋白，包含 583 个氨基酸残基，分子质量为 66.43kDa，等电点为 4.7。BSA 一般作为稳定剂，用于限制酶或者修饰酶的保存溶液和反应液中，因为有些酶在低浓度下不稳定或活性低。加入 BSA 后，不少酶类添加 BSA 后能使其活性大幅度提高。不需要加 BSA 的酶在加入 BSA 的情况下一般不会受到什么影响。对多数底物 DNA 而言，BSA 可以使酶切更完全，并可实现重复切割。在 37℃，酶切反应超过 1h 时，BSA 可以使酶更加稳定，因为 BSA 可以结合缓冲液或底物 DNA 中抑制限制性内切酶活性的金属离子和其他化学物质（图 8-17）。BSA 结构中有 17 个二硫键和一个巯基，巯基的化学反应很活泼，二硫键有抗氧化还原作用，因此，可与多种阳离子、阴离子和小分子结合。

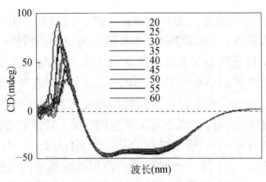

图 8-17　BSA 变温 CD 谱（20～60℃）

2. 溶菌酶

溶菌酶（lysozyme）是研究高温可逆变性失活的常用模型。溶菌酶是鸡蛋蛋白中的一种小的球蛋白，有 129 个氨基酸，4 个链内二硫键。主要有 α-螺旋和部分 β-折叠组成。有两个色氨酸，一个暴露，一个埋藏在内。如图 8-18 所示，随着温度的升高，208nm 位置的负峰强度减弱。其中，75℃左右 208nm 的负峰出现紫移。其二级结构变性温度 T_m 值为 74.3℃±0.7℃。比较变温前后 20℃时的 CD 谱发现，其二级结构发生可逆的变化。在荧光光谱分析中，随着温度的升高，338nm 的荧光强度逐渐降低，并且向 347nm 移动。变温前后，其荧光发生可逆的变化。

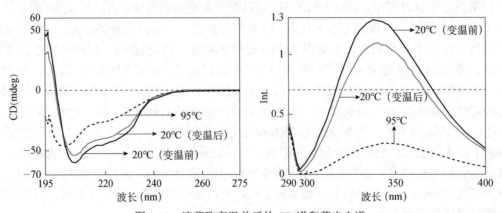

图 8-18　溶菌酶变温前后的 CD 谱和荧光光谱

3. 干扰素-α（interferon-α，IFN-α）

IFN-α 是由 5 个 α-螺旋组成的球状结构，能够诱导抗病毒活性。利用基因工程技术获得的重组原核表达产物 rIFN-α2b 仍然具有该活性。在变温（5～80℃）研究过程中发现，在 5～60℃ 范围内，rIFN-α2b 在 190～250nm 范围内均呈现稳定的二级结构。高于 60℃ 后，随着温度的升高，208nm 和 222nm 处的峰值逐渐降低。变温后有返回 5℃（F5℃）的 CD 谱和 80℃时相似（图 8-19），说明其二级结构的改变是不可逆的。

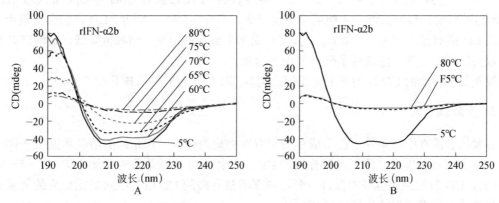

图 8-19　rIFN-α2b 的变温 CD 谱（A：升温过程；B：变温前后的比较）

四、圆二色光谱在核酸结构研究中的应用

核酸（RNA 和 DNA）是核苷酸通过磷酸二酯键连接起来的生物大分子，具有光学活性。DNA 不仅具有多种形式的双螺旋结构（常见的有 A-型、B-型和 Z 型等构象），而且还能形成三链、四链结构，说明 DNA 的结构是动态的。DNA 分子空间结构的不同构象在生物体中发挥着不同的生理功能，因此，研究 DNA 分子的不同构象以及外界环境对 DNA 分子构象的影响，对于生命科学研究具有重要意义。对于核酸的构象研究，尤其是不同条件下核酸构象的变化，CD 是一种很有用的工具。

（一）核酸光学活性的基础

1. 碱基衍生物

核酸碱基（嘌呤和嘧啶）的 CD 信号主要在 200～320nm 之间，呈正负交替的科顿效应。其在 260nm 处具有强吸收，但由于它们具有对称平面，故在此区间无光学活性。核糖具有不对称碳原子，其偶极能和碱基不对称地发生相互作用，所以核苷分子在其吸收区间有圆二色性（嘧啶核苷为正 CD 谱，嘌呤核苷为负 CD 谱），并且它们在碱基吸收区间的 CD 谱峰大小不同，所以，用 CD 可以鉴别这两类核苷。腺苷酸 A 的 CD 信号主要依赖于脱氧核糖和磷酸基。多数情况下，核苷与其相应的脱氧核苷或核苷酸的 CD 谱几乎相同，说明 2′-羟基和 5′-磷酸根对核苷的构象影响很小。核苷及其衍生物的 CD 谱相对地不受温度的影响。

2. 二核苷酸

二核苷酸的 CD 谱的大小和峰位与其组分 CD 谱的加和差别较大。温度是影响 CD 谱的一个重要因素。碱基顺序对二核苷酸 CD 也有较大影响。二核苷酸的 CD 谱按其谱型可分为两类。①以 ApA 为例,其 CD 谱由同样大小而符号相反的两个谱带组成,该谱型是对称的,称为保守谱型。ApA 的 CD 信号强度是腺苷酸 A 的 10 倍左右,主要源于碱基 A 之间的相互作用。从 300～200nm 的 CD 信号呈先正后负的科顿效应形式,两个碱基 A 形成右手的堆积。②以 CpC 为例,其正、负谱带大小不等,称为非保守谱型。含有胞嘧啶或尿嘧啶的二核苷酸多属此类。

二核苷酸的碱基顺序影响其 CD 谱的形状。CpA 与 ApC 或者 UpG 与 GpU 的 CD 谱都不同。但这种影响一般在低温下才能明显表现出来。溶液 pH 对二核苷酸 CD 谱的影响很小,但它们的 CD 谱对温度敏感。温度升高时,CD 谱形大致保持不变,但峰值降低,逐渐向碱基单体的数值靠近,说明升温破坏了碱基堆积的构象。

脱氧二核苷酸的 CD 行为与上述相似,但其 CD 值比相应的二核苷酸的小。

3. 多聚核苷酸

多聚核苷酸在不同条件下能形成单股和双股螺旋的构象。在相同的溶剂和温度条件下,在 2～20 个碱基范围内,同聚多核苷酸的 CD 值的绝对值随碱基数的增加而增加。碱基数大于 20 时,CD 值的绝对值基本保持不变。同聚多核苷酸的 CD 值的绝对值比相应的同聚脱氧多核苷酸的大得多,但峰形彼此相似。

(二)核酸的结构

1. 碱基堆积和无规卷曲

RNA 或寡核苷酸的单链分子在溶液中能形成一种有序结构。在此结构中,作为侧链的碱基的相互作用使碱基互相以一定的角度排列形成螺旋。加热或在溶液中加入有机溶剂能破坏碱基堆积结构,这时碱基的排列无规则,形成无规卷曲。

2. 双螺旋结构

双螺旋结构是 DNA 二级结构的最基本形式,是分子中两条 DNA 单链之间的基团相互识别和作用的结果。维持 DNA 双螺旋结构稳定性的作用力包括互补碱基之间的氢键、碱基堆积形成的疏水作用和范德华力,以及磷酸残基上的负电荷与介质中的阳离子之间形成的离子键。因此,带正电荷的蛋白质可与带负电荷的 DNA 结合。DNA 的双螺旋结构有多种形式,常见的有 A-型、B-型和 Z-型等构象。天然 DNA 分子主要以 B-型存在。在一定的环境条件下,DNA 分子的构象可以在 A-型和 B-型之间调控。所有的 RNA 分子都是以 A-型存在(表 8-4)。

表 8-4　DNA 和 RNA 双螺旋结构的 CD 谱特征

DNA 类型	螺旋方向	正科顿效应(nm)	负科顿效应(nm)
A-DNA	右手螺旋	270	210
B-DNA	右手螺旋	275;220	245
Z-DNA	左手螺旋	260	290
A-RNA	右手螺旋	260	210;290～300

3. 核酸的三级结构

包括双螺旋的扭曲和超螺旋，单链内形成的多重螺旋和圈，以及环状 DNA 的拓扑特征等。

4. G-四链体结构

DNA 分子在一定条件下，某些富含大量鸟嘌呤（G）碱基的 DNA 短链可由自身 4 个 G 通过 Hoogsteen 氢键自组装成 G-四分体，多个 G-四分体通过 π－π 堆积作用形成 G-四链体结构（包括平行式和反平行式等多种构象，表 8-5）。G-四链体 DNA 构象的多样性主要源于鸟苷中碱基 G 和糖的构象关系。研究表明，染色体端粒末端以及一些重要的肿瘤基因转录调节区等具有 G-四链体结构，该结构在肿瘤形成和发展过程中发挥重要作用，有望成为抗肿瘤药物的新靶点。

表 8-5　G-四链体 DNA 构象的 CD 谱特征

构象	正科顿效应（nm）	负科顿效应（nm）
平行式	215；260	—
反平行式	215；295	260

第四节　荧光光谱分析技术

荧光光谱仪分为 X 射线荧光（X-ray fluorescence，XRF）光谱仪和原子荧光光谱（atomic fluorescence spectrometry，AFS）仪。根据不同的色散和检测方法，XRF 有波长色散型（wavelength dispersive XRF，WD-XRF）和能量色散型（energy dispersive XRF，ED-XRF），AFS 有非色散型和色散型。

RAYLEIGH AF-2200 原子荧光光谱仪

岛津 EDX-LE Plus 能量色散型 X 射线荧光光谱仪

一、技术原理

荧光光谱仪实验原理

（一）XRF 光谱

原子内层电子在结合时会形成一定的能量。当高能 X 射线的能量比内层电子结合能高出很多时，两者发生碰撞，内层电子遭驱逐而形成空穴。此时原子体系的稳定性非常差（处于激发态），原子的寿命为 $10^{-14}\sim10^{-12}$s，随后出现高能量状态向低能量状态的自发性跃迁，即弛豫过程。弛豫过程中存在非辐射跃迁和辐射跃迁。当外层电子移动到空穴时，能量被释放并被原子吸收，次级光电子从外层排出，这称为俄歇效应、次级光电效应或者无辐射效应（图 8-20）。俄歇电子有特征性，其能量与入射光的能量无关。能量是在外层电子跃迁到原子内部的空穴后释放出来的。此时，原子不会吸收能量，而是以辐射的方式释放出来，产生 XRF。两个能级之间的能量差就是 XRF 的能量。可见，XRF 的能量是特征性的，与元素有着一一对应的关系。

K 层电子被驱逐后，其空穴被外层中的任何一个电子填满，因而产生一系列谱线，称为 K 系谱线。从 L 层到 K 层的 X 射线称为 K_α 射线，从 M 层到 K 层的 X 射线称为 K_β 射线。类似地，L 层电子可以被驱逐产生 L 系辐射，如图 8-21 所示。

如果入射的 X 射线使元素的 K 层电子激发成光电子，当 L 层的电子跃迁到 K 层时，释放的能量 $\Delta E = E_K - E_L$。这种能量以 XRF 的形式释放，产生 K_α 射线、K_β 射线和 L 系射线。莫斯莱发现，XRF 的波长 λ 与元素的原子序数 Z 存在一定的关系，称为莫斯莱定律：

$$\lambda = K(Z-S)^{-2} \tag{8-11}$$

式中，K、S ——常数。

按照量子科学理论，X 射线是由量子或光子组成的粒子流，且每个粒子具备的能量如下：

$$E = h\nu = hc/\lambda \tag{8-12}$$

式中，E ——X 射线光子的能量，keV；

h ——普朗克常数；

ν ——光波的频率，Hz；

c ——光速，m/s；

λ ——波长，nm。

因此，XRF 的定性分析是基于对 XRF 的能量或波长的测量，从而得知元素的种类。另外，XRF 的强度与相应元素的含量密切相关，可以通过 XRF 来进行定量分析。

XRF 通常使用 X 射线管作为激发光源。灯丝和靶极密封在真空金属罩内，两者之间通常施加 50kV 的高压，灯丝发射的电子经高压电场加速，撞击靶极产生 X 射线。激发源即 X 射线管产生的一次 X 射线，其短波限 λ_0（nm）与高压 U（kV）之间存在如下关系：

$$\lambda_0 = 1.23984/U \tag{8-13}$$

XRF 的有效激发是以一次 X 射线的波长略短于受激元素吸收限为条件的。从 X 射线管产生的 X 射线通过铍窗照射到样品上，使样品元素的特征 X 射线被激发，实现检测分析。在正常工作时，X 射线管消耗的功率很大一部分转化为 X 射线辐射，剩余部分转化为热能，使 X 射线管温度升高。因此，冷却水冷却靶电极是必不可少的。

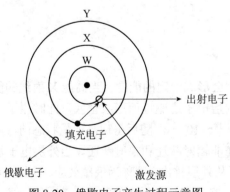

图 8-20 俄歇电子产生过程示意图

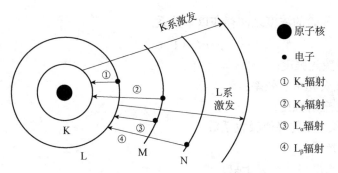

图 8-21 K 系和 L 系辐射产生示意图

（二）AFS

该技术是利用受激原子在去激发过程中发出的原子荧光的波长和强度的差异来进行元素定量分析的一种方法，介于原子发射光谱和原子吸收光谱之间。AFS 法是一种潜在的痕量分析方法，具有设备简单、灵敏度高、检出限低、工作曲线的线性范围宽、各元素之间的光谱干涉少、可以同时测定多种元素等优点。

非色散 AFS 的工作原理如图 8-22 所示，硼氢化钾和盐酸经蠕动泵，以 1.0~3.0m/min 恒定流量由四通阀与注射泵牵引的样品混合，进入氢化物发生器产生氢化物经气液分离器后，砷化氢（AsH_3）气体进入原子化器。通过检测器对荧光强度进行测定后，由计算机显示处理结果。

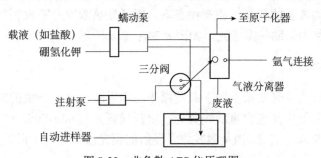

图 8-22 非色散 AFS 仪原理图

色散型 AFS 仪的结构设计及基本原理如图 8-23 所示。

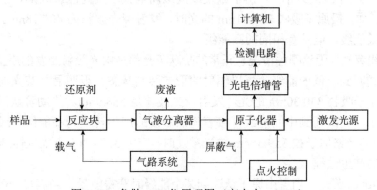

图 8-23 色散 AFS 仪原理图（高冉冉，2019）

光源产生的特征辐射照射在被测元素的原子蒸气上。基态原子（通常为蒸气状态）吸收特定频率的辐射，激发到高能级。当辐射去活化返回基态时，使用辐射荧光原理进行定量分析。其荧光强度与元素的浓度之间存在以下关系：

$$I_f = \varphi I_0 \left(1 - e^{-K_\lambda LN}\right) \qquad (8\text{-}14)$$

式中，I_f——原子荧光强度；

φ——原子荧光量子效率；

I_0——光源辐射强度；

K_λ——波长 λ 处的峰值吸收系数；

L——吸收光程；

N——单位长度内基态原子数。

对于一种给定的元素，当光源的波长和强度一定，吸收光程一定，原子化条件一定时，元素的浓度水平较低，荧光强度和荧光物质的质量浓度 ρ 之间存在以下关系：

$$I_f = \alpha\rho \qquad (8\text{-}15)$$

式中，α——常数；

ρ——荧光物质的质量浓度。

原子荧光由共振原子荧光、非共振原子荧光以及敏化原子荧光 3 种组成。

1. 共振荧光

在基态原子吸收共振线被激发后，发射荧光，其波长与原始吸收线波长相同。特征是激发线与荧光线具有相同的高低能级，产生过程如图 8-24A 中 A 所示。当锌原子吸收 213.86nm 的光时，发射出相同波长的荧光。在亚稳态下，原子受热激发并吸收辐射以激发和发射相同波长的共振荧光，称为热助共振荧光，如图 8-24A 中 B 所示。

2. 非共振原子荧光

当受激原子发射的荧光波长不同于激发原子的辐射波长时，产生的原子荧光叫作非共振原子荧光。非共振原子荧光包含直跃线荧光、阶跃线荧光与 anti-Stokes 荧光。直跃线荧光和阶跃线荧光都属于 Stokes 荧光。当从激发原子发射的荧光波长不同于激发原子的辐射波长时，产生的原子荧光即为非共振原子荧光。

（1）直跃线荧光　当激发态原子发生跃迁，回到比基态更高的亚稳态时产生的荧光，称为直跃线荧光，如图 8-24B 所示。由于激发线能级间隔大于荧光能级间隔，所以激发线波长小于荧光波长。如，铅原子吸收 283.31nm 的光时，发射荧光波长为 405.78nm。荧光线和激发线具有不同的低能级，但具有相同的高能级。

（2）阶跃线荧光　无论哪种情况，正常的阶跃荧光都是由光照射激发的原子发射的荧光，先以非辐射形式回到较低的能级，再以辐射的形式回到基态。很明显，荧光波长比激发线波长大。如，钠原子吸收 330.30nm 的光，发射荧光波长是 588.9nm。热助阶跃线荧光是指由光照射激发的原子，先跃迁到中间能级，接着随热激发的产生转变为高能级，最终回到低能级发射的荧光。如，当铬原子被 359.35nm 的光激发时，产生 357.87nm 的较强荧光。图 8-24C 表示阶跃线荧光的产生过程　。

（3）anti-Stokes 荧光　当自由原子跃迁到某个能级时获得能量，当满足一部分能量是由光源激发能量提供、而另一部分由热能供给这一条件时，则返回到低能级发射的荧光即为 anti-Stokes 荧光。其激发能量小于荧光能量，激发线波长大于荧光波长。如，当吸收热能时，铟处于较低的亚稳能级，当吸收 410.13nm 的光时，发射荧光为 410.18nm，如图 8-24D 所示。

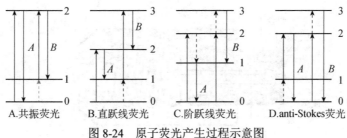

图 8-24　原子荧光产生过程示意图

3. 敏化荧光

如果某个受光激发的原子与其他原子发生碰撞时，激发能量就会转移到其他原子使其被激发，激发后则以辐射的形式被激发，发射荧光即为敏化荧光。敏化荧光只能在非火焰原子化器中观察到，在火焰原子化器中是无法观察到的。

敏化荧光产生的过程：$A + h\nu \longrightarrow A^*$

$$A^* + B \longrightarrow A + B^*$$

$$B^* \longrightarrow B + h\nu$$

另外，在上述类型的原子荧光中，强度最大的是共振荧光，并且最为常用。

二、仪器的基本构造

（一）XRF 光谱仪

该仪器主要包括 7 部分：高压电源、激发系统、准直器、分光系统、探测系统、多道脉冲幅度分析器和数据处理系统。①高压电源为 X 光管提供稳定的高压，以确保 X 射线强度的高稳定性。②激发系统主要由 X 射线管、X 射线发生器和热交换器三个部件组成。其中，X 射线管（图 8-25）本质上是在高电压下工作的二极管，包括阴极（发射电子）和阳极（收集电子），并在高真空的玻璃或陶瓷外壳内密封，发射 X 射线。强度取决于管电流的大小以及管压，X 射线管有端窗型、侧窗型、复合靶、透射靶 4 种。③准直器由平行金属板组成，它的功能是将发散光束转换成准直（平行）光束的装置（图 8-26）。④分光系统由分光晶体（人造多层膜晶体或者无机或有机盐类单晶）等部件组成。分光晶体是获得待测元素特征 X 射线谱的核心组分，它的作用是按照布拉格衍射原理（Bragg 衍射原理），对来自样品中各元素的特征谱线进行分光处理，在特定的 Bragg 角对待测元素进行探测（图 8-27）。⑤探测器一般可以分为闪烁计数管、正比计数管以及半导体计数管 3 种，前两种最常用。闪烁计数器由闪烁体、PMT 和相关电路组成。将 X 射线光子信号进行转换，能转变为可测量的电脉冲信号。流气正比计数器（图 8-28）和闪烁计数器（图 8-29）分别适用于轻、重元素的检测。⑥多道脉冲幅度分析器是按幅度大小将脉冲信号进行分类并记录每类信号数量的光谱信号的处理机构。常用于分析射线探测器的输出信号，测量射线的能量谱。⑦计算机是光谱仪的仪器状态参数显示和进行数据处理的必不可少的设备，可以完成试样扫描谱图的显示和分析，使其谱图分析智能化，也便于人机对话。WD-XRF 仪利用分析晶体来区分待测元素的分析谱线。以 Bragg 定律 $2d\sin\theta = n\lambda$ 为基础，测定角度以获得待测元素的谱线波长。

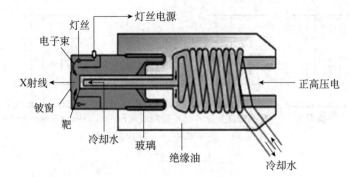

图 8-25　X 射线管工作原理图

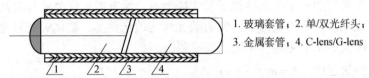

1. 玻璃套管；2. 单/双光纤头；
3. 金属套管；4. C-lens/G-lens

图 8-26　准直器的组成部分

C-lens 端面为球状，靠球面曲率聚焦光束；G-lens 端面为平面，靠渐变折射率聚焦光束

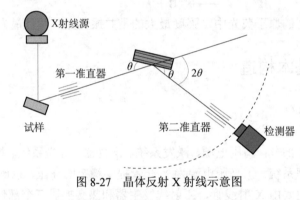

图 8-27　晶体反射 X 射线示意图

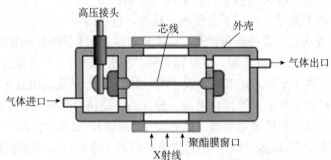

图 8-28　流动式正比计数器结构示意图

　　WD-XRF 光谱仪主要包括激发系统、分光系统、探测系统以及数据处理系统四部分。可以分为顺序式 XRF 和多道 XRF 光谱仪。前者灵活性强，通过改变分析晶体的衍射角度以获取全范围的光谱信息，而后者采用固定道，可以同时获取多个元素信息，虽然快速简便，但是不够灵活。该仪器基本结构为：高压电源→X 光管→试样→准直器→分光晶体→准直器→探测器→多道脉冲分析器→计算机→打印机。

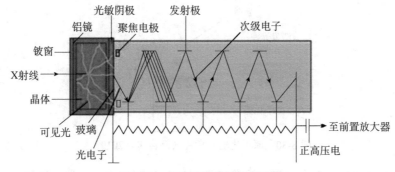

图 8-29　闪烁计数器结构示意图

ED-XRF 光谱仪主要由激发系统（X 射线管、同位素放射源、加速器产生的带电粒子激发和同步辐射等）、探测系统（半导体探测器）、多道脉冲幅度分析器（典型的多道分析器有 1024 或 2048 个通道，每个通道相应于 10～20eV 能量范围）和数据处理系统组成。半导体探测器有高能锗探测器、锂漂移锗探测器、锂漂移硅探测器等。当 X 光子发射到探测器时形成电子空穴对，并在电场作用下形成脉冲幅度与 X 光子的能量成正比例的电脉冲。在一定时间内，用半导体探测器依次对样品中的 XRF 进行检测，获得一系列脉冲，脉冲幅度与光子能量成正比。经放大器放大后，再送到多道脉冲分析器，进行能量识别和测量，进行定性定量分析。能够同时测量并快速分析样品中几乎所有的元素是 ED-XRF 的最大优势。此外，能谱仪可以使用较小功率的 X 光管激发荧光 X 射线，其中，X 射线的总检测效率高于波谱。此外，相较于光谱仪，能谱仪机械简单，结构紧凑，工作稳定，移动方便，也适用于无损分析。但也存在一些缺点，如，探测器必须在低温下存储，能量分辨率低，不易用于检测轻元素。该仪器基本结构为：高压电源→X 光管→试样→探测器→多道脉冲分析器→计算机→打印机。

（二）AFS 仪

AFS 仪主要包括四部分：激发光源、原子化器、光学系统、检测系统。①激发光源用于激发原子产生原子荧光，分为锐线光源和连续光源。常用的锐线光源有无电级放电灯、具有脉冲电源的高强度空心阴极灯、激光等。一般连续光源为高压氙灯，输出功率可达数百瓦。前者具有稳定、辐射强度高等特征，可以获得更好的检出限。后者具有寿命长、操作简单、稳定性好等特点。可以应用于多元素同时分析，但是灵敏度低、检出限较差、光谱干扰较大。②原子化器（图 8-30）将被测元素转换成原子蒸气的装置，分为电热原子化器和火焰原子化器。后者是一种可以利用火焰进行元素的化合物分解并产生原子蒸气的装置。所使用的火焰有氩氢焰、空气-乙炔焰等。当用氩气稀释加热火焰时，火焰中的其他颗粒减少，使得荧光猝灭现象也相应地减小。前者是一种可以利用电能产生原子蒸气的装置。原子化器也可以使用电感耦合等离子焰，因为其散射干涉小、荧光效率高。③光学系统其作用是充分利用激发光源的能量，接收有用的荧光信号，使杂散光减少并消除。色散型 AFS 对分辨率的要求很低，但需要较高的聚光能力，常用的色散元件是光栅。非色散型 AFS 通常只配备滤光器，没有单色器，分离分析线和邻近谱线以降低背景。非色散型设备的光谱通带宽，照明角度大，荧光信号强度大，集光能力强，结构简单，操作方便，价格低廉等，但散射光的影响较大。④检测系统最常用 PMT 作为检测器，在多元素 AFS 中，检测器也可使用析像管、光导摄像管等。为了让激发光源不影响原子荧光信号检测，检测器需要与激发光束成直角配置。

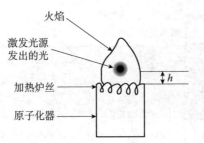

图 8-30　原子化器示意图（高冉冉，2019）

该仪器基本结构为：激发光源→光学透镜→原子化器→光学透镜→检测器→放大器→数据处理。色散型 AFS 和非色散型 AFS 的结构相似，主要区别在于非色散型 AFS 采用滤光片作为单色器，而色散型 AFS 的色散元件则采用棱镜或者光栅（图 8-31）。

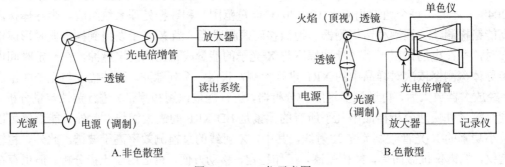

图 8-31　AFS 仪示意图

三、样品制备

（一）XRF 光谱技术

样品的制备是 XRF 光谱分析的重要一环。一般根据样品的状态和分析项目采取适当的手段进行制备，在处理液体样品时，必须使用荧光测量专用的液体样品杯，光谱仪需要在氦气环境中进行测量，且滤纸定量吸附承载待测液体，蒸干水分后进行测量。固体样品分为金属和氧化物粉末，其中金属又可以根据其形状分为块片状、屑粉丝状和粉末（铁合金），块片状样品可以通过磨床打磨或者小型铣床处理测量面，屑粉丝状样品常用的处理方法是熔铸制样，而粉末状样品不仅可以进行熔铸制样，还可以采用粉末压片法进行处理；氧化物粉末通常采用的处理方法包括硼酸盐熔融玻璃片法和粉末压片法。总之，待测样品不能含挥发性成分、油和水，更不能含有腐蚀性溶剂。

如果固体样品的表面不够均匀光滑，可以用酸溶解样品后沉淀成盐进行测定，但要注意金属样品成分偏析引起的误差。化学成分相同、热处理过程不同的样品得到的计数率也不同。成分不均匀的金属样品，必须再次熔铸，使其快速冷却后压成圆片；表面不均匀的样品需要对其进行切削或抛光打磨。粉末样品，需要研磨至 300～400 目，直接放入样品槽进行测定抑或压成圆片。

液态样品有两种方法进行测定，一是直接密封在样品槽中；二是滴在滤纸上，用红外灯将水分蒸干后测定。但液体样品需要一种特殊的载液装置才可进行分析，所以一般不采用 XRF 光谱法分析。

（二）AFS 技术

1. 固体样品

首先需要使其均匀化。半软质或软质样品可采用切碎、浸化、掺和、切割、绞碎以及均质化等手段；硬质样品可采用碾压、研磨、粉化以及捣碎手段。然后，根据不同的分析项目进行处理。①若需要对总量进行测定，样品晶体必须完全分解。分解的方法包括消解（常压消解、增压消解和微波辅助消解），高温熔融，干灰化后酸溶解，溶解（利用水、酸或碱溶液），等等。如果不需要进行总量测定，则可以对样品进行固-液萃取、煮沸、索氏萃取、声波降解萃取、加速溶剂萃取、微波辅助、溶剂萃取、超临界流体萃取以及亚临界水萃取，等等。②若需要对元素形态进行分析，不能采用酸消化法。为了从某些生物样品中提取金属形态化合物，还可以利用脂肪酶和蛋白酶混合物的催化水解作用或者利用碱抽提法。在将固体样品转换成液态之后，根据灵敏度要求及分析方法的不同，可能还需要做进一步的处理，例如：稀释、浓缩富集和分离等手段。样品均匀化和粉末化以后，可以与水或其他溶剂充分地混合，形成浆状物，然后直接注入样。

2. 液体样品

对液体样品的处理首先重要的是尽可能地减少容器对待测组分的吸附能力以及溶液成分的变化，从而防止外部污染。在大多数情况下，酸化、冷藏、冷冻等手段是也必要的，也需要注意不能暴露在空气中以及避光。对于部分含有悬浮颗粒的液体样品，如果不进行溶解或消化处理，则无法分析颗粒中的有效成分。除此以外，还需要通过过滤、离心分离以及沉降等适当的手段将悬浮颗粒除去。有许多液体样品，可以直接进行测定，例如：水样。而有些样品，只能像尿样那样经稀释后直接进样测定。一些样品浓度低于所使用设备的检测极限，有必要进行预富集方能测定。

富集的方法主要包括离子交换、液-液萃取、蒸发、吸附、共沉淀、冷冻干燥、固相萃取以及泡沫吸附分离技术等。对于汞元素以及可形成氢化物的元素，可以通过冷蒸汽技术或者氢化物发生法提高灵敏度。固相萃取多用于环境水样的预处理方面。用于富集或提取金属有机形态的固相萃取技术包括固相微萃取、液固萃取、圆盘萃取以及微柱萃取。如果样品含有油类，类脂，脂肪等碍于进样或者碍于分析测定的有机成分，应该适当地进行分离和消化。

分离的主要技术手段是液-液萃取，而消化方法有微波消解方法以及常压酸消化等。通常含有高浓度盐分的是海水和一部分环境水样，大部分情况下，为了减少基体效应，避免堵塞，进行基体分离是十分必要的。分离的常用手段有冷蒸汽技术、沉淀、离子交换、氢化物发生以及萃取等。

四、数据分析

（一）XRF 光谱技术

1. 定性分析

可以根据不同元素的 XRF 具有特定的波长或能量来确定元素的组成。①WD-XRF 光谱仪可以通过检测器转动的 2θ 角获得 X 射线的波长 λ，以确定恒定晶面间距的晶体的元素组成。②ED-XRF 光谱仪可以使用通道来确定能量，从而确定是哪个元素和组分。若元素含量过低或者有谱线干扰，则需要手动识别。首先识别出 X 光管靶材的特征 X 射线和强峰伴随线，接着用能量对剩余谱线进行标记。在对未知光谱线进行分析时，要综合考虑的因素有很多，如样品的性质和来源等。

2. 定量分析

XRF 光谱法进行定量分析研究的依据是元素的 XRF 强度 I_i 与样品中该元素的含量 C_i 成正比：

$$I_i = I_s \times C_i \tag{8-16}$$

式中，I_s——元素的含量为 100% 时，该元素的荧光 X 射线的强度。

根据上式，可以选择使用实验校准法、数学校准法、经典系数法和基本参数法进行定量分析研究。然而，这些方法必须使样品和标准样品的组成尽可能相同或相似。否则，共存元素或样品的基体效应会影响测量结果，产生较大的偏差。

（1）实验校准法 又称为标准曲线法，常用于 XRF 光谱。其中，散射线标准法、内标法以及外标法是常见的 3 种方法。另外还有其他一些方法，如质量衰减系数直接测定法、增量法等。该法操作简单、直观，而且使用广泛。

（2）数学校准法 可以分为基本参数法和经验系数法。

（3）经验系数法 是一种基于各种经验校准方程形成的不同数学校准模型，它使用经验参数，以确定校准系数，并以此来表示一个元素对另一个元素的增强吸收效应。在不需要经过数学证明的情况下，就能够看出样品中的分析元素谱线与其他各元素的含量之间存在的单值对应的相关函数关系。但该方法必须依赖大量的标准样品支持，特别是同基体同种类的标准样品。

（4）基本参数法 是利用理论推导出来的荧光强度公式以及一定的物理常数和参数，包括衰减系数、荧光产额、激发源的原级 X 射线光谱分布和仪器的几何因素，预测任意给定样品组成中的分析元素的谱线强度。无论何种基体，该方法只需要简单的标准样品，不用经验系数，视为无标样定量分析。然而，由于技术水平没有达到很高的水准，荧光产率和质量系数等参数不是非常精确。分析误差也很大。适合分析无标样可依的特殊样品，对于有标准样品参照的样品，采用实验校准法和经验系数法较此法相比更为准确。仪器自带的无标样半定量分析法一般采用此法。

（二）AFS 技术

1. 定性分析

测量荧光物质的激发光谱和发射光谱一般采用 AFS 法。因此，其定性鉴别物质更为可靠。荧光定性分析可以采用直接比较法，在紫外光照射下，将样品与已知物质并列，并根据其发出的荧光的强度、颜色和性质来鉴别是否存在相同的荧光物质。这种鉴别方法适用于固体、液体样品，并可将已知物质配制成各种不同质量浓度酸度的溶液进行比较分析。一般用纯品作为对照，再将激发光谱和发射光谱的一致性进行比较。

利用不同化学元素的不同价态、不同形态产生的化学蒸气有所差异，结合联用技术、分离富集等方法，AFS 法在化学元素的形态、价态和有效态的研究方面具有独特的优势。近年来，在中药材、医学、环境、食品等领域取得了许多新的进展和成果。

2. 定量分析

物质吸收光能后会发射荧光，因此通过溶液吸收光能的程度和溶液中荧光物质的荧光量子效率，便可知晓溶液的荧光强度。当溶液被入射光激发时，能够观察到溶液中各个方向的荧光强度。但由于一部分激发透射，在透射光的方向上进行荧光观察是不恰当的。通常在垂直于激发光的方向上观察。根据溶液的荧光强度和溶液的浓度之间的线性关系，溶液的荧光强度表示为：

$$lf = 2.3 Yf l_0 \varepsilon c l \tag{8-17}$$

式中，ε——荧光物质分子的摩尔吸光系数；

c——溶液中荧光物质的浓度；

l——样品光程；

l_0——激发光强度；

Yf——物质的荧光效率。

（1）校正曲线法 该法是一种常用的 AFS 定量方法。AFS 分析不能通过分析信号的大小直接获得被测元素的含量。分析信号和所测量的元素含量必须与关系式相关联。校正曲线就是这样一种"转换器"，将分析信号（吸光度）转换为被测元素的含量（或浓度），此转换过程称为校正。校正的根据是不同的试验条件得到的同一元素含量的分析信号强度不同。具体过程是：使用标准物质溶液制备标准系列溶液，在标准条件下，对各标准样品的吸光度 A 进行测量。用 A 对待测元素含量 c 绘制校准曲线 $A = f(c)$。在相同分析条件下，测定分析样品的 A，根据校正曲线上的 A 求得 c。在低浓度时，荧光强度和浓度之间呈线性关系，且保持良好。在较高浓度时，曲线朝向浓度轴弯曲，这是受到了低浓度时光谱线自吸、形状、散射等因素的影响，因此可以忽略不计。但在高浓度下，吸光系数会因此减小。AFS 分析法校正曲线线性范围宽，灵敏度高，可同时测定多种元素，广泛应用于材料科学、环境科学、农业、石油、生物医学、冶金等领域。

（2）标准加入法 在实际分析中，样品基体不断变化的组成和浓度，要找到与样品组成精确匹配的标准物质是困难的，尤其是复杂基体样品。样品物理化学结构性质的变化会引起原子化效率、喷雾效率问题以及气溶胶粒子粒径分布的变化。基体效应、干扰情况和背景变化都会增加测量误差。标准加入法可以自动地匹配到基体，对被物理和化学干扰的样品基体进行补偿，从而得到更精确的测量结果。该法的原理是吸光度的加和性。有三个要求：①相对系统误差不可以存在；②必须进行"空白"值和背景的扣除；③校正曲线是线性的。

（3）氢化物发生法 是原子吸收和 AFS 法的一个重要方法，主要用于容易形成氢化物的金属，如锑、铋、铅、锗、锡。氢化法是通过强还原剂硼氢化钠在酸性环境介质中与待测元素反应，生成一种气态的氢化物后，再导入一个原子化器中进行研究分析。硼氢化钠易储存在弱碱性溶液中，使用方便，反应迅速，易于将待测元素转化为气体，广泛应用于原子吸收和 AFS 法中。

主要参考文献

冯计民. 2010. 红外光谱在微量物证分析中的应用. 北京：化学工业出版社.

高冉冉. 2019. 新型原子荧光光谱仪参数的优化与监测研究. 吉林大学硕士学位论文.

韩宏岩, 许维岸. 2018. 现代生物学仪器分析. 北京：科学出版社.

黄汉昌, 姜招峰, 朱宏吉. 2007. 紫外圆二色光谱预测蛋白质结构的研究方法. 化学通报, 7：501-506.

李冰, 周剑雄, 詹秀春. 2011. 无机多元素现代仪器分析技术. 地质学报, 85（11）：1878-1916.

李昌厚. 2010. 紫外可见分光光度计及其应用. 北京：化学工业出版社.

李刚, 胡斯宪, 陈琳玲. 2013. 原子荧光光谱分析技术的创新与发展. 岩矿测试, 32（3）：358-376.

李金明. 2011. X射线荧光光谱仪. 甘肃冶金, 33（6）：121-123.

刘崇华. 2010. 光谱分析仪器使用与维护. 北京：化学工业出版社.

聂永心. 2014. 现代生物仪器分析. 北京：化学工业出版社.

宁永成. 2018. 有机化合物结构鉴定与有机波谱学. 北京：科学出版社.

曲月华, 王一凌. 2013. X射线荧光光谱分析技术. 鞍钢技术, 3：7-10, 31.

泉美治, 小川雅弥, 加藤俊二, 等. 2005. 仪器分析导论第二册. 2版. 李春鸿, 刘振海译. 北京：化学工业出版社.

沈星灿, 梁宏, 何锡文, 等. 2004. 圆二色光谱分析蛋白质构象的方法及研究进展. 分析化学, 32：388-394.

孙大海, 王小如, 黄本立. 1999. 原子光谱分析中的样品处理技术. 分析仪器, 2：53-57.

王克让, 李小六. 2017. 圆二色谱的原理及其应用. 北京：科学出版社.

吴巧. 2016. 浅析原子荧光光谱分析技术的发展与创新. 资源节约与环保, 12：46.

杨明太, 唐慧. 2011. 能量色散X射线荧光光谱仪现状及其发展趋势. 核电子学与探测技术, 31（12）：1307-1311.

杨知霖. 2016. X射线荧光光谱仪原理与应用. 科技传播, 8（6）：181-182.

于海英, 程秀民, 王晓坤. 2007. 圆二色光谱及其在药物研究方面的应用. 光谱实验室, 24（5）：877-885.

张正行. 2009. 有机光谱分析. 北京：人民卫生出版社.

章连香, 符斌. 2013. X-射线荧光光谱分析技术的发展. 中国无机分析化学, 3（3）：1-7.

赵晨. 2007. X射线荧光光谱仪原理与应用探讨. 电子质量, 2：4-7.

Bertucci C, Pistolozzi M, Simone AD. 2010. Circular dichroism in drug discovery and development: an abridged review. Anal Bioanal Chem, 398（1）：155-166.

European pharmacopoeia. 2013. 8th edition. France：The Directorate for the Quality of Medicines & HealthCare of the Council of Europe（EDQM）.

Kelly SM, Jess TJ, Price N. 2005. How to study proteins by circular dichroism. Biochimica et Biophysica Acta, 1751（2）：119-139.

第九章　分子互作分析技术

第一节　免疫印迹杂交分析技术

印迹法（blotting）是指将生物大分子样品转移到固相的载体上，在通过相应的探测反应监测到目的样品的方法。早在 1975 年，英国人 Southern 建立的研究 DNA 图谱的技术，将待测定的核酸分子转移到固体支持物上，通过与特定标记的探针进行杂交，检测目的 DNA 的存在，称为 Southern blotting。随后人们就根据这一原理，分别对 RNA 和蛋白质进行杂交分析，分别称为 Northern blotting 和 Western blotting。

一、技术原理和仪器的基本构造

（一）技术原理

1. 发展

免疫印迹杂交技术，又称为蛋白质印迹（Western blotting，WB），是一种将高分辨率凝胶电泳和免疫化学分析技术相结合的杂交技术，主要是根据抗原抗体特异性结合的原理对组织匀浆或者提取物中的特定蛋白进行定量和定性的分析。该方法成本相对较低、敏感度高、特异性强等优点，目前已经被广泛应用于蛋白表达水平的研究、抗体活性的检测以及疾病早期诊断等方面。

早期，WB 主要是通过将蛋白质从十二烷基硫酸钠-聚丙烯酰胺凝胶电泳转移到未修饰的硝酸纤维素膜上，并通过抗体和放射性碘标记的蛋白 A 进行显影。蛋白质印迹技术由 Towbin 和 Burnette 等人首次进行了阐述。早在 20 世纪 70 年代后期为了便于筛选单克隆抗体的杂交瘤细胞的需求，在长期进行 Southern 和 Northern 印迹的实验的基础上，逐步建立蛋白质印迹。早期的实验发现通过毛细管将蛋白质从聚丙烯酰胺凝胶中转移到硝酸纤维素膜上非常的慢且效率低，通常只能转移凝胶中一小部分的蛋白质，而且易形成弥散的条带。随后又发现可以通过电转化的方式将蛋白质转运到硝酸纤维素膜上，该方法具有更快的转移效率，可以在较短的时间内将蛋白质转移到硝酸纤维素膜上。经过反复多次的验证，发现未经修饰的硝酸纤维素膜更利于蛋白质的转移，同步对各种缓冲液成分，转移条件，硝酸纤维素膜的孔径，封闭液,抗体的孵育和洗涤条件,以及用二抗替代放射性碘标记的金黄色葡萄球菌蛋白 A 进行反复的评估,发现这样技术在杂交瘤的特异性筛选中具有显著地作用。更惊喜的是,发现这种方法具有广泛的应用潜力,既可以作为检测复杂混合物中特定蛋白,也可以作为免疫诊断的工具。1981 年,尼尔·伯奈特(Neal Burnette)在《分析生物化学》(*Analytical Biochemistry*)中首次命名为 Western blot。

蛋白免疫印迹实验最初主要是用于研究目的的蛋白在混合样品中存在与否,通过简单的视觉评估目的蛋白的存在与否。随着系统生物学领域的快速发展,简单的定性分析已经不能满足科研工作者的需求,蛋白免疫印迹实验也被应用于蛋白的半定量分析。而荧光抗体的出现,也是使得蛋白免疫印迹实验定量分析的结果更为准确可信。

2. 原理

免疫印迹杂交技术的基本原理是根据蛋白质分子量大小的不同,先通过 SDS-PAGE 将混合蛋白分离为不同的条带。随后 PAGE 胶上的蛋白转移到固相载体上,此过程称为转印(blotting)。用特定蛋白的抗体与蛋白结合,进行免疫学检测,最后通过化学发光等方法检测目的蛋白的条带(图 9-1)。目前,荧光印迹法是一种比较新的技术,其主要使用荧光标记的抗体,通过捕获荧光信号来检测目的蛋白,该方法可以在一张印迹膜上检测多种蛋白。

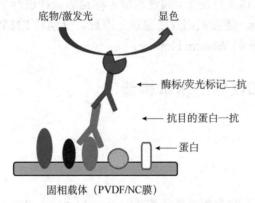

图 9-1 Western blotting 原理示意图

SDS-PAGE 凝胶电泳是一种根据蛋白质分子量的大小的不同分离蛋白的技术,SDS-PAGE 凝胶分为浓缩胶和分离胶。浓缩胶的凝胶呈弱碱性(pH 6.8),丙烯酰胺浓度较低,形成多孔凝胶,分离效果较差,可以将蛋白浓缩到成一条较细的清晰条带;分离胶呈碱性(pH 8.8),具有较高浓度的丙烯酰胺,形成的凝胶孔径较窄,可以根据蛋白质分子量大小的差异分离蛋白。通常样品中会添加一种还原剂,如 β-巯基乙醇,在 SDS 的存在下可以打开折叠蛋白的二硫键,而 SDS 可以给蛋白质加上负电荷,从而将其线性化成多肽,多肽在电场的作用下能从负极向正极运动。

(二)仪器的基本构造

1. 制胶板

在进行蛋白质印迹实验之前需要先制备凝胶电泳胶板,主要需要的仪器有垂直电泳厚玻璃板和薄玻璃板，组装玻璃板的架子，以及形成加样孔径的梳子。根据实验需求的不同，厚薄玻璃板之间的间隙分为 0.75mm、1.0mm 和 1.5mm，同时配有不同厚度的梳子。使用不同厚度的凝胶，会影响蛋白质从凝胶到固相膜载体上转移的完整性和速度。一般认为凝胶越薄，转移的就更开更完整，但是凝胶太薄了也会导致实验过程中不易处理。

2. 电泳仪

电泳仪主要是用于进行电泳分析的仪器设备，一般由电源、电泳槽和导线组成。电泳主要是进行物质分离的技术，其基本原理是带电粒子在电场中的运动，由于不同的物质所带电荷及其分子量的不同，在电场中的运动速度也存在显著差异，因此可以用来对不同的物质进行定性或定量的分析。目前实验室中常用的电泳仪主要有垂直板电泳槽和水平电泳槽，蛋白质印迹实验一般使用垂直板电泳槽。电泳仪在使用中主要的技术指标包括输出电压、输出电流、输出功率、电压稳定度、电流稳定度、功率稳定度、连续工作时间、显示方式和定时方式。稳压稳流电泳仪是目前国内外使用最广泛的电泳仪之一，也使用于蛋白质印迹实验。一般来说输出电压的调节范围为 0～600V、输出电流为 0～100mA。该电泳仪工作稳定性好、调节范围宽，并设有完善的短路保护电路和过流保护电路。

3. 固相载体

固相载体主要将通过 SDS-PAGE 区分出来的蛋白质转移到载体上，并通过免疫印迹反应对检测样品中特定蛋白进行定性和定量的分析。用于蛋白质印迹的固相载体主要包括硝酸纤维素膜（NC）、聚偏二氟乙烯膜（PVDF）、乙酸纤维素膜和尼龙膜等。这些微孔膜都有其特异性可以用于蛋白质印迹实验，如与蛋白质分子有较高的结合能力，可以长期或者短期储存固定的蛋白质分子，允许溶液中的分子与固定的蛋白质分子之间的相互作用，减少其他因素对检测策略的干扰，重复性好。通常这些微孔膜具有 100μm 的厚度，并且具有直径在 0.05～10μm 范围的平均孔径。目前，一般情况下实验室人员进行蛋白质印迹实验主要使用的是 NC膜和 PVDF 膜，二者差异详见表 9-1。

表 9-1 PVDF 膜和 NC 膜的差异

膜的种类	PVDF 膜	NC 膜
灵敏度和分辨率	高	高
背景	低	低
蛋白结合能力	125～200μg/cm²	80～110μg/cm²
机械强度	强	易碎
溶剂抗性	强	差
是否需要提前浸润	100%甲醛浸润	电转缓冲液浸润
检测方法	显色法、化学发光法、荧光法、放射性	显色法、化学发光法、荧光法、放射性
使用范围	蛋白质、糖蛋白、核酸	蛋白质、糖蛋白、核酸
膜孔径	0.2μm 孔径 PVDF 膜适用于分子量 小于 20kD 的蛋白质	0.1μm 孔径的 PC 膜适用于分子量 小于 7kD 的蛋白质
价格	高	低

硝酸纤维素（NC）膜可能是目前用于固定蛋白质、糖蛋白或者核酸中使用最多的固相载体，早在 1795 年首次证实硝酸纤维素膜可以成功捕获到核酸，随后 1979 年和 1981 年也证明了硝酸纤维素膜可以用于蛋白质的检测。硝酸纤维素膜是用硝酸处理纤维素从而导致纤维素的糖单元上的羟基部分被硝酸基团取代，从而形成硝酸纤维素，硝酸纤维素溶解在有机溶剂中形成漆，当有机溶剂蒸发后聚合物沉积形成薄膜，从而形成微孔膜。目前固相载体与生物分子之间相互作用的机制主要是非共价的疏水作用。支持这一作用的证据是大多数的蛋白 pH 高于 7，呈现出负电荷，这些蛋白可以有效地与硝酸纤维素膜结合，另一方面非离子型去污剂可以有效地去除 NC 膜上结合的蛋白。NC 膜的蛋白结合能力在 $80 \sim 110 \mu g/cm^2$。检测方法方便，可进行常规染色，可用放射性和非放射性检测。$0.45 \mu m$ 的 PC 膜可以用于检测一般分子量大小的蛋白，$0.2 \mu m$ 可以用于鉴定小于 20kD 的蛋白，而对于小于 7kD 蛋白则需要 $0.1 \mu m$ 孔径的 PC 膜。NC 膜也有一个比较明显的缺点，NC 膜易碎，无法进行多次检测。另外小分子量的蛋白质易于穿过 NC 膜，导致只有部分蛋白质留在膜上，因此需要用较小孔径的膜进行分子量小的蛋白质印迹实验。

聚偏二氟乙烯（PVDF）是一种线性聚合物，具有重复的—（CF_2—CH_2）—单元，1986 年首次用于蛋白质印迹实验。PVDF 膜的孔径为 $0.2 \mu m$，适用于分子量小于 20kD 的蛋白质。PVDF 膜与蛋白质的互作主要是通过偶极和疏水作用结合，蛋白质转移到 PVDF 膜上可以在很好的保留在其表面上。PVDF 膜对牛血清蛋白的结合能力为 $125 \sim 200 \mu g/cm^2$，这比 NC 膜的结合能力强。PVDF 膜可以进行常规染色，相较于 NC 膜，可用考马斯亮蓝染色，也可用 ECL 检测，进行快速免疫检测。另外，PVDF 膜具有较好的机械强度，能与多种化学物质和有机溶剂兼容。与 NC 膜不同的是，PVDF 膜在使用之前必须先在甲醇或乙醇中将膜进行预湿，这主要是因为 PVDF 膜具有高度的疏水性，并且 PVDF 中没有添加表面活性剂。

4. 电转仪（湿转和半干转）

蛋白质转移到固相载体上是蛋白质印迹的非常重要的步骤，可以通过湿转和半干转的方法进行，一般对于分子量小的蛋白使用半干转的方法效果比较好，而大分子量的蛋白（100kD 以上）建议使用湿转的方法。

湿转需要使用转印槽，主要包括缓冲液槽和盖子，凝胶支架转印夹，点转印模块和冷却装置（图 9-2）。实验室常用的转印槽都是小型的转印槽，可以同时容纳 2 个凝胶支架转印夹。该转印槽可以快速、高质量的转印蛋白。其主要特点是可以进行高电压的快速转印，一般 1h 内可以转印 2 块 7.5cm×10cm 凝胶，也可以进行低电压的过夜转印；电极丝距离较短，仅为 4cm，产生强电场以保证蛋白的有效转印；颜色标记的转印夹和电极，以确保转印过程中凝胶方向的正确；冷却装置，快速吸收转印过程中产生的热量，防止在转印过程中导致局部温度过高。

半干转使用到半干转印槽（图 9-3），该方法可以快速、高效且经济的进行蛋白转印。其主要优点为：$15 \sim 60 min$ 内完成转印，需要的缓冲液非常少，可节约运行成本；可同时转印 4 块胶。

5. 显色仪

（1）化学发光显色仪

显色是蛋白质印迹法的最后一步，显色主要是依赖于特定的底物与标记物结合的方式进行显色。常见的标记方式包括生物素标记、地高辛标记以及各种酶，目前在蛋白质印迹法中

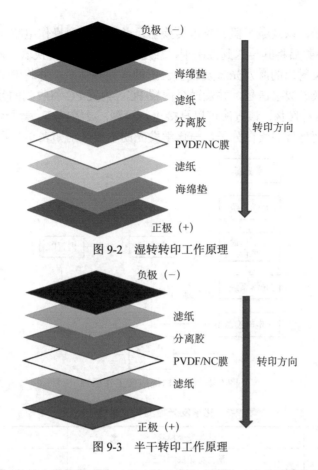

图 9-2　湿转转印工作原理

图 9-3　半干转印工作原理

主要是通过酶标记的，而酶标的底物又包括各种生色底物、化学发光底物和荧光底物。最为常用的底物显色为辣根过氧化物酶（horseradish peroxidase，HRP）和碱性磷酸酶（alkaline phosphatase，AP）。HRP 由于其具有比活高、分子量小、特异性强、稳定性好和作用底物范围广等特点而被广泛使用，HRP 的底物主要包括生色底物和化学发光底物两大类。生色底物显色主要是利用底物在有 HRP 和 H_2O_2 存在的条件会失去电子从而呈现出颜色变化，通过这一变化检测 WB 的结果。化学发光底物主要是在 HRP 的催化作用下，化学发光底物与 H_2O_2 反应生成一种过氧化物，该物质稳定性较差，随即分解形成一种发光的电子激发中间体，并产生荧光，这种荧光可以通过 X 胶片和成像设备进行检测，并且这一个过程可以被发光增强剂加强。目前最常用的化学发光底物是鲁米洛（Luminol），其最高检测灵敏度可达到飞克级，成为安全且灵敏度高的 WB 检测方法，但该方法的使用需要有特定的仪器，即化学发光成像仪。

化学发光成像仪主要是由制冷系统，光学定焦镜头，密闭暗箱，可升降式载物对焦平台，暗箱配有白光光源，配有多种滤光轮、RGB 光源和滤镜，全自动集成模块处理器，配有一台电脑操作。制冷系统可以最大程度的降低背景噪声，可用于化学发光、多色荧光和普通凝胶检测。

（2）激光扫描成像仪

荧光印迹法与传统方法的主要区别是使用荧光标记二抗，因此检测的时候也与传统方法不同，主要是通过激光扫描成像仪进行成像。激光扫描成像仪不需要任何底物和其他试剂可以直接对转印膜进行成像。激光扫描成像系统主要包括内置 PC、控制卡、光学系统、二维扫描平台、高速采集卡，以及激光器和光电转换器，并配有一台操作电脑（图9-4）。其中，内置PC接收到扫描参数后将其传送到控制卡，触发激光器、光电转换器、高速采集卡以及二维扫描平台。激光器发射出的激发光激发载物台上的固相载体上，并将散射荧光传送至光电转换器，将光信号转换成数字信号，并发送至内置PC。内置PC将收到的数字信号经过一系列的软件处理，生成目标图像。该方法可以直接进行检测，灵敏度高、背景低、操作简单，可在一张膜上同时检测两种目的蛋白分子，与化学发光的主要区别如表9-2所示。

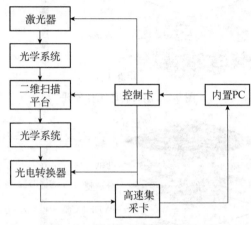

图9-4　激光扫描成像工作原理

表9-2　化学发光检测和荧光检测比较

检测方法	化学发光检测	荧光检测
工作原理	酶与标记底物反应	荧光信号
二抗	酶标二抗（HRP 或 AP）	荧光二抗
检测方法	化学发光仪	激光扫描成像仪
敏感度	+++	+++
信号稳定性	几个小时	几周到几个月
定量检测	酶信号可变，半定量	荧光信号是静态，定量
底物	鲁米洛	不需要底物

二、样品制备

蛋白样品制备是蛋白免疫印迹的第一步，也是决定WB成败的关键技术步骤。原始样品可包括细菌、细胞、组织、培养上清、免疫沉淀或纯化的蛋白等样品，制备不同类型的蛋白样品，需要采用不同的方法和条件。细胞破碎方法、蛋白解聚和溶解方法、去污剂和裂解液的选择在蛋白样品的制备过程中发挥重要作用。样品制备总体原则是尽可能采用简单快捷的方法，避免蛋白的丢失和降解，因此在样品的制备过程中一般需要在低温条件下操作，并通过蛋白酶抑制剂防止蛋白质的降解。样品裂解液一般现配现用，可分装冻存于−80℃。制备好的蛋白样品应防止反复冻融。

（一）裂解方法

裂解是制备蛋白样品重要步骤，可以根据样品的不同分为温和的裂解方法和剧烈的裂解方法。温和的裂解方法主要用于组成比较简单的样品，或者分析某一特定的细胞器。温和裂解法主要包括渗透裂解、冻融裂解、去污剂裂解和酶裂解。渗透裂解可以用于血细胞、组织培养细胞的裂解；冻融裂解主要用于细菌、组织培养细胞的裂解，一般用液氮来进行反复冻融；去污剂裂解法主要用于组织细胞的裂解，去污剂主要是通过溶解细胞膜、裂解细胞，从而释放出内容物；酶裂解主要是用于裂解植物、细菌和真菌等含有细胞壁的细胞。

剧烈的裂解方法主要是用于难以破碎的细胞，如固体组织内的细胞，或者具有坚硬细胞壁的细胞，如酵母细胞。常用的剧烈裂解方法主要包括超声裂解法、弗氏压碎法、研磨法和匀浆法。超声波裂解法可以用于细胞样品的裂解；弗氏压碎法主要用于含有细胞壁的微生物和藻类，该方法是在高压条件下迫使细胞穿过小孔径产生剪切力，从而使细胞裂解；研磨法常用于固体组织和微生物的裂解，该方法主要是将样品冻存于液氮中，随后将其研磨成粉末；匀浆法常用于细胞悬液和微生物的裂解，该方法主要是利用剧烈振荡的玻璃珠打破细胞壁，从而将细胞破碎。

（二）蛋白酶抑制剂

细胞裂解后会释放出胞内的蛋白酶，蛋白酶可能会降解蛋白，影响后续的免疫印迹的结果，因此在裂解样品的时候需要采取措施抑制蛋白酶的活性。一般采用的策略包括直接加入强变性剂，低温碱性条件下进行样品制备，使用蛋白酶抑制剂。

（三）蛋白沉淀方法

样品裂解之后蛋白溶解在溶液中，需要通过一定的方法将蛋白沉淀出来，一般采用的方法是硫酸铵沉淀、三氯乙酸（TCA）-丙酮沉淀、苯酚抽提甲醇沉淀。

1. 硫酸铵沉淀

硫酸铵沉淀法是一种用于蛋白提纯的盐析方法，该方法成本低、操作简单，并且可以保存分离物的活性。可用于组织培养上清、血液样品或腹水等蛋白样品的制备。硫酸铵沉淀法的原理是高浓度的盐离子在蛋白质溶液中可与蛋白质竞争水分子，从而破坏蛋白质表面的水化膜，降低其溶解性，使蛋白质从溶液中沉淀出来。由于不同蛋白质的溶解度不同，因而可以利用不同的盐浓度来沉淀不同的蛋白质，这种方法也称之为盐析法。

试剂和仪器：硫酸铵[$(NH_4)_2SO_4$]、饱和硫酸铵溶液（SAS）、蒸馏水、PBS（含 0.2g/L 叠氮钠）、透析袋、超速离心机、pH 计和磁力搅拌器。

操作步骤：将样品离心去除细胞碎片，保留上清，并测定其体积；边搅拌边加入等体积的饱和硫酸铵溶液，使得终浓度为 1∶1；将溶液放在磁力搅拌器持续搅拌 6h，使得蛋白充分沉淀出来；4℃ 10 000×g 离心 30min，保留蛋白沉淀，用含 0.2g/L 叠氮钠的 PBS 溶解蛋白沉淀，蛋白溶解后透析以去除硫酸铵，经 24~48h 的透析后；离心透析液，测定上清中蛋白质的含量。

2. 三氯乙酸（TCA）-丙酮沉淀

TCA 沉淀法是一种蛋白提纯的主要方法，可用于培养基上清、细胞裂解液和细菌裂解液等蛋白样品的制备。该方法的主要原理是 TCA 作为一种蛋白质变性剂可以使蛋白质的构象发生改变，从而将更多疏水性基团暴露出来，使得蛋白质聚集沉淀，并被分离出来。该方法的优点是操作简单，适合一般蛋白的提取，其缺点是容易使蛋白变性，不适合杂质较多的蛋白样品的制备。

试剂和仪器：裂解液、TCA、丙酮、蒸馏水、离心机、离心管。

操作步骤：将细胞或者细菌样品裂解后，离心将上清转移到新的离心管中，加入 1/9 体积的 100% TCA 溶液，轻轻混匀，将样品置于冰浴中孵育至少半个小时，4℃过夜的效果更好；孵育后室温离心 15min，弃上清（上清尽可能去除干净），沉淀中加入 3 倍体积预冷的丙酮，室温静置 10min，使得 TCA 充分溶解在丙酮中；室温离心 15min，弃上清，沉淀在室温条件下干燥 10min，沉淀可用适量的 PBS 缓冲液进行溶解，测定蛋白浓度。

3. 苯酚抽提甲醇沉淀

苯酚抽提甲醇沉淀的方法可以用于大部分蛋白样品制备，例如：动植物器官或组织样品、土壤样品和血清样品等蛋白质。该方法的主要原理是苯酚可以通过氢键与蛋白质相互作用，使蛋白质变性并溶解在有机溶剂中。与其他有机溶剂主要区别是该方法的蛋白质存在于有机相中，而非水相和有机相的界面上。该方法优点是能够有效地去除干扰物质，可以用于制备杂质较多的蛋白样品，其缺点是耗时较长，且苯酚和氯仿有毒。

试剂和仪器：提取缓冲液、饱和苯酚、含 0.1mmol/L NH₄AC 的甲醇、丙酮、蒸馏水、离心机、离心管。

操作步骤：动植物器官或组织样品等在液氮中研磨成粉末后，加入 3 倍体积的提取缓冲液，3 倍体积的饱和苯酚匀浆 1min 充分混匀，室温 12 000×g 离心 10min，弃水相和界面沉淀，保留有机相；加入 10 倍体积 0.1mmol/L NH₄AC 的甲醇，混匀后−20℃过夜沉淀，离心后沉淀用含 0.1mmol/L NH₄AC 的甲醇洗涤三次，冷却丙酮洗涤一次，4℃真空干燥后，得到粉末状的粗提蛋白，溶解后测定蛋白浓度。

（四）蛋白浓度的测定

蛋白浓度测定方法有很多，目前在科研工作中广泛使用的方法主要包括：紫外吸收法、BCA（bicinchoninic acid，二喹啉甲酸）方法和考马斯亮蓝法等。

1. 紫外吸收法

紫外吸收法是在 280nm 的波长下直接测定蛋白的浓度。操作过程非常简单，先测试空白样品，再测定目的样品浓度，然后根据公式用吸光值计算出蛋白质的浓度。本方法适用于纯度较高、成分相对单一的蛋白质，并且要求蛋白浓度相对较高。

2. BCA 方法

BCA 法的原理是在碱性条件下，BCA 与蛋白结合时，蛋白质将二价铜离子还原成一价铜离子，溶液颜色变为紫色，在 562nm 下的吸光值与蛋白质的浓度成正比。

试剂和仪器：BCA 测定试剂盒、酶标仪。

工作液的配制：根据标准品和样品的数量，按照试剂 A：B 为 50：1 的体积比配制适量的 BCA 的工作液，充分混匀后备用。

BSA 标准曲线和样品的测定：取适量的 25mg/ml 蛋白质标准品，稀释至终浓度为 0.5mg/ml，将标准品按照 0、1μl、2μl、4μl、8μl、12μl、16μl、20μl 加入到 96 孔板中，用标准品稀释液补足到 20μl。加入适量的样品到 96 孔板中，同样用标准品稀释液到 20μl。各孔中加入 200μl BCA 工作液，37℃反应 30min。用酶标仪在 562nm 处测定吸光值，绘制标准曲线，并根据标准曲线计算出样品的蛋白浓度。

3. 考马斯亮蓝法（Bradford 法）

考马斯亮蓝法的原理是在碱性溶液中，考马斯亮蓝 G-250 与蛋白质反应，溶液由棕黑色变为蓝色，通过测定在 595nm 处的吸光值可以计算出蛋白质的浓度。

试剂和仪器：考马斯亮蓝蛋白浓度测定试剂盒、酶标仪。

标准曲线和样品的测定：取适量终浓度为 0.5mg/ml 的标准品，分别加入 0、1μl、2μl、4μl、8μl、12μl、16μl、20μl 到 96 孔板中，用稀释液补足到 20μl。加入适量的样品到 96 孔板中，同样用标准品稀释液补足到 20μl。各孔中加入 200μl 考马斯亮蓝 G-250 染色液，室温反应 3～5min。酶标仪 595nm 处测定吸光值，绘制标准曲线，并根据标准曲线计算出样品的蛋白浓度。

（五）免疫印迹杂交技术步骤

根据测定的蛋白质浓度，将不同样品总蛋白浓度调整至同一浓度后，加入适量含有 β-巯基乙醇的上样缓冲液（主要成分为：60mmol/L pH6.8 Tris-HCl、20%甘油、2% SDS、4% β-巯基乙醇和 0.01%溴酚蓝）。甘油可以增加样品的密度，加样时使样品沉降在样品孔中；SDS 是一种强有力的阴离子去污剂，可以与蛋白的阴离子发生结合，掩盖蛋白的电荷、形状和大小等特征，使其仅根据分子量的大小进行区分；β-巯基乙醇是一种作用于二硫键的还原剂，使得电泳过程中仅根据蛋白质分子量的大小进行区分；溴酚蓝是一种非反应性试剂，可以用于指示电泳的指示剂，根据溴酚蓝的位置判断电泳的时间。混合后，样品沸水煮沸 10min，制备好的样品可以放置在 4℃或−20℃保存。WB 实验流程如图 9-5 所示。

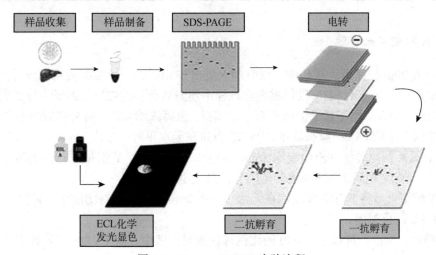

图 9-5　Western blotting 实验流程

1. 免疫印迹实验相关试剂的配制

电泳缓冲液：14.4g 甘氨酸，3.03g Tris-base，1g SDS，加入 800mL 去离子溶解，用去离子水定容到 1L。

电转缓冲液：14.4g 甘氨酸，3.03g Tris-base 用 800ml 去离子水溶解，加入 200ml 甲醛。

PBS-T 漂洗液：在 PBS 中加入 0.05% Tween-20 混匀。

封闭液/抗体稀释液：10%脱脂奶粉，用 PBS-T 溶解。

2. SDS-PAGE 胶的制备

SDS-PAGE 胶分为分离胶和浓缩胶，一般先配制分离胶，待其凝固后再配制浓缩胶，并插入相应大小的梳子。分离胶和浓度胶的浓度和各组分的体积如表 9-3。将配制好的分离胶混匀后，缓缓灌入到两块玻璃板之间，至玻璃板顶端 3cm 左右，用去离子水覆盖在分离胶的上层，隔绝空气使分离胶更易凝固。室温静置半小时可以在去离子水和分离胶之间看到一条界限，说明分离胶已凝固，移除去离子水。配制浓缩胶，灌入到分离胶的上层，插入合适厚度与宽度的梳子。室温静置 30min 左右，浓缩胶即可凝固。将梳子轻轻拔出之后，SAS-PAGE 胶可以用于电泳。

表 9-3 SDS-PAGE 胶浓度与各组分体积

胶的类型	12%分离胶（mL）	8%分离胶（mL）	5%浓缩胶（mL）
去离子水	3.3	4.6	2.7
1.5mol/L Tris-Cl（pH8.8）	2.5	2.5	—
1.0mol/L Tris-Cl（pH6.8）	—	—	0.5
30%丙烯酰胺	4.0	2.7	0.67
10% SDS	0.1	0.1	0.04
10% APS	0.1	0.1	0.04
TEMED	0.004	0.004	0.004
总计	10	10	4

3. 免疫印迹实验步骤

（1）加入 20μl 样品到上样孔中，同时加入蛋白 Marker。一般浓缩胶用 90V 电泳 30min，分离胶 180V 电泳 50min。也可以根据电泳过程中溴酚蓝迁移的位置，判断电泳的时间。

（2）电泳结束后，用塑料平铲撬开双层玻璃板，去掉浓缩胶后，将分离胶浸泡在电转缓冲液中。剪相同大小的 PVDF 膜和滤纸，PVDF 膜先在无水甲醇中浸泡 30s，再转移到超纯水中浸泡 2min，最后在电转缓冲液中浸泡 5min。将胶、PVDF 膜、滤纸按照一定的顺序排好放入到电转槽中。100V 电转 1~2h（电转时间与蛋白大小相关）。

（3）电转结束后将 PVDF 膜浸泡在无水甲醛中 2min，转移到封闭液中，37℃、75r/min 封闭 2h 或者 4℃过夜封闭。

（4）孵育一抗：一抗以 1∶1000 的比例稀释到封闭液中，将 PVDF 膜转移到一抗稀释液中，37℃、75r/min 孵育 2h 或者 4℃过夜孵育。

（5）一抗孵育结束后，用 PBS-T 洗涤 PVDF 膜 3 次，每次 5～10min。

（6）孵育二抗：羊抗兔或羊抗鼠的二抗以 1∶2000 的比例稀释到封闭液中，将 PVDF 膜转移到二抗稀释液中，37℃、75r/min 孵育 1h。

（7）二抗孵育结束后，用 PBS-T 洗涤 PVDF 膜 3 次，每次 5～10min。化学发光或者荧光法显色。

三、数据分析

（一）蛋白免疫印迹分析的基本法则

（1）理想的实验设计应该至少包含 3 个独立的生物学重复，而对于每个生物学重复样品至少进行两次技术重复以防止凝胶的影响，同时设置阳性对照和阴性对照样品。凝胶的不同也可能会导致蛋白免疫印迹实验结果的差异。因此，在条件允许的情况下，应该在一块包含所有样品的聚丙烯酰胺凝胶上对蛋白免疫印迹的结果进行定性和定量分析。

（2）蛋白免疫印迹分析需要有归一化方法来消除样品间的差异，如果没有这种归一化的策略可能导致错误的结果。在进行样品处理的过程中，可能由于原材料中进行蛋白定量的过程中存在差异，应该通过蛋白印迹分析总蛋白中确定蛋白丰度的蛋白进行归一化处理。目前，内参蛋白的使用是标准化处理的首选方法。因此，靶蛋白的表达水平应该用样品中靶蛋白水平与参考蛋白水平之比来描述。参考蛋白应为稳定表达的蛋白，且每个样品中的丰度与总蛋白的量密切相关。但是，由于光密度比与已知蛋白的实际比例存在一定的差异，因此也建议纯化目的蛋白，通过标准曲线确定对照样品和实验样品中蛋白质总量来避免这一问题。当无法以纯化形式获得所研究的目的蛋白时，可以通过比率标准曲线来避免这种错误。

（3）选择和使用适当的参考蛋白对于确保结果准确性和可靠性是非常必要的。通常认为管家蛋白是维持细胞基本功能所必需的蛋白，并认为在生物体所有细胞中都正常表达。因此，在比较不同样品中目的蛋白的相对表达水平时，通常选用管家蛋白作为内参蛋白。尽管许多管家蛋白的表达水平是恒定的，但是在某些实验条件下，这些蛋白的表达也存在较大的差异。因此，研究人员需要评估实验系统中是否稳定表达了一定的参考蛋白。目前，有研究认为热休克蛋白（heat shock protein，HSP）可以在多种条件下作为参考蛋白。此外，在细菌样品也可以选用 DNAP 或者 DnaK 作为内参蛋白，细胞可以选择 GADHP 和 Actin 蛋白作为内参蛋白。

总之，为了获得一个可靠地蛋白免疫印迹的结果，在进行实验之前需要进行严格的设计，至少包括 3 个独立的生物学重复实验，根据细胞和组织的类型选择合适的参考蛋白对蛋白结果进行归一化分析，最终获得可靠的实验结果。

（二）数据分析的基本流程

免疫印迹技术是一种简单而强大的方法，可用于研究蛋白的有无、相对丰度、相对质量、翻译后修饰以及蛋白之间的相互作用。一般在进行免疫印迹实验时需要设置内参，如 HSP/GAPDH/Actin/RNAP 等。同时设置阳性对照和阴性对照。阳性对照一般是确定含有目标蛋白的样品，阴性对照是确定不含目标蛋白的样品。首先根据阳性样品出现明确条带，而阴性样品未出现条带，内参基因的条带间无显著差异的判断是否可以用于后续的数据分析。蛋白免疫印迹的结果可以分别进行定性和半定量的分析，定性分析可以直接根据条带的有无判断蛋白表达水平的差异。半定量则需要借助软件对显色条带的灰度值进行分析，根据数值大小定量分析蛋白表达水平的差异。目前可以用免疫印迹定量分析的软件有 Band scan、Quantity one、Image J 和 Gel-Pro analyzer 等。

（三）常见问题及解决方法

1. 均匀分布的高背景

背景高是蛋白免疫印迹中常见的问题，可由多种原因造成。可能是在封闭液中添加了 Tween-20 或者牛血清蛋白（BSA），在封闭的过程中这两种物质都有可能造成不可逆的高背景。抗体浓度过高也有可能导致高背景的现象，因此在进行蛋白免疫印迹实验时需要对一抗和二抗的稀释倍数进行优化，一般可以先从 1：1000、1：2000、1：4000 等稀释比例进行优化。洗膜过程中也可能导致高背景，可以增加洗膜次数和洗膜液的体积，必要时适当提高洗膜液中 Tween-20 的浓度，但是过量的 Tween-20 也可能导致目的信号减弱。最后在操作的过程中也要小心，尤其是在处理膜的时候需要使用镊子，不要用手直接去接触转印膜，防止污染转印膜导致高背景。

2. 转印膜上有不均匀的斑点分布

不均匀的斑点分布在转印膜上也是常见的问题，可能的原因包括：封闭液中同时处理多张膜；膜没有始终保持湿润，部分位置被吹干；镊子或者容器出现交叉污染。如果在同一封闭液中同时封闭多张转印膜的时候，需要使用足够多的封闭液以确保所有的膜能够移动自如，不会黏在一起。在转印或者孵育抗体的过程中一定要注意镊子和容器的洁净度，尤其是在接触过二抗稀释液之后一定要清洗干净，防止镊子或者容器中残留的标记二抗将染料带膜上，导致显色时出现不均匀的斑点。

3. 信号微弱或者没有信号

造成蛋白印迹实验中信号微弱或者没有信号的原因包括：蛋白未从胶上转移到膜上；检测过程中蛋白从膜上丢失；样品中目的蛋白的量不足；转移过程中蛋白没有保留在膜上；抗体浓度的不足等。

针对蛋白不能转移到膜上，需要检查转移液是否配制正确，转膜过程中的各个步骤是否正确，"三明治"结构的顺序是否正确、电极是否插反等，同时可以根据预染 Marker 判断蛋白是否转移，或者在转印后通过丽春红检测蛋白是否转移。检测过程中蛋白从膜上丢失，可以尝试缩短封闭时间，可能是由于封闭时间过长将蛋白信号屏蔽掉；也可能是由于抗体稀释液中 Tween-20 的浓度过高导致膜上目的蛋白分子部分丢失。可以通过增大跑胶时的上样量或者对样品进行浓缩以提高目的蛋白的浓度。

在转印的过程中蛋白没有转移到膜上可能是多种原因造成的，可以尝试如下的方法解决这一问题。转印后先让膜在空气中自然风干后再封闭，这样可以增强蛋白与膜的结合。优化转膜的条件和时间，一般在转移液中加入 20% 的甲醇可以增强蛋白与膜的结合；确保转移液中不含 SDS，SDS 的存在会降低蛋白与膜的结合能力，尤其是一些低分子量的蛋白；检查转印时"三明治"结构中间是否存在气泡，气泡会阻断蛋白的转移，降低转移效率；转印的时间需要根据目的蛋白分子量的大小进行优化，小分子量的蛋白在转印的过程中可能会穿过膜，可以适当缩短转印的时间或者换孔径小的膜进行转运。不同材料的膜与不同蛋白的结合能力也不同，在转印的时候可以选择尝试不同类型的膜，硝酸纤维素膜要比 PVDF 膜的灵敏度更高。

针对抗体量不足的问题，可以尝试如下的方法解决。一般来说不同抗体的结合力各不相同，一些结合能力相对较弱的抗体，可以适当增加抗体的量，优化出最适合的抗体稀释比例；另一方面也可以通过延长一抗孵育的时间来增强信号，如室温孵育 4～6h 或者 4℃过夜孵育。

4. 出现非特异性或者非预期的条带

一般出现非特异性或者非预期的条带，首先确认目的蛋白分子量的大小，确认是否目的蛋白分子量的大小正确；其次，可能是有由于抗体浓度过高导致出现非特异性条带，可以减少抗体的使用量、缩短抗体的孵育时间、增强抗体稀释液中 Tween-20 的含量。若在双色荧光印迹实验中出现非特异性条带，需要确认一抗和二抗的宿主来源，避免交叉污染；也可以适当降低二抗的使用量，减少非特异性条带出现的概率。如果可以的话，避免同时使用鼠源和兔源的抗体，这两个种属之间的亲缘关系很近，在某些情况下可能会出现交叉污染。

（四）免疫印迹技术应用领域

免疫印迹技术是一种用于蛋白质分析的常用技术，可以从混合样品中检测目的蛋白，通过定性和半定量的方式对特定条件下不同样品中目的蛋白的表达情况。该技术已经广泛应用于分子生物学、微生物学、免疫学和医学等领域。

1. 蛋白表达水平的研究

科学研究中，免疫印迹技术被广泛用于蛋白表达水平的检测，可以用于蛋白的定性和半定量分析。对于不同样品或者不同处理组中蛋白的表达水平的检测可以通过免疫印迹技术进行。对于同一种蛋白在不同样品中的表达情况，可以通过免疫印迹技术判断该蛋白是否表达，不同样品中表达水平是否具有差异。同一样品经过不同试剂处理后，也可以通过免疫印迹技术检测某一蛋白的表达水平，说明该处理方式对蛋白表达水平的影响。这些应用在科学研究中非常广泛，大部分科研论文中都有免疫印迹技术的体现。

2. 抗体活性和特异性的检测

酶联免疫吸附测定和免疫组化实验的基本原理都是基于抗体与抗原的特异性结合，因此抗体的活性和特异性对于这些检测方法是至关重要的，而蛋白免疫印迹技术可以用来检测抗体的特异性。一般特异性强的抗体与混合物中抗原发生特异性反应，经显色后膜上仅显示出单一条带，说明抗体的特异性非常好，若是出现非特异性的条带，则说明抗体特异性差。除了抗体的特异性之外，该技术也可以用于检测抗体的活性。

3. 蛋白修饰的检测

翻译后修饰是机体中蛋白质发挥其功能的重要过程，免疫印迹技术也可用于翻译后修饰的检测。磷酸化、泛素化和乙酰化等修饰方式是蛋白修饰中常见的方式，这些修饰都可以通过免疫印迹技术进行检测。目前市面上可以直接购买到针对这些修饰蛋白的特定抗体，基于这些抗体可以对修饰的蛋白进行免疫学的检测。

4. 疾病诊断

免疫印迹技术已经成为感染性疾病血清学检测的重要方法，可以用于多种疾病的检测，如结核病、幽门螺旋杆菌感染等。检测的基本原理是这些病原菌感染机体后刺激机体的免疫系统产生相应的抗体分泌到血清中，血清中的抗体可以与相应的抗原发生特异性的结合，通过化学发光或者荧光进行检测。因此，免疫印迹技术可以用于疾病的诊断。

第二节　表面等离子共振分析技术

生物分子的活性功能主要通过在溶液状态中分子之间的相互作用来体现，探索研究生物分子之间的这种相互作用过程对于探究生命科学领域的奥秘，揭示生命发生发展的基本机制具有十分重要的意义。生物分子相互作用分析（biomolecular interaction analysis，BIA）是利用生物传感技术（biosensor technology）将探针或配位体固定在某种固相介质（感应片）的表面，被选择的探针或配位体能够专一性地与待检生物分子形成复合物从而可以进行直接分析，因此，生物分子相互作用分析技术可以用于监测两个及以上的分子如蛋白质/蛋白质、核酸/核酸、核酸/蛋白质、药物/蛋白质、受体-配体等分子之间相互作用的情况。现有的检测生物分子相互作用的技术有荧光共振能量转移（fluorescence resonance energy transfer）、酵母双杂交技术（yeast two-hybrid）、质谱、亲和层析（affinity chromatography）、酶联标记分析（enzyme linked immunosorbent assay，ELISA）等。这些技术大部分要对样品进行标记检测，但对于蛋白质来说，标记会影响它的活性，因此，开发无标记的检测技术是迫切需要的。

表面等离子共振（surface plasmon resonance，SPR）分析技术是一种基于光学的实时监测方法 。1902 年，Wood 在一次衍射光栅光谱实验中，首次发现了表面等离子共振现象并对其做了简单的记录，直到 1941 年，Fano 才真正解释了 SPR 现象。1983 年，Liedberg 首次将 SPR 用于 IgG 与其抗原的反应测定并取得了成功，引起科研者们极大的关注。1987 年，Knoll 等人对 SPR 成像开始进行研究。1990 年，Biacore AB 公司开发出的首台商品化 SPR 生物传感器，为 SPR 技术更加广泛的应用开启了新的篇章。

因 SPR 技术无须标记，样品所需量少，灵敏度高，能实时、连续监测反应动态过程，检测方便快捷，应用范围广等优势被广泛应用于药物科学、生命科学、食品科学和环境科学等各种领域的生物分子相互作用研究。如生物分子领域的实时检测：生物分子在 DNA 或蛋白质芯片上信息的实时检测；细胞分子领域的实时免标记检测：细胞分子相互作用以及细胞胶原纤维形成的免标记检测；药物大分子、多肽等与细胞、组织的相互作用实时检测等应用。许多研究的发现得益于 SPR 技术，1983 年，瑞典科学家 Liedberg 首次将 SPR 传感技术应用于气体检测以及抗体抗原相互作用的检测，这是人类第一次将 SPR 传感技术应用于生化检测；再如，采用 SPR 技术研究了细胞黏附因子（CAMs）的相互作用，分析类凝集素 CAMs 家族成员的亲和力和动力学常数以及位点突变对结合位点的影响。SPR 技术已成功应用于蛋白质、寡聚核苷酸等分子相互作用的检测，以及微生物的定性定量分析。

一、技术原理和仪器的基本构造

（一）SPR 分析技术的原理

1. 表面等离子体

表面等离子体原理

金属晶体是由很多金属原子有规则的排列构成的，绝大多数的金属原子失去外层电子呈现为正离子形态，然而在金属原子结构中，最外层电子与原子的结合力相对较弱，因此便很容易脱离原子核变成自由电子。呈现为正离子形态的电子在其固有的位置上做高频的振动，而那些自由电子在正电荷的晶格形态下做自由运动，为整个金属体所有，总的自由电子密度与正离子密度是相等的，整个金属体所带的电荷总量为零，呈现的是电中性，可认为是一种等离子体（plasma）。当其平衡状态被打破时，自由电子在外界的作用下会形成一种密度简谐振动，叫作等离子体振动。表面等离子共振是金属薄膜表面的光学耦合产生的一种物理光学现象。绝大多数研究的表面等离子体是发生在金属和介质交界面处的自由电子集体振动，是电子横向（即垂直于交界面）运动受到表面的阻碍，随之会在表面附近产生一种沿界面方向传播的等离子震荡波 TM，叫作表面等离子体波（surface plasmon wave，SPW）。

2. 表面等离子波激励方式及共振条件

对于连续的金属介质界面，表面等离子体波的波矢量大于光波的，所以不可能直接用光波激发出沿界面传播的表面等离子体波。入射光可分解为 S 偏振光与 P 偏振光，它们相互正交，而 S 偏振光的电场与界面是平行的，不会激发表面等离子体共振，相反 P 偏振光的电场与界面垂直，可以激起介表面电子密度的变化从而引发表面等离子体共振，所以 P 偏振光是激励共振的必要条件。为了激励表面等离子体波，需要引入一些特殊的结构达到波矢匹配，包括棱镜耦合、波导结构、光栅耦合等。目前，激励光与表面等离子体波的能量耦合应用最广泛的方法为全反射棱镜耦合，它是基于全反射原理，当光波从光密介质入射到光疏介质时，如果入射角大于临界角会产生全反射现象，与此同时，光波穿过一定深度不会完全反射回，便沿着临界面平行的方向产生光波，这部分光波被称为消逝波，其电场及磁场的复振幅随着远离临界面的距离的增大而呈现指数级的减小趋势，全反射的消逝波可能实现与表面等离子体波的波矢量匹配，即当调整光波的入射角使得其在传播方向上的波矢相等，光的能量便能有效的传递给表面等离子体，从而激发出表面等离子体波，产生 SPR 现象。全反射棱镜耦合结构简单且灵敏度高，是一种巧妙有效的引发表面等离子体共振的方法。棱镜耦合主要由两种激发方式：Kretschmann 结构与 Otto 结构。应用较多的是 Kretschmann 激发方式，其装置结构是直接将金属薄膜直接镀在棱镜上，样品则置于金属薄膜上，入射光在金属-棱镜界面处会发生全反射，当发生全反射时，在棱镜与金属薄膜界面上产生的消逝波透过金属薄膜，并在金属薄膜与样品层界面处引发表面等离子体共振，如图 9-6 所示。

SPR 现象发生在金属与样品层介质的表面，所以 SPR 能很灵敏的检测出金属薄层上电介质折射率的变化，在一定条件下发生共振，反射光能量会急剧变弱，即使贴敷在金属薄膜表面的介质折射率有微小的改变，反射光的相位和强度都会发生明显变化。所有材料都具备固有的折射率，这样就能检测生物样品微小的折射率变化来进行生化分析。以光通过

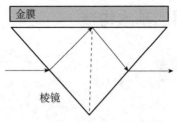

图 9-6　Kretschmann 模型结构

Kretschmann 耦合棱镜为例，如图 9-7 所示，激光从激光器传到斩波器到达偏振片，经过偏振片后的 P 偏振光（入射角为 θ）通过棱镜耦合到传感芯片，在传感芯片上因为 SPR 共振，部分的光能量被吸收。从传感芯片反射回来的光经过透镜传到光电检测器。光电检测器传回来的信号通过锁相放大器传到电脑，经过数据处理可以得到 SPR 共振图再反射到电脑上。利用 SPR 进行生物分子相互作用检测实验时，生物分子间的结合与解离等过程会使得其折射率发生改变，从而影响表面等离子体波的激发与传播，对应的改变了界面反射的强度与相位值，然后通过计算机将整个变化过程记录下来。

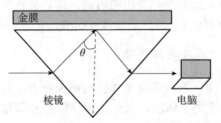

图 9-7　棱镜耦合型 SPR 传感检测系统原理图

生物药物分析领域中，通常进行生物分子相互作用实验时使用的 Kretschmann 装置结构，含有没有经过修饰的金属薄膜的传感器不具有任何选择性，只能用于简单体系的测定，因而一般都要进行修饰以获得对被测对象的选择性识别能力，故通常要在金膜芯片上用共价交联法固定一种相应的配体探针反应物，由于金膜是疏水的，探针无法直接固定在金膜上，因此要通过自组装分子层的方式在金膜表面生成一层耦联层，在金属膜表面固定配体分子，使得探针固定在金膜上，固定波长的偏振光入射至金属膜表面，当待测物与配体分子结合相互作用后，金属膜表面折射率将会发生变化，进而 SPR 角也发生变化，SPR 技术就是通过监测 SPR 角的变化来实时动态监测待测物与配体分子的结合情况，检测过程如图 9-8 所示（SPR 装置结构包括棱镜、金膜、耦联层、配体探针反应物与待测样品溶液）。

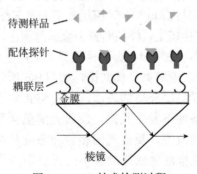

图 9-8　SPR 技术检测过程

（二）SPR 分析仪器基本结构

**SPR 生物
传感器照片**

SPR 生物传感器系统包括：光学系统、传感系统、数据采集和处理系统。

光学系统：由光源、各种光学元件及光学检测设备组成，用于获取 SPR 光谱，能够产生和测量 SPR 信号的光电组分称为光学检测系统。包含光源、光学耦合器件、角度调节部件以及光检测元件，用于产生 SPR 并检测 SPR 光谱的变化。

传感系统：传感器的生物芯片是其最为核心的部件。用于捕获可与之进行特异反应的生物分子。传感芯片包括金属膜以及分子敏感膜，金属薄膜及其表面修饰的敏感物质，通过光学耦合转换为共振角的变化，用于将待测对象的化学或生物信息转换成折射率的变化。

数据采集和处理系统：用于采集和处理光检测器产生的电子信号。现在光检测器越来越多地采用阵列检测器，如光电二极管阵列和电荷耦合器件，利用光电二极管来记录反射光的强度，并记录吸收共振峰的位置，或波长处信号变化达到检测分析样品的目的，数据采集和处理均由计算机完成。

二、实验方法和样品制备

1. 根据研究对象确定实验方法，SPR 传感器检测方法有以下几种。

（1）直接检测法　是直接检测目标抗原与抗体的结合能力，通过信号变化得出待测物浓度，这种方法简单快捷，由于检测小分子时 SPR 响应信号弱，限制了 SPR 仪器的灵敏度，故直接检测法一般用于大分子的检测。直接检测法检测小分子时需要利用传感器增敏的方式来提高 SPR 信号。

（2）"三明治"法　是通过连接两种抗原最终实现抗体的检测。此方法检出限及特异性都得到了有效的提高，通常用来检测不止一种抗原结合位点的物质。传统的"三明治"法一般用于大分子的检测。但随着技术的发展，人们通过技术的改进及增敏材料的引入同样实现了小分子的检测，且获得了很好的效果。

（3）抑制型检测　是首先已知抗体的浓度并与待测物混合，将混合溶液通过已经修饰待测物的传感器芯片，混合液中未结合的游离抗体会与芯片上的待测物结合，最终根据检测信号的变化值与待测物的浓度成反比关系，用于小分子物质的检测。抑制型检测法用来检测小分子具有灵敏度高的优势，通常可应用于环境监测、食品检测等领域。

（4）竞争型检测　是通过竞争关系来实现目标分析物的检测方法。其实验流程是将大分子物质通过生物偶联的方法共价结合在传感器芯片上，然后通入待测物质，让两种物质通过对抗体的竞争来实现的检测方法。此方法得到的信号变化与待测物浓度成反比，通常可用小分子物质的检测。

2. 将待测目的样品与缓冲液（如 PBS）按浓度比配制成不同浓度的标准品溶液检测样品。

3. 生物芯片的制备。进行生物分子互作实验最重要的就是制备生物芯片。生物芯片是 SPR 技术的核心元件，由于实验中通常将入射光波长固定，SPR 角将直接受生物芯片表面折射率的影响，要想达到实时监测待测物结合情况的目的，首先需要制备可特异性结合待测物的生物芯片，通常是对金属膜进行表面修饰。与此同时，在生物药物分析和质量控制领域，要达到对待测物进行特异性检测的目的，需要在镀层分子上固定一层可与待测物特异性结合的配体分子，这种配体分子往往是待测药物的靶点或抗体分子。常用的固定方法有偶联法、螯合法和亲和吸附法，其中偶联法有氨基偶联法、巯基偶联法等。SPR 生物传感器的实验方法一般是将要研究的靶标分子（受体）固定在金属薄膜表面，构成传感器芯片，然后使筛选的目标待测物（配体）流经传感芯片与靶标作用。如果二者有相互作用而结合，将引发传感器芯片表面折射率的变化，从而造成共振角或者共振波长的改变。具体步骤分为以下几步。

（1）清洗芯片　在修饰金膜之前必须先清洗芯片，所用的溶液例如 3∶1 的硫酸过氧化氢混合液，再用乙醇溶液反复清洗，自然晾干。

（2）修饰金膜　配制修饰液如 11-巯基十一烷酸（11-MUA）与巯基己酸的乙醇溶液，将清洗完毕的金膜芯片浸泡至修饰液中，目的是使得修饰液中的巯基与金键结合成羧基。

（3）活化芯片　最常见的活化液为 0.1mol/L 的 NHS 与 0.1mol/L 的 EDC 混合液，将修饰完的金膜芯片浸至活化液中，EDC/NHS 混合溶液活化芯片表面的羧基，目的是将金膜芯片上的羧基活化成活泼酯。

（4）固定探针　将一定浓度的抗原蛋白样品滴加到金膜表面使其覆盖在金膜芯片表面。

（5）封闭芯片　常用到的溶液为配制好的乙醇胺溶液（1.0mol/L，pH8.5）封闭未反应的活性位点目的是对多余的酯键灭活，从而封闭芯片。封闭完毕后，再用 PBS 缓冲液清洗，即完成生物芯片的制备，然后将芯片装入到 SPR 仪中待测量。

三、数据分析

将制备好的生物芯片贴在棱镜底面，制备好的不同浓度的样品进样，控制每次进样的流速与进样量，相同的时间间隔相机采集的全息图存入计算机。由于 PBS 与乙酸钠溶液的折光率的影响，会造成信号的改变，应等到信号重新稳定后，通入的抗体与固定的抗原反应。实验过程中采用不同质量浓度的待测样品-BSA 偶联抗原进行固定，随着抗原质量浓度的增加，SPR 相对响应值增大，当待测样品-BSA 质量浓度接近饱和时，选择该质量浓度作为抗原固定质量浓度。将固定质量浓度的抗原修饰在芯片上，PBS 作为缓冲液，SPR 实时监测不同质量浓度的抗体与固定在芯片上的抗原反应情况，建立标准曲线。以样品在仪器中的相对响应值为纵坐标，待测样品的浓度为横坐标，使用 Origin 软件非线性拟合，得到标准曲线方程。通过标准曲线方程可以得出大量信息如药物半数致死剂量（IC_{50}），得到最低检测值等。

生物分子相互作用实验中，对动力学参数的分析尤为重要，主要分析的动力学参数有结合速率常数、解离速率常数、结合平衡常数与解离平衡常数。结合速率常数反应的是配体与受体结合形成复合物速度快慢，该数值越大，配体与受体的结合速度越快；解离速率常数反应的是复合物逆向解离成配体与受体速度快慢；结合平衡常数反应的是可逆反应的强弱，在平衡状态时，它是反应体系中配体、受体与复合物之间的相关关系常数，该值越大，表示亲和力越强；解离平衡常数是结合平衡常数的倒数，通常表示亲和力的大小，该值越小，表示亲和力越强。根据动力学常数 Langumair 计算模型，在生物芯片上的反应可表示为：

$$\mathrm{d}R / \mathrm{d}t = -k_{d}R \tag{9-1}$$

$$\mathrm{d}R / \mathrm{d}t = k_{a}C_{A}（R_{max} - R）-k_{d}R \tag{9-2}$$

$$= k_{a}C_{A}R_{max} - k_{a}C_{A}R - k_{d}R \tag{9-3}$$

$$= k_{a}C_{A}R_{max} - （k_{a}C_{A} + k_{d}）R \tag{9-4}$$

$$K_A = k_a / k_d \tag{9-5}$$
$$K_D = 1 / K_A \tag{9-6}$$

式中，C_A——样品浓度；

　　R_{max}——传感芯片上形成最多复合物时所得的响应值；

　　R——时间 t 时的响应值；

　　k_a——结合速率常数；

　　k_d——解离速率常数；

　　K_A——结合平衡常数；

　　K_D——解离平衡常数。

由公式（9-1）、（9-2）可知，将响应值 R 对时间求导，并以 dR/dt 对 R 作图，所得直线的斜率为 $K_s = -(k_a C_A + k_d)$，再以斜率 K_s 对 C_A 作图，所得图的斜率为结合速率常数 k_a，截距为解离速率常数 k_d。

根据所有的全息图，用数学统计计算绘制不同浓度点样溶液的相位随时间的变化关系图，通过曲线图变化可以分析结合反应的程度。根据动力学参数计算方法还可得到相互作用的结合平衡常数、解离速率常数等从而分析两者的亲和力强弱。

当获取足量的全息图后存储在计算机内，可以利用 MATLAB 程序结合数字再现算法进行数据处理，这样可以得到待检测的两种生物分子的相互作用强度与相位信息，根据相位随时间变化的曲线图中曲线趋势可分析结合反应的程度及解离程度，再根据动力学参数计算方法得到两种生物分子相互作用的结合速率常数、解离速率常数与结合平衡常数从而分析的生物分子间结合的亲和力。

同样的，可分析不同药物分子与体内蛋白及其衍生物的结合情况，来判断哪一种药物的结合效果更好。综上所述，根据计算机收集的全息图绘制的相位变化曲线利用数学方法计算出结合速率常数、解离速率常数、与结合平衡常数即可直观地对生物分子进行识别及定量检测，研究生物分子间的互作作用；还可分析两个分子之间结合的特异性及结合的强度、目标分子的浓度，等等。

四、SPR 技术的应用

目前，SPR 生物传感技术适用于检测蛋白质、多肽、DNA、小分子化合物等物质分子之间的相互作用，SPR 生物传感器广泛应用于生物药物的发现与检测、蛋白组学研究、食品分析、临床诊断、环境监测和病原微生物检测等领域。

（一）在生物药物质量控制中的应用

1. 结合活性的测定

在多数生物药物的质量标准中，活性检测是评价药物有效成分效价的重要指标，是确保药物有效性的重要质控手段。当药物与其靶点结合后，会激活靶细胞相关信号通路，诱导细胞凋亡或发挥其他免疫学、生物学反应，最后通过细胞信号的检测来评价药物活性。活性检测一般分为结合活性检测和生物学活性检测，前者是评价药物与靶点受体结合的能力，后者评价药物与靶点结合后，诱导相关免疫学反应的能力。目前用于结合活性检测较为成熟的技术主要是 ELISA。然而 SPR 技术由于该技术无须标记、耗时短、实时监测等优点成为活性检测的新方法，已有多家公司将该技术应用于治疗用单抗类产品结合活性的考察。

2015 年，相关研究将 SPR 技术用于双特异性抗体的结合活性的考察。该抗体是双靶点特异性抗体，进而诱导肿瘤细胞凋亡。研究者将其中一个抗原固定在生物芯片表面，而后加入双抗，当双抗与生物芯片表面的抗原结合后，再加入第二种抗原，使其与双抗特异性结合。实验发现，当保持抗原 1 的偶联浓度以及抗原 2 的进样浓度不变时，双抗的进样浓度与抗原 2 的结合信号之间存在正相关关系。研究者建立了 SPR 技术应用于双抗结合活性效价测定的方法，并进行了方法学验证，结果表明 SPR 技术适用于双抗结合活性效价的测定，并且该技术准确度良好，精密度高。

2. 免疫原性的评价

生物药物是通过细胞工程、基因工程等技术研发、生产而来，这些药物具有免疫原性，当反复多次给药后，在动物甚至人体内会产生抗体，这可能是性质存在差异或重组蛋白与天然蛋白之间结构导致的。抗药抗体会与药物形成复合物，从而影响药物的正常代谢。因此，免疫原性是评价生物药物安全性的重要指标之一。SPR 技术灵敏度高，可以用于检测低浓度的抗体免疫原性。有研究者将人免疫球蛋白（IgG）作为模型蛋白，检测了它与羊抗人 IgG 的特异免疫原性。研究者将羊抗人 IgG 作为特异配体分子通过氨基偶联技术固定在金膜表面，当 IgG 流经 SPR 界面，可与羊抗人 IgG 特异性结合，而作为阴性对照的人血清白蛋白则不与羊抗人 IgG 结合。研究表明该检测方法满足 IgG 免疫原性检测要求。

3. 宿主细胞 DNA 残留的检测

当下，疫苗对宿主细胞的作用后影响成为人们广泛关注的热点问题，传代细胞系的残留 DNA 具有致瘤性、病毒传染性，且其相关代谢途径和机制未知，对人类健康造成一定威胁，在疫苗、血液制品等生物药物的质量控制中，宿主细胞 DNA 残留问题一直是人们关注的热点。因此需要对宿主细胞残留 DNA 进行质量控制。

目前常用对宿主细胞 DNA 残留量检测的技术是 q-PCR 技术，但 PCR 技术往往带来耗时长、易污染等检测问题。现有研究表明，SPR 技术可用于 DNA 的检测。与评价蛋白质分子间的相互作用不同，检测寡聚核酸分子的生物芯片膜表面需要固定相应的 DNA 适配体，一般通过交联剂将与待测序列互补的寡核苷酸探针分子固定在金膜表面，根据分子杂交原理，进样后，通过改变检测温度，待测序列会与探针分子杂交结合，发生 SPR 信号，检测时则根据 SPR 信号来对待测序列进行定性定量分析。

（二）在微生物污染控制中的应用

绝大多数生物药物为静脉注射或皮下注射制品，需要严格控制微生物污染，否则会给患者带来极大的安全风险。目前常用培养法来对细菌等微生物进行鉴定和控制。但该方法具有耗时长、易污染等缺点，现可将 SPR 技术应用于微生物检测中。2012 年，Torun 及其研究团队应用 SPR 技术对 *E.coli* 进行了定量检测，以 11-MUA 作为交联剂，将生物素偶联抗兔抗 *E.coli* 抗体固定于金膜表面进行 *E.coli* 的检测，并对方法特异性、灵敏度、线性和范围进行了考察，结果表明该方法特异性良好，灵敏度及线性范围皆可用于 *E.coli* 的定量检测。Shin 等从 λ 噬菌体中提取纯化了尾蛋白 J，并将该蛋白片段固定于金膜表面制备成生物芯片，尾蛋白 J 可与 *E. coli* 特异性结合，而不与铜绿假单胞菌（*Pseudomonas aeruginosa*）结合，因此该生物芯片可特异性检测 *E.coli*，方法灵敏度及线性范围皆适合。Daems 等通过实时 PCR 技术富集 DNA 探针序列，而后根据分子杂交原理将富集后的 DNA 探针固定在金膜表面，研究表明制备而成的生物芯片可以检测牛分枝杆菌及其亚型。

现根据检测原理，将生物芯片分为蛋白质-金膜和寡聚核苷酸-金膜两种，前者将微生物特异性抗体偶联在金膜表面，后者将与微生物核苷酸特异序列互补的寡聚核苷酸固定在金膜表面进行微生物特异性检测。

（三）SPR 在食品农药残留检测中的应用分析

使用 SPR 检测食品农药残留技术已经较为成熟，相关研究显示，与表面竞争法和免疫放射分析法相比，SPR 对食物中农药残留的检测效果更好，检测范围可达 1～1000ng/mL；SPR 对于抑制光合作用类的农药同样具有较好的检测效果，检测范围可达 0.1～100μg/L。

（四）SPR 在海洋生物毒素检测领域中的应用

海洋生物通过自身的特殊代谢机制能够产生毒性物质，现有研究发现通过 SPR 竞争法可鉴定出海洋生物体内的毒性物质软骨藻酸（DA），使用抑制法可以检测贝类提取物中的 DA，大大地提高了海洋生物毒素检测的可实施性。

SPR 技术是近年来备受关注的一种检测技术，随着偶联技术、高分子材料技术的发展，SPR 技术日趋成熟，应用范围不断扩大，相信在不久的将来，SPR 技术将成为一种普适性检测技术，检测更多生物分子间的相互作用，为生命科学领域做出实质性的贡献，更好的解决日常生活问题，推动学科发展与社会进步。

主要参考文献

陈朗东，董中云，吕狄亚，等.2018. 表面等离子共振技术在定量分析中的应用和研究. 药学实践杂志，36（1）：18-23.

胡永奇.2020. 表面等离子体共振检测系统. 科技经济导刊，28（33）：57-58.

黄汉昌，姜招峰，朱宏吉.2007. 表面等离子共振生物传感器测定人免疫球蛋白的抗原活性. 北京联合大学学报（自然科学版），21（3）：57-61.

李春娴.2014. 免疫印迹技术对幽门螺旋杆菌感染的分型诊断及其临床意义. 特别健康：下，1：295.

陆学东，孙惠平，张银辉.1993. 免疫印迹技术在临床结核病血清学诊断中的应用. 中华结核和呼吸杂志，16（6）：357-359.

秦伟.2014. 基于表面等离子体共振的金纳米层微结构光纤传感器研究. 燕山大学硕士学位论文.

邵宜波，顾有为，李旭.2020. 医院感染分子生物学研究方法进展. 中国医药导报，17（21）：38-41.

汪洛，陶祖莱. 1996. 表面等离子体激元共振与生物分子相互作用分析. 生物化学与生物物理进展，6：483-487.

于林，刘军. 2020. 表面等离子共振技术在食品安全检测中的应用. 质量安全与检验检测，30（4）：135-136.

赵欣，李敏，罗建辉. 2019. 人用狂犬病疫苗（Vero 细胞）DNA 残留控制的相关探讨. 中国生物制品学杂志，32（10）：1164-1168.

Bas JJ，Wilkinson DJ，Rankin D，et al. 2017. An overview of technical considerations for western blot applications to physiological research. Scand J Med Sci Sports，27（1）：4-25.

Che J，Wang H，Chen Z，et al. 2009. A new approach for pharmacokinetics of single-dose cetuximab in rhesus monkeys by surface plasmon resonance biosensor. J Pharmaceut Biomed，50（2）：183-188.

Gassner C，Lipsmeier F，Metzger P，et al. 2015. Development and validation of a novel SPR-based assay principle for bispecific molecules. J Pharmaceut Biomed，102：144-149.

Giebel KF，Bechinger C，Herminghaus S，et al. 1999. Imaging of cell/substrate contracts of living cells with surface Plasmon resonance microscopy. Biophys J，76：509-516.

Haihong B，Mei Y，Xiaojing W，et al. 2019. Development of a gold nanoparticle-functionalized surface plasmon resonance assay for the sensitive detection of monoclonal antibodies and its application in pharmacokinetics. Drug Metab Dispos，47（11）：1361.

Hossain MB，Rana MM. 2016. DNA hybridization detection based on resonance frequency readout in graphene on au SPR biosensor. J Sen- sors，6070742.

Janes KA. 2015. An analysis of critical factors for quantitative immunoblotting. Sci Signal，8（371）：rs2.

Kurien BT，Scofield RH. 2015. Western blotting：an introduction. Methods Mol Biol，1312：17-30.

Liu L，Lu J，Allan BW，et al. 2016. Generation and characterization of ix ekizumab，a humanized monoclonal antibody that neutralizes interleukin-17a. J Inflamm Res，9：39-50.

Mahmood T，Yang P. 2012. Western blot: technique，theory，and trouble shooting. N Am J Med Sci，4（9）：429-434.

Mishra M，Tiwari S，Gomes A. 2017. Protein purification and analysis：next generation Western blotting techniques. Expert Rev Proteomics，14（11）：1037-1053.

Pillai-Kastoori L，Schutz-Geschwender AR，Harford JA. 2020. A systematic approach to quantitative western blot analysis. Analytical Biochemistry，593：113608.

Waleed A，Emad L，Izake Michael S，et al.2017. Gold nanomaterials for the selective capturing and SERS diagnosis of toxins in aqueous and biological fluids. Biosensors and Bioelectronics，91：664-672.

Wang J，Song D，Wang L，et al.2011. Design and performances of immunoassay based on SPR biosensor with Au/Ag alloy nanocomposites. Sensors and Actuators B：Chemical，157（2）：547.

Wu L，Hu X，Tang H，et al. 2014. Valid application of western blotting. Mol Biol Rep，41（5）：3517-3520.

第十章　细胞分析技术

第一节　流式细胞分析与分选技术

流式细胞仪（flow cytometer，FCM）是单细胞水平研究的重要工具。它能够对流动液体中排列成单列的细胞或其他生物粒子进行快速分析和分选。其检测参数包括细胞体积、内部结构、DNA、RNA、蛋白质等物理和化学特征，在研究细胞的生理功能、疾病的发生与发展规律等方面具有重要意义。FCM 技术具有如下特点：①样本需要制备成单细胞悬液；②短时间内可以进行大量的细胞分析；③通过多色标记，可同时分析单个细胞的多种特征；④通过荧光标记细胞的某些成分（如 DNA、抗原或受体、Ca^{2+}浓度、酶活性等）和功能，可以进行单细胞水平的定性与定量分析。

一、技术原理

单细胞悬液在液流的驱动下，形成单细胞液流柱，让细胞依次通过激光照射区，并发射出不同的散射光信号和荧光信号，光信号被收集处理后，在电脑上以图表的形式显示出来。流式细胞术就是通过光信号的检测来达到细胞分析的目的（图 10-1）。

（一）散射光信号

细胞通过测量区时，经过照射，向空间 360° 立体角的所有方向散射光线，散射光信号的强弱与细胞的大小、形状、细胞膜和内部结构的折射率有关，是细胞固有参数。经过固定和染色的细胞，因折射率发生变化，其散射状况可能与未固定或未染色的细胞不同。

1. 前向角散射（forward scatter channel，FSC）

FSC 也称为 0° 散射，即其散射光方向和入射光方向一致。其中，直接透过的入射光被 FSC 收集透镜前面的阻挡板挡住，只收集散射光信号。FSC 强度一般与球形细胞的大小有关，确切说，与细胞直径的平方密切相关。一般来说，对于同一种细胞，FSC 信号强，说明细胞大；信号弱，说明细胞小。但是，不同的处理和固定方法也可能造成细胞 FSC 信号的改变。另外，非球形细胞（禽类红细胞或扁平状的精子等）由于其在液流中空间取向不同，也可能导致同种细胞的 FSC 信号完全不同。

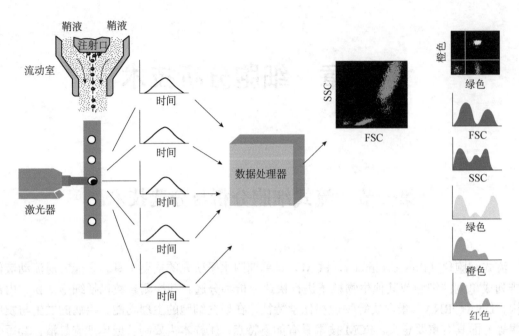

图 10-1　流式细胞术技术原理

2. 侧向角散射（side scatter channel，SSC）

SSC 也称 90° 散射，即垂直于入射光方向。其对细胞膜、细胞质的折射率更为敏感。此外，对细胞质内较大的颗粒也会有反映。常用来获取有关细胞内部精细结构和颗粒性质的有关信息。

（二）荧光信号

荧光信号是由对细胞进行染色的特异性荧光染料受激光照射后发射的。与激发光相比，荧光信号波长增大，强度减弱。荧光信号一般分为自发荧光和标记荧光两种。

1. 自发荧光

即未染色的细胞受到激光照射后所发出的荧光信号，是一种本底信号。如某些正常细胞成分（核黄素、细胞色素等）可产生自发荧光。培养的细胞中，死细胞比活细胞的自发荧光信号强。

2. 标记荧光

即染色细胞的特异性荧光素受到激光照射后所发出的荧光。它以细胞为中心，向空间 360° 立体角发射。不同荧光素发射的荧光波长不同。荧光强度与结合在细胞上的荧光素分子数成正比。特异性荧光信号一般检测细胞的外部参数，包括 DNA 含量、蛋白含量、细胞活性以及细胞内 pH、膜电位、钙离子浓度等。自发荧光常会干扰特异性荧光信号，尤其是对低水平结合的荧光抗体。为了降低自发荧光的干扰，常选用较亮的荧光染料来标记。另外，自发荧光的干扰还可以通过补偿调节来消除。在荧光信号检测中，免疫学标记常用对数（logarithm，log）放大模式。线性（linear，lin）放大模式适用于小范围变化的信号，如 DNA 含量的变化等。

散射光信号能区分某些非均一的细胞亚群，如外周血中的淋巴细胞、单核细胞和粒细胞。散射光波长与入射光一致，这是散射光与荧光的最大区别。由于通过测量区的细胞都有散射光信号，因此，常将散射光和荧光分析相结合使用。

细胞分选是根据所测定的细胞参数将某种细胞从细胞群体中分离出来。FCM 分选是通过分离含有目的细胞的液滴而实现的。流式细胞术所测定的任何参数都可作为细胞分选的依据，而且被分选出来的细胞的均一性与所选参数有关。

（三）仪器性能指标

仪器的技术指标可以反映仪器的性能。根据使用目的不同，侧重点也有所不同。常用的分析和分选技术指标包括以下几点。

1. 分析指标

（1）**FSC 检测灵敏度** 指仪器所能检测到的最小颗粒。一般商品化的仪器均可以测量到 0.2～0.5μm 的颗粒。

（2）**仪器的荧光测量灵敏度** 是衡量仪器检测微弱荧光信号的重要指标。一般以能检测到单个微球上最少 FITC 或 PE 荧光分子数来表示。

（3）**分析速度** 以每秒钟可以分析的细胞数来表示。当细胞流过光束的速度超过仪器响应速度时，光信号就会丢失，这段时间称为仪器的死时间（dead time）。死时间越短，仪器处理数据越快。对于不同的样品测量要求，可以选择适当的分析速度。

（4）**仪器的分辨率** 即仪器测量所能达到的最大精度，常用变异系数（coefficient of variation，CV）来表示。由于它与测量样品有关，必要时需要注明。一般在最佳状态时，CV 值小于 2%。

2. 分选指标

（1）**分选速度** 以每秒钟可以分选出的细胞数量来表示。不同的仪器，其分选速度可能不同，每秒几百个到几万个不等。

（2）**分选纯度** 指被分选出的细胞所占的百分比。它不仅与仪器精度有关，而且也与被分选细胞在整个群体中的相对位置相关。如果被分选细胞与其他细胞能明显区分开，则分选纯度就高，反之则低。

（3）**分选收获率** 指被分选细胞与原来溶液中该细胞的百分比。若样品中被分选细胞有 1000 个，而实际收集到的只有 900 个，则收获率为 90%。

通常情况下，纯度提高，收获率则降低，反之亦然。这是由于细胞在液流中并不是等距离一个接着一个有序地排队，而是随机的。一旦两个不同细胞挨得很近时，在强调纯度或收获率的不同条件下，仪器会做出舍或取的决定，因此，选择不同模式要视具体实验要求而定。

二、流式细胞仪的基本构造

（一）光学系统

1. 光源和光斑

对于大部分仪器来说，细胞通过检测点的时间很短，每个细胞经过光照区的时间仅为 $1\mu s$ 左右，所激发出的荧光信号强弱与被照射的时间和激发光的强度有关，因此，细胞必须达到足够的光照强度。激光为相干光源，基本上沿直线传播，并且能够提供单波长、高强度及高稳定性的光照，是细胞微弱荧光快速分析的理想光源。现代的 FCM 仪器的激发光源通常采用激光。因为激光可以聚焦成非常窄的高能量光束，当细胞通过检测区时可以得到很强的信号，并且，激发光束的宽度与细胞大小接近，这样可以避免同时激发其他细胞而造成干扰。激光束经过透镜聚焦，形成约 $22\mu m \times 66\mu m$ 的椭圆形光斑，其激光能量呈正态分布。为保证各个细胞受到光照并且受照强度一致，必须将样本流与激光束正交于激光能量分布峰值处。

2. 滤光片

经过聚焦后的光束，垂直照射在样本流上，被荧光染色的细胞在激光束的照射下产生散射光和荧光信号。由于每种发射光谱都具有一连续的波长范围，并且在其中某一波长位置出现最大发射峰，向两侧逐渐降低。因此，多种发射光谱之间会出现重叠。为了更好地检测某种荧光信号，必须用滤光片对发射光谱的检测范围进行选择，从而去除干扰信号，保证结果的准确性。其作用主要有：①使激发光波长尽可能接近荧光染料的激发光谱峰值；②使检测器收集尽可能纯的、强的发射光。目前，常用的滤光片主要包括以下 3 种。

（1）长通滤片（long-pass filter，LP） 只能使特定波长以上的光通过，而特定波长以下的光不能通过。如 LP500 滤片，即大于 500nm 的光通过，而小于 500nm 的光被吸收或返回。

（2）短通滤片（short-pass filter，SP） 只能使特定波长以下的光通过，而特定波长以上的光不能通过。如 SP500 滤片，即小于 500nm 的光通过，而大于 500nm 的光被吸收或返回。

（3）带通滤片（band-pass filter，BP） 放置在 PMT 前面，允许某一较窄波长范围（接近于荧光染料发射光的波长）内的光通过，而该范围外的光不能通过。如 BP500/50，即允许通过的波长范围为 475～525nm。

当用来检测两种以上波长的荧光信号时，为了有效地使各种荧光分开，可采用二向色性滤片，即当滤光片和光源成 45° 角时，原本被通过的光照样通过，而原本被阻挡的光将会沿着 90° 角的方向被反射出去。

（二）液流系统

为了精确测量细胞通过激光照射区所发射的光信号，必须使细胞悬液形成单细胞液流柱，并以相同的流速依次通过激光照射区。

根据雷诺数（Re）公式

$$Re = d\rho v/\eta \tag{10-1}$$

式中，d —— 管子直径；

　　　v —— 液流平均速度；

　　　ρ —— 液体密度；

　　　η —— 黏滞系数。

　　可知，当 $Re < 2300$ 时是层流（laminar flow）。如果喷孔直径是 $100\mu m$，水的密度是 $1g/cm^3$，水在 $20^\circ C$ 时的黏滞系数是 $0.01g/（cm \cdot s）$，则当 $v < 23m/s$ 时是层流。层流时液体与喷孔有浸润现象，液柱是稳定的。考虑到各种因素，常限制喷射速度小于 $10m/s$。利用这一技术，可以实现两种液体的同轴流动，标本流位于轴心稳定流动，外面包裹有鞘液。实现这一功能的主要部件是流动室（flow chamber）。标本流在压力系统的作用下，以恒定的速度（一般为 $5 \sim 10m/s$）从一个细喷嘴喷出，同时，鞘液在高压下自鞘液管喷出，在流动室中与样品流混合（图 10-1）。根据层流原理，鞘液将处于层流状态，围绕标本喷嘴高速流动，这样就使得标本流与鞘液流形成稳定的同轴流动状态。由于标本喷嘴处于流动室的中心，就使得标本流在鞘液包裹下恒定处于同轴流动的中心位置，其精度可稳定在几个微米之内。标本流位置的稳定是通过调整它与鞘液流速的比例来实现的。一般来说，标本流速与鞘液流速的比值在 1：50 至几百之间。鞘液的直径约为 $50 \sim 100\mu m$，标本流直径约为 $30\mu m$。标本流和鞘液流的驱动一般采用加正压的方法，只要压力恒定，就可以得到恒定的流速，从而确保每个细胞经过激光照射区的速度不变。

　　为了控制标本流的直径，流动室在设计时还利用了液流的聚焦作用。根据流体力学中的 Bernoulli 定律，当液体流经截面不同的管道时，$S_1v_1 = S_2v_2$（S 为管道的截面积；v 为液体的流速）。在流动室中，$S_1 > S_2$，则 $v_2 > v_1$。当两个截面积突然发生变化时，液流从截面积大的部分流入截面积小的部分后，并非全部形成平行于管壁的稳流，而是在入口处有一段收缩的区域，这种现象称为液流聚焦。在流式细胞仪中，常把激光照射点设在此处。由于标本流直径变小（通常为 $10 \sim 20\mu m$），可避免多个细胞重叠进入检测区。这时，只要简单地改变待测标本的浓度，就可以设置待测细胞流经照射点时的平均距离，使其分隔达数百微米，从而实现单个细胞的测量。若样本流变宽，细胞间距离缩短，单位时间内流经激光照射区的细胞数增加。同时，检测结果的 CV 值也相应地发生改变。

（三）电子系统

　　细胞穿过激光聚焦后的光斑所产生的光信号，分别同时被相应的检测器所接收。根据通过光斑的时间，将光信号转变为电压信号输出。以微秒为横坐标，电压为纵坐标作图（图 10-2），即电压脉冲（voltage pulses）。经模拟数字转换（analog-to-digital conversion，ADC），使 $0 \sim 10V$ 电压代表 $0 \sim 1000$ 道数（channel）。将脉冲信号变换成二进制的数字信号并传输至计算机。电子系统主要包括光电转换器、前置放大电路、模数转换电路和数据处理系统。光电转换器主要功能是将光信号转换为电流信号，主要包括光电二极管（photodiode）和 PMT。PMT 的电流放大倍数可达 10^6。电流信号被前置放大电路转换为电压脉冲信号，没有光信号进入时，所输出电压调整为零。脉冲宽度约为 $10\mu s$，脉冲高度与入射光信号的强度成正比，细胞通过光束中心位置时所产生的最强信号为脉冲高度峰值。

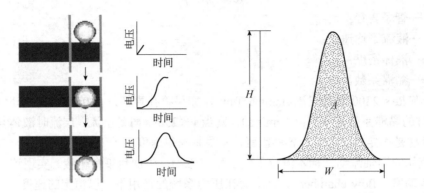

图 10-2 根据细胞通过激光照射区的时间，光信号转变为电压脉冲
H：高度；*W*：脉冲宽度；*A*：面积

脉冲宽度（width，*W*）、高度（height，*H*）和面积（area，*A*）是脉冲定量分析的三要素（图 10-2）。脉冲面积是指对荧光光通量进行积分测量。DNA 倍体测量时，脉冲面积比高度更能准确反映 DNA 的含量。形状差异较大而 DNA 含量相等的两个细胞，所得到的荧光脉冲高度是不等的，但面积相等。由于 DNA 样本极易聚集，当两个 G_1 期细胞粘连在一起时，其 DNA 荧光信号与 G_2 期细胞相等，这样得到的 G_2 期细胞比例会增高。区分双联体细胞常用脉冲宽度。双联体细胞的脉冲宽度比单个 G_2 期细胞的大（图 10-3）。

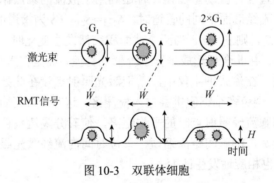

图 10-3 双联体细胞

电信号常采用线性放大或对数放大两种输出方式。线性放大是指输出与输入信号呈线性关系，适合于强度变化范围较小和代表生物学线性过程的信号。如细胞 DNA 含量、RNA 含量、总蛋白质含量等。对数放大是指输出与输入信号呈对数关系，比如，输出信号是 1，当输入增大到原来 10 倍时，输出信号为 2，当输入增大到原来的 100 倍时，输出为 3。在免疫学样本中，细胞膜表面抗原的分布，有时要相差几十倍至几万倍，用线性放大器无法在一张图上同时显示出来，常使用对数放大。

为了记录细胞完全通过照射区的电压峰值信号，在前置放大电路之后，用峰值检测器保持脉冲信号消失之后的峰值信号，直到峰值信号转换为数字信号之后才重新复位，记录下一个信号。电压峰值被模数转换电路转换为数字化信号，传递到计算机系统。模数转换芯片的位数和速度决定了数字信号的精度。

（四）细胞分选系统

细胞分选方式主要为静电分选（electronic flow sorting）。相对于非分选型仪器，静电分选主要有三个方面的改进：①鞘液流通过振动形成液滴；②液滴通过两个电压偏转板之间；③根据液滴中所含细胞的特性来判断是否对液滴进行分选。

当流动室喷嘴上的超声振荡压电晶体片上加有每秒数万伏的电信号后，其将以每秒上万次的振动频率使喷出的液流断裂为液滴。部分液滴中可能包有细胞。在液流断裂成液滴之前，细胞经激光照射发射出散射光信号和荧光信号。若该细胞为被分选细胞，仪器在含有该细胞的液滴即将断裂之时充以指定的电荷，含有未被选定的细胞和不包含细胞的液滴则不被充电。当带有电荷的细胞流经带有正负几千伏恒定静电电场的偏转板时，在静电引力和斥力作用下产生偏转，落入相应的收集管中；不带电荷的就进入废液容器中，最终实现特定细胞的分选（图 10-4）。虽然分析点与振动点比较靠近，但是，细胞被照射和信号的收集几乎不受影响。由于在刚刚形成液滴时进行充电，时间间隔比较短，这样只有一个液滴被充电。若时间间隔过长，则前后的细胞也会被充电。从激光照射区到形成液滴的距离大约 10～20 个波长，这段时间为液滴延迟（drop delay）时间，精确的测定延迟时间是决定分选质量的关键。目前，大部分分选型仪器可以同时分选 4 种不同的细胞亚群。

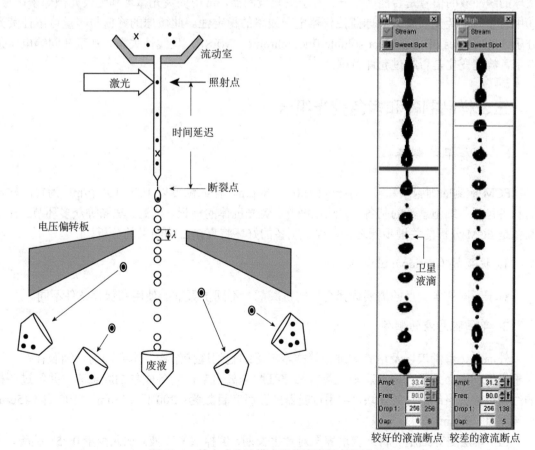

图 10-4　静电式分选模式及其液流断点的形成

喷嘴的振动频率即为每秒产生液滴的数目。通过振动形成稳定液滴的条件可由公式 $f=v/\lambda$（式中，f 为液滴产生频率，v 为液流速度，λ 为液滴之间的距离）来表示。由于实际液流束的直径比喷孔直径略大一些，而且，当 λ 为喷孔直径（液滴直径 d）的 4.5 倍时，液滴形成比较稳定。因此，$f=v/4.5d$。常规条件下，用直径为 $70\mu m$ 的喷嘴，$v=10m/s$，$f=32kHz$（即若每秒通过 10 000 个细胞，则平均每 3 个液滴中有 1 个含有细胞）；高速分选时，$v=30m/s$，$f=95kHz$（即若每秒通过 30 000 个细胞，则平均每 3 个液滴中有 1 个含有细胞）。

细胞分选可以是正选、负选或正负选结合。正选是标记目的细胞，直接分选。负选是筛选非标记细胞，一般只在无适当抗体或抗体会影响细胞时才采用。正负选结合适合分离细胞数量极少或含有与其他非目的细胞相同表面抗原的细胞。在分选过程中，根据每个液滴中所含细胞颗粒的性质不同，使液滴以一定的方向进行偏转。需要分选的细胞的类型、位于液滴内的位置以及液滴中是否含有其他细胞颗粒等问题都会影响液滴的偏转。

为了获得精确的分析结果，需要监控仪器是否处于良好的状态。主要包括以下几点。①校准光路。确保细胞在通过检测区时能被稳定激发，并且，光散射信号和荧光信号能够准确地集中于检测器。若光路出现偏离，则会使 CV 值过大，仪器灵敏度下降。环境温度波动、激光器老化等因素均会引起光路偏离。可以用 CV 值很小的微球来校准。②监控检测器的灵敏度。对于散射光信号检测器，将散射光阈值调到最低，观察来自标准微球的信号和来自无微球的缓冲液的信号是否能区分开。对于荧光检测器，常用弱荧光微球和无荧光微球来区分。③用若干确定荧光强度的微球监控仪器电子线路的稳定性。此微球的峰值与等量可溶性荧光分子（molecules of equivalent soluble fluorochrome，MESF）呈线性关系。观察在同等电压条件下，峰值变化是否超过允许范围。

三、样品制备和多色荧光组合

（一）样品的制备

FCM 检测的细胞或颗粒大小一般为 $0.2\sim80\mu m$。样品浓度以 $10^5\sim10^7$ 个/mL 为宜。样本的制备包括单细胞悬液的制备、去除红细胞、荧光抗体的标记、过滤、洗涤等众多环节。样本制备是 FCM 分析的关键步骤之一，样本制备的好坏将直接影响结果的分析。

1. 抗凝剂（anticoagulant）

对于不同的实验目的需要选择合适的抗凝剂。不同抗凝剂的使用和保存条件不同。

2. 单细胞悬液的制备

外周血、骨髓液以及培养的细胞等样本缺乏细胞间连接结构，本身即为单细胞存在。而对于组织样本必须经过研磨、消化等方法将细胞分离出来，制备成单细胞悬液，并经过严格的过滤以除去组织碎片等团块。常用过滤器的孔径和目数为：200 目（$75\mu m$）、300 目（$45\mu m$）和 400 目（$37\mu m$）。

（1）单层培养细胞 将细胞培养至对数生长期，倒掉旧培养液。加入少量 0.25% 胰酶，润洗后倒掉。再加入 $1\sim2ml$ $37^\circ C$ 预热的 0.25% 胰酶，$37^\circ C$ 消化。在倒置显微镜下观察，见细胞稍变圆时，立即竖立培养瓶，停止胰酶作用，弃去胰酶。加入 $3\sim4ml$ 无钙镁 PBS，用吸管反复吹打，使成单细胞悬液。在 annexin V 检测细胞凋亡实验中，由于 annexin V 是 Ca 依赖性蛋白，所以，不能用含有 EDTA 的胰酶消化，防止 EDTA 螯合 Ca^{2+}，从而影响结果。

（2）本身即为单个细胞　骨髓、胸腔吸液、腹腔吸液等样品中细胞本身即为单细胞，只需裂解红细胞即可。另外，还有脱落细胞、尿液、内镜刷检细胞等。

（3）实体组织分散为单个细胞　在分散过程中，解离的方法可能瞬时或持久地影响细胞的性质，如细胞膜的破损，线粒体活性的变化，选择性表面抗原的丢失等。细胞损伤的程度受实验条件的影响，如温度、pH、处理时间等。因此，从组织中分散出的单个细胞，在某些性质上与原来组织中的细胞是不同的。需要改进分散的方法，其原则如下。①分散出的细胞群体与体内原位组织有类似性。如分化细胞与未分化细胞之比、增殖细胞与静止细胞之比、细胞周期各时相细胞之比和带有某个特征的细胞亚群所占比例等。分散过程中，不应造成某种类型细胞的过多丢失。②用于 DNA 含量分析的细胞不要成团，碎片要少，DNA 分布图的 CV 值要低，以便准确估计各周期时相的百分比。③对活细胞进行细胞功能研究时，分散出的细胞群体应保持克隆生成能力，并能保持原细胞的功能。如细胞膜的完整性、细胞内 pH、细胞膜电位、线粒体活性等。④有些试验要求保持分散细胞体内组织的结构和形态特征。如对小肠组织进行细胞动力学分析时，根据隐窝细胞较短，并处于增殖状态，或绒毛细胞较长和处于非增殖状态的特征，可区分出两个不同的细胞亚群。因此，分散时，要保持细胞的形态学特征。⑤为了对同一细胞悬液进行多次重复测量，需保持较高的细胞数量。

不同组织间有不同的黏着物质，分散为单个细胞时，必须将其改变或移掉。这些黏着物质的生物学特性决定了某种组织系统最适宜的分散方法。如弹性纤维不能被胰酶消化，而能被弹性蛋白酶消化。另外，所有的组织间都有蛋白和糖蛋白，蛋白水解酶是最通用的酶分散方法。目前，分散方法主要有以下几种。①酶消化法：可以破坏组织间的胶原纤维、弹性纤维，可以水解组织间的黏多糖等物质。常用蛋白酶类有胃蛋白酶、木瓜蛋白酶、链霉蛋白酶或中性蛋白酶等。胰蛋白酶能水解酯键和肽键，胶原酶能降解几种分子类型的胶原，溶菌酶能水解糖蛋白和肽的糖苷键，弹性蛋白酶能消化连接组织的糖蛋白和弹性蛋白的纤维。不同酶对细胞内和细胞间不同组分有特异作用，要重视酶的选择，如含有大量结缔组织的肿瘤，选用胶原酶较好，而不用胃蛋白酶或胰酶，因为胶原酶在 Ca^{2+}、Mg^{2+} 存在或在血清状态下不会降低活性。②机械法：常用手术剪刀剪碎组织、用锋利的解剖刀剁碎组织或用匀浆器制成组织匀浆，再用细注射针头抽吸细胞或用 300 目尼龙网过滤。机械法易造成细胞碎片和细胞团块，常与其他方法配合使用。③低渗法：用低渗溶液破坏细胞膜，可以使细胞核自行释放出来，获得一个裸核悬液样品。需要注意的是，要避免脱核时间过长，以免造成核膨胀碎裂。④化学处理法：将组织细胞间起黏着作用的钙、镁离子置换出来，从而使细胞分散开来。常用 0.2% EDTA 溶液或胰酶加 EDTA 溶液。

3. 去除红细胞

外周血或某些组织来源的细胞样本中含有众多的红细胞。红细胞的存在对其他细胞的检测结果影响较大。因此，必须除去红细胞。常用的方法有密度梯度离心法和红细胞溶解法。①目前常用 Ficoll 密度梯度离心法直接分离和纯化外周血单个核细胞（peripheral blood mononuclear cells，PBMC）。红细胞、粒细胞密度大，离心后沉于管底；淋巴细胞和单核细胞的密度小于或等于分层液密度，离心后漂浮于分层液的液面上，也可有少部分细胞悬浮在分层液中。吸取分层液液面的细胞，就可分离到单个核细胞。注意：抽取外周静脉血时要注意无菌操作；操作全程应尽可能短时间内完成，以免增加死细胞数；离心机转速的增加和减少要均匀、平稳。②溶血原理主要是渗透压的改变，而白细胞抗性较好，能保持原来形态。建议在单抗结合之后进行溶解红细胞。溶血剂必须与血细胞充分混匀，溶血时间一般以 5～15min 为宜，见血液完全透明方可。

4. 荧光标记

免疫样本的制备是根据抗原-抗体特异性结合的原理。即荧光素标记的抗体与相应抗原形成抗原-抗体-荧光素复合物。该复合物在相应波长的激光照射下所发出荧光的强度与被测抗原分子含量呈一定比例关系。根据荧光染料标记方式的不同可分为直标法和间标法。直标法是用荧光素标记的单抗直接染色细胞。该法操作简单，结果准确，但每一抗原都需要有相应荧光素标记的抗体。间标法是指一种单抗与细胞作用后，再加入荧光素标记的抗抗体，使之形成抗原-抗体-抗抗体复合物。该法只需要制备一种荧光素标记的抗抗体即可。

（1）荧光素和单抗的选择 依赖于是否能够根据散射光或荧光信号的不同来区分不同细胞群体。这不仅需要确保抗原-抗体反应不受影响（如交叉反应、非特异性染色、结合位点过于接近而导致空间位置不够等），还要注意荧光素之间是否存在猝灭、能量转移或漏检等情况。另外，每一种荧光素都具有特定的激发光谱和发射光谱。大部分发射光谱会显示出向更长波长扩展的尾巴。为了分离不同波长的发射光谱，FCM 每个荧光检测通道都具有一个带通滤片。因此，荧光素的激发波长和发射波长必须与仪器的配置相适合。此外，FCM 所用的免疫分型抗体主要是单抗，大部分是 IgG。因为 IgM 分子量大（约是 IgG 的 5 倍），所以较少使用。抗体浓度的确定要使标记细胞和未标记细胞的平均荧光强度的信噪比最大，以达到最佳的区分效果（图 10-5）。考虑到实际情况，建议尽可能选择常用的试剂组合。

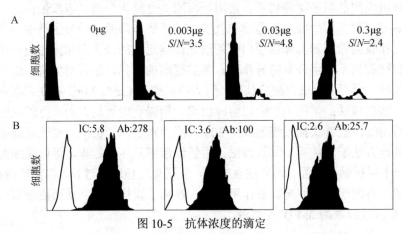

图 10-5　抗体浓度的滴定

A. 标记细胞表面抗原（以未标记为对照）；B. 标记胞内抗原（以同型对照为对照）

（2）细胞计数 所有细胞样本在染色前都需要计数，以确保抗体与细胞数之间的正确比例。最佳浓度为（0.5～5）$\times 10^6$ 个/ml。

（3）非特异性结合 对于细胞表面抗原，细胞膜的完整性是抗原表达所必需的。因此，应尽量保持细胞活性，否则易发生非特异性荧光染色。当细胞活性小于 30%时，需要采取有效的设门（gate）来排除死细胞。另外，免疫球蛋白 Fc 片段可与细胞上的 FcR 结合，其结合强度远高于抗体的非特异性结合。FcR 的阻断可以用血清或针对 FcR 的单抗。对于人和大鼠细胞，可以用过量的与荧光抗体来源相同、但与亚型无关的纯化 Ig 或血清来阻断 FcR。对于小鼠细胞可以用纯化的抗 CD16/32 抗体直接染色以封闭 FcR。此外，整个操作最好在 4℃ 环境下进行；洗涤液中加有 NaN_3，防止一抗结合细胞膜抗原后发生交联、脱落；洗涤要充分，避免出现假阴性。

（4）操作过程的可变性 ①环境温度对荧光染色有明显的影响。温度升高，溶液黏滞性增加，溶剂和荧光分子的动力增大，荧光猝灭的可能性增加，荧光分子和其他分子之间的相互碰撞概率增加，因此，影响了荧光分子发光量子的产额，即温度猝灭效应。一般，20℃ 时，荧光染料便会出现温度猝灭效应，温度升高，猝灭作用增强。低于 20℃ 时，荧光分子发光量子产额变化不明显，因此，染色后的样品应在低温环境下测定。②在染色过程中，必须确定荧光染料的浓度是否与荧光强度有直接的比例关系。在溶液较稀时，荧光强度与浓度成正比。浓度增加，荧光强度也增加。当荧光染料增加到一定浓度后，如果继续增加，荧光强度反而降低。即浓度猝灭现象。因此，选择合适的浓度非常重要。③荧光分子在溶剂中处于离子状态，因此，溶液 pH 对荧光强度影响极大。荧光分子发光的最有利条件是其在溶剂中呈离子化或极化状态，从而通过染料分子本身所具有的排斥力，尽可能地避免分子之间的相互碰撞，使其发光量子产额最高。每一种荧光素都有适合自己的 pH，以保持荧光染料分子与溶剂间的电离平衡。如 AO 为 pH6.0，EB 为 pH7.2～7.6。④杂质对荧光的猝灭作用主要是由于溶剂中含有一些不发光的物质，如溴化物、碘化物，氨基苯、硝基苯，铁、银离子等。由于荧光分子以外的其他分子的存在，而使荧光分子受激发后与其他分子相互作用，使荧光分子的光量子产额减少而造成猝灭现象。还有的杂质可能与荧光分子结合成新的化合物，使吸收光谱发生改变。

5. 固定和破膜

对于细胞内成分的染色常常需要对细胞进行固定和破膜处理。

（1）固定 荧光抗体与活细胞结合后形成的抗原-抗体复合物仍然处于动态平衡过程中，经洗涤后，悬浮介质中荧光抗体的浓度比染色前明显减低，使荧光抗体与抗原结合的不稳定性增大，特别是一些低亲和性抗体则有可能与抗原分离，如果免疫荧光染色后不能及时进行检测，可导致假阴性或阳性减弱的结果。另外，固定可以灭活标本中的病原体（如病毒等），保证样本检测时的生物安全。

细胞样品的固定常用醇类和醛类（戊二醛、多聚甲醛等）固定剂。染色 DNA 常用醇类固定剂，因为醛类固定剂对插入性荧光染料与核酸的结合有干扰，从而降低荧光强度。细胞膜表面抗原常用醛类固定剂，因为醇类固定剂可使细胞表面的糖蛋白、脂蛋白脱落丢失。对于细胞内抗原可以用醇类固定剂。①乙醇：70% 的乙醇固定比 75% 以上的浓度固定效果好。高浓度常造成细胞表面快速形成一个蛋白膜，使细胞内物质固定不佳。②1%多聚甲醛：目前临床免疫表型分析中常用，在细胞免疫荧光染色并洗涤 1～2 次后，加入 1%多聚甲醛固定 30～60min。可立即测定，也可 2～8℃ 避光保存 24h 内检测。③2%甲醛：在固定的最初 8h 内，由于连续的蛋白交联，可导致细胞形态或粒度发生明显改变。因此，在固定后 1～2h 与固定更长时间获取的粒细胞的 FSC/SSC 散点图特征有明显不同，单核细胞相对变化较小，淋巴细胞由于粒度较小而不受影响。为了完全稳定，推荐固定 12h，即固定后过夜，第 2d 测定（最好 5d 内测定），以免增加自发荧光。

（2）破膜　是指使流动的、完整地细胞膜产生可通透抗体的小孔，以便于细胞内成分的标记。选择破膜剂的原则是能保持细胞的形态和抗原抗体的结合能力。常用的破膜剂有 0.05% 皂角素（saponin）、0.1% Triton X-100 和 70%乙醇。其中，皂角素效果最佳。

6. 同型对照的设立

同型对照是根据待用抗体的来源、亚型和标记来确定的。比如，待用抗体为 FITC 标记的小鼠抗人 CD3 抗体（亚型为 IgG2a），那么同型对照应为 FITC 标记的小鼠 IgG2a。同型对照的使用一直是个备受争议的问题。因为纯化方法、蛋白结构和标记荧光素与特异性抗体之间经常会有很大差异。因此，可考虑使用与阴性细胞明显区分的抗体来做免疫分型分析。对于胞内染色，最好使用同型对照，因为细胞的大小对非特异性染色的影响较大。

7. 分选前的准备

（1）需要无菌分选的样本，根据实验要求，不仅要严格地无菌处理样本，同时，对仪器管道和环境也有要求。因此，从取材、单细胞悬液的制备、标记以及洗涤等过程均要保证无菌。一般需要在超净工作台中进行。对于仪器管道的无菌处理，一般先用次氯酸钠或无水乙醇冲洗，然后再用高压蒸汽灭菌的 PBS 进行冲洗。另外，对于仪器所在的环境也要相对净化，如用新洁尔灭拖地，紫外灯杀菌等。

（2）事先应知道细胞形态和大小，以利于喷嘴的选择和细胞浓度的确定。分选细胞的浓度一般比分析的细胞浓度高一些，细胞越大，浓度要降低，细胞越小，浓度可以适当提高。一般淋巴细胞、脾细胞和胸腺细胞的浓度为（0.5~1）×10^7 个/ml，黏附细胞为（1~3）×10^6 个/ml。

（3）细胞数量要足够。在细胞处理过程中，如过滤、离心洗涤等操作，都可能造成细胞的丢失。样本力求为单一细胞悬液，无细胞团块，碎片尽量少。所有试剂尽量用 0.2μm 滤网过滤。

（4）经过检测分析后的细胞，通过设门来确定需要分选的细胞亚群。为了保持细胞的活性，在分选时，需要在收集管中加入适量小牛血清来维持细胞的营养。一般将收集管中加满小牛血清，4℃过夜后（这样可以减少细胞对管壁的黏附，减少损失），分选之前，将大部分小牛血清转移，约留有 1/10 体积即可。由于分选的细胞都在小牛血清之上，形成明显的分层。如果是大量细胞的分选，需要时间较长时，中途可以暂停，将分选出的细胞和小牛血清混合后再继续分选，以保证细胞活力。

（二）荧光素及荧光补偿

荧光素受到一定波长的激光激发后，其原子核外电子由于吸收了激光的能量，从基态轨道跃迁到激发态轨道。然后，当电子由激发态重新回到基态时，释放出能量并发射出更长波长的低能量光量子。表征荧光素需要激发波长、发射波长、消光系数、量子产量以及荧光素对微环境的 pH、极性、电荷和离子强度的敏感性等参量。由于荧光素发射的荧光强度与消光系数和量子产量的乘积成正比，所以理想的荧光探针应具有较大的消光系数和较高的量子产量。理想的荧光探针应满足以下要求：①光量子产量应尽可能高，以提高信号强度；②对激发光有较强的吸收，从而降低背景噪声；③激发光谱与发射光谱之间要有尽可能大的差距，减少背景信号对荧光信号的干扰；④易于与被标记的抗原、抗体或其他生物物质结合，且不会影响被标记物的特异性。

1. 荧光素

在选择荧光素及其组合时，应考虑所用仪器的配置，比如激光器、滤光片和检测器等。在荧光素及其组合方面，需要注意以下几个方面。

（1）光猝灭 即光漂白或光褪化效应，指某些物质被一定波长的光照射时，由于各种竞争性过程而使荧光量子产率减小的现象。如温度猝灭，杂质猝灭等。应尽量避免过度强光或长时间照射。

（2）荧光强度 是表示荧光相对强弱的参数，它决定了检测的灵敏度。每种荧光素的相对荧光强度不一样。对于特定的单抗，由于使用了不同的荧光素标记，其信噪比可以相差 4～6 倍。

（3）荧光寿命 又称为激发态寿命，指荧光探针分子在激发态的平均停留时间。大多数荧光探针的荧光寿命在纳秒（ns）级。如 FITC 为 4 ns。荧光寿命短可提高灵敏度。

（4）F/P 值（荧光素/蛋白） 即每个抗体分子标记荧光素的数量。每个抗体分子上能标记多个 FITC 或 PerCP 分子（通常为 2～9 个），而仅能标记一个 APC 或 PE 分子。FITC 为小分子化合物，而 PE、PerCP 和 APC 则是分子量较大的荧光蛋白。受荧光标记物的化学性质限制，由于 IgM 抗体分子量大，通常只用小分子荧光素标记，如 FITC、Texas Red、Cy3 和 Cy5。

（5）抗原密度 高表达的抗原几乎可以用任何荧光素标记的抗体检测，而低表达的抗原则需要用高信噪比的荧光素（如 PE 和 APC），从而有效地区分阳性和阴性细胞。

（6）自发荧光 每个细胞群体的自发荧光水平不同，尽管可以观察到高荧光强度的细胞，但自发荧光在高波长范围里（大于 600nm）迅速降低。检测自发荧光水平高的细胞时，使用发射光波长较长的荧光染料（如 APC），可以得到较好的 S/N 值。

（7）同一染料可被两种激光激发 PE-Cy5 可被 488nm 和 633nm 两种激光激发，发射光在 670nm 左右，与 APC 的发射光（660nm 左右）重叠。因此，PE-Cy5 和 APC 的组合慎用。

2. 荧光补偿

大多数荧光素的发射光谱之间存在叠加。如图 10-6 所示，利用 488nm 激光激发 FITC 和 PE（滤光片分别为 BP530/30 和 BP575/26）时，部分 FITC 荧光出现在 PE 检测器中，这种现象称为荧光渗漏。因此，需要从 PE 检测器中减去一定比例的 FITC 信号。荧光补偿就是为了修正荧光信号在检测器之间的相互渗漏。这个比例依赖于光谱的形状和带通滤片的特性，而与荧光信号的强度无关。如 FITC 单标样品，补偿前，PE 通道中有部分阳性细胞；补偿后，FITC 阴、阳性细胞的 PE 平均荧光强度相等。另外，阴性细胞距离 X 轴的距离要合适，否则，PE 过高的 CV 值会使有些细胞扩散到 X 轴以下，设置为 0 channel，从而不能正确计算平均荧光强度。正确的荧光补偿在区分弱阳性与阴性群体中有重要作用。补偿不足，会导致弱阳性群体中假阳性颗粒增多，而过度补偿，则会丢失弱阳性群体而导致假阴性。

如果改变了某一检测器的电压，必须重新调节荧光补偿。如果一种荧光信号可以被两个检测器检测到，那么根据一个检测器的信号可以计算出另一个检测器中有多少信号，即根据一种荧光信号的曲线面积来推算另一种荧光信号的曲线面积，因为它们是成比例变化的。用于此目的的样本，称为荧光补偿质控物。比如，FITC 荧光落在 PE 检测器（BP575/26）中的信号大概是 FITC 检测器（BP530/30）的 15%。因此，从 PE 检测器中减去 FITC 信号的 15% 后，无论有多少 FITC 信号存在，PE 检测器信号都将为零。PE 荧光也有部分渗漏至 FITC 检测器中，一般是 2% 左右。

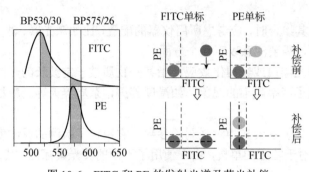

图 10-6 FITC 和 PE 的发射光谱及荧光补偿

四、数据分析

测量数据一般以列表排队（list mode）或矩阵方式储存于计算机中。虽然所有的 FCM 都是以 FCS（flow cytometry standard）的格式存储数据，但由于生产商不同，在一台 FCM 上获取的数据不一定能在其他 FCM 的软件上进行分析。常用数据显示方式如图 10-7 所示。

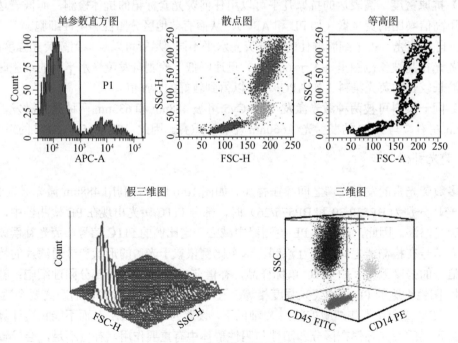

图 10-7 常用数据显示方式

1. 单参数直方图

单参数直方图（distribution histogram）表明一个参数与细胞数量之间的关系。横坐标为光信号的相对强度，单位是道数（channel）。道数与荧光强度之间可以是线性或对数关系，依据仪器分析时放大器的性质而定；纵坐标表示相对细胞数。在直方图中，可以通过设门来圈定某种亚群的细胞，进行进一步分析。

2. 双参数图

（1）散点图（dot plot）与密度图（density plot） 研究两个或更多个参数之间的关系可采用散点图或密度图。在散点图上，每个点代表一个细胞，若两个细胞在同一位置则互相重叠。在密度图上，细胞密度大的地方，点的密度大；细胞密度小的地方，点的密度小。根据细胞的性质不同，在散点图与密度图上可以出现多个"亚群"。

（2）假三维图及等高图（contour plot） 任选两个参数为 X、Y 轴，再以相对细胞数为 Z 轴，就构成了一个假三维图。假三维图对细胞亚群观察更为直观，当用不同高度的平面切割三维图后，再把这些切割图投影到 X、Y 平面图上就形成等高图。等高图上越往里面线上的点代表的细胞数越多。等高图实际上是一个二维图。

3. 三维图

任选三个参数为 X、Y、Z 轴构成一个三维图，每一群细胞各处于独立的空间位置。三维图对细胞亚群分析更为直观、准确，但对其数据的统计分析较困难。

FCM 的数据处理系统主要包括电子计算机和各种应用软件。FCM 获取的信息量极大，因此，需要具备足够的存储空间和专门的数据获取、分析软件系统。每个厂家都有各自相对独立的数据分析系统。在数据分析结果中，可以选择需要获取的细胞数量，分析不同细胞亚群所占总细胞和门内细胞的比值及其平均荧光强度。同时，还可以记录样品的相关检测信息，如实验名称、样品名称、检测时间等。

第二节　高内涵成像分析系统

一、技术原理

高内涵成像分析系统（high-content analysis system，HCAS）是一种高通量细胞检测技术，由自动荧光显微镜成像系统和图像定量分析系统组成，可以在单细胞水平上获得客观的多参数的数据。高内涵成像分析系统可自动进行图像获取、处理、分析、图像存档和图像可视化，能够进行大量多孔板数据自动处理和分析。通过自动分析大量的细胞数据，将图像处理过程自动化，排除人为干扰。从技术层面，高内涵分析技术是一种应用高分辨率的荧光数码影像系统，自动定位每个细胞，逐个检测细胞中多个指标的多元化、功能性鉴定评价技术，旨在获得研究对象对细胞产生的多维立体和实时快速的生物效应信息。以细胞或者细胞微球为研究对象，利用荧光染色对细胞中待研究目标进行标记，通过自动荧光显微成像获取清晰的图像信息。然后使用专门定制的生物学分析计算软件对图像进行定量分析，获取每一个细胞的多参数结果，最终获得与细胞生物学现象相关的统计结果。将图像信息转换成可以定量的数据信息，并对相应数据进行统计分析，以数值反映各种不同变量对细胞的影响。

高内涵分析技术在不破坏细胞整体结构并保持细胞功能完整性的前提下，同时定量检测各种环境因素、各类外界刺激或者是各种不同的化合物对细胞的影响，分析它们对细胞形态、生长、分化、迁移、凋亡、代谢途径、信号转导及 RNA 干扰等各个环节变化的内在本质原因，在单一实验中获取大量相关信息，在各组信息中挖掘大量的潜在内涵，获得有效的创新性实验结果。高内涵细胞成像分析系统提高了研究效率，降低了研究成本，避免了大量的重复劳动，同时获得海量数据，为各项研究提供了第一手实验数据材料。高内涵细胞成像分析系统能够替代或者部分替代各种高级荧光显微镜、流式细胞仪、LSCM 的功能。已经广泛应用于生物和医药研究，为药物的筛选提供了极大的帮助，促进了药物筛选和生物研究的发展。

二、仪器的基本构造

不同厂家生产的各个仪器型号采用的光源、共焦原理、检测器及其光路系统有较大区别，但仪器工作的基本原理大体一致。光源的激发光照射样品，反射回来的发射光通过滤光片后被 CCD 相机捕获，再传输给计算机，最后通过软件进行数据分析。高内涵成像系统的工作原理如图 10-8 所示。

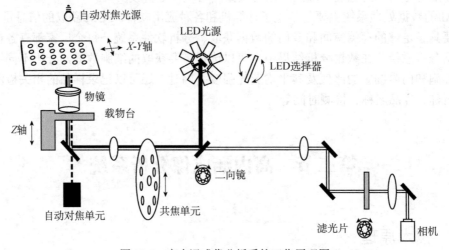

高内涵细胞成像
系统

图 10-8　高内涵成像分析系统工作原理图

（一）光源

高内涵成像分析系统的光源分为 LED 和激光。超高强度的固态 LED 光源，全光谱覆盖，光源强度仅次于激光光源，配备不同的滤光片能够提供 4 线或 8 线激发谱线，达到从紫外到红外的全光谱覆盖。LED 光源滤光片包括：355～385nm、390～420nm、435～460nm、460～490nm、490～515nm、530～550nm、615～645nm、650～675nm，用户可以根据自己的实验需要更换滤光片。有些更高端的仪器配备固态激光光源，光源强度强，单色性好。激发波长一般为紫色激光（375nm、405nm 和 425nm）、蓝色激光 488nm、黄色激光 561nm 和红色激光 640nm 等。如果使用激光光源则不需要滤光片。LED 光源和激光光源都能够为不同实验样品选择最为优化的成像谱线，同时能够去除非特异激发信号带来的荧光背景，以获得高质量的图像。

另外高内涵成像分析系统的明场成像使用近红外光源,不仅可以有效保护荧光不被白光光源猝灭,还能同时降低成像时荧光信号的干扰,彻底将荧光信号和明场信号分离。明场成像能够大大地降低细胞光毒性,适用于高通量的活细胞状态观察和采集。

(二)二向色镜

二向色镜用于耦合激发光和发射光。一般使用长通二向色镜,用于反射激发光传输给样品,并能透过从样品反射回来的发射光带传输至相机。二向色镜能够最优接受荧光信号,使荧光损失降到最低,其与激发波长配对,分别为425nm、465nm、495nm、520nm、565nm、650nm、680nm。

(三)共焦系统

高清晰度的共聚焦成像系统使用高功率的固态光源,不同仪器采用不同的共焦原理,配备不同共焦系统。转盘式共聚焦成像,采用pinhole和高速度的旋转,很大程度地提高了成像效果、成像速度和Z轴分辨率。共聚焦的主要优点是通过屏蔽散焦光来提高样本的图像对比度和Z轴分辨率(图10-9A)。首先激发光必须通过pinhole才能通过物镜聚焦到样品上。此时激发光强度主要集中在焦平面上,在图10-9A中阴影(灰色)区域,此时荧光被最佳激发,图10-9A中的大星表示荧光发射强度较强,而该区域外的荧光较少被激发,由较小的星表示,产生的散焦荧光量最小。但是,这种效果的作用取决于所使用的物镜和放大倍数。其次pinhole阻止了样品的大部分散焦发射荧光透过针孔进入到检测器。在非共焦模式(即宽场模式)下,样品的所有区域受到同等强度的激发,如图10-9B均匀分布的蓝色激发光,发出等量的荧光(星星大小一致)。同时,散焦光(绿色虚线)也不会被阻挡,直接进入到检测器。特别是在较厚的样本中,会降低物镜焦平面的特征分辨率,并且会丢失可能的精细结构。

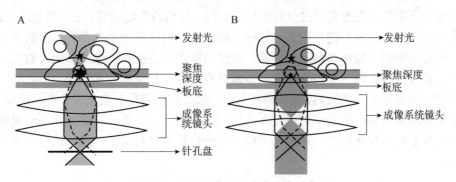

图 10-9 宽场成像和共聚焦成像示意图

(四)物镜

激发光通过二向色镜反射给物镜(宽场模式),或者经过共焦系统(共焦模式)进入物镜。物镜是成像系统的核心部件,包括长工作距离和高数值孔径空气镜以及高分辨率的水浸物镜。物镜的数值孔径(NA)是无量纲的数字,它决定了物镜的聚光能力和分辨率。NA越高,分辨率和聚光效率越高。例如,NA 0.8的20倍空气物镜的光收集效率是NA 0.4的四倍。使用高NA物镜需要较低的激发功率和较短曝光时间,因此减少了光漂白,分辨率得到改善。

有的仪器型号同时配备了水镜系统,与空气物镜相比,水浸物镜有更高的分辨率和更深的入射深度。水作为浸没介质能够提供更好的光收集能力,并且能够更好地与水基的细胞样品的折射率匹配,将浸没介质和板底部界面处的光散射以及透射损失减小到最小。

不同 NA 和放大倍数物镜的工作距离不一样(表 10-1)。工作距离即物镜镜头到样品聚焦点的距离,因此在采用高 NA 和高倍镜拍摄样品时,需注意板子的厚度必须小于工作距离,否则无法聚焦。

表 10-1 物镜工作参数

物镜	NA	工作距离(mm)	视场(mm×mm)	聚焦深度[a](μm)
1.25×空气镜	0.03	4	10.33×10.33	1501.0
5×空气镜	0.16	12.1	2.58×2.58	58.2
10×空气镜	0.3	5.2	1.29×1.29	16.2
20×空气镜	0.4	8.28	0.65×0.65	8.0
20×高 NA 空气镜	0.8	0.55	0.65×0.65	2.6
20×水镜	1.0	1.7	0.65×0.65	1.8
40×空气镜	0.6	3.28	0.32×0.32	3.3
40×高 NA 空气镜	0.75	0.71	0.32×0.32	2.2
40×水镜	1.1	0.62	0.32×0.32	1.2
63×水镜	1.15	0.6	0.21×0.21	1.0

a: 聚焦深度=$1.4\lambda n/NA^2$,其中 λ=500nm,n=1.33,NA 为数值孔径。实际聚焦深度会因相机的限制,会随着相机上的欠采样而减小

(五)自动聚焦系统

高内涵分析系统的图像是通过仪器的自动对焦,自动拍照而获取。通过激光的自动聚焦,检测激光束在不同物体表面的反射来确定样品的位置。这些反射是由不同表面的折射率变化引起的。如在玻璃微孔板中黏附细胞样品,通过检测激光在空气、玻璃和缓冲液之间的折射率的差异,获取到两个峰,从而确定空气与玻璃板底界面和玻璃底部与缓冲液之间的界面,在此两个界面的基础上自动聚焦。而玻璃底与缓冲液之间的界面是自动聚焦样品的重要参考。即使是非常高质量的板,板底部的厚度在孔的短距离内可能变化数十微米。基于板底部与缓冲液之间的界面进行聚焦拍照,能够确保样品每个位置的聚焦高度一致,这对于共聚焦检测尤为重要。

(六)检测器

从样品发射回来的发射荧光经过物镜再透过二向色镜,最后通过发射光滤光片后被检测器捕获,检测器为 CCD 相机或者互补金属氧化物半导体传感器(complementary metal oxide semiconductor,CMOS)相机。一般采用 sCMOS,其具有更大的视野面积,更快的采集速度,更高的光敏感性和更低的噪声水平,大大提高对于弱信号的敏感度,对于极低表达的蛋白也能够清晰成像,获得高质量的图像数据。其分辨率、像素和单位像素决定图像的质量。不同仪器型号,根据不同的光路系统配备不同数目的检测器。

（七）系统整合

有些仪器还配置了二氧化碳和温度控制装置，可以进行活细胞培养，从而能够长时间连续的对同一样品进行定时的连续观察。在药物筛选领域，化合物往往需要进行批量的稀释和微量上样处理，因此还可以配备自动液体工作站和全自动细胞培养箱等设备。在无人值守的状态下，可以实现连续的多块细胞培养板的自动化加样，并定时定板定点的连续成像，并且由于培养箱的培养条件更加稳定，可以完成更加复杂的细胞生物学实验。

（八）软件

高内涵分析系统除了精密的硬件支持外，更为重要的是灵活直观并且强大的软件。软件设计的目的是使高内涵筛选分析系统的数据处理变得更加容易和流畅。软件为研究人员提供了各种分析模块，用户可以通过简单程序将这些分析模块构建为新的分析方法。同时也预先安装了一些常用高级应用模块对多种细胞学、亚细胞学信息进行分析统计。有些分析系统还可以通过网络来远程访问、控制和应用。有的能够同时调用多个计算机进行实时图像的分析，在得到图像的同时能够获得高精度的分析结果。

这些模块可以应用于肿瘤、免疫疾病、心血管疾病、神经疾病、肥胖症等的机理研究；涵盖了细胞凋亡、信号通路、神经生长、血管生成、细胞活力、细胞核细胞器转位、细胞表面位移、离子通道、已知和未知的 G 蛋白偶联受体（GPCR）、细胞增殖、细胞毒性分析、分子相互作用等一系列的基础和药物研究。分析得到的数据可以追踪每一个细胞的原始数据，非常适合 QC 的管理。研究人员可以根据自己实验的特殊要求，在已有的应用模块上修改分析程序以获得自己所需的应用模块和功能。表 10-2 为一些内置分析程序。

表 10-2 内置分析程序

内置程序	应用举例	分析参数
细胞凋亡	细胞凋亡	核断裂、核收缩、Caspase-1 等
细胞计数	细胞增殖、细胞毒性	细胞数目
细胞周期分类	细胞周期	核分类、核形态、磷酸化组蛋白 H3、EdU、DNA 含量等
细胞形状	细胞伸缩、细胞分离	细胞圆度、面积、伸展变化等
细胞追踪	细胞迁移、细胞分裂增殖	各种细胞迁移参数、细胞年龄、细胞数目、分裂代数
细胞标记物	膜中蛋白的表达、线粒体重量、线粒体膜电位损失、信号通路、细胞周期等	蛋白的表达强度
细胞溶质向细胞膜转位	信号通路、细胞溶质向细胞膜的转位	蛋白在溶质与细胞膜表达的比例
细胞溶质向细胞核转位	信号通路、转录因子活化	蛋白在溶质与细胞核表达的比例
细胞毒性	细胞毒性	细胞形态、核形态变化等
脂滴分析	磷脂质异变	核内体和溶酶体分析、细胞器分析
活死细胞计数	细胞活力	细胞计数
微核分析	细胞中的微核量化	微核的数目
细胞迁移	细胞迁移、细胞分裂增殖	细胞迁移参数、细胞年龄、细胞数目、分裂代数
神经突分析	神经突增生	神经长度、神经突数目、神经分支数目等

内置程序	应用举例	分析参数
核分析	核收缩	核膨大、核皱缩
核碎片化	细胞凋亡	核断裂、核碎片化指数
核分类	细胞周期	DNA 含量
显型分析	细胞骨架、细胞骨架重组、细胞毒性	纹理分析、细胞圆度、细胞皱缩等
纹理分析	线粒体分析、干细胞群落分析、克隆群落分析	纹理分析
受体内化	内吞作用、GPCR 活化	受体内化分析
点分析	细菌计数、自噬分析	点分析

三、样品制备

（一）细胞的选择

细胞的生长和黏附力会影响后续的图像分析，应选择黏附细胞系。黏附细胞系生长成平坦的单层并牢固地附着在微孔板，黏附的细胞系还需要分散良好，不易成簇，易于区分细胞。表 10-3 列举了一些细胞系在高内涵成像应用中的适用性。如果实验需要应用到不太理想的细胞系或者悬浮细胞，可选择带有涂层的微孔板来改善细胞的生长方式。另外需注意铺板细胞的传代次数，因为传代可能会改变细胞的形态和生理状态。

细胞的密度是一个相互矛盾的需求。高密度可获得有意义的统计结果，低密度可进行可靠的细胞检测。对于不同的细胞系和微孔板，建议每孔细胞密度为70%～90%。如果检测细胞质膜上特定信号选用较低细胞密度（40%～60%），尽可能减少细胞膜之间的重叠。

表 10-3　细胞系在高内涵成像应用中的适用性

细胞系	名称	延展性	黏附力	成像应用
U2OS	人骨肉瘤细胞系	++	+	非常适合
HeLa	人宫颈癌细胞系	+	+	适合
CHO-K1	中国仓鼠卵巢细胞	+	+	适合
HepG2	人肝细胞肝癌细胞系	−	+	不适合，需加涂层
Hek293	人胚肾细胞系	−	+/−	不适合，需加涂层
A431	人上皮癌细胞系	−	+/−	不适合，需加涂层
Jurkat	人 T 细胞类淋巴母细胞系	−	+/−	不适合，需加涂层

（二）微孔板

微孔板给细胞提供合适的生长环境，同时还需具有优良的光学质量。微孔板的选择对于实验至关重要，一旦选择了满足实验需要的微孔板，一般情况不对其进行更改。标准微孔板通常为聚苯乙烯（PS）、环烯烃（CO）或玻璃材质。经组织培养（TC）处理的 PS 板和 CO 板具有结合蛋白和支持细胞附着的能力，适用于大部分的应用，但是某些 PS 板在受到紫外光激发后会有很高的自发荧光。玻璃具有优异的光学性能，但不太适合细胞培养。它通常必须涂有能增强细胞黏附和生长的胶原蛋白。

微孔板的底板厚度是非常重要的，为了较好的成像效果通常建议使用薄底板（<200μm），其可用于高 NA 的空气物镜和浸水物镜。由于仪器的自动聚焦系统限制，最小的适用板底厚度为 110μm，但太薄的底板容易弯曲变形。厚的底板（>250μm）仅适用于较长的 WD 空气物镜。不建议使用板底厚度大于 1mm 的微孔板，其在纹理等精细结构分析时成像效果较差。

微孔板分为 24、48、96、384 和 1536 孔板等。24、48 和 96 孔板的样本体积较大，适合长期活细胞培养和手动加样模式。但其每孔的面积较大，底板的平面度较差。384 和 1536 孔板建议使用自动液体处理设备，适用于高通量筛选分析。底板的平面度好且节省试剂，为高通量筛选提供最佳性能并降低成本，但由于样本的体积较小，容易挥发，不适合长时间培养观察。

（三）染料的选择

正确的荧光染料选择对高内涵细胞成像分析也是非常重要的，荧光染料选择时需注意以下几点。

1. 荧光染料的激发和发射波长需与仪器的激发和发射滤光片配对

在选择染料时需查看染料的激发和发射波长是否在仪器的滤光片配置里。一般软件里已经内置了很多荧光染料的激发和发射波长，在使用时只需选择染料的名称即可。也可手动选择激发和发射滤光片以满足实验的需求。

2. 荧光染料的信号色与参考色

高内涵细胞成像分析不仅要获得样品的图像，更要对样品进行定量分析，因此对分析的目标蛋白、细胞器等进行荧光标记，即信号染色。而高内涵分析的第一步是较好的识别细胞，不会因实验条件的改变而改变。一般选择核作为识别细胞的基础，在任何测定条件下，细胞核均应染色良好（参照荧光），这一点至关重要。初学者的典型错误是实验设计时仅设计了信号染色，无参照荧光对实验质量进行控制。在活细胞应用中，任何核染色剂在高浓度下都是有毒的，一般使用最低的检测浓度、曝光时间和 LED 功率，以获取足够的信号强度，进行可靠的图像分析，也可以使用明场成像或者数字相差成像来识别细胞，降低染料和光照对细胞的损伤。

3. 荧光染料之间的串色

使用多种荧光染料需注意荧光光谱的重叠。与流式细胞仪不同，高内涵细胞分析系统采用顺序测量模式，即在不同的时间点应用不同的激发和发射滤光片，因此它仅受激发光串扰的影响。如染料 1 仅被 LED1 激发，而染料 2 不仅能被 LED2 最佳激发，也能被 LED1 较小程度的激发。因此，当使用任一 LED 时，染料 2 都会发出被激发，而可能引起激发串扰。此时应为染料 1 选择狭窄的发射带 1 以避开被 LED1 激发的染料 2 的发射光。而染料 2 的发射带 2 可以较宽，可以延伸到染料 1 的发射波长范围内，因为染料 1 不会被 LED2 激发，不会产生任何串扰。

4. 荧光染料的光漂白

使用荧光染料时,需注意光漂白。荧光基团由于高激发功率和较长的曝光时间而易于降解和发生结构变化,发生荧光猝灭,这种作用是不可逆的。建议使用能激发的最低激发功率和最短曝光时间将光漂白减少到最低。也可以使用高 NA 物镜(即水浸物镜)来降低光漂白,因为高 NA 物镜可以获得更高的荧光检测量。同时还需注意在拍照的准备阶段,选择调试合适的激发功率/曝光时间所产生的光漂白可能会对数据造成一定的影响。

下面列举了一些常用染料。细胞核染料:死细胞一般选用 DAPI、PI、BOBO-3;活/死细胞一般选用 Hoechst33342、DRAQ5。细胞骨架:肌动蛋白(actin)一般选用 FITC 或 AlexaFluo 等荧光物质标记鬼笔环肽(phalloidin),而微量蛋白(tubulin)常用抗体标记。溶酶体:LysoTracker green/red/blue。线粒体:MitoTracker green/red/blue。

四、数据分析

高内涵细胞成像系统-细胞追踪　　高内涵细胞成像系统-图像采集

(一)高内涵数据分析

获取高质量的图片是图像分析的第一步,因此需保证能够采集到我们感兴趣的生物效应的图像,软件是无法分析未采集到的细胞属性的。可以使用放大、多通道叠加、荧光强度校正及调节阈值等方法突出需要分析的属性,并在视野中找到具有代表性的阳性和阴性对照。研究人员明确需要量化的属性后,就可以设置自动分析方法。高内涵细胞分析系统内置有一些常用的分析方法和内置程序模块,通常可以选择以下任一种方案来编写分析程序:①直接调用已有的分析程序,可选择的内置分析方法参考表 10-3;②调用已有程序,并根据自己实验的需要进行调整修改;③利用内置的程序模块新建分析程序。一般图像分析程序都包括以下几个基本步骤,以 PE 公司的 Harmony 软件举例(图 10-10)。

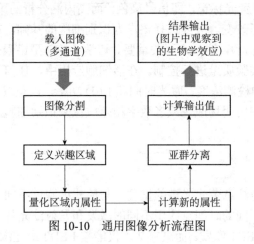

图 10-10　通用图像分析流程图

1. 找到目标(图像分割)

分析图像的第一步是辨别出最基本的要件,例如细胞、细胞核或细胞群等。只有找到这些才能进行后续分析步骤。大多数高通量细胞实验会使用荧光染料着色细胞核或细胞质,方便识别细胞区域。软件内置图片分割程序模块包括:找核,找细胞质(在找核之后),找点,找亚核，找细胞（利用明场或细胞全染），找区域，找纹理，找外围区域（环绕在核、细胞、点等外围的区域）。图像分割涉及将图像分解为不相关的个体（单个细胞或单个细胞核）。每个个体都包含有一组相关的区域，包括：核、细胞质、细胞膜、面积和荧光强度等。辨别不同种类的个体可以组合使用以上的图像分割程序模块。但为了提取细胞全景，几乎所有有关细胞的高通量分析都从找核（图 10-11）和找细胞质（图 10-12）开始。

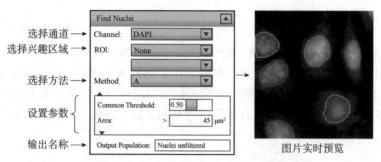

图 10-11　Harmony 软件中预设的找核模块
左：标准参数；右：预设参数（可根据实际情况调整）

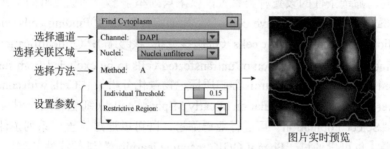

图 10-12　Harmony 软件中预设的找细胞质模块
左：标准参数；右：预设参数（可根据实际情况调整）

2. 定义目的个体中的区域

第一步找到目的个体后，会自动生成核区域，在这个基础上，用户可以利用程序模块"Select Cell Region"或"Select Region"自定义区域，包括：圈定整个或部分细胞核、细胞质、细胞膜等区域（图 10-13）。

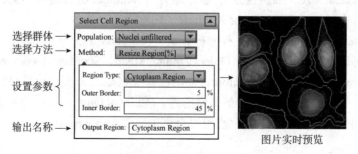

图 10-13　Harmony 软件中预设的找细胞质模块
左：标准参数；右：预设参数（可根据实际情况调整）

3. 测算区域内的属性

确定了重要区域后，即可计算该区域范围内的特征属性。常规检测参数包括：不同通道的荧光强度，区域的形状（面积、长宽、圆度及对称性等），同质荧光标准偏差，点数量，点荧光强度等。内置的计算程序模块有计算荧光强度（mean、sum、CV），计算形态学（area、length、width、roundness、symmetry），计算纹理，计算点。

4. 计算新的关联属性

可以通过数学公式来计算这些参数间的相关性，例如：New Value = Value A / Value B * 100。计算的结果会和单个参数一起出现在最终的列表中，这样大大节约了后期数据分析时间，提高了科研效率。频率较高的操作有计算一种荧光标记物的转位，如从细胞质到细胞核的转位，从一种细胞迁移至另一种细胞等，还有计算两个不同荧光通道荧光强度的比值等。

5. 鉴别亚群

分类细胞亚群必须建立在计算了各种属性的基础上。相当于在程序中加入筛选条件。因实验目的的不同，筛选条件的设置种类繁多，以下只列举了部分筛选亚群的案例：①Finding cells with live stain→population of live cells（活/死细胞计数）；②Finding cells with condensed nuclei→population of apoptotic/mitotic cells（细胞核分析-核皱缩）；③Identification of cells with very low GFP fluorescence→population of untransfected cells to be excluded from further analysis steps and reported back for quality control（细胞质标记物量化分析）；④Cells with condensed nuclei and pHH3 marker fluorescence→population of early M-phase cells（细胞周期分型）。

程序模块"Select Population"可进行亚群筛选。既可以通过设置一系列条件筛选出拥有需求属性的亚群，也可以通过"PhenoLOGIC machine learning"进行线性分类。

6. 计算并校对结果

建立图像分析逻辑的最后一步是计算并校对所有细胞培养板或孔内每个细胞的属性。生物样品因为高变动性，至少需要计算100～10 000个体来分析生物效应的量变。为了方便理解，以下是常用的结果输出案例：①Number of cells（细胞增殖-细胞计数）；②Fraction of dead cells（活/死细胞计数）；③Average marker intensity in the full cell population（细胞膜标记物分析）；④Average nuclear size（细胞核分析-核皱缩）；⑤Number of cells with spots in the nucleus（核损伤分析）；⑥Fraction of cells in the M-phase（细胞周期分析）。

内置程序"Define results"内有3种分析方法。①Standard Output：选择一种之前计算好的属性输出，并可以重新命名，例如，Object Count、Mean、Standard deviation、CV%、Sum、Min、Max、Median等。②Formula Output：利用已知参数输入公式，计算最终需要的结果。可以使用"+"、"−"、"×"、"/"和括号等数学符号。③List of Outputs：自动生成之前计算好的结果清单，输出的结果可以单个选择，也可以全部输出"Apply to All"。

7. 优化分析方法

当分析程序设置好后，需要在阳性/阴性对照孔内测试最终输出的结果的可靠性。如果发现结果有异常，大多数情况是因为当前的程序未能找到大部分细胞，或在定义区域时不准确，或筛选阳性细胞时筛选条件不合理导致大量阳性细胞遗漏。重新调整设置参数，再重新测试即可。分析程序设置好后，即可对单个/多个细胞板进行批量分析。

（二）高内涵数据解析实例

1. 细胞核碎片分析

凋亡晚期细胞会出现核碎裂。小鼠成骨细胞系 MC3T3-E1 接种在 96 孔细胞板上，5000 个/孔，设置对照组和 1μg/ml 的脂多糖（LPS）处理组，Hoechst33342 染细胞核。调用"Nuclear Fragmentation"分析程序计算细胞核碎裂指数（fragmentation index，FI），核大小、核荧光强度及细胞数目。具体步骤如图 10-14。

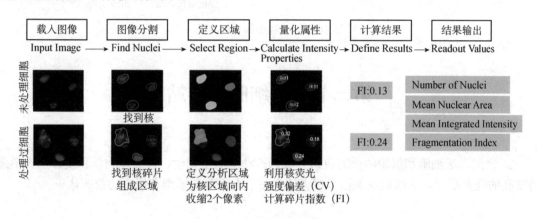

图 10-14　细胞核碎裂分析流程

2. 细胞自噬小体分析

自噬是真核细胞特有的自我保护机制，对维持细胞基本结构和功能具有重要意义，参与细胞正常生理活动，包括细胞增殖、分化、衰老、凋亡等。LC3-II 是自噬小体形成的一个关键指标，故本次试验利用 GFP-RFP-LC3 慢病毒感染人宫颈癌细胞系 HELA，观察自噬流变化。自噬初期，GFP-LC3 和 RFP-LC3 均聚集在自噬小体上，在荧光显微镜下可以观察到绿色和红色共定位的黄色点状聚集。自噬中后期，自噬小体与溶酶体融合形成自噬溶酶体，内环境 pH 降低，绿色荧光蛋白（GFP）荧光猝灭，只剩下红色荧光点状聚集。通过红绿荧光聚点的变化可以判断细胞内自噬流是否顺畅。

将稳转 GFP-RFP-LC3 慢病毒的 HELA 细胞接种在 96 孔细胞板上，10 000 个/孔，设置对照组（Control）和氯喹组（CQ），Hoechst33342 染细胞核。将培养板置入预设 37℃、5% CO_2 培养环境的高内涵细胞成像系统，设置拍摄参数，共拍摄 6h，每隔半小时拍摄一次。

在分析程序中设置分析流程，具体步骤如图 10-15，载入图像 Input Image，找核 Find Nuclei，找细胞质 Find Cytoplasm，选取细胞质区域 Select Cell Region，找点 Find Spots（先找 RFP 标记的点，再找和 RFP 点共定位的绿点，即黄色的点），计算平均每个细胞的红点和绿点的平均荧光强度 Calculate Intensity Properties，计算每个细胞的红点和绿点的总面积，计算结果（红点/黄点个数，红点/黄点面积），结果输出 Readout Values。

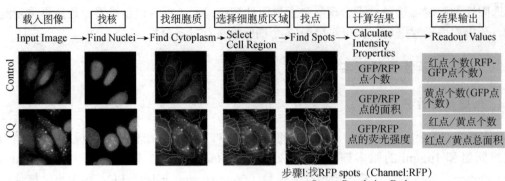

步骤1:找RFP spots（Channel:RFP）
Output Population:Red spots
步骤2:找GFP spots（Channel:GFP,ROI:RFP spots）
Output Population:Yellow spots

图 10-15 自噬小体分析流程

第三节 活细胞工作站

21 世纪，活细胞和组织的全方位研究成为推动细胞生物学、神经生物学和发育生物学蓬勃发展的强大动力。活细胞成像技术极大地提高了人们对活细胞和组织功能的认识。

一、技术原理

活细胞工作站是在体外模拟活细胞的体内生活环境，实现细胞的长时间培养、连续观察和进行显微操作的平台。它以倒置显微镜为平台，完美整合了各种光电设备，构建和谐统一的活细胞图像系统。从传统意义上的标本观察变成活细胞观察，从而深刻地了解生命最基本单元——细胞"从形态到功能"的变化。

1. 延时序列成像

主要用于自动采集随着时间变化的活细胞图像。适合拍摄细胞生长、新陈代谢、神经传递、信号传导等生理和动态信号，拍摄的时间间隔从毫秒级到小时甚至于数天不等。可以实现从快速拍摄到长时间延时成像实验的高细胞活性和高信噪比成像，并且凭借多种控制方式来实现多硬件快速协调的工作。

2. 多色荧光实时采集

将全反射荧光技术、传统的落射荧光技术和明场透射照明技术有效地结合在一起，能够消除来自细胞体的荧光，提高荧光图像的信噪比。对多色标记的样品，通过获取多通道荧光图像，可以清楚地区别标记不同荧光的亚细胞结构。同时，与延时序列成像实验一起记录多色荧光信号的动态变化过程。此技术广泛应用于生物和化学领域，用来观察细胞膜表面甚至单分子荧光。

3. 多维图像获取

自动采集样本空间多维影像适用于形态学空间定位研究和空间三维测量等。配合超高精度、高速度的压电 Z 轴，可以记录快速的空间动态变化，如细胞空间生长和离子空间分布等。通过适配其他电动部件，可一次完成多处理、多位置、多时间点的全部采集，极大地降低了人工操作的复杂性，保证了实验条件的一致性。

4. 离子比例图像获取

离子比例测定系统通过比较荧光染料在不同激发或发射波段下的不同变化，可以有效地屏蔽系统造成的背景影响，增加信号采集敏感性，并且测量结果不受染料浓度和荧光漂白的影响，更重要的是可以使用比例离子测定的方法进行离子定量研究。该类实验可以鉴定活细胞中钙离子的空间分布差异、测量胞内 pH 和监控离子浓度随时间的变化等。

5. 荧光共振能量转移

荧光共振能量转移（fluorescence resonance energy transfer，FRET）是距离很近的两个荧光分子间产生的一种能量转移现象。当供体荧光分子的发射光谱与受体荧光分子的吸收光谱重叠，并且两个分子的距离在 10nm 范围以内时，就会发生一种非放射性的能量转移，即 FRET现象，使得供体的荧光强度比它单独存在时要低得多（荧光猝灭），而受体发射的荧光却大大增强（敏化荧光）。

6. 荧光漂白恢复（fluorescence recovery after photobleaching，FRAP）

利用高能激光照射细胞的某一特定区域，使该区域内标记的荧光分子不可逆的猝灭，这一区域称为荧光漂白区。随后，由于细胞质中的脂质分子或蛋白质分子的运动，周围非漂白区荧光分子不断向光漂白区迁移，使荧光漂白区的荧光强度逐渐地回复到原有的水平。

二、仪器的基本构造

活细胞工作站的基本构造主要包括倒置荧光显微镜、电动载物台、聚焦系统和活细胞培养装置。其工作原理如图 10-16 所示。

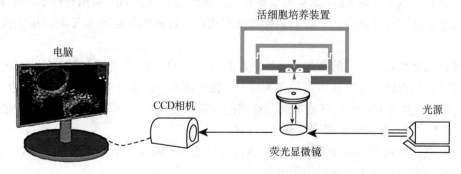

图 10-16　活细胞工作站工作原理图

1. 显微镜系统

活细胞工作站需要搭载倒置荧光显微镜或共聚焦显微镜。前者因其采用卤素灯或 LED 灯作为荧光光源，其能量较低，对细胞损伤较小，适用于长时间观察活细胞。另外，其以 CCD 作为扫描器，采用整面拍摄方式，拍摄速度快，适用于对拍摄速度要求高的实验（如测钙流和钙火花等），但图像分辨率要远低于采用后者。共聚焦显微镜由于采用激光作为光源，配合针孔装置，分辨率大大提高；但因采用 PMT 作为扫描器，其扫描采用由点到线、由线到面的模式；另外，由于激光能量高，对细胞影响大，不适合长时间观察，所以活细胞工作站与共聚焦显微镜搭配适合于观察时间短、对拍摄速度要求不高但对分辨率要求较高的实验，如处理前后溶酶体的运动分布观察等。

2. 电动载物台

电动载物台的载物台为半高式，配备精密组件和编辑器选项，可满足任意定位的要求。具有精确、可靠、重复性好等特点，可以提高图像采集的速度，精确地对特定区域进行成像，并电脑控制执行特定的移动动作。

3. 聚焦系统

聚焦的目的是为了减少样品在拍摄中由于细胞形态学变化等对焦距的影响，可实时自动微调，保持最初设定的焦面状态。

4. 活细胞培养装置

活细胞培养装置需要控制细胞生存的外部环境，提供合适的温度、湿度、CO_2 和 pH，让细胞处于最佳状态。该装置主要包括：①搭载在显微镜载物台上的微小培养腔体，用于保持细胞培养所需的环境条件，可进行生物样品的长时间观察、长时间培养与微操纵。该装置体积小，保证其他设备有足够的空间，细胞增殖速度与常规培养器中相同。②将整个显微镜或者操作台放在一个密封的大腔体中，将所有环境干扰因素降至最低。

活细胞的培养最好选用玻底培养皿，如需要可用黏附剂处理（如多聚赖氨酸、刀豆素等）来增强细胞的贴壁性。维持培养细胞的生长必须有恒定且适宜的温度，细胞对低温的耐受力比高温强。低于 39℃ 时，细胞代谢与温度成正比；41～42℃ 处理 1h，细胞受损严重，大部分细胞死亡；43℃ 以上处理 1 h，细胞则全部死亡。而低温对细胞的影响相对较小，在 4～36℃ 之间，细胞的代谢速度减慢，一般不会导致细胞死亡，再从低温回到 36℃ 时，细胞代谢活动可恢复。

气体是细胞培养所必需的条件之一，主要有 O_2 和 CO_2。O_2 参与三羧酸循环，产生供给细胞增殖的能量和合成细胞生长所需的各种成分。细胞培养一般置于含 5% CO_2 的混合空气中。CO_2 既是细胞代谢产物，也是细胞繁殖所必需的，它主要维持培养基的 pH。大多数细胞的适宜 pH 为 7.2～7.4，不同细胞都有其最适的 pH。

无机盐有助于调节细胞渗透压、酶活性以及溶液的酸碱度。活细胞需要生活在等渗环境中，大多数细胞对渗透压有一定的耐受性。

三、数据分析

不同公司的软件虽不同，但功能基本大同小异，以徕卡共聚焦显微镜
为例进行介绍。

活细胞工作站–
徕卡 DMi8 显微镜
操作及原理展示

1. FRAP 实验

细胞的某个区域短暂时间内暴露于高强度激光下，该区域的荧光分子发生不可逆的猝灭，
由于分子运动使其恢复到某一水平，达到平衡，从而获得有关细胞的分子扩散、运动和结合
的信息。首先用荧光探剂标记细胞并进行拍照，选中需要漂白的部分；然后利用 bleach 调节
激光能量，通过 time-course 工具确定漂白次数及漂白前后所需的照片量、拍照时间间隔，评
估得到信号变化，分析漂白区域荧光强度的变化并绘制曲线，从而得到关于分子迁移速率、
动态分子比例的信息。FRAP 可测量蛋白质动力学、质膜或细胞质不同组分的侧向扩散、不同
条件下膜受体和脂质的迁移、细胞骨架动力学等。

2. FRET 实验

供体向受体转移荧光能量可以确定不同分子间的相互作用。能量传递的方法有受体漂白
法和敏化发射法。①受体漂白法可以用 donor、acceptor 工具调节荧光通道，选中需要漂白的
细胞，用 bleach 调节激光能量，选定漂白次数，点击 run 记录受体漂白前后的荧光强度来测量
FRET 的效率。②敏发射法要用 donor+FRET 和 acceptor 工具调节通道，在 Corr. Images 中选
择单标样本并拍照，在 Corr. Factors 中选出信号或背景进行校正，在 evaluation 中选出一个背
景进行 accept，选择拍照次数。操作过程中需要更换两次样本对细胞进行像素匹配矫正。敏化
发射法主要用于活细胞中 FRET 效率的动态检测。FRET 会发生供体的发射光谱与受体的吸
收光谱的明显重叠，使 FRET 信号中有供体的发射光进入受体的采集通路，受体分子被激发，
导致光谱串色，这需要进行矫正。FRET 可用于检测分子间的相互作用以及分子的折叠与构象
变化。

3. 荧光共定位分析

其本质是分析不同荧光标记的蛋白的发射光在空间的重叠情况，从而判断这两种蛋白是
否处于同一区域。首先分离通道，保留有目标蛋白的两个通道，然后给两个通道分别添加伪
色，之后设定适当的阈值，尽量减少背景。利用 statistics 计算平均荧光值，也可以通过框选不
同组别的图像获得各对照组之间荧光强度的变化参数。之后利用 histogram 等工具调节图像像
素的灰度值，调整图像像素的大小及宽度，以获得单位面积荧光强度的分布关系。

4. 光激活及光转换

在光激活和光转化实验中，框选指定区域使用声光可调滤光器（acousto-optic tunable
filter，AOTF）定义光的波长并对样品进行光刺激。光激活荧光蛋白（photoactivated fluorescent
protein，PAFP）可以用来标记细胞，结合延时图像来获取细胞动态变化。在多重荧光标记的
实验中，PAFP 间需尽量减少光谱重叠。而光转化荧光蛋白（light transformed fluorescent protein，
PCFP）会在特定激活光照射下使激发谱和发射谱从一个波长转化到另一个波长中，可以在更

广泛的空间和时间分辨率内对活细胞进行观察，并进行细胞内分子追踪、分子定量等。

5. 共聚焦图像采集

用荧光探针标记活细胞，经过特定波长的激光激发产生特定的荧光进行扫描，得到完整的三维荧光信息。首先进行光路设置，选择 settings 进行设置，调节 PMT 检测范围、激光波长等，将扫描模式设为 xyz 扫描（或根据不同需要进行其他设置），在 sequential scan 方式中进行扫描参数的设置，点击 live 进行预览，根据需要对 smart gain 和 smart offset 进行调节降低噪声、激光强度。共集系统可以对活细胞长时发育、分化、增殖进行实时动态监测。

四、应用举例

1. 细胞迁移

细胞迁移（cell migration）是指细胞在接收到迁移信号或感受到某些物质的梯度后产生的移动。细胞迁移是正常细胞的基本功能之一，是机体正常生长发育的生理过程，也是活细胞普遍存在的一种运动形式。胚胎发育、血管生成、伤口愈合、免疫反应、炎症反应、动脉粥样硬化、癌症转移等过程中都涉及细胞迁移。划痕实验是简捷测定细胞迁移运动与修复能力的方法，在体外培养皿或平板培养的单层贴壁细胞上，用微量枪头或其他硬物在细胞生长的中央区域划线，去除中央部分的细胞，然后将培养板或者培养皿转移到活细胞工作站中继续培养细胞至实验设定的时间。在活细胞工作站中实时观察角质形成细胞运动情况，以细胞核为参照点获取细胞运动轨迹并生成可视化图片，并获取细胞运动的曲线距离，计算细胞的轨迹速度（细胞运动的曲线距离/细胞运动时间），然后进行统计学分析。

2. 细胞内吞作用

内吞作用（endocytosis）又称入胞作用或胞吞作用，是通过质膜的变形运动将细胞外物质转运入细胞内的过程。根据入胞物质的不同大小，以及入胞机制的不同可将内吞作用分为 3 种类型：吞噬作用、吞饮作用、受体介导的内吞作用。该过程对于细胞代谢和细胞信号转导非常重要。细胞预先在培养皿中培养 12 h，将细胞核染色，加入需要进行内吞作用实验样品，利用活细胞工作站进行实时观察，拍摄所设定区域内细胞的荧光图像，观察细胞的内吞作用。

3. 细胞增殖

细胞增殖（cell proliferation）是细胞通过生长和分裂获得具有与母细胞相同遗传特征的子代细胞，从而使细胞数目成倍增加的过程。是生物体的重要生命特征，是生物体生长、发育、繁殖和遗传的基础。单细胞生物，以细胞分裂的方式产生新的个体。多细胞生物，以细胞分裂的方式产生新的细胞，用来补充体内衰老或死亡的细胞。实验方法是定量培养细胞于多孔板中，然后消化、计数和接种到新的多孔板中，进行染色，置于活细胞工作站中对细胞进行连续拍摄，对特定时间点细胞增值率进行分析。

4. 胞内运输

胞内运输（intracellular transport）是真核生物细胞内膜结合细胞器与细胞内环境进行的物

质交换。包括细胞核、线粒体、叶绿体、溶酶体、过氧化物酶体、高尔基体和内质网等与细胞内的物质交换。将细胞在培养皿或者多孔板中进行培养，孵育一段时间，转移到活细胞工作站中进行观察，得到的视频进一步处理，追踪待测位置运动轨迹，统计运动轨迹上共定位点的运动速率。

5. 细胞融合

细胞融合（cell fusion）是在自发或人工诱导下，两个不同基因型的细胞或原生质体融合形成一个杂种细胞。由于它不仅能产生同种细胞融合，也能产生种间细胞的融合。活细胞工作站可以观察活细胞融合的动态变化过程。实验操作如下，将两种荧光标记后的待测细胞体外共培养，进行细胞融合，在荧光显微镜下动态观察。

6. 神经突生长

神经突（neurite）是指从神经细胞胞体产生的任何突起，既可以指轴突，也可以指树突。树突的主要功能是接受刺激。轴突的作用是将胞体发出的冲动传递给另一个神经元或分布在肌肉或腺体的效应器。活细胞工作站可连续观察并记录神经元细胞神经突的生长情况，并追踪神经元神经突运动的轨迹和方向，从而获取位移平均距离，轨迹平均距离等参数，进行统计分析。

7. 离子浓度检测

将线粒体 Ca^{2+} 指示剂，用预热的无血清培养液配制至工作浓度，待检测细胞移去培养液，D-hank's 清洗后加入染料孵育，然后移去染料并清洗后，将培养皿或者多孔板移入活细胞工作站进行钙瞬变检测。

8. 病毒入侵宿主细胞

将病毒样品用荧光进行标记，可以得到具有稳定荧光信号的病毒颗粒，配合活细胞工作站，可以在荧光显微镜下直观地观察到病毒颗粒从细胞外如何吸附到细胞上，并穿过细胞膜进入细胞内及其后期细胞内的运动等信息，对研究病毒的入侵机制具有很大帮助。

<h2 style="text-align:center">主要参考文献</h2>

车彬. 2017. 埃博拉病毒入侵宿主细胞的可视化研究. 中国疾病预防控制中心硕士学位论文.

陈鑫. 2019. 低氧条件下 Gαi1 通过 Akt/mTORC 通路调控 MAP4 影响表皮细胞迁移的机制研究. 中国人民解放军陆军军医大学博士学位论文.

范志海. 2014. 丝素蛋白仿生支架调控嗅鞘细胞生物学行为. 苏州大学博士学位论文.

胡健. 2016. 开环聚合/"点击"化学联用制备酸敏感型拓扑结构聚合物及其应用研究. 苏州大学博士学位论文.

胡兴杰. 2017. 纳米材料细胞摄取和胞内运输的成像学研究. 中国科学院研究生院（上海应用物理研究所）博士学位论文.

槐玉英，宋瑞龙. 2020. 活细胞工作站的使用及常见问题分析. 科技视界，16：210-212.

梅宇钦. 2013. 黄酮类化合物库内小分子 4a 经由 PPAR-β-Mfn2-[Ca²⁺]ₘ信号调控胚胎干细胞神经分化. 浙江大学博士学位论文.

孙超. 2016. 骨髓间充质干细胞通过细胞融合促进胶质瘤血管生成的实验研究. 苏州大学博士学位论文.

徐晓静，张焕相. 2013. 活细胞工作站实时摄影技术在间充质干细胞迁移实验中的应用.实验室科学，16（5）：22-24，28.

姚舜. 2020. AAMP 调控非小细胞肺癌细胞增殖和转移的分子机制. 山东大学博士学位论文.

赵程程. 2018. 低温促进脑创伤后神经突再生及调节 SOCS3 表达的研究. 上海交通大学博士学位论文.

R. D. 戈德曼，J. R. 斯瓦罗，D. L. 斯佩克特. 2016. 活细胞成像. 2 版. 方玉达等译. 北京：科学出版社.

第十一章 核酸分析技术

第一节 荧光定量 PCR 技术

荧光定量 PCR（fluorescence quantitative polymerase chain reaction，FQ-PCR）技术是在传统 PCR 技术基础上的革新。在过去的几年里，该技术已经成为检测和定量 DNA 或 RNA 的重要工具，具有反应速度快、定量准确、实时监测、重复性好、灵敏度高等优点。

一、技术原理和仪器的基本构造

（一）技术原理

1. FQ-PCR 发展史

聚合酶链式反应（polymerase chain reaction，PCR）是美国 Perkin-Elmer Cetus 公司人类遗传研究室 Mullis 等在 1985 年发明的一项技术，该技术已经成为分子生物学研究中最强大的技术之一。在 PCR 过程中，可以使用特定序列的寡核苷酸、热稳定的 DNA 聚合酶和热循环，将 DNA 或互补 DNA（cDNA）模板中的特定序列复制或扩增成千上万倍。由于传统的 PCR 对扩增序列的检测和定量不仅需要凝胶电泳分离及染色处理，而且定量分析不够精准，因此，其应用受到限制。1992 年 Higuchi 提出了实时荧光定量 PCR 的设想，利用荧光染料如 EB 与核酸结合而发射出荧光信号这一特点，只要在 PCR 的退火或延伸阶段检测掺入到双链核酸中的 EB 含量，从而实时监测 PCR 进程。然后，根据内标的方法，结合相应的算法，就可以对待测样品中的目的基因进行准确定量。但 Higuchi 的设想是一种非特异性的检测方法，使用的是嵌入式荧光染料，仅能对 PCR 体系中的总核酸进行定量。后来，美国 PE 公司在 1995 年成功研制了具有划时代意义的 FQ-PCR 技术，该技术灵敏性高，特异性高，定量精确，不需要 PCR 后处理，可以直接对特定区段扩增产物进行定量，整个实验是完全闭管操作。该技术不仅操作简便，快速高效，通量高，而且重复性高，降低了污染的风险。另外，它还可以根据设计的不同引物，在同一 PCR 体系中同时对多个目的基因进行扩增。

FQ-PCR 技术是在 PCR 体系中加入荧光基团，荧光信号强度随着产物量的不断增加也等比例增加，从而可以根据荧光强度的变化得到一条扩增曲线。通常分为三个阶段。①荧光背景信号阶段：扩增产生的荧光信号无法与荧光背景信号区别开来，不能判断产物量的变化。②指数扩增阶段：扩增产物量的指数值与起始模板数之间呈线性关系，可以进行定量分析。③平台期：扩增信号相对稳定，扩增产物的量不再呈现指数增加趋势。

2. FQ-PCR 相关概念

（1）基线（baseline） 指 PCR 初始循环的信号水平，通常为 3～15 个循环，其荧光信号几乎没有变化。基线的低电平信号可以等同于背景信号或反应的"噪声"。通过用户分析或扩增图的自动分析，根据经验确定每个反应的实时 PCR 基线。必须仔细设置基线，以便准确确定循环阈值（threshold cycle，C_t 值），基线的确定应考虑足够的循环，以消除在扩增早期循环中发现的背景信号，但不包括扩增信号开始高于背景信号的循环。在比较不同的实时 PCR 反应或实验时，应该以相同的方法确定每个反应的基线。

（2）荧光阈值（threshold） 指所计算的基线信号在统计学上显著增加的信号水平（图 11-1A）。设置为区分相关的扩增信号与背景信号。通常，实时 PCR 仪会自动将阈值设置为基线荧光值的标准偏差的 10 倍。但在 PCR 的指数阶段，阈值的位置可以设置在任意点。

（3）C_t 值 指反应的荧光信号达到所设定的阈值的经历的循环数。由于 C_t 值与模板的起始拷贝数的对数成反比关系，因此 C_t 值可以用于计算 DNA 初始拷贝数。利用已知起始拷贝数的标准样品能够绘制出一条标准曲线（图 11-1B），横坐标为拷贝对数值，纵坐标为 C_t 值。

（4）标准曲线 利用已知模板不同浓度梯度的稀释液绘制标准曲线，从而确定实验样品中目标模板的起始量或评估反应效率。标准曲线选择的浓度应涵盖实验样品的预期浓度范围。将稀释液中每个已知浓度的对数（x 轴）与该浓度的 C_t 值（y 轴）相对应作图。从该标准曲线中可以得出有关反应性能以及各种反应参数（包括斜率、y 轴截距和相关系数 R^2）的信息。

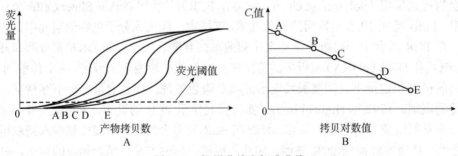

图 11-1 扩增曲线和标准曲线

3. FQ-PCR 步骤

该技术是标准 PCR 技术的一种变体，关键步骤包括以下几步。

（1）变性 高温孵育是用来"熔化"双链 DNA（dsDNA），使其成为单链，并使单链 DNA 的二级结构变松，DNA 聚合酶所能承受的最高温度通常是 95℃。当模板 GC 含量较高时，可以适当延长变性时间。

（2）退火 在退火过程中，互补序列有机会配对，因此需要设定合适的温度，该温度是基于引物的解链温度（T_m）计算的，通常比引物的 T_m 低 5℃。

荧光定量
PCR 教程

（3）延伸 在 70～72℃时，DNA 聚合酶的活性是最佳的，并且引物的延伸速度高达 100 个碱基/秒。当 FQ-PCR 中的扩增子很小时，这个步骤通常与退火步骤相结合，使用 60℃作为延伸温度。

此外，FQ-PCR 还可以分为一步法和两步法，可以根据实验要求来选择。

（1）一步法 是将第一链 cDNA 合成反应和实时 PCR 反应置于同一个离心管中进行，不仅简化了反应装置，还降低了污染的可能性。使用这一方法必须要有基因特异性引物，这是因为使用胸腺嘧啶组成的核苷酸链[Oligo（dT）]或随机引物将在一步操作中生成非特异性产物，并减少目标产物的数量。①优点：防止污染（封闭条件下可防止在逆转录和 PCR 阶段之间引入污染物）、操作简便（减少移液步骤，节约操作时间）、灵敏度高（合成的所有的第一链 cDNA 均可用于实时 PCR 扩增）。②不足：形成引物二聚体的可能性大（从一步反应开始，正向和反向基因特异性引物在 42～50℃逆转录条件下更有可能二聚。尤其会出现在使用 DNA 结合染料进行检测的反应中）、cDNA 不能用于其他 PCR 反应——一步法需要使用所有来自逆转录步骤的 cDNA，因此如果实验失败，就没有多余的样本了。

（2）两步法 是从使用逆转录酶将总 RNA 或 Poly（A）RNA 逆转录成 cDNA 开始的，可以使用随机引物、Oligo（dT）或基因特异性引物启动该第一链 cDNA 合成反应。为了在实时 PCR 应用中对所有靶标都能够有相同的表达，并避免 Oligo（dT）引物产生 3' 偏差，可以使用随机引物或者 Oligo（dT）和随机引物的混合物。另外，选用的逆转录酶的性质决定了 cDNA 合成所用的温度，逆转录后，大约 10%的 cDNA 被转移到另一个离心管中进行实时 PCR 反应。①优点：灵敏度高（两步反应的灵敏度可能比一步反应的灵敏度更高，因为逆转录和 PCR 反应是在各自优化的缓冲液中进行的）、多个靶点（根据所用的逆转录引物，可以从单个 RNA 样本中检测出多个靶点）、可以保存一部分 cDNA 用于其他 PCR 反应（两步反应可以产生足够的 cDNA 用于多个 PCR 反应，适用于稀有或有限的样本）。②不足：逆转录酶和缓冲液会抑制 PCR（通常只有 10%的 cDNA 合成反应用于 PCR，因为如果稀释不适当，逆转录酶和相关的缓冲液成分可能会抑制 DNA 聚合酶。具体的抑制水平将取决于逆转录酶、靶标的相对丰度以及扩增反应的强度）、操作繁琐（两步反应需要的操作较多，并且不太适合高通量应用）、有污染风险（每个步骤都需要转移到单独的管中进行实验，增加了污染的风险）。

4. FQ-PCR 技术中荧光化学方法

主要有 DNA 结合染色法、水解探针、荧光标记引物、分子信标技术和复合探针，它们又可以分为非特异性 DNA 结合染色法和探针法两类。

（1）非特异性 DNA 染色法 SYBR Green I 是一种荧光性 DNA 结合染料（图 11-2）。当加入样品后，能够立即与 dsDNA 的小沟结合并发射荧光。由于该染料能够与所有 dsDNA 结合，因此荧光强度和 PCR 产物量之间存在正比关系。与 DNA 结合的染料产生的荧光信号比游离的染料强得多。该方法通用性好，简便易行，不需要设计探针，降低成本。但不能进行多重反应，而由于荧光染料能与非特异性 dsDNA（如引物二聚体）结合，容易产生假阳性。

多种染料与单个扩增的分子相结合可以提高检测的灵敏度，这取决于反应中产生的 dsDNA 的质量。如果扩增效率相同，则较长产物的扩增比较短产物产生更多的荧光信号。

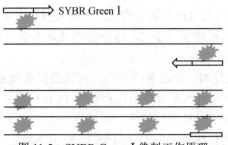

图 11-2　SYBR Green I 染料工作原理

（2）探针法　总的来说，基于荧光标记的引物和探针的化学方法是利用荧光共振能量转移（fluorescence resonance energy transfer，FRET）或其他荧光猝灭形式，来保证仅在扩增产物出现时特异的荧光才被监测到。在 FQ-PCR 体系中，除了普通 PCR 所设计的一对引物外，还有一条或两条荧光标记的基因探针。PCR 开始后，*Taq* DNA 聚合酶会随着链的延伸，沿着模板移动到荧光标记探针结合位置，进行切除，释放出报告基团的荧光信号，其强弱与 PCR 产物量之间存在线性关系。按照基团标记和能量转移方式，较常见的技术有 TaqMan 技术、分子信标技术（molecular beacon）、Amplisensor 和复合探针技术。

1）TaqMan 技术。TaqMan 技术采用荧光探针可以对特定 PCR 产物进行检测（图 11-3）。首先在探针的 5′ 端标记一个报告基团（reporter，R），3′ 端标记一个猝灭基团（quencher，Q），构建一段寡核苷酸探针，常见的报告基团及对应的猝灭基团见表 11-1。当探针完整时，Q 的靠近会利用空间上的 FRET 而吸收由 R 发射的荧光。所以，正常情况下检测不到 5′ 端 R 发射的荧光，只能检测到 3′ 端 Q 发射的荧光信号。如果存在目标序列，该探针在其中一个引物结合位点的下游发生退火，*Taq* DNA 聚合酶随着引物的延伸利用 5′ 外切酶活性完成切除。通过切除，不仅使 R 和 Q 分离，增强 R 的荧光信号，而且引物可以继续沿着模板链延伸，证明探针的介入对整个 PCR 过程产生抑制作用。不仅如此，每经过一个循环，就会有更多的 R 被切断，继而荧光强度随着 PCR 产物量的增加而增加。该技术优点是探针和靶点之间只有发生特异性水解才能产生荧光信号，特异性较强，信噪比高，无须进行 PCR 后处理，减少分析工作量，降低了成本，可利用不同的 R 标记探针在一个反应管内扩增并检测两个不同的序列。不足之处是需要根据不同的序列合成不同的探针，设计烦琐。

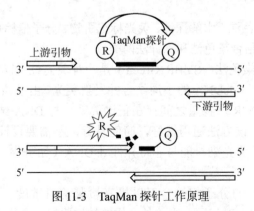

图 11-3　TaqMan 探针工作原理

表 11-1　报告基团及猝灭基团

报告基团	HEX	Texas Red	Cy5	FAM	TAMRA	TET	ROX
猝灭基团	BHQ1	BHQ2	BHQ2	BHQ1	BHQ1	BHQ2	BHQ2
	DABCYL	DABCYL	BHQ3	DABCYL	BHQ2	BHQ3	BHQ3
				TAMRA	DABCYL	DABCYL	DABCYL

注：①DABCYL 是机械的猝灭基团，仅适用于分子信标技术；②不建议使用 TAMRA 作为猝灭基团，且在分子信标技术中效果最不理想；但是当进行单色 FAM 实验时，可以使用

2）分子信标技术。该技术衍生于 TaqMan 探针，相同的是在探针的两端分别标记 R 和 Q，不同的是该探针空间结构是一种呈茎-环结构的发卡。环部与靶 DNA 序列互补，长度一般为 15～30 个核苷酸；茎部 GC 含量较高，与靶 DNA 无序列同源性，一般为 5～7 个核苷酸（图 11-4）。当探针处于游离状态时，发卡结构两端的荧光基团靠得很近，不产生荧光信号。在 PCR 退火阶段，探针与模板杂交，破坏了探针的发卡结构形成 FRET，荧光信号便会释放出来，荧光的强度随着溶液中被扩增的模板量的增加而增加。常用于基因多突变位点同时分析。该技术的优点是，特异性较强，灵敏度较高，利用非荧光染料作为猝灭基团，本底低。不足之处是，探针达不到完全与模板结合的程度，稳定性较差；设计要求较高；探针合成标记复杂。

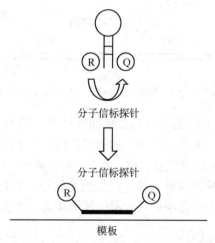

图 11-4　分子信标技术工作原理

后来，在分子信标技术的基础上又建立了发卡式（sunrise）、蝎状（scorpion）和 Amplisensor 等引物技术。其中，蝎状引物技术运用广泛。在发卡式引物技术（图 11-5 A）中，所有的扩增产物都可以用荧光分子标记，荧光信号响应快速，但不能区分特异性和非特异性扩增。蝎状引物技术（图 11-5B）是发卡式引物技术上的改进，在探针和引物之间连接一个连接臂，使非特异性扩增产物没有荧光信号产生，而特异性扩增产物形成分子内杂交，发生 FRET，产生荧光。在 Amplisensor 引物技术（图 11-5 C）扩增前，一个半套式 PCR 引物和荧光物标记探针相连，扩增时，连接物作为半套式引物加入模板，FRET 消除，产生荧光信号。

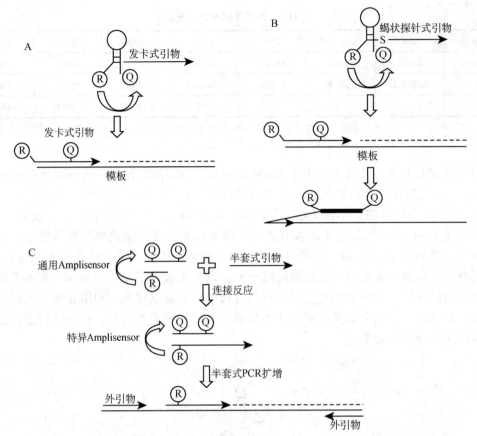

图 11-5　发卡式引物（A）、蝎状引物（B）、Amplisensor（C）引物工作原理

　　3）复合探针技术。复合探针技术又称双链探针技术（图 11-6）。先合成荧光探针，再合成猝灭探针，荧光探针的 5′ 端标记一个 R，猝灭探针的 3′ 端标记一个 Q。当反应溶液中没有模板存在时，两个探针发生杂交形成复合体，此时，荧光猝灭。相反，在反应退火阶段，荧光探针优先与模板相结合，与猝灭探针分离，产生荧光信号，荧光强度随着模板数量的增加而增加。该技术操作简便，几乎不影响扩增效率；使用非荧光猝灭剂，故本底低。

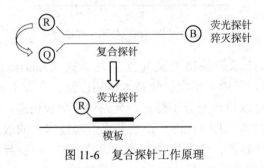

图 11-6　复合探针工作原理

（二）仪器的基本构造

FQ-PCR 仪主要由温控系统（热循环系统）和光学系统两部分组成。

Roche LightCycler480
荧光定量 PCR
仪器照片

1. 温控系统

温控系统包括半导体、空气和水浴加热系统 3 种类型，前两种应用相对广泛。其中半导体加热系统利用率更高，虽然成本较高，但它能够精确控温，加样比较方便。空气加热系统成本较低，能够快速调节温度，缩短扩增时间，温度均一性好，但灵活性不好，温度控制不精准，加样不方便。

（1）半导体加热系统 半导体制冷片具有体积小、响应速度快、控温方便、稳定性好等优点，因此被广泛应用于 FQ-PCR 仪的温控系统中。将制冷片均匀地贴在金属块基座底下，并在制冷片的下方放置散热器和风扇以确保基座各个试管孔保持均匀的温度，其结构如图 11-7 所示。

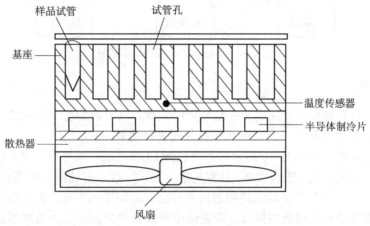

图 11-7 半导体加热系统结构示意图

（2）空气加热系统 如图 11-8 所示，包括分档器发动机、风扇、热室、卡盘、毛细样品管、加热线圈，以及空气入口等 10 个部分。通过加热位于中心轴的加热线圈，将环境空气作为导热媒介，吸入热室，利用下方风扇的转动使热室里吸入的空气热循环均匀。热室内温度的调节可以通过分档器发动机改变加热线圈的供电电压来实现。风扇的速度变化既能够在升温阶段，使热室内温度分布均一；又可以在降温阶段，使加热线圈和毛细样品管有效冷却。

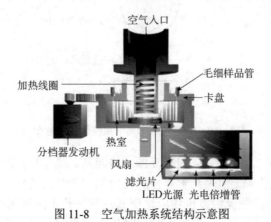

图 11-8 空气加热系统结构示意图

（3）水浴加热系统 如图 11-9 所示，以水为传热的媒介，通过切换供向样品槽的水，保证样品槽中所需的温度，从而完成对放在样品槽中样品进行有效扩增。恒温槽中设置有功率相同的加热器，通过改变加热器的加热量，从而保持恒温槽中的温度在所需的范围内。扩增过程开始后，根据要求，向样品槽提供所需温度的水，不断切换，直至过程结束。恒温槽对外界保持绝热状态，样品槽中也仅有少量热量损失，整个过程在密闭管路中进行。

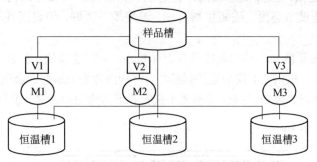

图 11-9　水浴加热系统结构示意图

2. 光学系统

光学系统是对待测核酸样品进行定量分析的关键，实时监测整个扩增过程中荧光信号的变化。主要分为 Y 型光纤式、共聚焦式和斜射式 3 种类型。

（1）Y 型光纤式　如图 11-10 所示，主要包括 LED 光源、滤光片、聚光透镜、光电探测器和 Y 型光纤，体积不大、结构简单、检测灵敏度高。LED 发射的激发光照射到聚光透镜上，再经过滤光片进入 Y 型光纤的输入端照射待测样品，从而发出荧光。荧光基团在激发光作用下发出荧光并由 Y 型光纤输出端接收，荧光经由光纤传输后由滤光片滤成单色光最后由检测器接收并检测。

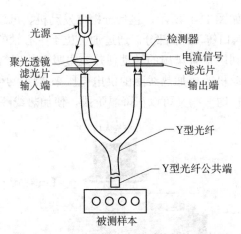

图 11-10　Y 型光纤式光学系统结构示意图

（2）共聚焦式　如图 11-11 所示，包括光源、检测器、滤光片、聚焦透镜、二向色分光镜等，体积较小、抗干扰能力强。但是光学器件的使用如二向色分光镜、聚焦透镜，会损耗光信号导致光强度变小，导致检测灵敏度也相应地变低，其光路走向如图 11-11 所示。

（3）斜射式　如图 11-12 所示。它的激发光路和检测光路是呈一定的角度分开的。光源产生的激发光照射到透镜上以后，接着再以一定的角度入射在待测样品上，荧光染料或者探针会在样品扩增的过程中产生荧光信号；荧光会以一定的角度反射到透镜，最终到达检测装置进行检测。设计这种结构虽然可以控制入射与检测角度，从而使信噪比和灵敏度提高；但是，空间占比大、结构相对复杂、大孔径的透镜还会对荧光的采集产生一定的影响。

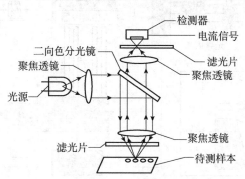

图 11-11　共聚焦式光学系统光路结构示意图

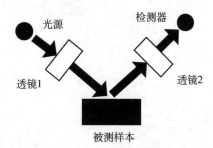

图 11-12　斜射式光学系统结构示意图

　　光学系统中最重要的部分是激发光源和检测装置。激发光源有氙灯、激光、卤素灯、LED等（表 11-2）。检测装置是一种依据光电效应，能够检测出光信号并且将其转化成电信号的元件。为了方便检测 DNA 扩增过程中产生的非常微弱的荧光，检测装置一定要满足高灵敏度、响应速度快、噪声低等这几个条件。常用于 FQ-PCR 仪的检测装置有 PMT、电荷耦合器和光电二极管等（表 11-3）。FQ-PCR 仪的技术原理可以概括为图 11-13。

表 11-2　激发光源种类及其特点

激发光源	氙灯	卤素灯	LED	氩离子激光
优点	光强度较高,辐射光谱能量分布接近太阳光谱	光强度较高,激发范围广,适用于多通道的定量 PCR,结构单一,制造成本较低	冷光源,无须预热,省电,使用寿命相对较长,成本较低	光强度较高,光透性好
缺点	光效较低,使用寿命较短	热光源,预热会耗费时间,使用寿命比较短	光强度低,激发范围受限影响荧光素的选择	使用时会产生热量,耗电,使用寿命短,成本高,激发范围窄

表 11-3　检测装置检测器种类及其特点

检测装置	PMT	电荷耦合器	光电二极管
优点	信噪比高,背景噪声信号低,可放大光信号,检测灵敏度高,检测范围宽,无须校正染料,精度高,增益可调	同时对正版进行拍照成像,在同一循环中可对版面照多张照片	体积小,成本低
缺点	成本高	具有边缘效应,须加入校正染料,检测灵敏度不如 PMT	检测灵敏度低,信噪比低

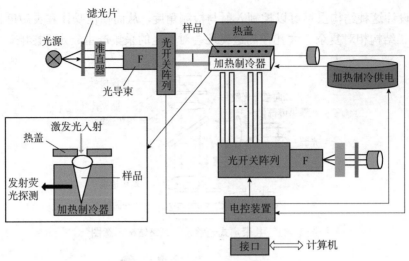

图 11-13　FQ-PCR 仪工作原理图

二、样品制备

（一）样品采集

样品采集是影响实验的第一个潜在因素，尤其是针对 RNA 的实验，因为 mRNA 很容易受到样品采集和处理方法的干扰。有人认为将新鲜组织保存在冰上，不会对 RNA 的质量和浓度产生很大的影响，尽管这种假设对于某些 mRNA 和组织可能是正确的，但是无法普遍适用。所以，对于组织样本的获取方式以及是否立即对其进行处理需要进行详细的记录与分析，如果获取的样品没有立即进行处理，必须了解其保存方式以及保存时间和条件。

（二）样品 RNA 的抽提

核酸的提取是第二个关键步骤。提取效率取决于均质化是否充分、样本类型（如原位组织与对数期培养细胞）、靶密度、生理状态（如健康、癌变或坏死）、遗传复杂性和处理的生物量。因此，有必要对核酸提取的细节进行详细记录，并描述用于测量核酸浓度和评估其质量的方法。这些细节对于从新鲜冰冻的激光显微切割的活检样本中提取的 RNA 尤为重要，因为组织制备程序的变化对 RNA 产量和质量都有实质性的影响。

RNA 的抽提步骤主要包括以下几步。①匀浆。取出−80℃冻结的 RNA 提取样品，放置一段时间至其完全溶解。溶解后将其快速转移到用液氮预冷的研钵中，研磨组织，在研磨期间需要不断补充液氮，直至将样品研磨至粉末状。将适量的 Trizol 试剂加入到研钵中使样品被覆盖住，加入的量与样品匀浆量相匹配。②三相分离。室温静置 5min，待核蛋白复合物完全溶解后转移至相应的离心管中，4℃，12 000r/min 离心 15min。将离心管中的上清液移至新的离心管中，加入氯仿的体积与上清液的体积比为 1：5，盖紧。剧烈震荡离心管 15s，15～30℃孵育 2～3min 后，4℃，12 000r/min 离心 10min。离心管中的混合液分为三层：上层是无色水相，中层是白色蛋白层，下层是红色有机相。③RNA 沉淀。由于 RNA 全部存在于上层水相中，所以只需要将上清液移至新的 EP 管中，向上清液中加入等体积的异丙醇，混匀后 15～

30℃孵育10min使其中的RNA沉淀，接着，4℃，12 000r/min离心10min，此时在EP管底部和侧壁上形成的胶状沉淀即为RNA沉淀。④RNA洗涤。弃上清液，在沉淀中加入与Trizol试剂等体积的75%乙醇（用DEPC水在超净台中配制而成），洗涤RNA沉淀。混匀后，4℃，12 000r/min离心5min。⑤RNA干燥及溶解。吸除大部分乙醇溶液，使RNA沉淀在室温空气中干燥5～10min。接着，加入无RNA酶的水20～40μl，并用移液器反复吹打几次，待沉淀完全溶解后，将获得的RNA溶液-80℃保存备用。

在提取过程中，任何一点小的偏差都可能导致RNA酶受污染。因为完全抑制RNA酶的活性有一定的难度，所以预防其污染是十分必要的。在实际操作过程中需要注意以下几点。①整个实验过程中佩戴一次性手套，培养良好的实验操作习惯，防止微生物的污染影响实验结果。皮肤表面经常有细菌残留，会对RNA的抽提及RNA酶造成污染。②使用一次性、灭过菌的自动吸管以及塑料器皿抽提RNA，不然有可能导致RNA酶交叉污染。③在Trizol中，RNA是隔离在RNA酶污染之外的。而对样品的后续操作要求用无RNA酶的非一次性的玻璃器皿或塑料器皿。玻璃器皿可以在150℃的烘箱中烘烤4h，塑料器皿可以在0.5mol/L氢氧化钠溶液中浸泡10min，用水彻底漂洗干净后高压灭菌备用。

当然，这些也不是硬性要求，只要实验操作手法娴熟，完全可以使用初次开封的离心管和枪头及新过滤的超纯水进行RNA抽提。

（三）样品RNA浓度和质量的测定

利用琼脂糖凝胶电泳检测RNA的完整性包括以下步骤。①制胶。0.5g琼脂糖溶于36.5ml的DEPC水中，加热至琼脂糖完全溶解，冷却至60℃，加入5ml的10×电泳缓冲液和8.5ml的37%的甲醛溶液，混匀。灌制凝胶板，胶凝后，取下梳子，将凝胶板放入电泳槽中，加入足量的电泳缓冲液至覆盖胶面几毫米。②准备RNA样品。在一个洁净的小离心管中混合以下试剂：电泳缓冲液（10×）2μl、甲醛3.5μl、甲酰胺10μl、RNA样品3.5μl。混匀，置60℃保温10min，冰上速冷。加入3μl的上样缓冲液混匀。③电泳。上样前凝胶需预电泳5min，随后将样品加入上样孔，5～6V/cm电压下2h，电泳至溴酚蓝指示剂进胶至少2～3cm。④紫外透射光下观察并记录。28S rRNA、18S rRNA的条带非常亮且浓（其大小取决于用于抽提RNA的物种类型），上面一条带的密度接近于下面一条带的两倍。很有可能观察到一个更小稍微扩散的条带，它是由低分子量的RNA（tRNA、5S rRNA）组成的。在28S rRNA、18S rRNA条带之间可以看到一片弥散的EB染色物质，可能是由mRNA和其他异型RNA组成。如果在RNA制备过程中出现了DNA污染，将会在28S rRNA条带上出现，即更高分子量的弥散迁移物质，RNA的降解表现为rRNA条带的弥散。

利用紫外吸收法检测RNA纯度：吸取2μl的提取的RNA溶液，在分别在260nm和280nm处进行检测，A_{260}与A_{280}的比值即为RNA纯度，比值范围处于1.8～2.0之间。

（四）FQ-PCR引物设计

目的是找到一对合适的核苷酸片段，使其能有效地扩增模板DNA序列。引物的优劣直接关系到PCR的特异性与成功与否。

设计引物的前提是要找到DNA序列的特异区，同时需要预测即将扩增的片段单链是否可以形成二级结构。如果这个区域单链不可以形成二级结构，那就选择在这一区域设计引物；

如果这个区域单链能形成二级结构，就要避开它。如果可以在这一区域里设计引物，一般引物长度为 15～30 个碱基，扩增片段长度为 80～400bp；引物序列中 G+C 含量一般为 40%～60%，而且 4 种碱基最好是随机分布的，避免聚嘧啶或聚嘌呤的存在，否则会导致引物设计得不合理，需要重新寻找其他区域设计引物；另一方面，一对引物之间也不能超过 4 个连续碱基的互补。

引物设计完成并确定之后，可以对引物进行必要的修饰，例如可以在引物的 5′ 端加酶切位点序列，标记荧光素、生物素、地高辛，等等，这不会对扩增的特异性造成很大程度的影响。然而，由于引物的延伸是从 3′ 端开始的，所以坚决不可以在引物的 3′ 端进行任何修饰。还有一点需要注意的是，因为密码子第 3 位容易发生简并现象，从而导致扩增效率和特异性受到一定的影响，所以引物的 3′ 端不要恰好终止于密码子的第 3 位。

对引物的设计，可以根据相关网站如 NCBI（https：//www.ncbi.nlm.nih.gov/）公布的基因序列，遵照引物设计的原则（表 11-4），使用相关软件进行设计。

表 11-4　FQ-PCR 引物设计原则

指标	条件
引物长度	15～30bp
扩增片段大小	80～400bp（最好<300bp）
GC 含量	40%～60%
T_m	两条引物的 T_m 尽量接近，可用专业软件计算
序列	整体上碱基不能过偏；避免 T/C 连续，A/G 连续
3′ 末端序列	避免出现富含 GC 或 AT；最后一个碱基尽量避免为 T，最好为 G 或 C
互补性	两条引物之间或引物内部避免 3bp 以上的互补序列；引物 3′ 末端避免 2 bp 以上的互补序列
特异性	利用 BLAST 检索，确认引物特异性

（五）逆 转 录

逆转录通常是 FQ-PCR 中变化最大的步骤。第一链合成反应可以使用基因特异性引物、Oligo（dT）或随机引物，并且选择合适的引物对于反转录效率和一致性以及数据准确性方面有重要影响。

随机引物可以产生大量的 cDNA，因此在 FQ-PCR 中灵敏度是最高的，它们也适用于非聚腺苷酸 RNA，例如细菌 RNA。因为它们在整个靶分子中退火，降解的转录物和二级结构不会像基因特异性引物和 Oligo（dT）引物那样造成很多问题，但是数据显示随机引物会高估拷贝数。在同一逆转录反应中，将随机引物和 Oligo（dT）引物结合起来，可以提高数据质量。随机引物仅用于两步法。

Oligo（dT）引物是两步法的最佳选择，因为它们对 mRNA 有特异性，并且它们在启动反应时可以从同一 cDNA 库中分析出许多不同的靶点。但是，由于它们总是在 3′ 末端开始逆转录，难以形成的二级结构可能导致不完整的 cDNA 产生。片段 RNA 的 Oligo（dT）启动（例如从福尔马林固定的石蜡包埋样品中分离的片段）也可能存在问题。然而，一般情况下，只要在靶点的 3′ 末端附近设计 PCR 引物，在该位置下游的过早终止就不会成为一个严重的问题。

（六）FQ-PCR 扩增

1. FQ-PCR 扩增

以逆转录获得的 cDNA 为模板，在冰上配制反应液。选取参照基因，对样品中的目的基因在 RNA 水平进行相对定量分析。将配制好的反应液装入 96 孔板中，在 FQ-PCR 仪中进行扩增，反应结束后，将产物 4℃ 保存备用。

2. FQ-PCR 反应产物检验

配制琼脂糖凝胶，吸取 2µl 反应产物，加入 6×上样缓冲液（Loading Buffer），混匀，点样，进行电泳后，用凝胶成像仪检测 PCR 产物的条带。

三、数据分析

（一）绝对定量

绝对定量法又叫标准曲线法，可以确定目的基因的实际拷贝数。将已知浓度的标准品（一般为纯化的质粒 DNA、PCR 扩增产物、体外转录的 RNA 或者化学合成的目的基因）溶液稀释不同的浓度梯度，通过 FQ-PCR 扩增，记录数据并绘制标准曲线，横坐标为初始拷贝数的对数，纵坐标为 C_t 值。将待测样品的 C_t 值与该线性方程进行比较，即可计算出待测样品的起始拷贝数。为了保证标准曲线的准确性，各项指标（如相关系数 R^2、纵截距、斜率、扩增效率等）均需要严格把控。

1. 相关系数 R^2

相关系数是反映标准曲线中两个变量之间相关关系密切程度的重要指标。理想情况下，$R^2=1$，一般情况下，$R^2 \geqslant 0.9900$。

2. 纵截距

纵截距对应于反应检测的理论极限，若横轴表示目标分子的最低拷贝数引起统计学意义上的显著扩增，则为预期的 C_t 值。从理论上讲，虽然 PCR 可以检测到目标的单一拷贝，但通常将 2~10 的拷贝数指定为可以在实时 PCR 中可靠定量的最低目标水平。这限制了纵截距值作为灵敏度的直接测量值的有用性。但纵截距值可以比较不同的扩增系统和目标。

3. 斜率

扩增反应的对数线性期的斜率可以用于检测反应效率。为了获得准确且可重现的结果，反应的效率应尽可能接近 100%，等于 −3.32 的斜率。

4. 扩增效率

当 PCR 的扩增效率为 100% 时，斜率约为 −3.32，由以下公式 11-1 得出：

$$E=10^{(-1/k)}-1 \tag{11-1}$$

式中，E——扩增效率；

　　　k——斜率，为一常数。

理想情况下，PCR 的扩增效率应为 100%，即在指数扩增过程中，模板在每个热循环后加倍。实际效率可以提供关于反应的有价值信息。实验因素（如扩增子的长度、二级结构和 GC 含量等）可能影响扩增效率。另外，反应本身的动力学、使用非最佳试剂浓度以及酶的质量等因素也可能导致扩增效率低于 90%。如果扩增效率太低，可能是酶的活性出现了问题或者设计的反应体系不适合。如果扩增效率太高，反应管内可能存在非特异扩增，则需要对引物进行一个溶解曲线的检测，重新设计反应体系及反应程序。

需要注意的有以下几点。①DNA 或 RNA 必须是单一的、纯净的，这一点很重要。如从大肠杆菌中提取的质粒 DNA 经常被 RNA 污染，这会使 A_{260} 的测量值变大并且使质粒拷贝数增加。②由于标准样品需要被稀释成好几个数量级，所以移液器必须精确。必须浓缩质粒 DNA 或体外转录的 RNA，才能测量出准确的 A_{260} 值。浓缩之后的 DNA 或 RNA 一定要稀释 10^6～10^{12} 倍，使其浓度与生物样品中的靶标浓度相似。③必须考虑稀释标准液的稳定性，尤其是对于 RNA。将稀释后的标准品分成小份，$-80℃$ 保存备用，并在使用前仅解冻一次。

绝对定量法需要周密的计划和高度准确的标准曲线，通常用于测定病毒滴度、病原菌定量分析和转基因（GMO）定量检测。

（二）相对定量

相对定量是将一个处理后的样品中目的基因的表达与未处理样品中相同基因的表达量进行比较。结果表示为，相对于未处理样品而言，处理后的样品的表达量或有所增加或减少。归一化基因 β-actin、GAPDH、18S rRNA 常用作参照基因，对目标基因的初始拷贝数进行校正，以消除因模板浓度不同带来的误差。①β-actin：常用的管家基因，在多数细胞类型中均表现出适度丰富的表达。而在乳腺上皮细胞、卵裂球、猪组织和犬心肌中的一致性受到质疑。②GAPDH：常见的管家基因，在许多情况下都是一致的。但在某些癌细胞、用肿瘤抑制剂治疗的细胞、缺氧条件以及在锰或胰岛素处理的样本中，GAPDH 上调。③18 S rRNA：占细胞总 RNA 的 85%～90%，并且在大鼠肝脏、人皮肤成纤维细胞以及人和小鼠恶性肿瘤细胞系中表现出一致性。但其丰度水平使其成为中、低表达的参照基因。

为了利用该技术实现对选定基因的准确且可重复的表达分析，使用可靠的内部参照基因产物来标准化实验之间的表达水平是至关重要的，通常使用来自管家基因的表达产物。选择作为内标（或内源性对照）的靶标应与实验基因产物的表达水平大致相同。通过使用内源性对照作为活性参照物，可以针对添加到每个反应中的总 RNA 量的差异来标准化 mRNA 靶标的定量。无论选择哪个基因作为内源对照，都必须对该基因进行测试，以确保在所有需要的实验条件下该对照基因的表达都是一致。

1. 双标准曲线法

分别绘制出目的基因标准品和参照基因标准品的标准曲线，利用待测样品和校准样品中目的基因之间的 C_t 值差异，从相应的标准曲线计算出初始拷贝数，然后将参照基因均一化之后，计算出目的基因的相对含量。

若目的基因的平均扩增效率为 E_1，在待测样品和校准样品中的初始拷贝数分别为 N_1、N_2，当达到某一荧光阈值时，该目的基因在待测样品和校准样品中检测到的 C_t 值分别为 C_{t_1} 和 C_{t_2}，则有：

$$C_1 \cdot N_1 \cdot (1+E_1)^{C_{t_1}} = C_2 \cdot N_2 \cdot (1+E_1)^{C_{t_2}} \qquad (11\text{-}2)$$

式中，C_1 ——待测样品浓度；

C_2 ——校准样品浓度。

若参照基因的平均扩增效率为 E_2，参照基因在待测样品和校准样品中的初始拷贝数分别为 N_3 与 N_4，当达到某一荧光阈值时，参照基因在待测样品以及校准样品中检测到的 C_t 值分别为 C_{t_3} 和 C_{t_4}，则有：

$$C_1 \cdot N_3 \cdot (1+E_2)^{C_{t_3}} = C_2 \cdot N_4 \cdot (1+E_2)^{C_{t_4}} \qquad (11\text{-}3)$$

式中，C_1 ——待测样品浓度；

C_2 ——校准样品浓度。

目的基因与参照基因在待测样品中的拷贝数比值为：

$$N_1 / N_3 = N_2 / N_4 \cdot \left[(1+E_1)^{C_{t_2}-C_{t_1}} / (1+E_2)^{C_{t_4}-C_{t_3}} \right] \qquad (11\text{-}4)$$

N_2 表示目的基因在校准样品中的初始拷贝数，是经过 Southern 杂交验证的，是已知的；N_1 与 N_3 分别表示的是目的基因以及参照基因在待测样品中的初始拷贝数，在拷贝数变异检测中，参照基因需具有"同一物种内具有恒定低拷贝"这一特点，因此 $N_3=N_4$，所以目的基因在待测样品中的初始拷贝数为：

$$N_1 = N_2 \cdot (1+E_1)^{C_{t_2}-C_{t_1}} / (1+E_2)^{C_{t_4}-C_{t_3}} \qquad (11\text{-}5)$$

该方法分析简单，实验优化也不复杂，操作严谨，计算结果相对准确；但对每一个基因每一轮实验都必须作标准曲线，必须有固定的校准样品绘制标准曲线，这些校准样品并不代表样品扩增的真实状态。需要注意以下几点。①精确稀释保存的 RNA 或 DNA，但是表达这种稀释的单位无关紧要。如果将来自对照细胞系的总 RNA 的两倍稀释液用于构建标准曲线，则单位可以是稀释值 1、0.5、0.25、0.125，依此类推。通过使用保存的相同的 RNA 或 DNA 制备多个孔板的标准曲线，可以比较不同孔板之间测定的相对量。②可以使用 DNA 标准曲线对 RNA 进行相对定量，这样做需要假设靶标的逆转录效率在所有样品中都是相同的，但是不必知道该效率的确切值。③对于归一化为内源性参照的定量分析，为靶标和内源性参照都绘制了标准曲线。对于每个实验样本，根据适当的标准曲线确定靶标和内源性参照的量。然后，将靶标的量除以内源性参照的量，以获得归一化的目标值。同样，其中一个实验样品是校准样品，将每个归一化的目标值除以校准样品归一化的目标值，便是相对表达水平。

2. ΔC_t 法

是最基本形式的相对定量法。从待测样品和校准样品中获得目的基因的 C_t 值，它们之间的差为 ΔC_t。则有：

$$变化倍数 = 2^{\Delta C_t} \qquad (11\text{-}6)$$

这种方法是不充分的，因为它不能控制样品数量、样品质量或反应效率的差异。

3. $\Delta\Delta C_t$ 法

是一种非常流行的技术，可以将待测样品的结果与校准样品和参照基因进行比较。通过这种方法，待测样品和校准样品中目的基因的 C_t 值可以根据来自相同两个样品的均一化基因

C_t 值进行相应的调整。将所得的 $\Delta\Delta C_t$ 值合并以确定表达的变化倍数。

$$变化倍数 = 2^{-\Delta\Delta C_t} \tag{11-7}$$

$$\Delta C_{t(s)} - \Delta C_{t(c)} = \Delta\Delta C_t \tag{11-8}$$

$$C_{t(t)}{}^s - C_{t(n)}{}^s = \Delta C_{t(s)} \tag{11-9}$$

$$C_{t(t)}{}^c - C_{t(n)}{}^c = \Delta C_{t(c)} \tag{11-10}$$

式中，s——待测样品；

  c——校准样品；

  t——目的基因；

  n——参照基因。

$\Delta\Delta C_t$ 法的要求是参照基因和目的基因的扩增效率都相同。那么，可接受的偏差范围是多少？确定这一点的方法是使用相同的样本为参照基因和目的基因生成标准曲线。每稀释一次均可获得参照基因和目的基因之间的平均 ΔC_t 值。该值本身并不重要，重要的是该值在稀释的每个浓度梯度之间的一致性。该方法不需要绘制标准曲线，操作简便，效率高，但目的基因以及参照基因的扩增效率需要达到 100%。扩增效率的小偏差可能会造成实验结果的不准确，而对目的基因和参照基因进行校正可以最大限度地减小扩增效率变化的影响。

4. Pfaffi 法

当目的基因的扩增效率和参照基因的扩增效率相近时，选用 $2^{-\Delta\Delta C_t}$ 法进行相对定量分析是最合适的，但如果目的基因的扩增效率与参照基因扩增效率不相同，就必须选择另一种目前看来最好的方法，即 Pfaffi 法，以确定不同样本之间目的基因的相对表达量。此时，目的基因与参照基因在待测样品中的拷贝数比值为：

$$N_t/N_n = E_t{}^{\Delta C_t} / E_n{}^{\Delta C_t} \tag{11-11}$$

式中，N_t ——目的基因拷贝数；

  N_n ——参照基因拷贝数；

  E_t ——目的基因扩增效率；

  E_n ——参照基因扩增效率。

5. 动力学法

经动力学检验，PCR 扩增期的荧光量和扩增循环数符合下述方程：

$$R - R_b = R_{max}/\{1 + \exp[-(n - n_{1/2})/k]\} = R_n \tag{11-12}$$

式中，R ——荧光量；

  R_b ——荧光背景量；

  R_{max} ——平台期时最大的荧光量；

  $n_{1/2}$ ——荧光量为 R_{max} 的一般时的扩增循环数；

  k ——斜率，为一常数；

  R_n ——扩增循环数为 n 时扣除背景的荧光量。

相对定量虽然在技术上仍然具有挑战性，但不像绝对定量那样严格，不需要测定精确的拷贝数，只着重于与校准样品相比的倍数变化。FQ-PCR 常见问题分析见表 11-5。

表 11-5 FQ-PCR 常见问题及解决方法

常见问题	原因	解决方法
重复性差	试剂混合或解冻不当 20×SYBR 溶液见光分解 20×SYBR 聚合或解冻不当	在应用 RealMasterMix 前彻底解冻混匀 20×SYBR 溶液避光保存 应用 20×SYBR 前将其平衡至室温，彻底混匀
非特异性扩增	引物浓度过高 UNG/UDG 酶处理温度高于 40℃ 引物退火温度不合适	降低引物浓度 UNG/UDG 酶处理温度低于 40℃ 利用温度梯度 PCR 寻找最佳退火温度
灵敏度低	操作手册和操作仪器不配套 模板变性不彻底	严格按照相应仪器说明书操作 适当延长第一阶段的变性时间
信噪比低	20×SYBR 溶液见光分解	20×SYBR 溶液避光保存
标准曲线上的各点 C_t 间隔不均匀	较低程度污染 移液器操作不当	UNG/UDG 酶处理温度低于 40℃ 准确操作移液器，精确转移

（三）FQ-PCR 技术应用领域

该技术已广泛应用于分子生物学、新型农业、医学诊断、国防军事、基础研究等领域，其中，分子生物学领域应用最为广泛，如基因表达分析、SNP 分析、核酸浓度定量分析、病原体检测、肿瘤基因检测、环境监测以及食品安全检测等。

1. 基因表达分析

基因表达谱分析是 FQ-PCR 的一种普遍用途，它可以通过评估转录产物的相对丰度来确定样品之间的基因表达模式，比较基因在时间和空间表达水平上的差异。如利用药物、物理及化学等不同的方式处理特定基因并比较其差异。

判定纯合子和杂合子的有效方法即比较荧光染料发出的荧光信号。用不同的荧光报告基团标记的探针分别与突变基因和野生型基因杂交，如果一种荧光染料发出的荧光信号比另一种强很多，它就是一个纯合子；如果荧光染料发出的荧光信号都增强，就说明它是一个杂合子。对于由于遗传性物质改变引发的相关疾病迄今为止还无法达到根治的程度，因此在怀孕期间，可以通过 FQ-PCR 技术对婴儿进行产前基因诊断和监测。

2. SNP 分析

人们对疾病的易感性以及对相同的药物治疗相同的疾病的影响存在一定的差异，遗传物质 DNA 的多态性 RELP、ABO 血型、短串联重复序列（short tandem repeat，STR）以及单核苷酸多态性（single nucleotide polymorphism，SNP）是个体差异的遗传基础。SNP 广泛存在于人类基因组中，是人类遗传变异中最常见的类型，这在遗传性疾病的研究中意义非凡。

3. 核酸浓度定量分析

最传统方法是用琼脂糖凝胶电泳或者紫外分光光度计进行测定，但存在一定的缺陷，容易污染甚至测定的结果也不准确。而 FQ-PCR 技术可以弥补这些不足，它灵敏度高、测定结果准确且无污染，在定量分析某些传染病、病毒含量以及病原微生物等方面尤为突出。

4. 病原体检测

FQ-PCR 技术可以解决传统 PCR 技术不能定量分析、容易污染而导致假阳性等问题。在该技术问世后的几年中，积累了大量有关感染性疾病发生、发展以及预后和病原体核酸量之间关系的资料，对感染性疾病的临床分子诊断的标准的形成有一定的推动作用。目前，此项技术已应用于检测巨细胞病毒、丙肝病毒、流感病毒、大肠杆菌、人类结核杆菌、性病病毒、与宫颈癌有关人类乳头瘤病毒、人类免疫缺陷病毒（HIV）及 EB 病毒等各种病原体的临床诊断，为疾病的快速准确诊断和有效的治疗提供依据。

5. 肿瘤基因检测

肿瘤的本质是细胞内基因表达异常和突变，这些异常变化可以通过 FQ-PCR 技术都可以检测出来，并且能够准确测定其表达量。由于癌基因的突变和表达的增加在许多肿瘤早期就出现，因此，该技术有助于对肿瘤早发现、早诊断、早治疗以及预后的判断。目前用此技术对慢性粒细胞性白血病 *ER* 基因、端粒酶 *hTERT* 基因、肿瘤 *MDR1* 基因等进行过检测。

6. 环境监测

一方面，FQ-PCR 技术可以对河流中环境微生物进行检测，并根据季节的变化进行比较。另一方面，该技术还可以监测水中微生物，包括沙门氏菌等，进而提前了解地表水以及饮用水的污染情况，还能找到其污染源，为防止大面积水体污染提供了重要的依据。另外，土壤中也含有一些以炭疽菌为代表的致病菌，该技术具有直接从环境样品中检测炭疽菌的能力，从而采取有效的防治手段，保护环境。由于 FQ-PCR 技术的不断完善和发展，已经被广泛应用于国内外环境监测中，环境监测水平也有所提高。

7. 食品安全检测

食品安全问题在日常生活中与大家生活息息相关，也一直备受关注。对食品中的致病菌进行检测是保证食品安全的重要途径，因为食品尤其是牲畜肉在生产、储存、运输、销售等过程中很可能会被微生物污染而导致损坏，其中沙门氏菌的检出率最高。通过检测可以加强人们对食品安全问题的重视，有效地防控食源性疾病。

第二节　基因测序技术

一、技术原理和仪器的基本构造

（一）技术原理

基因测序技术也称为核酸测序技术，它基于基因组学、转录组学及生物信息学等知识，通过测序平台获得目的 DNA 或 RNA 序列。主要包括以下两种。①基因组水平的测序包括重头测序（*de novo* sequencing）和全基因组重测序（resequencing）。通过对未知参考序列的物种进行重头测序可以得到参考序列；对已知参考序列的物种进行全基因组重测序，可以检测突变位点，进行个体差异分析；②转录组水平的测序包括全转录组测序（whole transcriptome resequencing）、小分子 RNA 测序（small RNA sequencing）及与染色质免疫共沉淀（chromatin immunoprecipitation，ChIP）和甲基化 DNA 免疫共沉淀（methylated DNA immunoprecipitation，MeDIP）等技术相结合的测序。

随着对基因遗传信息的了解和掌握，人们不断完善和发展基因检测技术。目前，基因检测技术已发展到第三代（图 11-14）。1977 年 Sanger 发明了双脱氧链终止法（chain termination method）测序程序，同年 Maxam 和 Gilbert 通过化学降解法进行测序，标志着第一代 DNA 测序技术的诞生。由于化学降解法的试剂毒性较大，因此，链终止法逐渐成为主流。人类基因组计划的测序就是基于链终止法完成的。随后，以高通量、低成本著称的第二代测序技术（next-generation sequencing，NGS）应运而生，代表性的是 2005 年的 454 焦磷酸测序、2006 年的 Solexa 聚合酶合成测序以及 2007 年的 SOLiD 连接酶测序技术。这些技术基本上以循环微阵列法为原理。由于二代测序阅读长度比一代短得多，后续的序列组装困难较大，且存在高 GC 偏性、成本依旧较高等问题，催生了第三代测序技术（the third-generation sequencing，TGS），主要包括并行单分子合成测序技术（true single molecular sequencing，tSMS™）、基于单分子 DNA 合成的实时测序（single molecule real-time DNA sequencing，SMRT）和单分子纳米孔测序技术（single-molecule nanopore DNA sequencing）。其中后两种技术所获认可度较大，具有高通量、超长读长以及无须 PCR 扩增等优势，在缩短测序时间的同时，有效避免了因 PCR 偏向性而导致的系统错误，可直接检测碱基甲基化修饰。测序技术每一次变革，都是对各个研究领域的巨大推动。鉴于三代测序技术各有利弊且应用领域也各不相同，目前，测序市场上 3 种测序技术并存。

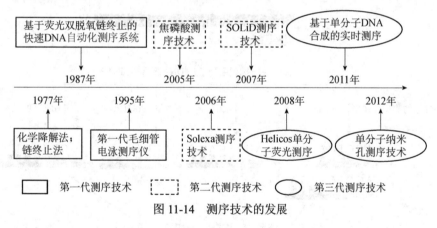

图 11-14　测序技术的发展

1. 第一代测序技术

两种方法在原理上差异很大，但都是以同位素标记底物，以特定方法随机在每个碱基位点停止 DNA 聚合反应，通过 PAGE 分离，分离的单链 DNA 可经放射自显影曝光显示，读取碱基即可获得 DNA 序列。

（1）化学降解法　利用不同的化学试剂将 DNA 打碎成不同长度的碱基片段后，通过凝胶电泳分离测序。过程如下：首先用放射性同位素标记 DNA 片段的 5′ 端磷酸基，再采用化学试剂降解特定碱基得到一系列不同长度的 DNA 片段群。通过 PAGE 进行分离，并经过放射自显影技术读取待测 DNA 分子的碱基序列。该方法可以避免 DNA 聚合时产生的错误，但操作复杂。

（2）链终止法　即在 PCR 反应体系中加入双脱氧核糖核苷酸（dideoxyribonucleoside triphosphate，ddNTP），使新合成的 DNA 单链可以在任一位置停止，产生只相差一个碱基的单链分子，随后通过凝胶电泳即可得到序列（图 11-15）。首先，在进行测序前要制备大量单链 DNA 作为模板，随后将其与一段称为引物（primer）的寡聚核苷酸退火形成双链。反应体系中的 4 种脱氧核糖核苷酸（dNTP）通过 DNA 聚合酶可以延伸 DNA 链。而 ddNTP 与 dNTP 不同，它在脱氧核糖的 3′ 位置连接的是氢原子而不是羟基，因此无法与下一个核苷酸反应形成磷酸二酯键，且 DNA 聚合酶无法区分 dNTP 与 ddNTP，所以一旦 ddNTP 被聚合到链的末端，DNA 链就终止延伸。测序时，选择一种放射性同位素标记 ddNTP 并将其分为 ddATP、ddTTP、ddCTP 以及 ddGTP 四组，每组是相互独立的反应体系。以 ddATP 为例，由于反应液中的模板 DNA 单链数量巨大，且加入 ddATP 的含量远小于 dATP，因此在合成新链时，ddATP 随时可能替代 dATP，从而终止反应，产生一系列在胸腺嘧啶位置终止的新链。四组反应同时进行，即可获得大量各自相差一个碱基的终止链。凝胶电泳后，每组占据聚丙烯酰胺凝胶的一个泳道，DNA 序列可由最前沿的 DNA 条带向后依次读取，直至序列结束。

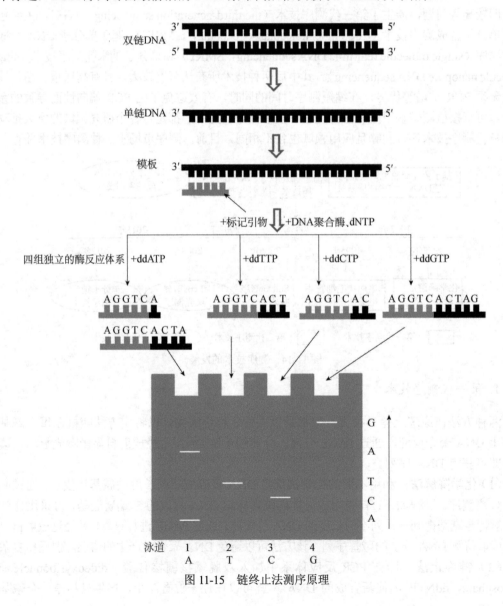

图 11-15　链终止法测序原理

到了 20 世纪八九十年代，链终止法测序获得了极大的改进，出现了荧光自动测序技术和第一代毛细管电泳测序仪。①标记物的改进：标准的链终止法是利用放射性同位素标记底物，但由于放射性同位素对人体有害，逐步使用非放射性物质如生物素、地高辛、银染法和荧光染料等。目前使用最多的为核苷酸荧光染料，可以用不同的荧光染料与相应的 ddNTP 结合（图 11-16）。随后将标记好的 ddNTP 加入到同一反应中进行链终止反应，获得分别带有 A、C、T 和 G 结尾的 DNA 单链片段群。检测经电泳分离后的 DNA 单链条带，可以辨别出不同波长的荧光信号，通过计算机处理后即可获得碱基序列。该方法安全迅速、灵敏度高且成本较低，仅通过一个泳道判别 4 种碱基，优化了原技术中不同泳道迁移率存在差异的问题，为大规模自动化测序提供了可能。②电泳方法的改进：主要是用毛细管电泳取代聚丙烯酰胺凝胶平板电泳，避免了手工制胶和人工识别泳道的缺点，提升了测序效率和质量。毛细管电泳法是 DNA 片段在高压条件下，经过凝胶高分子聚合物灌制的毛细管后快速分离的电泳技术。采用阵列毛细管电泳法通过一系列平行石英毛细管柱在高压直流电场作用下使样本分离，合并共聚焦荧光扫描显微镜扫描检测装置，可多个样本同时分析，使自动化测序技术有了突破性发展，开始走向低成本、高通量、规模化的道路。毛细管电泳装置改进后有 96 个泳道，每次可实现 96 个泳道的同时测序，并且在 1.5h 内每只毛细管即可读出 350bp，DNA 序列分析效率可达 22 400bp/h，短时间内即可获得大量基因组的序列信息。

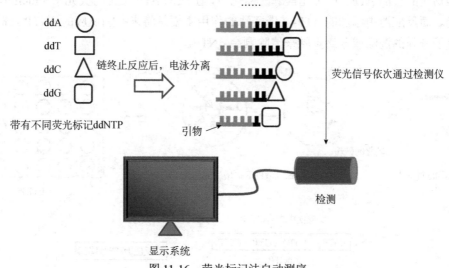

图 11-16 荧光标记法自动测序

2. 第二代测序技术

主要包括以 Roche 公司的 454 焦磷酸测序技术和 Illumina 公司的 Solexa 测序技术为代表的边合成边测序（sequencing by synthesis，SBS）和以 ABI 公司的 Solid 技术为代表的连接法测序（sequencing by ligation，SBL）。两者都需要将目的 DNA 片段打断，再加上通用接头，并且需要扩增合成大量的多克隆序列对信号进行放大。因此，在 PCR 过程中可能引入错配碱基或者丰度较低的序列由于无法被大量扩增而造成信息丢失，同时读长较短、组装困难也是二代测序的主要缺点。但二代测序具有通量高、成本低、自动化程度高和测序速度快等优势。

（1）**Roche/454 焦磷酸测序仪** 在二代测序中，以微乳液 PCR 和焦磷酸测序法为原理的 Roche/454 焦磷酸测序仪（图 11-17）最具代表性。它包括以下几个步骤。①文库的制备：将基因组 DNA 打碎成 300～800bp 的片段后，在每个片段的两端连接上 A、B 接头（adaptor）序列，并使其变性形成单链。②乳液 PCR 扩增：使含有接头的一条单链 DNA 模版连接到一个磁珠上后，乳化后的磁珠形成一个油包水的小液滴，内部包含了后续 PCR 所需所有试剂，随后进行乳液 PCR 扩增，即可得到大量同一序列的待测模板 DNA 链。③焦磷酸测序反应：将磁珠转移到含有焦磷酸测序底物的 PTP（picotiter plate）板上，一片平板上大约有 160 万个小孔，每个小孔只含有一个磁珠。小孔中添加了反应底物 dNTP（dATP、dCTP、dGTP 和 dTTP），每次反应只添加一种核苷酸。在发生聚合反应时，每延伸一个核苷酸，都会发生一次酶联化学发光反应，反应生成一个焦磷酸（PPi），生成的可见光最大波长约 560nm，可被 PMT 或 CCD 捕获，每个碱基反应可捕获一个荧光信号。通过对大量同一序列 DNA 分子进行大规模平行测序，当每个相应碱基同时发生核苷酸聚合反应时，荧光信号强度也成比例增加，此时计算机可直接进行识别记录。

焦磷酸测序过程中主要涉及 4 种酶：DNA 聚合酶、三磷酸腺苷硫酸化酶（ATP 硫酸化酶）、荧光素酶和三磷酸腺苷双磷酸酶（ATP-二磷酸酶）。DNA 聚合反应过程中释放的焦磷酸在 ATP 硫酸化酶的催化作用下与反应池中的 dATP 类似物 5'-磷酸化硫酸腺苷（dATPaS）结合生成等物质的量的 ATP。在荧光素酶的催化下，生成的 ATP 又可与荧光素（luciferin）反应生成荧光。而反应池中添加的 ATP-二磷酸酶的作用主要是将未参加反应的 dNTP 及时清除，从而避免了额外的洗涤或分离步骤来清除剩余 dNTP。

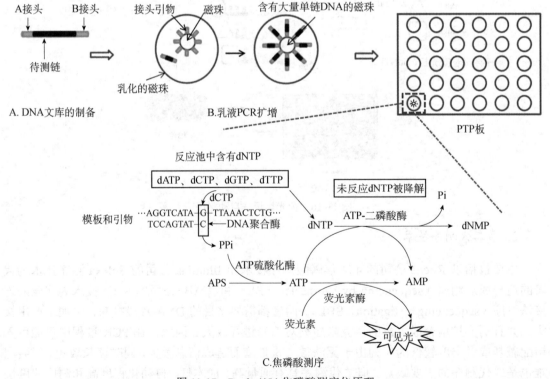

图 11-17 Roche/454 焦磷酸测序仪原理

（2）Solexa 聚合酶合成测序 其原理（图 11-18）与焦磷酸测序技术相似，都是边合成边测序。不同的是，该技术采用桥式 PCR 扩增合并可逆阻断技术直接对 dNTP 的荧光进行监测。DNA 文库制备完成后，将含有接头的 DNA 单链"种"到八通道小型芯片，又叫流通槽（flow cell）表面，由于接种于芯片上的引物与待测 DNA 单链接头互补，因此进行桥式 PCR 时，芯片上的引物可以以单链文库 DNA 为模板进行扩增。经过变性解链，原始 DNA 模板则处于游离状态，而由接种于芯片上的引物延伸出的片段则被固定于芯片上。再通过随机与附近的另一个引物互补，在芯片上形成了"桥状结构"，经过不断的扩增，即可得到大量待测 DNA 簇。而测序时，通过在每个 dNTP 上连接不同的荧光基团和可逆阻断基团，实现每次反应只合成一个碱基时检测该碱基的荧光信号。当一个碱基发生聚合反应时，不发生反应的 dNTP 被洗去，结合的碱基激发荧光信号后去除阻断基团和荧光基团，恢复 3′ 端黏性，随后继续聚合第二个核苷酸。如此反复，直至每条模板序列都完全被聚合为双链。这样，统计每轮收集的荧光信号，就可以得知每个模板 DNA 片段的序列。

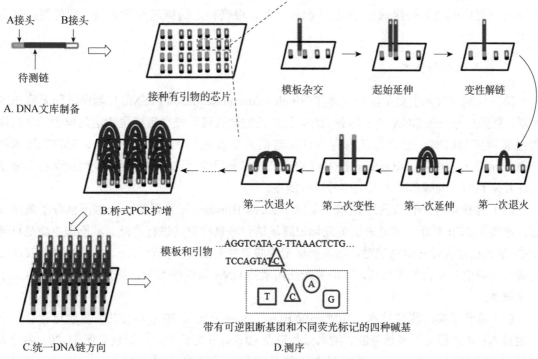

图 11-18 Solexa 聚合酶合成测序原理

（3）SOLiD 连接酶测序技术 该技术（图 11-19B）采用寡核苷酸连接测序代替聚合酶反应，在二代测序中拥有最高的通量。由于 DNA 连接酶可以将两条 DNA 链的 3′-OH 末端和 5′-P 末端相连接，生成磷酸二酯键，从而将两条 DNA 链相连形成完整的链。当发生连接反应时，待测 DNA 序列与一段已知的带有荧光标签的序列互补，释放出荧光信号，计算机即可记录荧光染料信号，得到相应碱基序列。测序前与 Roche/454 焦磷酸测序平台一样，也是采用微乳液 PCR 扩增技术进行微珠富集，不同的是 SOLiD 连接酶测序技术采用的磁珠更小，只有 1μm。固定有大量的相同来源 DNA 模板扩增产物的磁珠沉积于 SOLiD 芯片后进行测序。

测序时，以 16 种 8 碱基单链荧光探针混合物作为反应底物，可简单表示为 3'-XXnnnzzz-5'。第 1、2 位的 XX 为加入的 16 种碱基组合之一，并根据相应关系在 6 至 8 位的 zzz 加入不同的荧光标记，荧光染料分为 CY5、CY3、Texas Red、6-FAM 4 种，第 1、2 位碱基的不同组合与荧光的关系见图 11-19A。当引物与模板链的接头互补配对后，DNA 连接酶会优先连接与 DNA 模板配对的探针，随即发出代表 XX 碱基的荧光，捕捉到荧光信号后，采用化学处理将荧光标签移除，暴露其第 5 位碱基 5' 磷酸，即可进行下一次连接，直至延伸至待测链末端。但由于 3 至 5 位的 nnn 表示随机碱基，尚未确定，因此每次反应确定前两位碱基荧光颜色后都会相差 5 位再确定下一次连接碱基的荧光颜色，即第 1、2 位确定，6、7 位确定……因此 DNA 单链第一轮测序完毕后，需再加入新的引物进行下一轮测序，采用的新的引物与上一轮引物相比相差一个碱基，即可得到第 0、1 位碱基，第 5、6 位碱基……总共进行 5 轮，最终可将所有位置的碱基检测出来，且每个位点检测两次，5 轮测序得到的碱基荧光颜色信息见图 11-19C。测序完毕将 5 次反应得到的颜色信息按照模板顺序连接起来即可获得由颜色编码组成的 SOLiD 原始序列。根据特定的碱基判读方法，则可得出碱基种类。

3. 第三代测序技术

第三代测序技术主要是单分子测序（single molecule sequencing，SMS），测序过程无须 PCR 扩增，直接对每一条 DNA 分子单独测序，且较长的读长可以减少后续生物信息学中的序列拼接组装难度和成本，也节约了内存和计算时间。主要包括 Heliscope 技术、SMRT 技术和 Nanopore 技术。其中，Heliscope 技术和 SMRT 技术利用荧光信号进行测序，而纳米孔单分子测序技术利用不同碱基产生的电信号进行测序。

（1）并行单分子合成测序技术　美国 Helicos Bioscience 公司第一个推出单分子测序概念，避免了 PCR 扩增，而是采用荧光标记脱氧核苷酸直接对其进行检测。其原理主要是单链 DNA 模板在退火时与引物配对，用荧光标记的脱氧核苷酸发生聚合反应，合成新链，其所带的荧光可被电荷耦合装置捕获，随即荧光基团就被 DNA 聚合酶切除，荧光消失，继续合成下一个碱基。

（2）单分子实时测序技术　由 Pacific Biosciences 公司于 2010 年推出，主要包含有三个关键技术：荧光标记脱氧核苷酸、纳米微孔以及 CLSM 实时记录，其原理见图 11-20。由于大量的寡核苷酸被荧光标记，形成强大的荧光背景，使荧光信号难以区分。因此，Pacific Biosciences 公司发明了一种直径 50～100nm、深度 100nm 的孔状纳米光电结构，称之为零模波导孔（zero-mode waveguides，ZMWs）。当激光从零模波导孔底部打入后光线强度逐步衰减，仅照亮较小一部分区域，恰好足够覆盖需要检测的部分。DNA 聚合酶被固定在体积微小的零模波导孔底部，只有少量发生反应的荧光标记 dNTP 才能进入，孔外大量游离的寡核苷酸处于黑暗中，无法激发荧光，从而使得荧光背景降到最低。根据得到的荧光信号来区分碱基的种类，进而得到 DNA 序列。与其他测序方法不同的是，单分子实时测序技术是通过将双链 DNA 环化进行反复测序，即在双链 DNA 的两端连上发夹结构的接头，形成闭合的环状

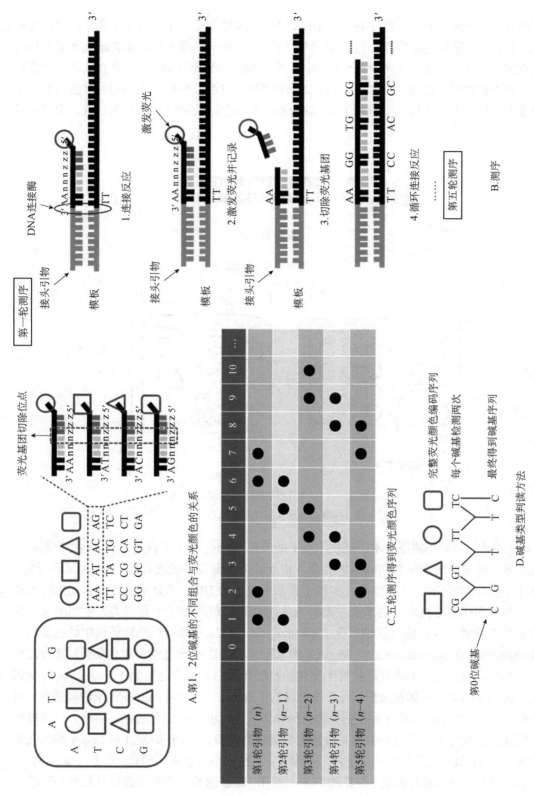

A.第1、2位碱基的不同组合与荧光颜色的关系

B.测序

C.五轮测序得到荧光颜色序列

D.碱基类型判读方法

图 11-19 SOLiD 连接酶测序原理

单链模板，通过滚环复制，循环测一段 DNA 序列。这种反复测序，纠正了偶尔出现的复制错误，从而使测序精度非常高。但 DNA 聚合酶也是具有一定寿命的，强大激发光会对其活性造成损伤。因此可将激发光中断一段时间，在此期间活性不高的 DNA 聚合酶会继续复制 DNA，但不被检测。重新开启激发光后，就可以测到长 DNA 链后面的序列。目前也发明了不受激光和核苷酸荧光标记影响的 DNA 聚合酶，可以在较长的时间保持酶活性，实现超长的读长。

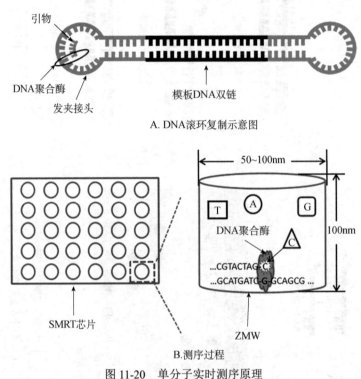

A. DNA滚环复制示意图

B.测序过程

图 11-20 单分子实时测序原理

　　（3）纳米孔单分子测序技术　该技术基于纳米孔（nanopore）平台的建立，通过检测碱基通过纳米孔时电流的变化判别碱基的类型。由于该方法避免了荧光标记、DNA 聚合反应、DNA 洗脱以及电荷耦合装置检测，实现了真正意义上的 DNA 单分子检测，因此也有人将其归类为第四代测序技术。纳米孔主要分为生物纳米孔和固态纳米孔两类。生物纳米孔又叫跨膜蛋白通道，有 α-溶血素纳米孔（α-hemolysin，α-HL）和耻垢分枝杆菌中的孔蛋白 A（mycobacterium smegmatis porin A，MspA）纳米孔等。α-HL 纳米孔是金黄色葡萄球菌分泌的一种外毒素，外形是一个蘑菇形状的七聚体的跨膜孔蛋白，最窄处仅为 1.4nm；MspA 纳米孔是一种漏斗形状八聚体孔蛋白，有一个直径约 1.3nm、长度约 0.6nm 的短窄的收缩区。与 α-溶血素相比，MspA 孔蛋白具有更宽的孔径和体积，可以容纳更多的样品溶液，也可以使得不同核苷酸通过该通道能产生更易分辨的特征阻塞电流，α-HL 纳米孔和 MspA 纳米孔侧面比较见图 11-21。而固态纳米孔是人工纳米孔，孔径大小可以人工设计，有石墨烯纳米孔、聚合物膜和复合纳米孔等种类。与生物纳米孔相比，固态纳米孔稳定性更好且对检测环境要求不高。

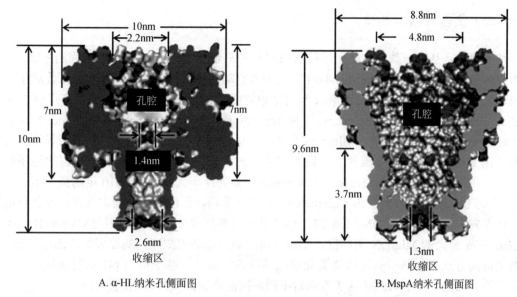

A. α-HL纳米孔侧面图

B. MspA纳米孔侧面图

图 11-21 α-HL 纳米孔和 MspA 纳米孔侧面比较

由于纳米孔的直径十分细小，只允许单个核苷酸聚合物通过，当其通过纳米孔时，可以短暂占据纳米孔道，并对穿越纳米孔道的离子电流产生阻遏效应。好比如将一个装满电解质溶液的容器用一片带有纳米孔的膜分隔成两半，在膜两侧施加微弱的电压，如果纳米孔通道处于开放状态，使用标准的电生理检测手段就可检测到通过纳米孔的电流，但若通道堵塞，电流大小就会明显降低。同理，将人工合成的布满了纳米孔的电阻膜浸在电化学溶液中，在膜两侧施加较小的电压（120mV）时，可以通过纳米孔产生离子电流，称作通道电流。在电流驱动下，DNA 链解螺旋以单链形式由负极泳向正极通过纳米孔，在该过程中通道电流会发生变化。因为不同的碱基占据纳米孔道时造成的电流变化量也不同，通过捕获电流变化来识别碱基，可实现单分子 DNA 碱基的电子阅读。纳米孔测序原理见图 11-22。

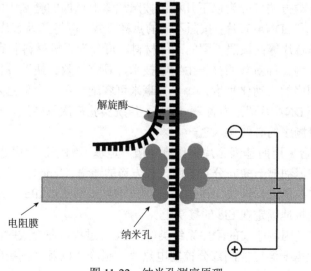

图 11-22 纳米孔测序原理

（二）仪器的基本构造

基因测序是从第一款半自动测序仪 ABI370 的基础上，产生了自动化的基因测序仪，包括 ABI 3730 测序仪和 Amersham MegaBACE 毛细管自动测序仪；随后第二代和第三代测序技术的出现，使得高通量的测序仪逐渐成为测序领域的主力军。来自于全球的生产厂商主要有 Roche、Illumina、Pacific Biosciences、Life Technologies、ThermoFisher 以及 Oxford Nanopore Technologies 公司等，其中美国 Illumina 公司所占份额最大。而在国内目前所占市场份额最大的为美国 Illumina 公司和中国华大基因公司生产的仪器。Illumina 公司如今在售的测序仪有 MiniSeq、MiSeq、NextSeq、HiSeq 和 NovaSeq 等系列；华大基因于 2010 年购买了 100 多台 HiSeq 测序仪，随后又收购美国 Complete Genomics 公司，已成为国内最大的测序设备制造公司，最新发布的测序仪为 DNBSeq T7。而在第三代测序仪中最出名的则是 Oxford Nanopore Technologies 公司的 MinION 测序仪。不同公司的高通量基因测序仪的原理和工艺不尽相同，目前主流的方法包括基于高灵敏度荧光成像系统识别碱基、基于溶液 pH 识别碱基以及基于电信号识别碱基。接下来就从这 3 方面对不同基因测序仪的仪器构造进行介绍。

1. 基于荧光信号的基因测序仪

基于荧光信号区分 4 种碱基的基因测序仪是应用最为广泛的。一般包括以下几个部分：试剂仓、基因芯片、测序系统、荧光成像系统以及计算机控制系统 5 部分。

（1）试剂仓 试剂仓主要包括试剂冷却器以及清洗缓冲液（PR2）瓶和废水瓶。以 Illumina MiSeq 基因测序仪为例，在运行时试剂控制部分会自动通过试剂泵吸取合适剂量的试剂输送到测序系统，反应完成后废弃的试剂会传送到废水瓶中，再吸取清洗缓冲液清洗基因芯片。

（2）基因芯片 基因芯片（gene chip）又称为 DNA 芯片，是 20 世纪 90 年代发展起来的一项具有里程碑意义的重大技术革新。它是将高密度基因序列固定在硅片、玻璃片或尼龙膜等固体支持物表面形成分子阵列，依据碱基互补杂交原理，以同位素或荧光标记的 DNA 探针进行杂交，通过检测杂交信号进行分析，从而获得样品信息进行研究的技术。基因芯片种类繁多，依据不同的分类方法可分为以下几种：按照载体上添加的靶基因的不同，可将基因芯片分为寡核苷酸芯片和 cDNA 芯片；按照不同的点样方式，可将基因芯片分为原位合成芯片、电定位芯片、微矩阵芯片等；按照不同的载体材料，可分为无机材料和有机材料基因芯片。

基因芯片技术作为一种新兴的分子生物学技术，具有高效、快速等优点，将基因芯片用于测序大大提高了测序的自动化程度。每平方毫米可容纳数百万个信息点，进行测序时可同时对几十万个大分子 DNA 片段进行测序，改变了传统实验每次只能进行一个分子生物检测的情况，是实现高通量测序的必要技术之一。

Illumina 测序平台采用的基因芯片称作流动槽，是基因测序过程中进行 PCR 扩增和边合成边测序的场所。在流动槽上横向分布着两条长方形的通道（lane）。每条 lane 上等间隔地分布着数十个布置有接头的方形区块（tile），当待测 DNA 试剂流过 tile 上方的时候，DNA 片段被以共价键的形式随机地固定在 tile 的接头上。

（3）测序系统 基因测序仪的测序系统类似于 PCR 过程，在合成时的不同阶段所需温度和试剂也不同，因此需要温度控制部分控制电热片、制冷片以及试剂控制部分控制试剂泵，为合成反应提供反应底物和合适温度。MiSeq 测序仪的流动槽仓中含有流动槽台、热力站以及与流动槽的射流连接，在此部分进行边合成边测序。

（4）荧光成像系统 实现高通量测序的另一核心技术则是高通量荧光显微成像技术，荧光显微成像技术是将荧光与显微镜相结合，通过激发光照射基因芯片快速扫描成像，再通过输出图像数据，经数据分析处理后得到碱基序列。这一技术主要包括激发光系统、滤光片系统、光学采集系统以及扫描控制系统。荧光显微镜的基本原理及组成见图 11-23。激发光系统发射出两种激光：红色激光对应 A、C 碱基，绿色激光对应 G、T 碱基。光源经过激发光滤光片投射到基因芯片上，用于激发相应荧光标记物。在滤光片系统中，分光片相对于物镜呈 45°角安装，主要用于反射激发光并容许荧光信号透过，以分离激发光路与成像光路。激发光照射后激发的荧光经过分光片后的四组荧光滤光片，这四组滤光片分别仅允许通过相应 4 种碱基之一反射的荧光，利用这种方法可收集相应荧光并降低背景光噪声。荧光到达管镜成像后，光学采集系统通过高分辨率高帧频相机采集记录相应的荧光信号。扫描控制系统通过接收控制系统的命令移动基因芯片固定台，以获得基因芯片所有 tile 定期循环结果。

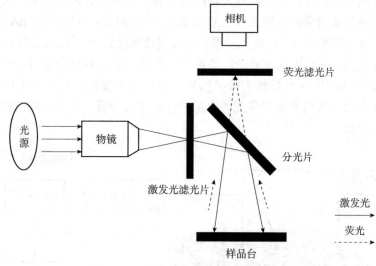

图 11-23　荧光显微镜的基本原理及组成

（5）计算机控制系统 基因测序仪的控制与传输系统是进行仪器控制和图像数据处理的中心。一方面，通过接收来自上位机的指令（上位机是可以直接发出操控命令的计算机），通过发出控制信息命令仪器的具体部分进行相应操作；另一方面，通过接收光学采集模块记录的荧光信号，经过去噪等处理，将其转化为碱基数据，并通过将碱基数据上传至上位机进行分析。

2. 半导体基因测序仪

以 Ion Torrent 测序仪为代表，它采用半导体芯片代替传统的光学测序技术，主要包括半导体芯片、反应槽、离子传感器等部分。通过将待测样品由半导体芯片的入口注入，经离心芯片上的每个小孔只含有一个测序珠子，当发生聚合反应时，每结合一个核苷酸则会释放出 H^+，一个磁珠上含有成百上千条 DNA 链，产生的大量 H^+ 可使这一微环境中的 pH 短暂地下降，被离子传感器检测后并将该化学信号转换为数字信号，此时参与反应的 dNTP 种类会被记录，从而实现实时测序。

需要注意的是，当加入一种 dNTP 溶液发生反应产生电压时，如果待测序列上的几个连续的碱基相同，那么这几个相同的碱基会同时参加反应，产生的电压值与反应碱基数目成正比。通过将测量值传入计算机，发送至 Torrent 服务器，通过相应算法分析并处理测序数据中电压信号，最后得出测序的 DNA 序列。

3. 纳米孔单分子基因测序仪

纳米孔测序技术与前面两种测序平台不同，它属于第三代测序，是通过转换为电信号来区分 4 种碱基。通过信号检测装置检测碱基的电信号，并将信号放大后转换为数字信号，数据传输后通过碱基识别软件最后识别出碱基种类，得到序列。固态纳米孔的 DNA 测序系统的主要结构见图 11-24，包括电流池装置、微弱电流放大器、数据采集系统以及碱基信号识别与分析的上位机软件等。①电流池装置：主要包括碳纳米孔、电极入口等，氮化硅基板上放置一层碳膜并留出纳米孔。②微弱电流放大器：由于纳米孔中产生的电流仅为几十皮安（pA），若要将模拟信号转换成数字信号的模/数（A/D）转换器能够识别，则必须将 pA 级的电流放大。微电流放大器主要由探头放大器、高频补偿和信号调理系统组成。最终输出的电压信号为 mV 级别，且信噪比较高。③数据采集系统：该系统主要是利用 A/D 转换器进行模数转换，将微弱电流放大器输出的电压信号转换为数字信号，进行数据缓存后传输到上位机软件。④上位机软件：用于对数据采集系统采集到的数据进行处理和分析，并可以调节微弱电流放大器和信号调理系统参数。

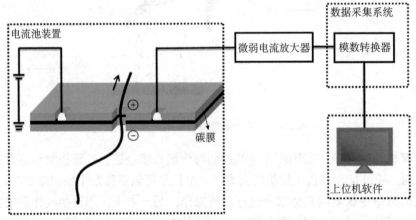

图 11-24　固态纳米孔的 DNA 测序系统主要结构

二、样品制备

在进行高通量测序前，无论起始样品是来源于原核生物还是多细胞真核生物，是基因组 DNA（genome DNA，gDNA）测序还是转录组（transcriptome）测序，都必须先将长片段 DNA 或 RNA 断裂成不同大小的片段，即鸟枪法测序，这一断裂过程为随机过程。而根据打断策略的不同可归结为两种：一种是首先将全基因组序列打断成长度大约有 100kb 左右的大分子片段，通过构建载体文库克隆，进行分组后对这些单个大分子克隆内部再进行打断测序，称之为分级鸟枪法测序（hierarchical shotgun sequencing）；另一种是全基因组鸟枪法测序（whole-genome shotgun sequencing），这种测序策略则是直接将整个基因组打断成测序所需的片段长度进行测序。两种鸟枪法测序策略见图 11-25。两种策略各有优缺点，前者使后续的组装过程简便化，但测序过程工作量增加；而后者测序时较为方便，但组装时难度加大，本质上两者的样品制备过程是相似的，高通量测序流程见图 11-26。因此样品制备过程主要分为样品片段化、文库构建、克隆扩增三部分。样品片段化后在两端加上特定接头构建样品文库，文库克隆后再逐个进行高通量测序，最后将短序列经计算机进行序列组装得到完成序列（finished sequence）。需要注意的是如果是转录组测序还需将 RNA 反转录得到互补 DNA（complementary DNA，cDNA）片段，或者先将长片段进行反转录得到双链 cDNA，然后再片段化。

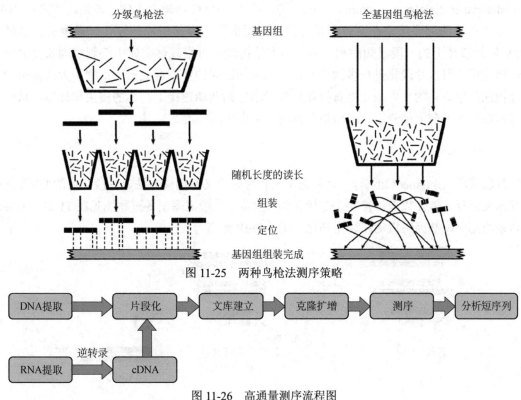

图 11-25　两种鸟枪法测序策略

图 11-26　高通量测序流程图

如果要对某一特定类型的 RNA 进行分析，就可以对 mRNAs、microRNAs 等进行纯化

（一）DNA/RNA 样品片段化

在新一代高通量测序技术中，DNA 样品的片段化是十分关键的步骤，主要是通过物理法或酶化学法来实现的。酶化学法是利用限制性内切酶、离子缓冲液等的酶化学作用切断长链DNA 而将 DNA 片段化，但可能会产生较多的人为插入缺失。物理法主要是通过流体力学、超临界力等物理作用切断 DNA，包括超声法、雾化法以及流体力学法等，应用最多的为超声法，即利用超声波破碎仪在超声波的作用下产生密集的小气泡，随着气泡炸裂产生的机械剪切力可将 DNA 打碎。需要注意的是，样品的来源和浓度、原始 DNA 长度以及 GC 含量等方面的不同，都会影响 DNA 破碎的效果，可以通过修改程序参数，如改变超声时间和强度等，将长链 DNA 打碎到特定长度。

（二）文库制备

根据来源为染色体 DNA 或 mRNA 可分为基因组文库和 cDNA 文库，cDNA 文库的信息量远小于基因组文库。采用分级鸟枪法进行测序时的过程如下：①通过限制性内切酶将目的样品与载体分别切断，留下互补的黏性末端；②通过 DNA 连接酶将二者相连，即可获得连接了目的片段的重组载体。按载体种类大致可分为噬菌体文库，如早期的 λ 噬菌体、黏粒（cos site-carrying plasmid，cosmid）、P1 噬菌体人工染色体（P1 phage artificial chromosome，PAC）等；人工染色体文库，如酵母人工染色体（yeast artificial chromosome，YAC）、细菌人工染色体（bacterial artificial chromosome，BAC）等，以及在 BAC 基础上构建的多元载体如 BI-BAC 等。分级鸟枪法测序策略在文库制备时涉及通用引物和内部引物的设计。通用引物是插入 DNA 附近载体上的一段已知序列。由于该方法构建的重组载体文库中待测序列长度仍然较大，因此还需再次片段化进行多次测序，根据前面已知的序列合成新的引物即为内部引物。而鸟枪法测序策略的文库制备则直接在目标样本序列两端连接上特异的接头和标签，从而能够直接在测序平台上机测序。下面是常见的文库构建的种类。

1. 片段文库

片段文库（fragment library）是最为常见和传统的文库构建方法。片段化后的 DNA 需要进行末端修复、加 A 以及连接接头等操作制成文库，片段文库制备过程图见图 11-27。主要用于转录组测序、基因组重测序、甲基化分析、ChIP 测序等。

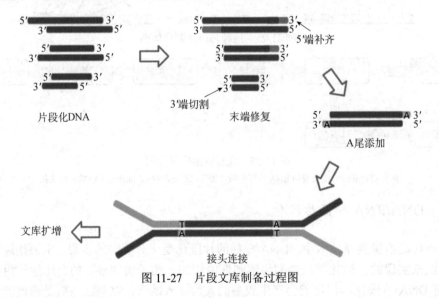

图 11-27　片段文库制备过程图

（1）DNA 片段末端修复　由于 DNA 打断是随机打断，有可能末端不平整，还需要用酶通过互补链的延伸对 5′ 突出末端进行补平，对 3′ 突出末端削平，使 DNA 双链片段形成平末端。

（2）末端加 A　向末端修复后的 DNA 片段 3′ 端加上 A 接头，5′ 端进行磷酸化，进而可以和接头最后的 T 结合，进行接头的连接。

（**3）接头**　接头是文库构建时的必要组成部分，为一段已知的短核苷酸序列，主要用于连接未知的目标测序片段。由于在二代测序中的接头作用主要都是为了进行 PCR 扩增和识别特定序列，因此原理大体都是相似的，大多带有通用的引物序列、常用的酶切位点和标签等，只是后续采用的 PCR 扩增方法不同，从而接头的结构和形式有所差异。下面就以使用最为广泛的 Illumina 平台为例进行介绍。Illumina 公司的测序接头结构主要包括三部分：P5/P7、Index 标签以及 R1 SP/R2 SP 序列。接头一般呈"Y"字型结构，见图 11-28。

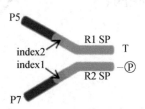

图 11-28　Illumina 测序平台接头结构图

"Y"型接头保证了每条单序列两端均为不同的测序引物，从而可以通过后续的 PCR 扩增

形成两端带有不同核苷酸序列（P5/P7）的文库

1）P5/P7。在 Illumina 的流动槽表面发生的桥式扩增反应过程中，流动槽表面包被了两种不同的寡核苷酸，通常被称为"P5"和"P7"。在目标测序片段两端连接的 P5/P7 序列能够跟测序芯片上的 P5/P7 序列互补，从而能将待测片段固定在流动槽上进行桥式 PCR 扩增。

2）Index 标签。Index，又称为 Barcode，目的是给不同样品加上标签，被认为是混合样品的"身份证"。由于测序仪器的测序能力远大于测试样本序列量，比如 Illumina 公司的 Hiseq-2000 测序仪采用的八通道小型芯片，其中一条通道的测序数据量就可达 44G。而进行测定时，各种类型的测序组数据如全基因组测序、外显子组测序、转录组测序等，每个样品所需的数据量大多都无须完全占用一条通道。因此为尽可能同时对多个样品进行测序，减少仪器的浪费，可以在一个通道同时进行多个样品的测序。对加入同一通道的不同样品采用不同 Index 标签，在测序完成后，通过参照标签与样品的对应关系，从而可以将不同样品的数据分开。

选择 Index 序列标签时需遵守两个原则：碱基平衡和激光平衡。碱基平衡即多个 Index 序列之间同时具有近似比例为 1：1：1：1 的 A、T、G、C 4 种碱基。而激光平衡是由于 A 和 C 两种碱基、G 和 T 两种碱基分别共用一种激光，因此在一组 Index 中尽量满足每个碱基位都是 A+C=G+T。选择 Index 时若无法满足碱基平衡，应尽量满足激光平衡，若二者均不满足，则可能会产生很大的数据分离隐患，导致样本错误分配。只采用单端 Index 接头可供选择的 Index 种类数量不多，因此为了增加样本混合上机的数量，可以应用双端 Index 接头，目前双端 Index 组合最多高达 3840 种。

3）R1 SP/R2 SP。R1 SP/R2 SP 是正向和反向引物结合的区域，在 dNTP 和 DNA 聚合酶的作用下通过 DNA 聚合反应进行碱基的延伸。

2. 配对末端文库

配对末端文库（mate-paired library）又叫作大片段 DNA 文库，建库步骤如下：将待测序的基因组片段化后进行末端修复和生物素（Biotin）标记；随后将标记好的基因组片段环化，再将其打断；通过对带有 Biotin 标记的片段富集，进行末端修复加 A 和加接头，即可得到配对末端文库。配对末端文库构建过程见图 11-29。该文库片段长度大于 1kb，主要用于动植物、微生物的全基因组从头测序、SNP 分析等。

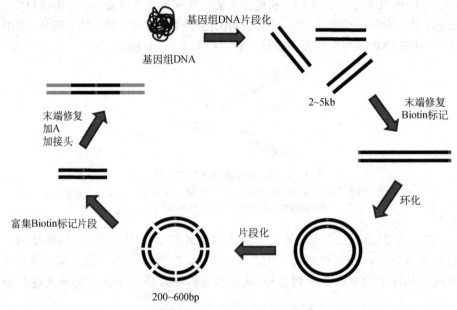

图 11-29　配对末端文库构建过程

在鸟枪法测序中，由于目标核酸片段化或亚克隆后，含有较多小重复片段，加大了后续组装的难度，并且组装的序列可能含有空隙。构建配对端文库一方面可以填补这些空隙，另一方面由于使用的是相对长的片段也降低了组装的难度。同时由于大片段的两个末端序列之间的间距和方向已知，则可以对测序产生的重叠群（contig）排序，并确定它们的相对位置，因此构建配对端文库进行测序是一种增加序列组装质量的有效方法。

（三）样品克隆扩增

一个碱基发出荧光信号就好比点燃一根火柴，是很难被测序仪检测到的，而大量碱基同时发出荧光信号就如同点亮一把火柴，发出的光亮更容易被仪器检测。因此为了增加样品的信号强度、提高光学仪器的辨识度、提高信噪比等以增加测序的准确率，这些样品必须被"克隆性扩增"。为了保证扩增达到提高成像的效果，每个样品片段及其扩增产物都必须与其他的片段和产物分隔以免互相干扰。对样品进行克隆的方法有以下几种。

1. 细胞克隆扩增

细胞克隆法是 DNA 扩增的最早期的方法之一，人类基因组计划也是按照该方法完成的，目前仍在相关领域使用。该方法主要是通过遗传克隆的方法获得大量目的 DNA 克隆产物的。过程如下：使用电击法或热激法使细菌的细胞膜破裂，构建好的插入目的 DNA 的重组载体即可插入细菌中。随后，通过细菌的不断分裂增殖，细菌细胞中的目的 DNA 片段得到大量克隆。尽管使用该方法准确率较高，但过程较为烦琐、耗时大且对限制性内切酶的质量具有一定要求。

2. 细胞外扩增法

完全的体外大规模模板制备工作是达成高通量、低价格测序技术的前提。目前较为广泛使用的细胞外扩增法主要有滚环扩增法、乳液 PCR 扩增法以及桥式 PCR 扩增法，都是利用与接头序列相互补的引物对制备好的样品文库进行扩增。

（1）滚环扩增法　滚环扩增技术（rolling circle amplification，RCA）是最早使用的模板扩增方法，于 1998 年建立，主要用于大的环状 DNA 扩增。该技术是借鉴自然界中环状病原生物体 DNA 分子滚环式的复制方式建立的核酸扩增技术。主要是以环状 DNA 为模板，通过一个与部分环状模板互补的 DNA 引物，在一种 DNA 多聚酶的作用下将 dNTP 合成单链 DNA 联聚分子。此单链 DNA 包含成百上千个反复衔接的环状 DNA 模板的拷贝片段，产物的特异性较高。目前滚环扩增体系已发展出多种类型，包括线性扩增（linear RCA，LRCA）、指数扩增（hyper branched RCA，HRCA）、多引物 RCA 和锁式探针扩增（ligation-RCA，LRCA）等。这种方法在室温下就可以完成且无须专门的仪器设备，可以实现目的 DNA 和 RNA 的短时大量扩增，若使用两个引物可实现指数滚环扩增，靶核酸的信号放大，灵敏度高、特异性强，因此在核酸检测中具有很大的应用价值和潜力。

华大智造推出的 DNA 纳米球（DNA nanoball，DNB）技术就是基于滚环扩增，将加好接头的单链环状 DNA 扩增 2～3 个数量级，是目前全球唯一一个能够在溶液中完成模板扩增的技术，扩增完成后最终的产物即 DNB，见图 11-30。DNB 技术通过滚环扩增有效增加待测 DNA 的拷贝数而大大增强了信号强度；而且通过这种线性扩增无须 PCR 扩增，可以避免可能存在的扩增错误累积，提高了测序准确度。

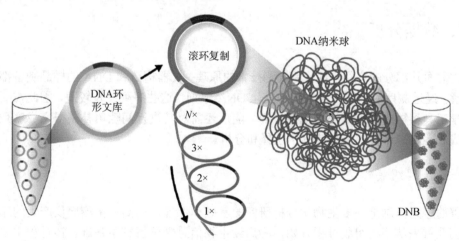

图 11-30　基于滚环扩增的测序技术

（2）乳液 PCR 扩增法　虽然滚环扩增反应较为方便且产量非常高，但大部分 RCA 产物都不能用来作为测序模板。于是，人们又开始了各种 PCR 法的探究。PCR 扩增是变温扩增反应，最开始时由于条件所限，人们没有开发出一种合适的表面活性剂，使得乳液在 PCR 扩增热循环时保持稳定。随着表面活性剂的研究逐步获得进展，乳液滴的热稳定性问题终于得到了解决，于是乳液 PCR 扩增技术迅速在众多高通量测序平台中得到了广泛应用，包括 Roche/454 平台、ABI/Solid 平台以及新兴的 Polonator 平台。该方法是利用油包水结构形成互相分离的微型反应室，从而可进行独立的 DNA 聚合反应。将其中一个接头引物与磁珠相连接，经过 PCR 扩增后，就获得带有大量克隆 DNA 的磁珠，再通过磁性装置吸附提取磁珠，就可将扩增产物纯化，破乳后的磁珠被收集于测序芯片内或玻璃基片上。利用 PCR 制备模板 DNA 见图 11-31。

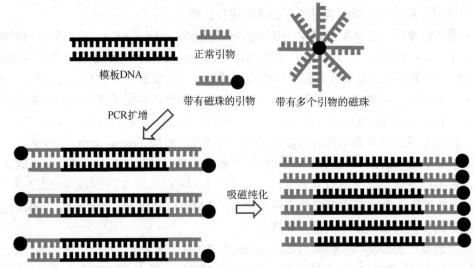

图 11-31　利用 PCR 制备模板 DNA

（3）桥式 PCR 扩增法　桥式 PCR 扩增的原理在上文 Solexa 聚合酶合成测序的原理中已讲解，不再介绍，是 Ilumnina/Solexa 平台采用的技术。

三、数据分析

经过前面几部分的介绍，对基因检测技术的原理、仪器构造和 DNA 的样品制备都有了一定的了解。经过测序后，得到大量的片段化 DNA 序列，这些序列读长较短，因此需要通过生物信息学工具将短序列组装得到草图序列，随后还需对其进行间隙填补获得完成序列。序列组装完成后，还需后续的生物信息学注释和分析。

（一）序列组装

完整的序列信息是许多生物学分析研究的基础和保证，而高通量测序仪产生的序列长度较短，因此首先从序列组装过程开始，为后续生物信息学分析打下基础。该过程主要通过将质量良好的序列数据反馈到可以鉴别并合并重叠序列的拼接者（assembler）程序中，即可将仪器生成的数以百万计的序列片段连接在一起，需要巨大的计算能力才可完成。

1. 质量控制

不同质量的序列片段进行组装，最后得到的完成序列可能完全不同。因此在进行序列组装前首先需进行质量控制，可通过开发的软件来对得到的原始数据（raw data）中的碱基质量进行打分，大部分的碱基能达到或超过 Q30（碱基识别精度＞99.9%）。而低质量或错误读序在进入拼接程序之前就被清除，获得质量控制良好、可用的 reads，以供后续序列组装。

2. 序列组装

进行序列组装时有两种方法，一是在没有任何可以进行比对的参考序列的情况下，仅根据待组装序列的重叠信息进行组装的从头组装（*de novo* assembly）法；二是通过已经获得的参考序列，把测序序列与参考序列比对，抽取一致的序列再进行组装的映射比对组装（mapping assembly）法。由于映射比对组装的方法较为固定，在进行序列组装时主要研究的是从头组装的算法及工具，因此以下主要介绍的是序列的从头组装。

下面是序列拼接组装过程中涉及的一些重要概念。

①读长（read）：高通量测序平台从片段化 DNA 中产生的序列即为 reads。

②重叠群（contig）：拼接软件通过读长之间的重叠区域，将多个读长组合在一起而重建的序列。

③重叠片段（overlap）：两个读长之间的关系，两个读长的结尾具有高度相似的序列。相应序列所允许的最小长度是组装中的一个重要参数。

④支架（scaffold）：重叠群的有序集合，其相对位置通常是从配对读数和其他信息中推断出来的。重叠群之间的间隙内的序列通常是未知的。

⑤间隙（gap）：若一个基因组测序的覆盖率是 98%，那么还有 2%的序列没有被检测到，这部分丢失的序列分散在染色体的各个区段，形成一个个间隙，主要包括物理间隙和序列间隙。物理间隙是构建文库时而被丢失的序列。而序列间隙是指测序时遗漏的序列。

序列的从头组装方法主要依赖于一个简单的假设，即高度相似的 DNA 片段来自于基因组中的相同位置。因此通过贪婪（greedy）算法、字符串图（string graph）、先重叠后扩展（overlap-layout-consensus，OLC）算法或者德布鲁因图（de bruijn graph，DBG）算法等方法计算出序列的重叠部分完成序列的拼接工作。贪婪算法是最早期的方法，目前使用较少；字符串图适用于一代测序产生的长片段序列；德布鲁因图算法是二代测序组装基因组工具的核心基础；而三代测序读长超长，通量高，主要基于先重叠后扩展算法拼接。

序列拼接顺序是由读长得到更长的重叠群，再到支架最后到完成序列。获得重叠群之后需要通过构建长插入片段配对末端序列库，从而获得一定片段的两端序列。通过将短片段文库和长片段文库两种序列混合进行组装的方法，可以提高组装的质量，实现整个基因组最大覆盖度。调整重叠群的方向和位置关系后将其前后连接形成支架，但其中可能会存在间隙，这时就需完成间隙填补，其中序列间隙的填补可以通过间隙两侧的已知序列设计探针，筛选已有的基因组文库，而物理间隙填补过程较为复杂，若是由于载体或宿主菌选用不当而丢失序列，可以选择基因型不同的宿主菌重新构建文库。最后合并调整后的支架即可形成染色体级别的组装，序列组装的过程见图 11-32。

3. 评估

序列组装后还有一步评估环节，评估的标准尚未统一，主要是评估基因组的准确性、一致性、连续性和完整性，通常将组装覆盖度以及 N50 等序列统计信息作为评价组装质量好坏的标准。

N50：用于评估基因组组合的邻接性的统计量。部件中的 contig 或 scaffold 按长度排序并从最长的开始相加。当相加的 contig 或 scaffold 长度大于或等于 contig 或 scaffold 总长度的 50%时，最后一个加上的重叠群长度即为 contig N50 或 scaffold N50。一般来说，contig N50 或 scaffold N50 越长，则表示组装结果越好。

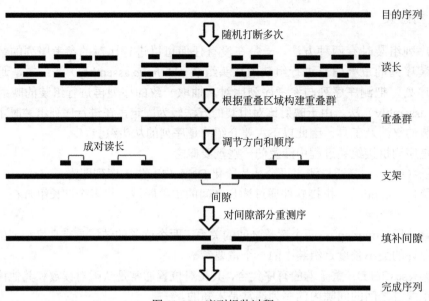

图 11-32　序列组装过程

由于计算机在组装过程中仍会产生拼接错误，因此需要测许多次才能确定没有缺失片段和测序仪读错的片段，获得高质量的序列。正在组装的序列中覆盖特定碱基的平均阅读次数就称为覆盖深度（depth of coverage），测序获得的序列占整个基因组的比例为基因组测序覆盖面（coverage）。当测序的覆盖面越大，遗漏的序列越少。

可根据泊松公式计算测序的覆盖面：

$$P=e^{-m} \tag{11-13}$$

式中，P——丢失的概率；

　　　m——覆盖面，即单倍体基因组倍数；

　　　e——自然对数底数。

完成序列的公认标准是序列中任何一个碱基的正确率是 99.99%，若要达到此标准，就是丢失的概率仅为 0.01%，此时 m 约为 9，也就是说每一个碱基平均要被测序 9 次。为了找到所有的基因以及它们的调控组合，并且发现不同人类基因组间差异，这样的准确度是必需的。

除此之外还有普遍通用的单拷贝直系同源测试（benchmarking universal single-copy orthologs，BUSCO）、长末端重复序列组装指数（LTR assembly index，LAI）和 CEGMA 等评估方式，都是用来衡量基因组或转录组完整度的指标。比较常用的是 BUSCO，主要是利用保守的单拷贝基因的数目来评估，LAI 值是新提出的利用长末端重复序列（long terminal repeat，LTR）来衡量完整度的指标。

（二）基因注释

拼接后的完成序列只是一长串无意义的碱基排列，更大的挑战在于基因的解读，解读后的序列才能真正具有价值。基因组的解读包括两部分：基因识别和基因功能注释，就是首先从大量的已知序列中找出所有的蛋白质编码基因，随后通过生物信息学分析对所有基因的生物学功能进行正确注释。

1. 基因识别

基因识别（gene recognition）又叫作基因预测（gene prediction），是进行基因组解读的基础，核心是使用分子生物学实验或计算机方法验证评估来确定已知序列中所有基因的精确位置。采用实验研究方法主要是观察能否表达基因产物及其对表型的影响，识别结果可靠性较高，但是实验过程周期长、耗费大、较难推广。因此目前主要是借助计算机的强大功能来进行大批量的基因数据处理。基因识别的对象主要是编码蛋白质区域和一些其他具有生物学功能的因子，包括 RNA 基因和调控因子等。基因识别在内容上主要有基因位点的识别、翻译起始位点和终止位点的识别、开放性阅读框架（open reading frame，ORF）的识别、启动子和终止子的识别、剪接位点的识别、翻译起始位点和终止位点的识别、蛋白质编码序列（coding sequence，CDS）的识别以及内含子和外显子的识别等。现阶段主要有两大类基因识别方法：一个是同源基因查询，另一个是基于统计预测模型的从头预测方法。目前也有结合两种方法的优点，开发出混合算法识别基因。

（1）同源基因查询　在基因注释中常常涉及同源性、相似性和一致性等概念，这三者的概念具有一定的交叉，但具体含义又是有区别的。同源性（homology）主要是指在进化过程中起源于同一祖先但形成的不同序列之间的关系，同源性是用来描述物种亲缘关系远近的，所以在同源性的表达中只能用"有"或"无"、"完全"或"部分"描述，无所谓百分比。一致性（identity）是指同源 DNA 序列间相同位点的一致性程度，可用百分比表示。相似性（similarity）是指待查的序列与目标序列之间相同的碱基或氨基酸残基序列占整个序列的比例，可用百分比表示。同源基因的相似性百分比是一个相对宏观的描述，而一致性百分比相对精确更高。一般来说，序列相似性或一致性越高，则越可能来自同一祖先，当氨基酸的相似性或一致性超过 25%时则可推测基因同源。因此，通过将待查序列与已注释的生物序列进行比对，可以从中查找出相似性信息，从而注释待查序列，以推断其基因结构，这种方法叫作同源查询（homology search）。基于序列同源性的基因识别程序通常是利用序列比对工具来搜索数据库中的已知序列，现有的序列比对工具有 BLAST、FASTA 等。根据使用的数据库不同，可以将基于同源性识别基因的方法分为多个类别。常用的进行比对的数据库有蛋白质数据库、核苷酸数据库和表达序列标签（expressed sequence tag）数据库等。

但需注意的是，如果待测序列与同源序列比对相似性较高，所得的结果也会较为精确，但若待测序列无法找到同源序列，那么识别结果可能会变的不理想。因此，基于统计基因特征的从头预测方法产生了。

（2）基于统计预测模型的从头预测法　蛋白质编码区域与非编码区域在组成结构等方面具有明显的差异，因此若一段序列中含有编码区域，那么则可根据一些特殊的基因结构特征识别基因。通过对这些特征进行提取，随后建立有效的统计学模型进行基因识别。常见的统计特征有密码子偏性、不对称信息、碱基偏性和 GC 含量等。这种基于序列统计特征而识别基因的方法，称为从头预测（ab initio）法。根据预测模型的不同，可分为以下几类：①以隐马尔可夫模型为基础的方法和软件，如 Genie、GENSCAN、HMMgene 以及 Glimmer 等；②以人工神经网络为基础的基因识别方法，如 GRAIL、GeneParser 等；③以判别式分析为基础的方法，如 MZEF、GeneFinder 等。其中隐马尔可夫模型的算法由于参数量大，预测结果明显优于其他算法，是使用较多的方法。除统计特征外，还有采用几何学的方法来识别基因，如 Z 曲线方法。

上述软件都只是针对基因的一些特征编写的，不可避免的仍会产生漏注或错注等错误，比如说可能会将一个基因拆为两个，或两个基因合并为一个；遗漏结构较小的基因等问题。因此需要依靠大量的数据进行多轮检测和验证。

2. 基因功能注释

对已知序列中的基因进行结构注释后，下一步就是功能注释：预测基因编码何种蛋白，并且蛋白执行何种功能。

（1）实验验证 传统方法也是通过严格的遗传学和分子生物学研究进行验证，如突变体筛选、基因功能互补等。对于一些未知的基因，它们的功能分析必须依赖于实验的确认，即使是功能已知的基因，也可能还有隐藏的功能有待发现。因此通过敲除或过表达基因来观测表型从而推测基因功能也是十分流行的方法。

（2）高通量注释 随着测序速率的加快、海量数据的不断涌现，通过实验进行逐个基因的验证远远落后于飞速发展的时代现况。因此，开发高通量的功能注释方法十分必要。目前普遍采用软件分析进行功能注释，仍是依据同源性比对方法。同源基因来源于同一祖先，因此在进化过程中可能仍保持原有的生物学功能。而蛋白是功能的执行者，可以通过蛋白中存在的与功能相关的结构进行推测，因此通过用基因翻译后的氨基酸序列与已知功能的主流基因数据库比对，完成功能注释。常用的数据库有：NR、UniProt、KOG、GO、KEGG 以及 Pfam 等功能数据库。

1）非冗余蛋白数据库（non-redundant protein sequences，Nr）。它是由美国国家生物技术信息中心（National Center for Biotechnology Information，NCBI）建立的，其中包含的信息很全面。通过该数据库将核酸和蛋白数据联系起来，相当于一个以核酸序列为基础的交叉索引，不仅可以得到同源序列的注释信息，还可以获得对应物种分类水平。

2）通用蛋白质资源（universal protein resource，UniProt）数据库。它由瑞士生物信息研究所（the Swiss Institute of Bioinformatics）、欧洲生物信息学研究所（European Bioinformatics Institute）以及美国蛋白信息资源（Protein Information Resource，PIR）等机构共同组成，三大子数据库 Swiss-Prot、TrEMBL 和 PIR-PSD 整合形成了统一的蛋白质数据库，是信息最丰富、资源最广、功能注释最全面的一个数据库。

3）同源蛋白簇（clusters of orthologous groups of proteins，COG）数据库。它是 NCBI 开发的用于同源蛋白注释的数据库，分为原核生物数据库和真核生物数据库。原核生物的一般称为 COG 数据库；真核生物的一般称为 KOG 数据库。

4）京都基因与基因组百科全书（Kyoto encyclopedia of genes and genomes，KEGG）。它是由系统、化学和基因组三大类信息整合而成，是代谢通路注释数据库，它通过细胞内分子互作网络将基因组内众基因相互联系，利用强大的图形功能通过众多的代谢途径展示更高级的生物学功能。其中的 KEGG ORTHOLOGY 数据库中，具备相似功能的基因会被归为同一组，注释上同一个 KO（或者 K）标签，每个 KO 可以包含多个基因信息，并在一个或多个通路中发挥作用。通过比对 KEGG GENES 数据库数据，对目标蛋白质序列进行 KO 分类，利用相关软件根据 KO 分类可自动进行通路注释。

5）基因本体论（gene ontology，GO）注释数据库。它是为了解决生物学上定义混乱问题建立的标准化、规范化的名词术语描述和解释的词汇体系，并且随着研究的深入而不断更新。

将涉及的基因（基因产物）词汇按照三个部分描述：细胞组分（cellular component），即基因产物在何种细胞器或基因产物群中作用，如糙面内质网或细胞核，核糖体或蛋白酶体等；分子功能（molecular function），即为分子水平的活性，如催化活性或结合活性，或是基因产物具有的潜在功能；生物学过程（biological process），即基因或基因产物参与的生物学过程，是由一个或者多个分子功能的有序组合来完成的，包含有多个步骤。在这三大类别之下又逐级分出小的节点分支，依次分类。

6）蛋白质家族（Pfam）数据库。它是一个被广泛使用的蛋白结构域注释的分类系统，包含有两个数据库：一个是高质量、手工确定的 Pfam-A 数据库；另一个是自动注释的 Pfam-B 数据库。

这几类数据库中 GO 和 KEGG 数据库分别在基因功能和代谢通路注释和研究中占据重要地位，并且可以作为富集分析工具。基因富集分析是分析基因表达信息的一种方法，基于实验验证结果或基因组注释信息，通过差异筛选找到两类样本中的差异表达基因进行 GO、KEGG 富集分析，即可将这些基因的功能以及其参与的信号通路聚类，计算机进行相关网络连接构建，输出具体的分类注释信息和知识图谱，可以为研究者提供清晰直观的信息。

但若筛选出的差异基因较少无法富集出相关的功能或通路，抑或是差异基因很多但没有富集到感兴趣的功能或通路时，基因集富集分析也是较好的选择。基因集富集分析（gene set enrichment analysis）是根据所有基因的表达量找到两类样本中具有一致性差异的基因，将这些基因富集成基因集（gene set），通过分析基因集与基因集之间的差异，使各种的数据得到解读。

主要参考文献

安钢力. 2018. 实时荧光定量 PCR 技术的原理及其应用. 中国现代教育装备，21：19-21.

曹省艳，王强，周小艺. 2015. 荧光定量 PCR 技术的研究进展与应用. 农家顾问，4：177-179.

曹影，李伟，褚鑫，等. 2020. 单分子纳米孔测序技术及其应用研究进展. 生物工程学报，36（5）：811-819.

丁晓东，马国文. 2006. 实时荧光定量 PCR 技术研究进展及其应用. 内蒙古民族大学学报（自然科学版），6：665-668.

董天宇. 2018. DNA 测序技术. 当代化工研究，11：71-73.

郭杨，陈世界，郭万柱，等. 2009. 荧光定量 PCR 技术及其应用研究进展. 动物医学进展，30（2）：78-82.

洪云，李津，汪和睦，等. 2006. 实时荧光定量 PCR 技术进展. 国际流行病学传染病学杂志，3：161-163，166.

梁子英，刘芳. 2020. 实时荧光定量 PCR 技术及其应用研究进展. 现代农业科技，6：1-3, 8.

刘燕，许友强，周婷婷，等. 2018. 浅析基因检测技术. 大医生，3（9）：73-74.

毛贺. 2016. Y 光纤型定量 PCR 荧光检测系统研究. 机电一体化，22（7）：28-31，67.

唐永凯，贾永义. 2008. 荧光定量 PCR 数据处理方法的探讨. 生物技术，3：89-91.

王甜，陈庆富. 2007. 荧光定量 PCR 技术研究进展及其在植物遗传育种中的应用. 种子，2：56-61.

王小红. 2001. 荧光定量 PCR 技术研究进展. 国外医学（分子生物学分册），1：42-45.

王玉倩，薛秀花. 2016. 实时荧光定量 PCR 技术研究进展及其应用. 生物学通报，51（2）：1-6.

徐楠楠，胡桂学. 2011. 实时荧光定量 PCR 技术的研究进展及应用. 黑龙江畜牧兽医，21：24-27.

徐疏梅. 2018. 新一代 DNA 测序技术的应用与研究进展. 徐州工程学院学报（自然科学版），33（4）：60-64.

许琰，丛喆，魏强. 2007. 实时荧光定量 PCR 的研究进展及应用. 中国实验动物学报，2：155-158.

游思亮. 2019. 高通量测序文库构建中超声波破碎 DNA 条件的研究. 科技视界，8：34-35.

张贺，李波，周虚，等. 2006. 实时荧光定量 PCR 技术研究进展及应用. 动物医学进展，S1：5-12.

张小珍，尤崇革. 2016. 下一代基因测序技术新进展. 兰州大学学报（医学版），42（3）：73-80.

郑沁春. 2012. 实时荧光定量 PCR 仪原理与技术关键点分析. 中国医疗器械信息，18（6）：55-58.

钟江华，张光萍，柳小英. 2011. 实时荧光定量 PCR 技术的研究进展与应用. 氨基酸和生物资源，33（2）：68-72.

邹兴. 2018. 全自动荧光定量 PCR 关键技术研究及其系统研制. 深圳大学硕士学位论文.

Bustin SA. 2000. Absolute quantification of mRNA using real-time reverse transcription polymerase chain reaction assays. J mol endocrinol，25（2）：169-193.

Clegg RM，Murchie AIH，Zechel A，et al. 1992. Fluorescence resonance energy transfer analysis of the structure of the four-way DNA junction. Biochemistry，31（20）：4846-4856.

Ginzinger DG. 2002. Gene quantification using real-time quantitative PCR：an emerging technology hits the mainstream. Exp Hematol，30（6）：503-512.

Haque F，Li J，Wu HC, et al. 2013. Solid-state and biological nanopore for real-time sensing of single chemical and sequencing of DNA. Nano Today，8（1）：56-74.

Kuhn R，Hoffstetter-Kuhn S. 1993. Capillary Electrophoresis：Principles and Practice. Berlin，Heidelberg：Springer.

Lukashin AV，Mark B. 1998. GeneMark.hmm：new solutions for gene finding. Nuclc Acids Res，26（4）：1107-1115.

Martin，GR. 1998. The roles of FGFs in the early development of vertebrate limbs. Gene Dev，12（11）：1571.

Nagarajan N，Pop M. 2013. Sequence assembly demystified. Nat Rev Genet，14（3）：157-167.

Sanger F，Nicklen S，Coulson AR. 1977. DNA sequencing with chain-terminating inhibitors. PNAS USA，74（12）：5463-5467.

Song L，Hobaugh MR，Shustak C，et al. 1996. Structure of staphylococcal α-hemolysin，a heptameric transmembrane pore. Science，274（5294）：1859-1866.

Zhong K，Chen Z，Huang J，et al. 2011. A LED-induced confocal fluorescence detection system for quantitative PCR instruments. 4th International Conference on Biomedical Engineering and Informatics.

第十二章　组分分析技术

第一节　原子吸收光谱技术

原子吸收光谱（atomic absorption spectroscopy，AAS）又称原子分光光度法，是基于待测元素的基态原子蒸汽对其特征谱线的吸收，由特征谱线的特征性和谱线被减弱的程度对待测元素进行定性定量分析的一种仪器分析方法。该法具有检出限低、准确度高、选择性好、分析速度快和应用范围广等优点。目前，已成为实验室的常规方法，能分析多达 70 种元素，广泛应用于石油化工、环境卫生、冶金矿山、材料、地质、食品、医药等各个领域。

一、技术原理和仪器的基本构造

（一）技术原理

AAS 法是利用气态原子可以吸收一定波长的光辐射，使原子中外层的电子从基态跃迁到激发态的现象而建立的。由于各种原子中电子的能级不同，将有选择性地共振吸收一定波长的辐射光，这个共振吸收波长恰好等于该原子受激发后发射光谱的波长。当光源发射的某一特征波长的光通过原子蒸气时，即入射辐射的频率等于原子中的电子由基态跃迁到较高能态（一般情况下都是第一激发态）所需要的能量频率时，原子中的外层电子将选择性地吸收其同种元素所发射的特征谱线，使入射光减弱。特征谱线因吸收而减弱的程度称吸光度 A，在线性范围内与被测元素的含量成正比。

AAS 法进行定量分析的理论基础可用公式表示如下：

$$A = KC \tag{12-1}$$

式中，K——常数，K 包含了所有的常数；

C——试样浓度；

A——吸光度。

由于原子能级是量子化的，因此，在所有情况下，原子对辐射的吸收都是有选择性的。由于各元素的原子结构和外层电子的排布不同，元素从基态跃迁至第一激发态时吸收的能量不同，因而各元素的共振吸收线具有不同的特征。由此可作为元素定性的依据，而吸收辐射的强度可作为定量的依据。

（二）仪器的基本构造

原子吸收光谱仪由光源、原子化系统、分光系统、检测系统等组成（图 12-1）。通常有单光束型和双光束型两类。这种仪器光路系统结构简单，有较高的灵敏度，价格较低，便于推广，能满足日常分析工作的要求。但其最大的缺点是不能消除光源波动所引起的基线漂移，对测定的精密度和准确度有一定的影响。

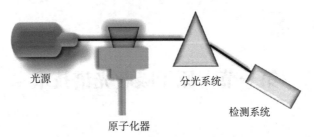

光源　　　　　　　　　　分光系统

检测系统

原子化器

图 12-1　原子吸收光谱仪结构示意图

1. 光源

光源的功能是发射被测元素的特征共振辐射。对光源的基本要求是：①发射的共振辐射的半宽度要明显小于吸收线的半宽度；②辐射强度大、背景低，低于特征共振辐射强度的 1%；③稳定性好，30min 之内漂移不超过 1%；④噪声小于 0.1%；⑤使用寿命长于 5Ah（安培小时）。空心阴极放电灯是理想的锐线光源，应用最广。

2. 原子化器

其功能是提供能量，使试样干燥、蒸发和原子化。在 AAS 分析中，试样中被测元素的原子化是整个分析过程的关键环节。原子化器主要有 4 种类型：火焰原子化器、石墨炉原子化器、氢化物发生原子化器及冷蒸气发生原子化器。实现原子化的方法最常用的有两种：①火焰原子化法，是原子光谱分析中最早使用的原子化方法，至今仍广泛应用；②非火焰原子化法，其中应用最广的是石墨炉电热原子化法。

3. 分光器

由入射和出射狭缝、反射镜和色散元件组成，其作用是将所需要的共振吸收线分离出来。分光器的关键部件是色散元件，商品仪器都是使用光栅。原子吸收光谱仪对分光器的分辨率要求不高，曾以能分辨开镍三线 Ni230.003、Ni231.603、Ni231.096nm 为标准，后采用 Mn279.5 和 279.8nm 代替 Ni 三线来检定分辨率。光栅放置在原子化器之后，以阻止来自原子化器内的所有不需要的辐射进入检测器。

4. 检测系统

原子吸收光谱仪中广泛使用的检测器是 PMT，一些仪器也采用 CCD 作为检测器。

二、样品制备

（一）样品制备总原则

①尽可能多地使待测组分不受损失；②尽可能多地排除干扰；③调整称样量和溶液体积，获得样品检测最佳浓度；④尽可能降低成本，根据实际情况，在结果精密度、测试方法、时耗、物耗、人力消耗之间综合平衡，决定样品处理的具体方法。制备出待测的试样溶液。

（二）制样方法

1. 样品的前处理与制备

①在对样品进行前处理之前，要确保采集到的试样具有代表性，即样品的组成要能代表整个物料；②样品需研磨成粉末，然后烘干，除去样品表面的吸附水；③称样量可根据以往测试经验估计待测元素在各种不同样品中的含量来决定，也可称取一定样品量进行试测。每种元素都有其标准曲线线性好的部分，配制的溶液浓度在线性好的浓度范围内，测得的结果准确。调整样品溶液浓度可通过改变称样量和样品试液的体积来实现；④样品处理也叫作消解，就是将固态粉末样品用酸转化成液体形态的过程。某些待测物用酸并不能完全转化成液态的情况下，可以用辅助加热、高温熔融、高压消解和微波消解等手段来处理。待测溶液中不得有胶体和沉淀物，应在进仪器之前过滤以免堵塞进样系统。样品制备的成功与否直接关系到测试的正确与否及其准确性。

2. 系列标准溶液的配制

用高纯物质的高浓度贮藏液（通常为1000g/ml浓度）来配制所需要浓度的标准溶液，以备制作校正曲线，然后才能测试待测试样溶液浓度。所有标准溶液、空白溶液和样品溶液的制备方法应当一样，并且都应当酸化。

三、数据分析

（一）AAS分析的定量方法

AAS分析是一种动态分析方法，用标准曲线进行定量。常用的定量方法有标准曲线法、标准加入法和浓度直读法，如为多通道仪器，可用内标法定量。在这些方法中，标准曲线法是最基本的定量方法，是其他定量方法的基础。

1. 标准曲线法

标准曲线法（standard curve method）又称校正曲线法（calibration curve method），是用标准物质配制标准系列样品，在标准条件下，测定各种标样的吸光度值A_i（$i=1$，2，3…），对被测元素的含量c_i（$i=1$，2，3…）建立校正曲线$A=f(c)$。在同样条件下，测定样品的吸光度值A_x，根据被测元素的A_x，从校正曲线求得其含量c_x。

校正曲线的质量对获得准确测定结果有直接影响，因此，在建立校正曲线过程中，应遵循以下的原则。

（1）选择精度好的分析方法，在严格控制分析条件的情况下建立校正曲线。

（2）在保证校正曲线为线性的条件下，尽可能扩大被测组分含量的取值范围。

（3）在实验工作量一定的情况下，适当增加实验点数、减少每一实验点的重复测定次数，比增加每一实验点的重复测定次数、减少实验点数能更有效地提高校正曲线的精度。但随着实验点数的增加，校正曲线精度的提高速率越来越慢，若实验点数 $n>6$，精度提高速率很慢。从置信系数 $t_{\alpha, f}$ 考虑，在 $n<4$ 时，$t_{\alpha, f}$ 较大，校正曲线的置信范围较宽，由 c_x 预测 A_x 的精度或由 A_x 反估 c_x 的精度均较差；当 $n>6$ 时，$t_{\alpha, f}$ 值减小的速率也很慢，校正曲线的置信范围变小的速率很慢，再靠进一步增加实验点数提高标准曲线的精度是不合算的。因此，由 $5\sim6$ 个实验点建立校正曲线是合理的。

（4）被测组分的含量应尽可能位于校正曲线的中央部分。位于校正曲线高、低含量（浓度）两端的实验点的测定精度较位于曲线中央部分的实验点的测定精度差，因此，对校正曲线两端的实验点的测定次数要多一些。

（5）鉴于校正曲线低含量（浓度）区的测定精度较差，而空白溶液正位于这一区域，因此，以空白溶液校正仪器（即用空白溶液调零）是不合适的。合理的做法是对空白溶液多测定几次，取其测定平均值，将它作为含量（浓度）为零的实验点参与校正曲线的拟合。

（6）由于"空白值"的测定误差较大，且为随机变量，不同的取样会得到不同的空白值，因此，在扣除空白值时，直接扣除用空白溶液测定的空白值不是一个好方法。用校正曲线拟合得到的截距值作为实际空白值扣除会得到更好的结果。这是因为截距值是统计平均值，它比由空白溶液直接测定的值更稳定，精度更好。

（7）测定未知样品时，重复测定可以提高估计值 c_x 的精度，因此，在条件允许的情况下，多进行几次测定是有利的。

（8）检验校正曲线是否发生变化，最好用不同浓度的标准溶液进行检验。比如建立校正曲线时用浓度为 c_1、c_3、c_5、c_7、c_9 的五个实验点，检验校正曲线是否发生变化时，最好用浓度为 c_2、c_4、c_6、c_8、c_{10} 的 5 个实验点。这是因为当两条标准曲线无显著性差异时，可以用一条共同的标准曲线来拟合这 10 个实验点，实验点数目增加能有效提高标准曲线的精度。若用相同浓度的标准溶液进行检验，当用一条共同的标准曲线来拟合这两组实验点时，实验点数目并没有增加，仍然是 5 个实验点，只是增加了每一个实验点的精度，这样并不能有效地提高校正曲线的精度。

2. 标准加入法

从标准曲线法的定义中可以看出，分析结果的准确性直接依赖于标准系列与被分析样品的组成的精确匹配。但在实际分析过程中，样品的基体、组成和浓度千变万化，要找到完全与样品组成相匹配的标准物质是很困难的。

标准加入法（standard addition method）是在若干份等量的被分析样品中，分别加入 0、c_1、c_2、c_3、c_4、c_5 等不同量的被测定元素标准溶液，依次在标准条件下测定它们的吸光度 A_i（i=1，2，3，4，5…），建立吸光度 A_i 对加入量 c_i 的校正曲线。因为基体组成是相同的，可以自动补偿样品基体的物理和化学干扰，提高测定的准确度。校正曲线不通过原点，其截距的大小相当于被分析试样中所含被测元素所产生的响应，因此，将校正曲线外延与横坐标相交，原点至交点的距离，即为试样中被测元素的含量 c_x。

标准加入法所依据的原理是吸光度的加和性。我们在应用标准加入法时应注意以下几点。

（1）标准加入法只能用于校正曲线线性范围内才能得到正确结果，对非线性校正曲线，吸光度会导致测定结果偏高。因此，所有的测量都应在线性范围内。

（2）最低浓度的样品溶液最适宜的吸光度测量值在 0.1～0.15 范围内；最适宜的待测元素加入量是使测量值增加约 2、3 和 4 倍，一般至少测定 4 个点（包括样品溶液点），但各点必须仍在校正曲线的线性范围内；

（3）当伴生物对测定影响不太严重时，标准加入法可以消除物理干扰和与浓度无关的轻微的化学干扰，但不能消除与浓度有关的干扰（如电离化学干扰），同时也不能消除光谱干扰和背景吸收的干扰。应采用相应的消除和减小以上干扰的措施后，再用标准加入法。

（4）应用标准加入法时扣除标准空白是必要的。空白和样品应该分别作标准加入法，然后作浓度扣除。因为两者基体不同、干扰不同，空白加标和样品加标的曲线的斜率是不同的，因此不能直接用扣除吸光度来计算。

3. 浓度直读法

浓度直读法（concentration direct reading）的基础是标准曲线法。将标准曲线预先存于仪器内，只要测定了试样的吸光度，仪器自动根据内置的校正曲线算出试样中被测元素的浓度和含量。其测定的准确度直接依赖于：①校正曲线的线性、稳定性；②测得的试样吸光度值必须落在校正曲线动态范围内。吸光度测量是一种动态测量，实验条件的变化不可避免地引起吸光度值的变化，条件①不能保证。根据最小二乘线性回归的原理，平均值所在的实验点一定落在校正曲线上。试样中被测元素含量偏离校正曲线线性范围的平均值越远，测定结果的误差越大，而仪器通常没有明确浓度直读范围，不便控制。可见，浓度直读法定量的准确度要逊于标准曲线法和标准加入法。浓度直读法的优点是快速。

4. 内标法

内标法（internal standard method）是相对强度法，是在标准试样和被分析试样中分别加入一定量的内标元素，在标准条件下测定分析元素和内标元素的吸光度比 A_i/A_n，以 A_i/A_n 对 c_i（$i=1，2，3，4\cdots$）建立校正曲线，在同样条件下，测定试样中被测元素和内标元素的吸光度比 A_x/A_n，根据所测得的吸光度比值从校正曲线求得试样中被测元素含量 c_x。内标法最大的优点是可以减少实验条件变动所引起的随机误差，提高了测定的精密度。

因为要同时测定被测元素与内标元素的吸光度，必须使用双通道原子吸收光谱仪器，而现在广泛使用的仪器是单通道原子吸收光谱仪器，因此，内标法在 AAS 分析中很少应用。

内标元素与分析线对（被测元素的谱线为分析线，内标元素的谱线为内标线，两者组成分析线对）的选择：①内标元素与被测元素在光源作用下应有相近的蒸发性质；②内标元素若是外加的，必须是试样中不含有或含量极少可以忽略的；③分析线对选择要匹配：或两条都是原子线，或两条都是离子线。尽量避免一条是原子线一条是离子线；④分析线对两条谱线的激发电位应相近。若内标元素与被测元素的电离电位相近，分析线对激发电位也相近，这样的分析线对称为"均匀线对";⑤分析线对波长应尽量接近。分析线对两条谱线应没有自吸或自吸很小,并不受其他谱对的干扰。

第二节 原子发射光谱技术

原子发射光谱(atomic emission spectrometry,AES)法是指利用被激发原子发出的辐射线形成的光谱与标准光谱比较,识别样品中含有何种物质的分析方法。用电弧、火花等为激发源,使气态原子或离子受激发后发射出紫外和可见区域的辐射。某种元素原子只能产生某些波长的谱线,根据光谱图中是否出现某些特征谱线,可判断是否存在某种元素。根据特征谱线的强度,可测定某种元素的含量。一次检验可把被检物质中的元素全部在图谱上显现出来,再与标准图谱比较。可测量元素种类有 70 多种。灵敏度高,选择性好,分析速度快。在司法鉴定中,主要用于泥土、油漆、粉尘类物质及其他物质中微量金属元素成分的定性分析。定量分析较复杂且不准确。

AES 法是根据处于激发态的待测元素原子回到基态时发射的特征谱线对待测元素进行分析的方法。在正常状态下,原子处于基态,原子在受到热(火焰)或电(电火花)激发时,由基态跃迁到激发态,返回到基态时,发射出特征光谱(线状光谱)。AES 法包括了三个主要的过程,即:①由光源提供能量使样品蒸发、形成气态原子、并进一步使气态原子激发而产生光辐射;②将光源发出的复合光经单色器分解成按波长顺序排列的谱线,形成光谱;③用检测器检测光谱中谱线的波长和强度。

由于待测元素原子的能级结构不同,因此发射谱线的特征不同,据此可对样品进行定性分析;而根据待测元素原子的浓度不同,因此发射强度不同,可实现元素的定量测定。

一、技术原理和仪器的基本构造

(一)技术原理

AES 法是利用原子或离子在一定条件下受激而发射的特征光谱来研究物质化学组成的分析方法。根据激发机理不同,原子发射光谱有 3 种类型:①原子的核外光学电子在受热能和电能激发而发射的光谱,通常所称的原子发射光谱法是指以电弧、电火花和电火焰(如 ICP 等)为激发光源来得到原子光谱的分析方法。以化学火焰为激发光源来得到原子发射光谱的,称为火焰光度法;②原子核外光学电子受到光能激发而发射的光谱,称为原子荧光;③原子受到 X 射线光子或其他微观粒子激发使内层电子电离而出现空穴,较外层的电子跃迁到空穴,同时产生次级 X 射线即 X 射线荧光。在通常的情况下,原子处于基态。基态原子受到激发跃迁到能量较高的激发态。激发态原子是不稳定的,平均寿命为 $10^{-10} \sim 10^{-8}$s。随后激发原子就要跃迁回到低能态或基态,同时释放出多余的能量,如果以辐射的形式释放能量,该能量就是释放光子的能量。因为原子核外电子能量是量子化的，因此伴随电子跃迁而释放的光子能量就等于电子发生跃迁的两能级的能量差。

ICP 原子发射
光谱仪照片

（二）仪器的基本构造

原子发射光谱仪主要由光源、分光系统、检测系统三部分构成（图 12-2）。

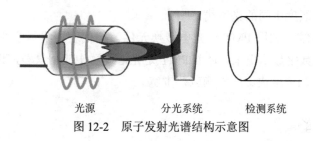

光源　　　　　　　分光系统　　　　检测系统

图 12-2　原子发射光谱结构示意图

1. 激发光源

激发光源对试样有两个方面的作用。①蒸发。首先，把试样中的被测组分蒸发成气态原子。②激发。试样被蒸发后，气态原子被激发，使之产生特征光谱。

光源通常是决定测定灵敏度、准确度的重要因素。常用的经典激发源有火焰、电弧和火花，而电弧又可分为直流电弧（DCA）、低压交流电弧（ACA）和高压火花。现代激发源分为ICP、微波等离子体（microwave induced plasma，MIP）、激光等。

2. 分光系统

将样品中待测元素的激发态原子或离子所发射的特征光经分光后，得到按波长顺序排列的光谱。

（1）棱镜　棱镜的色散作用是基于构成棱镜的光学材料对不同波长的光具有不同的折射率。波长大的折射率小，波长小的折射率大。

（2）光栅　光栅摄谱仪应用衍射光栅作为色散元件，利用光在刻痕小反射面上的衍射和衍射光的干涉作用进行分光。图 12-3 为平面反射光栅。

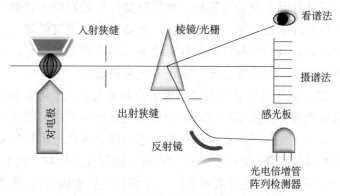

图 12-3　原子发射光谱分光系统示意图

3. 检测系统

将原子的发射光谱记录或检测下来，常用的检测方法有目视法、摄谱法和光电法 3 种。

（1）目视法 用眼睛来观察谱线强度的方法称为看谱法，这种方法仅适用于可见光波段，常用的仪器叫看谱镜。专用于钢铁及有色金属的半定量分析。

（2）摄谱法 把经过分光系统分光后得到的光照在感光板上，感光板感光、显影、定影、得到许多距离不等、黑度不同的光谱线。

（3）光电检测系统 利用 PMT 作光电转换元件，把代表谱线强度的光信号转化成电信号，把电信号转换为数字显示出来。目前 PMT 是光谱仪器中应用最多，其准确度较高（相对标准偏差为 1%）、检测速度快、线性响应范围宽。

二、样品制备

应用现代化仪器进行实际样品分析时，分析误差的主要来源往往不在仪器本身，而在于样品（特别是固体样品）的前处理过程。对于要求将固体样品处理成溶液形式的常规 AAS 法、等离子体发射光谱法（ICP-AES）以及等离子体质谱法（ICP-MS）来说，情况更是如此。另外，目前国内用于质量控制的标准样品种类十分有限，而且价格昂贵。许多分析测试实验室在进行样品分析时无法进行质量控制，分析结果往往取决于分析者的经验，这就对样品的准备工作提出了更高的要求。近年来，由于生命科学及环境科学的发展，元素形态分析变得越来越重要。经典或常规的样品处理方法，由于容易导致待测物形态的改变或破坏，已不能满足要求，许多新的样品处理技术便应运而生。不同的样品形态及待测成分要求不同的处理方法。本文只介绍液体和固体样品的处理。

（一）液体样品

液体样品的处理首先应防止外部污染，尽可能减少容器对待测组分的吸附以及溶液成分的变化。大多数情况下，酸化、冷藏乃至冷冻手段是必需的，同时应注意避光及避免暴露在空气中。有些液体样品含有悬浮颗粒，如果需要分析颗粒中的有效成分，必须进行溶解或消化；否则应将悬浮颗粒除去，包括过滤、离心分离以及沉降等。许多液体样品（如水样）可直接进样测定；有些样品（如尿样）经稀释后即可进样测定。有些样品因浓度低于仪器检测限，需进行预富集方能测定。富集方法包括蒸发、冷冻干燥、共沉淀、吸附、液-液萃取、固相萃取、离子交换以及泡沫吸附分离技术等。对于可形成氢化物的元素以及汞元素，可通过氢化物发生或冷蒸气技术达到提高灵敏度的目的。固相萃取在环境水样前处理方面应用较多。用于提取或富集金属有机形态的固相萃取技术包括液固萃取、微柱萃取、圆盘萃取以及固相微萃取。如样品中包含有碍于进样或分析测定的有机成分（如油类、脂肪、类脂等），则应进行适当的分离或消化。分离的主要手段为液-液萃取，而消化则包括常压酸消化以及微波消解等。海水或某些环境水样往往含有高浓度盐分。许多情况下需进行基体分离以减少基体效应或避免堵塞。分离方法包括萃取、离子交换、沉淀、氢化物发生或冷蒸气技术等。

（二）固体样品

对于固体样品，首先应使其达到均匀化。对于硬质样品，可采用碾压、研磨、粉化以及捣碎等手段；对于软质或半软质样品，则采用切碎、浸化、掺和、切割、绞碎以及均质化等。样品均匀化以后的进一步处理随分析要求而异。对于总量测定，必须使样品完全分解，分解方法包括溶解（利用水、酸或碱溶液）、干灰化后酸溶解、消解（常压消解、增压消解和微波辅助消解）以及高温熔融等。如不要求进行总量测定，可以对样品进行固-液萃取、煮沸、索氏萃取、声波降解萃取、加速溶剂萃取、微波辅助、溶剂萃取、超临界流体萃取以及亚临界水萃取等。如果需要进行元素形态分析，则不能使用酸消化法。为了从某些样品（如生物样品）中提取金属形态化合物，还可以采用碱抽提法或利用酶（脂肪酶和蛋白酶混合物）的催化水解作用。固体样品转化为液态后，根据不同分析方法及灵敏度的要求，可能还需要进一步处理，包括稀释、浓缩（富集）以及分离等。均匀化及粉末化以后的样品，可与水或其他溶剂充分混合，形成浆状物，然后直接进样，此法在电热蒸发原子吸收光谱法（ETV-AAS）以及基于 EvT 的 ICP-AES 和 ICP-MS 中已得到实际应用。

三、数据分析

（一）定性分析

定性分析方法由于各种元素原子结构不同，可以产生许多按一定波长顺序排列的谱线，组成一特征谱线，其波长是由每种元素的原子性质所决定的。可通过检查谱图上有无特征谱线的出现来确定该元素是否存在。光谱定性分析通常用比较法进行，即将样品与已知的待鉴定元素的化合物在相同条件下摄谱，将所得谱图进行比较，以确定某些元素是否存在。这种方法简便，但只适用于样品中指定组分的定性鉴定。

对复杂样品的测定，需用铁的光谱来进行比较（因为铁的光谱谱线较多，大约有 4600 条，其中每条谱线的波长都做了准确的测定）。一般将各个元素的灵敏线按波长位置标插在铁光谱图的相应位置上，预先制备"元素标准光谱图"。分析时，使摄取的谱图上的铁谱线与标准光谱图上的铁光谱谱线重合，如果样品中某未知元素的谱线与标准光谱图中已标明的某元素谱线出现的位置相重合，则提示该元素可能存在。

需指出的是，在某样品的光谱中没有某种元素的谱线，并不表示在此样品中该元素绝对不存在，而仅仅表示该元素的含量低于检测方法的灵敏度。光谱分析的灵敏度除了取决于元素的性质外，还与所用的光源、摄谱仪、样品引入分析间隙的方法及其他实验条件等有关。必须注意，在实际工作中，灵敏线并非固定不变，它和所采用的光源、感光板、摄谱仪的型号等条件有关，因此对灵敏线的选择应考虑到具体条件。

（二）定量分析

定量分析是根据样品中被测元素的谱线强度来确定其元素含量的方法。元素的谱线强度与该元素在试样中浓度 c 的相互关系可用下述经验式表示：

$$I=ac^b \qquad (12\text{-}2)$$

式中，I——被测元素谱线强度；

$\quad\quad a$——与样品的蒸发、激发过程和样品组成等有关的一个参数；

$\quad\quad c$——被测元素的浓度；

$\quad\quad b$——自吸系数，其数值与谱线的自吸有关（自吸是指原子在高温发射某一波长的辐射，被处在边缘低温状态的同种原子所吸收的现象，该现象影响谱线强度）。在一定条件下、一定的待测元素含量范围内，a 和 b 是常数。由此可见，参数 a 和 b 不仅与被测元素浓度有关，而且与实验条件有关，只有当摄谱条件一定、被测元素在一定浓度范围，谱线的强度与元素浓度才呈线性关系。

由于绝对强度法测定谱线黑度（待测样品的发射光谱分析，经摄谱后，光谱感光板上所摄影像黑色谱线的颜色深浅程度。谱线黑度大小与试样中待测元素浓度或含量有关）受试样组成、蒸发和激发等因素影响较大，因此分析结果误差会较大，为补偿其不足，在摄谱定量分析中还常用相对强度法。相对强度法又称内标法。首先在被测元素的谱线中选一条线作为分析线，再选择其他元素的一条谱线为内标线，分析线和内标线组成分析线对。所选内标线的元素为内标元素，内标元素可以是样品的基体元素，也可以是定量加入的样品中不存在的元素。为了正确地做出工作曲线，应用的标准样品不得少于 3 个。正因为如此，光谱定量分析常称为三标准试样法。此外，每一标准试样和分析试样都应摄谱多次（一般为 3 次），然后取其平均值。

（三）AES 分析的干扰与处理

AES 分析的干扰与 AAS 法有些相似，除光谱干扰外，主要是非光谱干扰。大量实验证明，在样品中待测元素含量一定时，谱线的绝对和相对强度不仅与样品的组成、蒸发、原子化、激发等摄谱条件有关，而且与样品中其他共存元素有关。这种其他元素的存在影响被测元素谱线强度的干扰作用称为"第三"元素影响，又称为基体效应，样品组成越复杂，基体效应越明显，分析误差越大。主要原因是在激发过程中，样品组成的变化引起弧焰温度和电子压力改变，即影响激发温度。为减小样品组成对弧焰温度的影响，常向样品和标准样品中加入经过选择的辅助物质，如光谱缓冲剂或光谱载体，以消除或减少基体干扰。加入光谱缓冲剂不仅稀释样品，还能控制样品在弧焰中蒸发、激发的温度和降低背景影响。光谱缓冲剂纯度要高，谱线简单。按所起的作用不同，光谱缓冲剂分为光谱稳定剂、稀释剂、助熔剂、增感剂和抑制剂等。光谱载体的作用是改变样品中被测元素的熔点、沸点，从而改变各元素的蒸发状况，起到增强被测元素谱线强度或抑制干扰元素谱线强度等作用，提高分析的灵敏度。光谱缓冲剂和光谱载体这两个术语是相对而言的，没有严格界限，有的物质兼具两方面作用。对 ICP 光源，由于样品组成影响很小，一般不用光载体或光谱缓冲剂。

第三节　氨基酸分析技术

一、技术原理和仪器的基本构造

(一)技术原理

氨基酸的定性和定量分析技术在生命科学、食品科学、临床医学以及化学轻工等研究领域中具有广泛应用，是目前十分重要的分析技术之一。在医学上，可以通过氨基酸分析技术检测体内氨基酸代谢是否异常，从而阐述氨基酸与疾病的关系。在饲料上，可检测饲料中氨基酸成分比例以及含量高低以判定其质量高低。在食品、农业上，也可通过氨基酸含量测定从而辨别农产品及食品真伪。

多年来，氨基酸的分析技术不断发展和完善。1958 年，Moore 等首次提出采用阳离子交换色谱-茚三酮柱后衍生法来分析蛋白质中的氨基酸，实现了氨基酸的自动分析。随后几十年，氨基酸分析的速度、灵敏度、自动化程度在很大程度上均得到提升。在 20 世纪 80 年代中后期，柱前衍生方法飞速发展，逐渐占据主导地位。随后电子计算机技术和现代分析技术的不断发展，衍生方法及柱载体化学的不断完善，新的氨基酸分析方法也不断被研究出来。目前，氨基酸分析方法主要有化学分析法、光谱分析法、电化学分析法、毛细管电泳法以及色谱分析法等，色谱法是氨基酸分析最有效和最常用的方法。近年来超高效液相色谱法、高效液相色谱与质谱、核磁联用等技术也在迅速发展，大大提高了氨基酸分析的准确性。各种氨基酸分析方法及特点见表 12-1。

表 12-1　氨基酸分析方法及特点

方法		特点
化学分析法	甲醛滴定法	优点：简单易行，成本低 缺点：准确度较差，滴定终点难以确定
	凯氏定氮法	优点：准确度较高 缺点：操作步骤复杂、测定周期长、无法识别氮源
光谱分析法	紫外分光光度法	优点：简单易行 缺点：线性范围略小，仅有一个数量级
	荧光分光光度法	优点：灵敏度高、准确性强 缺点：可能存在衍生化时间长、衍生化产物稳定性较差且组分较为复杂等问题，选择合适衍生化试剂即可解决
电化学分析法		优点：操作简单、灵敏度高、无放射性、无污染 缺点：电化学反应的可逆性较差且背景干扰较大、较少氨基酸种类具有直接电化学活性、非化学活性的氨基酸需要衍生化
毛细管电泳法		优点：分离效率高且分析迅速、无须梯度洗脱、消耗少量溶剂、适用于氨基酸的手性分离 缺点：较多影响因素（如温度、pH、缓冲液浓度等）均会对氨基酸分离产生影响
色谱分析法	气相色谱法	优点：快速、灵敏、高效、易于与质谱联用 缺点：衍生化过程易产生干扰成分
	高效液相色谱法	优点：灵敏、迅速、应用范围广、易于自动化 缺点：分析成本高、分析时间比一般气相色谱长

由于大多数氨基酸在紫外可见光区吸收弱或没有荧光响应,因此使用紫外或荧光检测器的方法时,必须要进行衍生化反应,使氨基酸接上发光或发色基团,转化为具有紫外可见吸收或能产生荧光的物质才能检测,因此氨基酸分析法又可分为非衍生化方法和衍生化方法两类,衍生化方法又根据衍生前后可分为柱前衍生和柱后衍生。氨基酸液相色谱分析方法按是否衍生细分,见表12-2。

表 12-2　液相色谱分析方法分类

分类		方法	检测器
衍生化	柱前衍生	反相液相色谱法	紫外检测器、荧光检测器和电喷雾电离质谱检测器
	柱后衍生	阳离子交换色谱法	紫外检测器、荧光检测器
非衍生化		阴离子交换色谱法	积分脉冲安培检测器

目前,高效液相色谱法是氨基酸分析中应用最为广泛的方法。高效液相色谱法含有反相和离子交换两种模式。接下来就详细介绍使用液相色谱法分析氨基酸的基本原理。

1. 高效阳离子交换色谱法

生物体内组成蛋白质的常见氨基酸有 20 种,除甘氨酸外都含有一个不对称碳原子（α 碳原子）,所有氨基酸可写成如下通式:

$$\begin{array}{c} \text{COOH} \\ | \\ H_2N-C-H \\ | \\ R \end{array}$$

由于氨基酸分子中同时存在氨基（—NH$_2$）和羧基（—COOH）,故是两性电解质。其在溶液中具有等电点（isoelectric point, pI）,即氨基酸呈电中性时的溶液 pH。在等电点 pH 时,氨基酸在电场中既不向正极也不向负极移动,即处于等电兼性离子（极少数为中性分子）状态,氨基酸在溶液中存在的平衡见图 12-4:

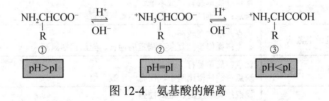

图 12-4　氨基酸的解离

当溶液的 pH 高于氨基酸的 pI 时,此时溶液中阴离子浓度较高,即存在形式①>③;当溶液的 pH 低于氨基酸的 pI 时,此时溶液中阳离子浓度较高,存在形式③>①;在等电点时,两性离子②的浓度最大,此时氨基酸的溶解度最小。根据侧链基团的不同,氨基酸可分为酸性氨基酸、中性氨基酸以及碱性氨基酸。氨基酸的分类见表12-3。

表 12-3　氨基酸的分类

分类	氨基酸名称	等电点
酸性氨基酸	天冬氨酸、谷氨酸	2.8～3.2

续表

分类	氨基酸名称	等电点
中性氨基酸	甘氨酸、丙氨酸、缬氨酸、亮氨酸、异亮氨酸、苏氨酸、丝氨酸（以上 7 种又称脂肪族氨基酸）、苯丙氨酸、酪氨酸、色氨酸（以上 3 种又称芳香族氨基酸）、甲硫氨酸、胱氨酸、半胱氨酸（以上 3 种为含硫氨基酸）、脯氨酸、羟脯氨酸（以上 2 种属亚氨基酸类）	5.0～6.3
碱性氨基酸	赖氨酸、羟赖氨酸、组氨酸、精氨酸	7.6～10.8

不同氨基酸的等电点不同，且此时氨基酸由于静电作用分子间容易聚集成大分子沉淀析出，溶解度最小。利用这个性质，通过调节氨基酸混合液的 pH 可以实现不同氨基酸的分离和纯化。

高效阳离子交换色谱法（high performance cation exchange chromatography，HPCEC）主要是氨基酸在阳离子交换树脂柱上进行离子交换，随后分离的过程。最常用的阳离子交换树脂是在有机聚合物分子上连接磺酸基官能团，如—SO_3H、—SO_3Na 等。离子交换过程可用反应方程式表示，见图 12-5。

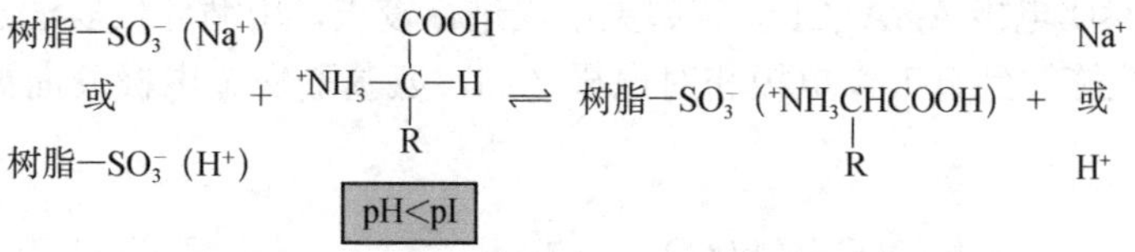

图 12-5　阳离子交换色谱法离子交换过程

阳离子交换树脂层析柱主要依赖氨基酸混合液中各种氨基酸的相对浓度（离子强度），以及它们与树脂亲和力的大小来分离混合氨基酸。调节氨基酸混合液 pH2.2，然后用 pH3.25 柠檬酸钠或柠檬酸锂等缓冲液平衡树脂柱后加入氨基酸样品进行分离。在低于 pH2.2 的条件下，此时氨基酸都为阳离子③状态，氨基酸即可取代树脂上的钠离子或氢离子，并借静电引力结合到磺酸基团上去，但结合强度各不相同，静电吸引大小次序为碱性氨基酸＞芳香族氨基酸＞中性氨基酸＞酸性及羟基氨基酸。因此碱性氨基酸首先被树脂吸附，留在树脂柱上端。而酸性氨基酸被吸附能力较弱，因此易被碱性氨基酸及中性氨基酸替换。随着流动相在离子交换柱上流动，氨基酸不断地吸附、解吸附，树脂柱由上到下依次为酸性及带羟基氨基酸、中性氨基酸、芳香族氨基酸和碱性氨基酸。同时，相对浓度大则有利于与交换树脂上的 Na^+ 和 H^+ 竞争，即向着图 12-5 反应式右方转换。当提高流动相 pH 时，α-羧基将呈离子态即向两性离子②状态转化，此时吸附力减弱，氨基酸就从离子交换柱上洗脱下来，从而达到分离混合氨基酸的目的。它们在强酸性阳离子交换树脂柱上流出的顺序依次是酸性及带羟基氨基酸、中性氨基酸、芳香族氨基酸和碱性氨基酸。

此外，影响氨基酸分离的因素也包括缓冲液组成、pH、离子强度以及色谱柱的温度等，所以只要进行适当调节就可以有选择地把吸附在树脂上的氨基酸逐步洗脱下来，分离后的氨基酸选择合适的衍生化方法后进行检测。

2. 高效阴离子交换色谱法

阴离子交换色谱法与阳离子交换色谱法相似，最常用的阴离子交换树脂主要带碱性可解离基团，如—NR_3Cl、—NR_3OH 等。在高 pH（pH＞12）的条件下，氨基酸混合溶液中的氨基酸都可以转化成阴离子形式，氨基酸与阴离子交换树脂之间的静电力的大小次序是：酸性氨基酸＞中性氨基酸＞碱性氨基酸。因此，氨基酸在阴离子交换树脂柱上的洗脱顺序为碱性氨基酸、中性氨基酸和酸性氨基酸。离子交换过程可用图 12-6 反应方程式表示：

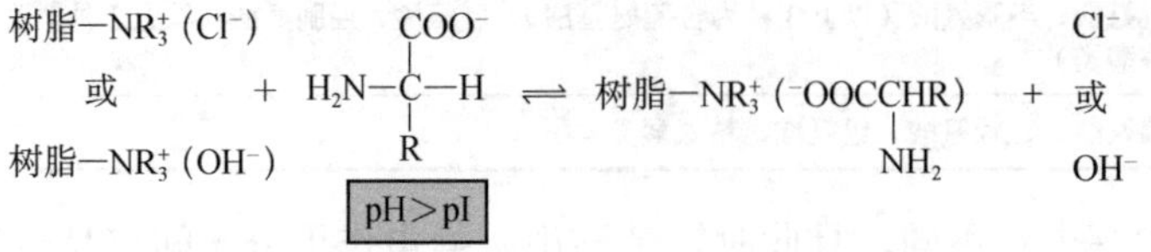

图 12-6　阴离子交换色谱法离子交换过程

高效阴离子交换色谱法分离氨基酸主要与积分脉冲安培检测器联用（high performance anion exchange chromatography-integral pulse amperometric detection，HPAEC-IPAD），无须衍生化，可直接进行分离检测，检出限可达 pmol～fmol 级。积分脉冲安培检测法是由 Welch 等人于 1989 年率先提出，是一种新形式的脉冲安培检测法。它的检测池由三个电极组成，通常为贵金属（金、铂）工作电极、Ag/AgCl（或玻璃-Ag/AgCl）参比电极和钛对电极。在溶液 pH12～13 的情况下，用参比电极 Ag/AgCl 或玻璃氢电极进行校正，用循环伏安法选择最佳电位，将经实验选择的电位施加到金工作电极和对电极之间，氨基酸在金电极表面被氧化，反应如图 12-7 所示：

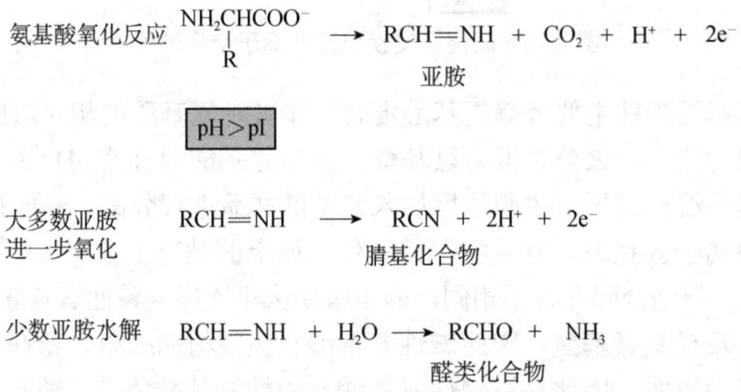

图 12-7　积分脉冲安培检测法氨基酸反应过程

同时金电极本身会形成表面氧化层且氨基酸氧化产物附着于金电极表面。此时再施加还原电位使得金电极还原，而待测氨基酸的氧化是不可逆的，在两电极之间产生电流。通过对某时间段的电流进行积分，获得被测物质的响应值，从而实现对氨基酸的检测。

3. 柱前衍生反相高效液相色谱法

近年来，柱前衍生反相高效液相色谱法（reversed-phase high-performance liquid chromatography，RP-HPLC）分离技术发展迅速，它是先用衍生试剂在柱前将氨基酸转化为适于反相色谱分离并能被灵敏检测的衍生物，然后再进行色谱分离的一种衍生操作相对简单、分析时间短、检测分辨率和灵敏度高、适用性广的氨基酸分析方法。

衍生试剂的选择对于柱前衍生 RP-HPLC 法十分重要，选择标准是：衍生试剂能与各氨基酸定量反应，且每种氨基酸只生成一种具有一定稳定性的衍生化合物，不产生干扰物或容易被排除。氨基酸与相应衍生化试剂进行柱前衍生后经过 C_{18}、C_8 或 CN 柱分离，常采用强极性溶剂，如水、乙氰、甲醇以及 PBS 作为流动相，检测器使用紫外、荧光或电化学检测器。采用不同衍生剂而分为不同的衍生化方法（表 12-4）。

表 12-4　柱前衍生反相高效液相色谱衍生方法

衍生试剂	简称	结构	检测器	特点
邻苯二甲醛	OPA		荧光	使用最广泛，不与二级氨基酸反应，试剂无干扰，步骤简单，反应速度快，灵敏度高，易于实现自动化操作
9-氯甲酸芴甲酯	FMOC-Cl		荧光	常与 OPA 联用，分辨率高和分离速度快，没有内源性干扰，荧光衍生物稳定性强，衍生产物采用戊烷萃取
异硫氰酸苯酯	PITC		紫外	反应速度快，灵敏度较高，检出限低；但过量加入的 PITC 具有挥发性且毒性大，需真空干燥装置除去过量的 PITC
2,4-二硝基氟苯	DNFB		紫外	衍生产物稳定性强，紫外检测灵敏度高，结果准确性和重复性好，分离时间较短，操作简便，成本低廉
丹磺酰氯	Dansyl-Cl		荧光、紫外	是目前定量测定胱氨酸的首选方法，须避光反应，衍生物较稳定；但衍生反应活性和重复性较差，反应速度较慢
6-氨基喹啉基-N-羟基琥珀酰亚胺基氨基甲酸酯	AQC		荧光、紫外	衍生速度快，紫外检测灵敏度高，检出限低且衍生物稳定，试剂水解物干扰小，重现性好，适于复杂样品分析；但若样品中含有羟基脯氨酸和羟基赖氨酸会产生干扰

　　以上 3 种方法是目前自动化程度高，使用较为广泛的氨基酸分析方法。①氨基酸分析仪通常采用的是 HPCEC-茚三酮柱后衍生法，是最为经典的氨基酸测定方法。虽然仪器价格较贵，但能测定大多数种类的氨基酸及其同系物，且方便快速、重现性好、结果稳定性好、精确度较高，是受国家标准和国际认可的最可靠的方法。②氨基酸分析仪也可采用 HPAEC-IPAD 法直接分离和检测氨基酸，操作简便、灵敏度高、选择性好，但是稳定性和重现性较差且广泛度相较于其他两种方法不高。③反相模式采用通用型高效液相色谱梯度系统。虽然近年来，柱前衍生 RP-HPLC 法在氨基酸分析方法中迅速发展且应用十分广泛，但其分析结果精密度和

准确度与柱后衍生法相比较低。随着对氨基酸分析结果精确度的日益重视，RP-HPLC法分析氨基酸已有逐渐被取代的趋势，目前国际以及国内氨基酸分析标准普遍采用氨基酸自动分析仪茚三酮柱后衍生方法。

（二）仪器的基本构造

氨基酸分析仪是在离子交换色谱的原理指导下制成的，是一种专门用来分析氨基酸的液相色谱仪，其结构一般是由液体流路系统、自动进样系统、色谱分离系统、检测系统、控制和数据处理系统组成，普遍应用的有日立（Hitachi）、赛卡姆（Sykam）、百康（Biochrom）、曼默博尔（MembraPure）等品牌氨基酸自动分析仪。接下来以日立 LA8080 型氨基酸自动分析仪为例来介绍。

1. 液体流路系统

该系统包括缓冲液及样品的引进直至与茚三酮试剂反应的整个流程，主要分为缓冲液流路与茚三酮试剂流路。

缓冲液流路整个过程如下：缓冲液→真空在线脱气机→电磁阀→混合器→输液泵→进样阀→色谱柱→减压柱流出阀→混合器→反应器→分光光度计→测量阀→流出。

茚三酮流路：氮气脱气后的茚三酮溶液→电磁阀→输液泵→混合器→反应器→分光光度计→测量阀→流出。

液体流路系统涉及的部件主要包括脱气装置、氮气供给装置、缓冲液试剂盒、电磁阀、输液泵等部分。氨基酸自动分析仪流程图见图 12-8。

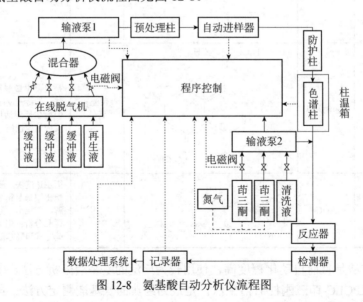

图 12-8　氨基酸自动分析仪流程图

（1）脱气装置　流动相在进入色谱柱前必须先进入脱气装置除去溶解的气体，否则部分气体可能会氧化部分氨基酸样品、与色谱柱发生反应以及干扰检测器的检测等。产生的气泡也会影响输液泵的工作、增加基线噪声、降低分析灵敏度等。因而氨基酸分析仪采用真空在线脱气装置，即把真空脱气装置及膜过滤器串接到贮液系统中，以在进入输液泵前完成缓冲液的连续真空脱气，适用于多元溶剂体系。也可采用鼓泡法，即把惰性气体吹入缓冲液中，通过惰性气体在液体中溶解度比空气低的特性替换试剂中的空气。

（2）氮气供给装置　氨基酸分析仪还需配备氮气供给装置，而高纯氮气（含 N_2 量 99.999%）需用户自备。其作用主要有以下几点：对茚三酮试剂和缓冲液脱气；给茚三酮试剂和缓冲液贮液瓶加压，便于输液泵吸取液体以及防止试剂倒吸；吹干样品贮存管等。

（3）缓冲液试剂盒　氨基酸分析仪的缓冲液主要是用以调节氨基酸样品的 pH，在缓冲液试剂盒中贮存。缓冲液的 pH 变化对氨基酸分析效率及保留时间均有影响。若 pH 过高，氨基酸出峰过早且峰形尖锐；若 pH 过低，则氨基酸峰出峰过晚且峰形低而宽。通常采用柠檬酸盐洗脱氨基酸，一水合柠檬酸结构式如下：

可配制成 3 种不同 pH 和不同离子强度的柠檬酸缓冲液以分离不同氨基酸，见表 12-5。

表 12-5　不同 pH 的柠檬酸缓冲液离子强度及分离氨基酸种类

pH	离子强度（mol/kg）	分离氨基酸种类
2.5~3.5	0.2	酸性氨基酸
3.8~4.5	0.2	中性氨基酸
5.0~6.5	0.35~1.2	碱性氨基酸

目前许多仪器仍选择这种分段洗脱法，也有采用连续 pH 梯度法（即逐步改变缓冲液 pH）进行洗脱。

氨基酸分析仪可分为两种分析系统，一是蛋白水解分析系统（钠盐系统）分析蛋白质水解液，采用柠檬酸钠缓冲液，只需几十分钟即可分离结束；另一分析系统是游离氨基酸分析系统（锂盐系统）分析各种游离氨基酸，采用柠檬酸锂缓冲液，可分离具有大约 40 种成分的氨基酸，但分离时间较长。混合使用两种缓冲液系统可大大减少分析时间。

（4）电磁阀　电磁阀的作用是控制各种试剂的开关，包括氮气的鼓入也可由电磁阀控制。原理是电磁线圈通电后产生磁力吸引阀体，阀体克服弹簧压力移动后挡住或露出排液孔。

（5）输液泵　输液泵是氨基酸分析仪必不可少的部件之一，由于色谱柱内阻力大，因此需要有输液泵给予较高的柱前压，将缓冲液和茚三酮溶液以一定流速输送至相应部件，通常采用往复式柱塞泵，简易示意图见图 12-9。

在工作时电动机驱动凸轮（有时采用偏心轮）转动，使得活塞往复运动，柱塞向右运动时液体排出，向左运动时液体吸入。在活塞和单向阀密闭良好的情况下，活塞往复一次，排出的液体体积一定，因此往复式柱塞泵属于恒容体积泵，也叫恒流泵。通过控制电动机的转速，即可改变活塞往复频率，从而控制泵的流速，但其缺点是输液脉动性较大。按泵的联结方式可分为并列式与串联式，通常采用串联式。

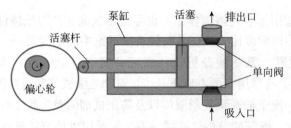

图 12-9　往复式柱塞泵示意图

（6）梯度洗脱装置　梯度洗脱装置可分为高压与低压梯度两种洗脱装置，二者区别及特点见表 12-6。

表 12-6　高压和低压梯度洗脱的区别及特点

方式	高压梯度洗脱	低压梯度洗脱
区别	先增压再混合	先混合再增压
优点	混合精度高	成本低
缺点	成本高，需两个输液泵	易产生气泡
适用体系	二元体系	二元或多元体系

氨基酸自动分析仪器一般采用低压梯度洗脱装置，在常压下按照预先设定的比例通过电磁阀控制多种缓冲液的开关，经过在线脱气装置后在混合器内混合，然后输液泵增压将其输入色谱柱。

2. 自动进样系统

氨基酸分析仪的自动进样系统是将样品加入色谱柱的装置，主要包括样品架、进样器、进样阀等部分。待测样品置于样品架上，一次可放置几十至上百个样品，加样器即吸取一定量的样品，与缓冲液混合输入色谱柱进行分析。该过程按照预定程序系统自动完成，也可手动操作完成，包括：采样、进样、清洗、吹干、二次进样等步骤。部分需冷藏的样品如含有天冬酰胺或谷氨酰胺的样品，还需配备冷却架。

3. 色谱分离系统

（1）色谱柱　色谱柱是氨基酸分析仪最为核心的部分，其作用是分离样品中的各种氨基酸。通常采用磺酸盐离子交换树脂，二乙烯苯作为交联剂将磺化型苯乙烯连贯起来，从而合成磺化型聚苯乙烯阳离子交换树脂。树脂的粒径大小、交联度不同其分离效果也不同。采用粒径较小、高交联度的树脂，分离氨基酸效果较好，但粒径过细会增加色谱柱的阻力。

不同氨基酸分析仪的色谱柱各不相同。由于低 pH 的缓冲溶液中会产生氨，而氨在分析时会使基线变动且干扰碱性氨基酸的分析结果，因此需去氨以避免干扰。早期的氨基酸分析仪采用双柱，短柱用于碱性氨基酸的分离，长柱用于酸性和中性氨基酸的分离，将碱性氨基酸分开检测使其不受氨的干扰。而目前大多采用单柱分离，可以节约样品用量，减少误差，降低仪器的复杂性。但在进入色谱柱分离前，需进入预处理柱和防护柱，具体顺序设置见图 12-8。预处理柱主要除去缓冲液中极小粒子及氨，预处理柱内的氨再通过再生液（氢氧化钠）再生色谱柱时清除。而防护柱主要是捕获能被色谱柱吸附却无法被洗脱的成分，以延长色谱柱寿命，其柱内填料与色谱柱相同，长度 1～2cm 即可。

（2）柱温箱　柱温箱的作用是控制色谱柱的温度，准确控制柱温可使保留时间相对恒定。一般情况下升高柱温可增加柱效，缩短分析时间，提高分离效率。蛋白水解液的分析柱温是 50～65℃，生理液的分析柱温是 40～67℃。

4. 检测系统

氨基酸分析仪的检测系统包括反应器、检测器和记录器。

（1）反应器　色谱柱分离的各种氨基酸成分在反应元件中与茚三酮试剂反应。两种茚三酮试剂液体在输送前立即混合，由输液泵 2 输送茚三酮试剂与氨基酸混合，反应单元加热至 100℃ 以上进行衍生反应。加热时间随温度的增高而缩短，由几分钟至几十秒。

1）与 α-氨基酸反应。当 α-氨基酸与茚三酮反应时，氨基酸被氧化脱去氨基而生成一分子醛，一分子二氧化碳和一分子氨，然后所生成的氨和还原茚三酮再和另一分子茚三酮反应产生一种紫色络合物即鲁曼氏紫，反应方程式如下：

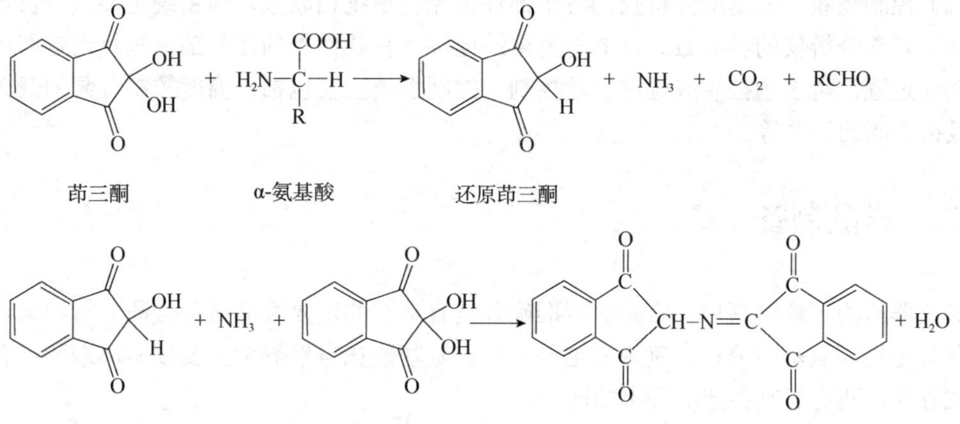

図 12-10　茚三酮与 α-氨基酸反应方程式

2）与亚氨基酸反应。与 α-氨基酸不同，茚三酮与亚氨基酸（脯氨酸和羟脯氨酸）反应生成的是亮黄色化合物，反应方程式如下：

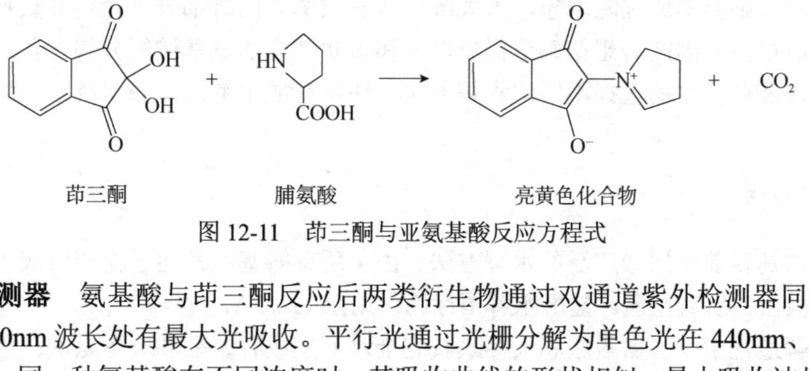

図 12-11　茚三酮与亚氨基酸反应方程式

（2）检测器　氨基酸与茚三酮反应后两类衍生物通过双通道紫外检测器同步检测，在 570nm 或 440nm 波长处有最大光吸收。平行光通过光栅分解为单色光在 440nm、570nm 波长处进行检测。同一种氨基酸在不同浓度时，其吸收曲线的形状相似、最大吸收波长 λ_{max} 不变；

而不同氨基酸的吸收曲线形状和 λ_{max} 则不同。分光光度计测出各氨基酸组分吸光度后，通过光电转换元件将光信号转变为电信号。经放大器放大后送到记录器记录和数据处理系统进行积分计算即可对氨基酸定性定量。也有部分氨基酸分析仪采用荧光检测器，采用衍生试剂多为 OPA，灵敏度较高，但 OPA 只能与一级氨基酸发生衍生化反应，生成具有荧光的异吲哚衍生物。荧光检测器的激发波长为 340nm，荧光波长为 455nm。

（3）记录器 从紫外-可见光度计输出的信号采用记录仪进行记录，检测的各氨基酸组分的吸收峰绘成高斯分布色谱图，可打印或贮存于磁盘中。通过对记录的色谱图进行分析即可对氨基酸样品定性定量。

5. 控制和数据处理系统

（1）数据处理系统 目前微处理器和色谱工作站已被广泛应用于色谱分析数据的记录和处理。计算机上色谱工作站对记录下来的各氨基酸峰进行积分，并快速由色谱图算出保留时间、响应值、校正因子、组分含量等数据，绘制成结果表后可直接连同色谱图一同保存并打印。这种数据处理系统是一种专为色谱数据处理而设计的单通道积分运算器。

（2）控制系统 氨基酸分析仪的各个部件由控制系统相联系，该系统主要通过仪器控制器控制氨基酸分析仪的各参数。仪器与色谱站连接后在软件上的控制部分进行设定即可控制其自动化过程，可手动控制或程序自动控制。控制系统主要包括：温度控制、泵的开关与流速以及磁力阀的开关等。

二、样品制备

对仪器结构了解清晰后，若想获得准确且具有良好的重复性的氨基酸的分析结果，样品的制备也是提高氨基酸分析准确率的重要一环。氨基酸在自然界中主要以游离态和结合态两种形式存在，两者的制备方法各不相同。

（一）结合态氨基酸

以蛋白质或多肽形式结合的氨基酸为结合态氨基酸，可通过水解处理使肽链断裂，形成单个氨基酸，一般为 α-氨基酸。蛋白质含有较多侧链各异的氨基酸残基，若侧链上连接的是脂肪族氨基酸，则会形成位阻现象，大大降低水解效率。同时部分不稳定的氨基酸水解时易被破坏，造成损失。因此若想精确分析蛋白质和多肽结合的氨基酸组分和含量，需要根据氨基酸的特性以及分析目的选择不同的水解方法，通常有酸水解法、碱水解法、酶水解法以及微波消解法。

1. 酸水解法

酸水解法是目前使用最广泛的水解方法。由于所有氨基酸都溶于盐酸溶液，因此该方法适用于大多数蛋白质氨基酸。盐酸水解国标流程见图 12-12A。

在酸水解过程中，谷氨酰胺和天冬酰胺完全水解生成谷氨酸和天冬氨酸；色氨酸几乎完全被破坏，色氨酸与含醛基的化合物反应分解为 NH_3 和 CO_2 同时生成腐黑质使得水解液呈黑

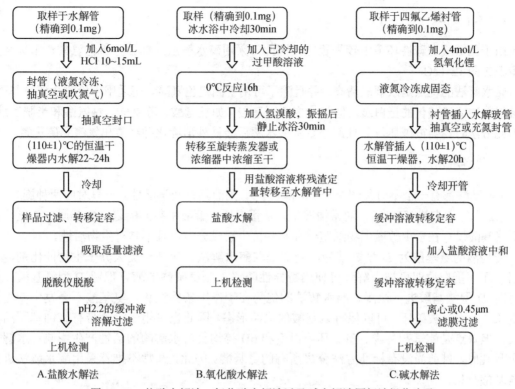

图 12-12 盐酸水解法、氧化酸水解法以及碱水解法国标法操作步骤

色，还会使水解时用的安瓿瓶难以清洗，因此色氨酸最好采用其他水解方法进行水解；含硫氨基酸易受氧气和多种化学试剂的氧化，有一定的损失率，因此需要在水解前除尽水解管中的氧并纯化水解试剂；丝氨酸、苏氨酸和酪氨酸可被破坏约 5%~10%；另外，盐酸溶液中的重金属可作为接触剂使氨基酸被破坏，故应选择高纯度的盐酸来水解样品。该过程中大多数氨基酸都产生了或多或少的损失。若对氨基酸分析的精确度要求不高，比如仅需要从全局层面评估某一来源的氨基酸组成，可采用酸水解法分析除色氨酸之外的氨基酸。若需要较高精确度，则可加入保护剂或根据分析目的对水解步骤进行改进，以降低氨基酸的损失率。

（1）氧化酸水解法　由于含硫氨酸（胱氨酸、半胱氨酸、甲硫氨酸）在酸水解过程中会产生多级氧化产物，造成损失，因此采用氧化酸水解法进行水解：在盐酸水解前先使用过甲酸将含硫氨基酸氧化（注意过甲酸溶液不稳定，需现配现用），胱氨酸、半胱氨酸氧化为半胱磺酸，甲硫氨酸氧化为甲硫氨酸砜。随后再进行酸水解，从而对含硫氨基酸进行定量分析。国标具体水解步骤见图 12-12B。

（2）加保护剂　水解时加入易氧化的巯基乙酸和易卤化的苯酚可防止甲硫氨酸和酪氨酸被破坏，从而增加酪氨酸和甲硫氨酸的回收率；色氨酸在酸水解过程中被破坏主要是胱氨酸引起的降解性氧化，可在样品中加入巯基乙酸作为保护剂；胱氨酸水解时可在样品中加入二硫苏糖醇或巯基乙醇等保护剂，可防止发生副反应，使胱氨酸得以定量回收。

　　酸水解法的优点是盐酸试剂价格低廉易得；能够彻底水解蛋白质，不产生旋光异构体；盐酸易挥发，可以通过加热的方法蒸发去除盐酸，使水解产物浓缩；该方法同样适用于小质量样品。缺点是水解时间长、能量消耗大、步骤烦琐、易造成试验误差。

2. 碱水解法

由于色氨酸在碱性环境中较为稳定，因此常采用碱水解法来单独分析色氨酸，国标法具体步骤见图 12-12C。

碱水解法的优点是水解液清亮，并且除了可用于测定色氨酸，还适用于检测含磷氨基酸、磷酸组氨酸或磷酸化的蛋白质。但其他多数氨基酸（如丝氨酸、苏氨酸、精氨酸和半胱氨酸）使用此方法时均会被破坏，并且部分氨基酸水解后会被外消旋化并释放出氨气和硫化氢。

3. 酶水解法

α-氨基酸都有一个不对称碳原子（α 碳原子），因而具有光学活性。一般对应两种旋光性：左旋（L 型）和右旋（D 型）。通常情况下，从蛋白质水解液中得到的氨基酸都属于 L 型。而 D 型氨基酸仅存在于少数微生物细胞壁和某些抗生素成分中，且不具有生物活性。

若检测的氨基酸为 D 型氨基酸，则需采取酶水解法。酶是一类大分子生物催化剂，在常温常压下蛋白质即可被水解。可使用特异性降解 L 型氨基酸的酶，保留 D 型氨基酸，从而可对 D 型氨基酸进行检测。酶水解法的优势在于作用条件温和，氨基酸不会发生旋光异构现象，也不会被破坏，可以保持氨基酸的原始形态，因此也可用于检测带有修饰基团的蛋白质。但缺点是酶试剂种类、量、环境温度和 pH 等均会对水解酶的活性产生影响；水解不完全且耗时，目前尚没有标准方法分离所有的氨基酸。因此，通常不推荐采用酶水解法进行全氨基酸分析。

4. 微波消解法

近年来发展的微波消解法可用于氨基酸的水解。它的反应原理是，微波中的磁场以数亿次甚至数十亿次每秒的频率转换方向，在这种交变磁场的作用下，极性电介质分子取向也随之快速变换，分子振荡之时相互碰撞摩擦产生热量，密闭的试样容器产生高温高压从而加速氨基酸的水解，此过程中不改变氨基酸的化学形式。

微波消解法大幅降低了样品制备时间。同时，也可通过添加保护剂（如苯酚，巯基乙酸）提高部分氨基酸的产率。因此具有操作简便、耗时短、溶剂用量少、提取成本低等特点，适合大批量的样品前处理。

（二）游离氨基酸

还有部分氨基酸分析主要是测定饲料、食品、生物材料等中的游离氨基酸的组分，比如生理体液分析，测定血液、干血斑、尿等中的游离氨基酸以研究有机体体内氨基酸代谢情况从而进行医学临床诊断。这一类型样品无须进行水解，但必须将游离氨基酸从中提取出来，并除去干扰测定的一些物质，比如蛋白和金属离子等，因此游离氨基酸的样品制备须进行萃取、脱盐和去蛋白等处理。

1. 萃取

样品不同萃取条件也不同，根据具体情况决定萃取液的种类（水、酸或醇）、萃取液的浓度、萃取温度以及萃取时间等。

2. 脱盐

通常采用化学沉淀法：在样品溶液加入乙二胺四乙酸（EDTA），与多种金属离子结合沉淀后离心即可去除。样品溶液中的总离子强度不应大于 0.5mol/kg。

3. 去蛋白

用于氨基酸分析的除蛋白方法有化学沉淀法、超滤法、高速离心法和透析法等。常用的沉淀剂有 13-磺基水杨酸、三氯乙酸、三氧乙酸、高氯酸、苦味酸和乙腈等试剂，但 13-磺基水杨酸的除蛋白效果最为突出且使用最为广泛。该步骤为：将 13-磺基水杨酸与样品混合生成沉淀后，转速 10 000r/min 以上离心 15min 分离沉淀以除去蛋白。使用样品稀释液稀释上清液即可上机测定。

另外，需要注意人和动物的尿和血清样品中可能由于使用药物而携带一些不被新陈代谢的物质（如抗生素），这些物质可能会与衍生化试剂反应对氨基酸的分析产生干扰。而食品或饲料中的氨基酸样品中较高浓度的类脂物、糖和核酸等基体物质也会严重干扰氨基酸的分析。最终的样品溶液应无色或仅为淡黄色，色深样品必须加入脱色剂进行脱色。

三、数据分析

氨基酸分析仪实际上就是改造后的专门分析氨基酸的液相色谱仪，因此，其数据分析过程与 HPLC 通用。进行数据分析的硬件是微型计算机，软件是色谱工作站。氨基酸分析仪通过色谱数据采集卡和色谱仪器控制卡和计算机相连接，即可控制色谱仪器、进行数据采集运算。不同品牌的仪器配置的软件各不相同：日立 LA8080 选择 Agilent OpenLAB CDS Version2 工作站，L8900 采用 Agilent EzChrom Elite 工作站；赛卡姆 S-433D 以及百康 30+等氨基酸分析仪采用 Clarity Chromatography Software 等，一般主要都包括实时控制程序、数据采集程序、色谱积分及计算程序、报告打印程序等。工作站与氨基酸分析仪、检测器连接后即可控制仪器、采集数据。氨基酸自动分析的流程见图 12-13。

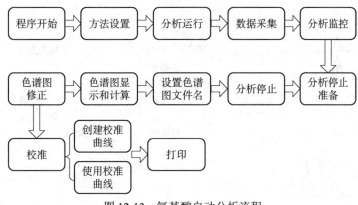

图 12-13　氨基酸自动分析流程

（一）氨基酸分析

氨基酸自动分析仪进行分析前，设置好合适方法保存后即可进行分析，可选择单一样品分析或序列分析，填入样品相关信息：样品 ID、样品类型、方法的选择、报告的格式、进样体积、样品稀释度等即可运行。分析运行过程中可对设备进行监控，随时可更改流动相流速、泵压和阀门开关等设置，数据采集窗口实时记录色谱图，分析结束后自动在色谱图窗口显示，得到完整色谱图。

（二）结果分析

Clarity 工作站通过计算机对色谱图进行积分及计算。

1. 积分

积分即在信号中确定峰并计算峰面积或峰高的过程。这一过程包括：色谱峰的识别→基线的校正、重叠峰和畸形峰的解析→计算峰参数。得到的保留时间、响应值（根据方法设定选择峰高或峰面积）等数值记录于结果表中。

色谱图是数据系统自动积分，色谱图积分标准操作规程规定，出现部分特定情况可进行手动积分，但需注意的是不可通过减少峰或峰面积、增加峰或峰面积、改变峰高等操作篡改数据。

2. 校准

氨基酸的分析通常采用外标法进行计算，即将多个浓度的标准品（不可少于 3 个浓度）和待测组分按相同色谱条件等体积准确进样，标准品以组分浓度为 X 轴，响应值为 Y 轴绘制出标准曲线，标准曲线应是过原点的一条直线（图 12-14），该标准曲线是以峰面积为响应值求出待测样品某组分的浓度。氨基酸分析仪结果表中的氨基酸名称和组分含量需在导入校准文件（不同浓度梯度的标准品创建出的校准曲线保存于校准文件中）后才可计算得出，将标准品与待测组分色谱图进行对比，得到各组分名称，随后通过标准曲线和已知的待测组分峰面积计算含量。

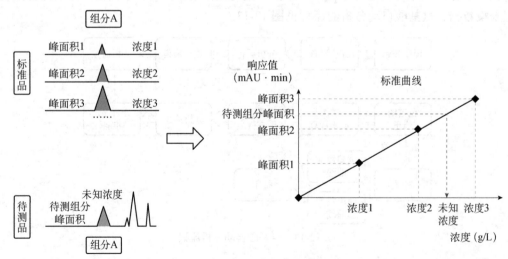

图 12-14 外标法计算氨基酸浓度

通过标准曲线根据公式 13-3 可计算出校正因子 RF，公式如下：

$$RF=\frac{C_r}{A_r} \text{ 或 } RF'=\frac{C_r}{H_r} \qquad (12\text{-}3)$$

式中，RF——校正因子；

C_r——标准样品含量，单位为 g/L；

A_r——标准样品峰面积，峰面积指峰高与保留时间的积分值，单位一般相应为 mAU·min、AU·min 或 mV·min；

H_r——标准样品峰高，峰高指待测组分从柱后洗脱出最大浓度时检测器输出的信号值，单位一般为 mAU、AU 或 mV。

再通过测量出未知样品的峰面积或峰高由公式 12-4，即可计算出未知样品含量，公式如下：

$$C_x=RF\cdot A_x \text{ 或 } C_x=RF'\cdot H_x \qquad (12\text{-}4)$$

式中，RF——校正因子；

C_x——未知样品含量；

A_x——未知样品峰面积；

H_x——未知样品峰高。

由于与峰面积相比，峰高标准曲线的线性范围较窄且峰高的测量结果更易受分析条件波动的影响。因此，一般采用峰面积进行定量分析。

最后可通过对数据参数的导出进行设置以及通过报告设置选择需要打印与储存的部分，即可将结果存储打印。

主要参考文献

丁松，黄和，胡燚.2018. 氨基酸分析研究进展. 生物加工过程，16（3）：12-21.

龚天理，刘付芳，王卫，等.2018. 食品中氨基酸测试的发展. 中国标准化，S1：154-157.

顾小焱，郑琦，陈浩云，等.2019. 国内外氨基酸技术指标对比及分析方法研究进展. 化学试剂，41（1）：39-46.

国家饲料产品质量监督检验中心（北京）.2001. GB/T 18246-2000 饲料中氨基酸的测定. 北京：中国标准出版社.

姬厚伟，张丽，王芳，等.2016. 植物中游离氨基酸的分析方法. 理化检验：化学分册，52（1）：124.

江海风，马品一，金月，等.2013. 氨基酸分析方法的研究进展. 现代科学仪器，4：56-62.

李亚丽，朴向民，逢世峰，等.2019. 中草药中氨基酸的前处理及色谱法分析. 特产研究，41（3）：112-117.

马璐，雷禄，黄雪秋，等.2018. 几种常用的氨基酸分析技术研究进展. 山东化工，47（22）：41-43.

邵瑞琪，陈双玲.2019. 氨基酸分析仪在医学中的应用. 分析仪器，2：133-137.

王镜岩，朱圣庚，徐长法.2002. 生物化学.3 版. 北京：高等教育出版社.

邢健，李巧玲，耿涛华，等.2012. 氨基酸分析方法的研究进展. 中国食品添加剂，5：187-191.

于泓，牟世芬.2003. 氨基酸分析的新方法——积分脉冲安培检测-高效阴离子交换色谱法. 生命科学仪器，1：37-40.

周林爱，黄孟娇. 1996. pH 值的差异对 LKB-4400 氨基酸分析仪的分析影响. 上海农学院学报，2：138-142.

周梦怡，马小芳. 2018. 氨基酸分析前处理水解技术比较研究. 实验室科学，21（5）：81-84.

中国预防医学科学院. 2004. GB/T 5009. 124—2003 食品中氨基酸的测定. 北京：中国标准出版社.

Moore S，Spackman DH，Stein WH. 1959. Automatic recording apparatus for use in chromatography of amino acids. Federation Proceedings，17（4）：1107-1115.

Ozols J. Amino acid analysis. 1990. Methods in Enzymology，182：587-601.

Welch LE，LaCourse WR，Mead DA，et al. 1989. Anal Chem，61（6）：555-559.

第十三章 微生物全自动鉴定技术

第一节 生化分析技术

一、技术原理和仪器的基本构造

（一）技术原理

1. 发展概况

微生物实验室很长时间内使用形态染色、菌落特点、生化反应等传统的细菌学鉴定方法，不仅操作复杂、费时费力，而且在结果判定和解释方面存在主观性，难以进行质量控制。20世纪60年代以来，微生物学家根据不同种属细菌的生物学性状和代谢产物的差异逐步研发了微量快速培养基，进行微量生化反应系统的细菌学鉴定，并和工程机械、电子电工学家开展多学科协作，综合运用物理学、生物化学、数字控制学等分析方法，研发了多种半自动和全自动生化分析设备，使原来烦琐费时的手工操作变得简便快速。

微生物鉴定自动化方法主要用于细菌鉴定，20世纪80～90年代发展迅速。1985年第一台细菌自动分析系统 Vitek-Auto Microbial System（AMS）进入中国。1999年底法国生物梅里埃（BioMerieux）公司推出 VITEK2 系统，从细菌接种物稀释、密度比浊、卡充填到封卡等步骤均实现了全自动处理。目前已有多种细菌自动鉴定和药敏检测系统问世，包括 VITEK-AMS、PHOENIXTM、MicroScan、Sensititre、ABBott（MS-2 System）、AUTOBACIDXSystem 等。这些自动化系统具有广泛的鉴定功能，包括细菌鉴定、药物最小抑菌浓度（minimal inhibitory concentration，MIC）测定等，因具备先进的电脑分析系统其敏感性和特异性已大大提高，可用于临床微生物实验室、卫生防疫，商检系统，还可用于科研实验室。

2. 生化鉴定原理

全自动细菌生化鉴定和药敏分析系统一般利用可放置于架子上的鉴定卡进行细菌的生化反应，每片鉴定卡包含64～96个反应微孔，孔里预装有不同种生化反应的培养基干粉。临床或科研实验室分离的菌株制成菌悬液后加入微孔，鉴定卡放入机器进行细菌培养。由于细菌各自的酶系统不同，新陈代谢的产物也有所不同，而这些产物又具有不同的生化特性，如肠道杆菌中志贺菌和沙门菌发酵葡萄糖产酸，而大肠埃希菌发酵葡萄糖可产酸产气，因此各生化反应孔的颜色及气体变化各不相同。仪器自动每隔一定时间测定每个生化反应孔的透光度和/或气体产生情况，当生长对照孔的透光度和/或气体产生情况达到终点阈值时，指示已完成反应。

3. 药敏实验原理

药敏测试板（卡）的药物敏感性试验的实质是微型化肉汤稀释试验。应用光电比浊原理，根据不同药物对特定细菌的 MIC 不同，每种药物一般选用 3 种不同浓度。每一药敏试卡可同时做约 10 种药物的 MIC 测定。接种细菌纯培养的药敏卡孵育时，每隔一定时间自动测定小孔中细菌生长状况，即可得到待测菌在各浓度药物作用下的生长率。待检菌生长率与阳性对照孔生长率的比值经回归分析得到 MIC 值，并根据美国临床实验室标准化协会（Clinical and Laboratory Standards Institute，CLSI）标准获得相应的 S、I 和 R 结果。药敏报告含 MIC 值、敏感度、建议的药物一次剂量和在该剂量下的血清和尿液内最高药物浓度。

（二）仪器的基本构造

全自动细菌鉴定和药敏分析系统一般由菌液接种、封闭装置、读数器、孵箱、电脑、打印机等几个部分组成。

1. 充液/封口部件

这一部件分为上、下两部分。上部为具有切割作用的封口器，下部为真空充液接种装置。将制备好的菌悬液试管和鉴定卡用一弯形塑料管相连，放置到充液接种仓中。按下"Fill"键时机器开始抽真空，真空形成后进气阀开放，仓内形成负压，菌液从试管通过弯形塑料管进入鉴定卡内即完成接种。完成接种的鉴定卡置于上部封口器内，其中的加热切割器温度可升至 200℃以上，封口板将鉴定卡密闭后加热切割平整。

2. 孵箱/读数器

孵箱内有一直立圆形转盘，可放置 4 个卡片架，分别用 A、B、C、D 标记，每一卡片架可放 32 张测试鉴定卡。孵箱直接由计算机控制，读数器是 665nm 波长的光扫描器，每 15min 自动扫描一次，并将光信号转换为电信号传送至计算机。

3. 计算机、终端和键盘

计算机就像整个系统的神经中枢，始终保持与孵箱/读数器、打印机和终端的联络，控制孵箱温度，自动定时读数，收集记录，储存和分析资料。当卡片反应完成时，计算机可指示打印机自动打印报告。使用者可随时从终端查询鉴定卡检测结果。配有互联网协议多媒体子系统（internet protocol multimedia subsystem，IMS）装置的计算机还具有数据统计功能，该系统计算机还可同时带动两个孵箱/读数器并可与自动免疫诊断系统联用。终端即为计算机显示屏，可提供人机对话，联络各部件。当系统出现故障会自动报警。键盘一般为 102 标准键盘，通过键盘可输入指令或菜单，控制系统的运动状态，输入各检测样本的流行病学资料等。

4. 打印机

打印机始终与计算机保持联络，接受计算机发出的命令，自动打印每一鉴定卡的最终报告，并可自动打印系统出现的故障资料。

二、样品制备

全自动细菌鉴定和药敏分析系统的检测样品为菌悬液，细菌一定要纯种，不纯时一定要分离纯化后再使用仪器进行鉴定。临床或科研实验室分离的微生物纯培养经孵育培养，挑取大小为 3 mm 左右的待测菌落 2~3 个，置于装有 3ml 0.45% 生理盐水的试管中混匀。用标准光电比浊仪测定菌悬液浊度，浊度高时补加生理盐水，反之补加菌落。革兰氏阳性菌配制相当于 0.5 号麦氏管浊度的菌悬液，革兰氏阴性菌配制相当于 1 号麦氏管浊度的菌悬液，酵母菌配制相当于 2 号麦氏管浊度的菌悬液，厌氧菌配制大于 2 号麦氏管浊度的菌悬液。

三、数据分析

（一）鉴定功能

系统具有对不同菌类的鉴定能力，目前一般含有 10 种鉴定卡，可鉴定不同种类的细菌近500 种。

（1）GNI 卡（革兰氏阴性杆菌）：可鉴定肠道菌和非发酵菌 117 种。

（2）GPI 卡（革兰氏阳性球菌）：可鉴定葡萄球菌、链球菌及其他细菌 49 种。

（3）YBC 卡（酵母菌）：可鉴定酵母样真菌 36 种。

（4）BAC 卡（需养芽孢杆菌）：可鉴定芽孢杆菌 12 种。

（5）ANI 卡（厌氧菌）：可鉴定 87 种。

（6）NIH 卡（奈瑟氏菌、嗜血杆菌）：可鉴定奈瑟氏菌、嗜血杆菌和其他苛氧菌 30 种。

（7）NFC 卡（非发酵型革兰氏阴性细菌）：可鉴定非发酵型革兰氏阴性细菌。

（8）GNI+卡：快速革兰氏阴性菌鉴定卡。

（9）UID-3 卡：尿道感染专用鉴定卡。

（10）ESP-3 卡：肠道病原菌专用鉴定卡。

每种鉴定卡内含有 30 项生化反应，每 3 项为一组，阳性反应值分别为 1、2、4。如 3 项反应全部阳性，其组值为 7；如第 1、2 项反应阳性，其组值为 3；第 1、3 项反应阳性，其组值为 5；第 2、3 项反应阳性，其组值为 6。30 项生化反应可获得 10 位数的生物数码，在鉴定时有时还需外加补充试验，共可获得 11 位生物数码，系统将其最后一次判读结果所得生物数码与菌种资料库标准菌生物模型相比较，得到鉴定值和鉴定结果，并自动打印出实验报告。

（二）药敏试验

系统可含革兰氏阴性杆菌药敏试验卡 20 种，革兰氏阳性菌药敏试验卡 3 种，以及尿道分离菌药敏试验卡等。涉及 100 余种抗生素，并含有测定超广谱 β-内酰胺酶功能的药敏试验卡。

药敏试验还含有专家系统，用计算机软件来代替经验丰富的专家进行审核，分析检测报告中的技术错误和异常药物表型。专家系统可有 144 条规则，分为三级水平，一级水平是极不可能出现的表型，二级是罕见表型，三级是利用一种药物耐药表型推导另外一些药物的耐药性。利用专家系统规则审核异常药敏规则，使实验者可对报告进行修订或重复处理。

（三）数据处理软件

数据处理软件可根据用户需要产生 28 种流行病学统计报告，包括菌种发生率报告、抗生素敏感率统计报告、细菌对抗生素累积敏感率报告、细菌对抗生素累积 MIC 报告、每月细菌发生率报告、每月细菌敏感率报告、工作量报告、生物模式统计报告、根据不同试卡种类统计的敏感性报告等。

第二节　质谱分析技术

一、技术原理和仪器的基本构造

（一）技术原理

1. 发展概况

质谱是一种测量离子质荷比（质量-电荷比）的分析方法，其基本原理是使测试样品中各组分在离子源中发生电离，生成不同质荷比的带电荷的离子。经加速电场的作用，形成离子束，进入质量分析器。质量分析器利用电场和磁场使离子束发生相反的速度色散，将它们分别聚焦而得到质谱图，从而确定其质量。英国科学家弗朗西斯·阿斯顿于 1919 年研制出第一台质谱仪，因此发现多种元素同位素和自然界 287 种核素中的 212 种，并第一次证明原子质量亏损。因为这些杰出成就，他荣获 1922 年诺贝尔化学奖。

20 世纪 20 年代，质谱逐渐成为化学家常用的一种分析手段。从 40 年代开始，质谱广泛用于有机物质分析。1966 年，化学电离源的产生使质谱可以检测热不稳定生物分子。80 年代左右，随着快原子轰击、电喷雾和基质辅助激光解吸等新"软电离"技术的出现，质谱能用于分析高极性、难挥发和热不稳定样品，使生物质谱飞速发展，已成为现代科学前沿的热点之一。由于具有迅速、灵敏、准确的优点，并能进行蛋白质序列分析和翻译后修饰分析，生物质谱已经无可争议地成为蛋白质组学中分析与鉴定肽和蛋白质的最重要的手段。

质谱法在一次分析中可提供丰富的结构信息，将分离技术与质谱法相结合是分离科学方法中的一项突破性进展。如用质谱法作为气相色谱的检测器已成为一项标准化技术被广泛使用。由于 GC-MS 不能分离不稳定和不挥发性物质，所以发展了液相色谱与质谱法的联用技术。LC-MS 可以同时检测糖肽的位置并且提供结构信息。1987 年首次报道了毛细管电泳与质谱的联用技术。该联用技术在一次分析中可以同时得到迁移时间、分子量和碎片信息，因此它是 LC-MS 的补充。

在众多分析测试方法中，质谱学方法被认为是一种同时具备高特异性和高灵敏度的普适性方法，得到了广泛应用。质谱的发展对基础科学研究、国防、航天以及其他工业、民用等诸多领域均有重要价值。目前，德国 Bruker Daltonics 公司的 MALDI Biotyper 系统和法国 Bio Mérieux 公司的 VITEK MS 系统是国内常用并且已经获得中国国家市场监督管理总局许可证的 MALDI-TOF MS 系统。

2. 基本原理

随着技术的不断成熟和应用的不断推广，质谱在微生物检验诊断和科学研究中的作用越来越受到关注。MALDI-TOF 质谱技术已经进入微生物实验室用于病原菌鉴定研究。与传统表型鉴定及分子生物学技术相比，MALDI-TOF MS 成本低廉、快速准确，且数据库可不断更新完善，极大提高了微生物的鉴定效率，尤其是在微需氧菌、厌氧菌、分枝杆菌等难培养微生物研究方面发挥了独特优势。在临床微生物检验学领域，该技术现已被公认为微生物快速鉴定的里程碑。

MALDI-TOF MS 由 MALDI 离子源和 TOF 质量分析器两部分组成。离子源通过激光轰击待测微生物与基质形成的共结晶薄膜，基质吸收激光能量，并将能量及 H^+（质子）传递给微生物所含生物大分子（主要是核糖体蛋白质），使其发生电离。电离的生物分子离开共结晶体表面进入一定长度的真空管，在电场作用下加速通过飞行管道，到达真空管顶端的离子检测器的时间与其质量成反比。根据到达检测器的时间及离子的数量得到质荷比值及信号值而形成相应的图谱。在蛋白质指纹图谱中，横坐标表示离子的质荷比（m/z），纵坐标表示离子峰强度（intensity%）。不同种属的微生物有其特有的蛋白，菌体蛋白经过 MALDI-TOF MS 会形成不同的质量峰。对比数据库中的参考图谱，根据同源性距离得到最接近的菌种并给出相应的鉴定分值，再依据实际情况分析，可得到最终的鉴定结果。MALDI 与其他电离方式相比具有很多优势，其他电离方式比较激烈，可能导致分子碎裂，对得到的质谱图产生很大干扰，造成分析困难。但 MALDI 的电离方式为"软电离"，整个分子在离子化过程中都能够保持完整，得到的质谱图就会让不同大小的分子有序排布，便于对谱图进行有效分析。

（二）仪器的基本构造

1. 样品导入系统

质谱方法具有一个重要特点，它对各种物理状态样品的灵敏度都非常高，而且在一定程度上与待测样品分子量的大小也无关。因为质谱仪的质量分析器被安装在真空腔里，待测样品只有通过特定方法和途径才能被引入到离子源和被离子化，然后再被引入质量分析器进行质量分析。这种用于完成样品引入任务的部件统称为样品引入系统。样品引入方式可分为间接引入法和直接引入法。间接引入法又可细分为色谱引入法、膜进样法等。直接引入法是把低挥发性样品直接安装在探针上，探针送入真空腔内。然后给探针通入大电流进行加热，探针温度急剧上升至数百摄氏度（一般不超过 400℃）。样品分子受热挥发形成蒸气，而蒸气受真空腔内真空梯度的作用被直接引入至离子源中进行离子化。温度对样品的挥发度影响较大，因此需精确控制温度，这也使得固体选择性进样成为可能。直接引入法主要适合于挥发性较低、热稳定性强的样品。对于难挥发和热不稳定样品，一般采用解吸电离（desorption ionization, DI）的办法。

2. 离子源

早期质谱研究中涉及的样品一般是无机物，检测目的主要包括测定原子量、确定元素组成、同位素丰度等。针对这些要求，采用的离子源主要有 ICP、微波等离子体炬（microwave plasma torch，MPT）和其他 MIP、火花、电弧、辉光放电等，能够用于原子发射光谱的激发源几乎都可用。

目前质谱的检测对象基本是有机物和生物活性物质，因而需要用到一些比较特殊的电离源。这些电离源可分为 4 类，包括 EI、化学电离（chemical ionization，CI）、DI、喷雾电离（spray ionization，SI）（表 13-1）。除 EI 外，每种电离源都能够同时产生大量的正离子和负离子，分子离子的种类跟离子化过程中的媒介或基体有关。如 CI 能够产生 $(M+Ag)^+$、$(M+H)^+$、$(M+Cl)^-$、$(M+NH_4)^+$ 等分子离子，也可产生类似碎片离子。

表 13-1　用于有机物分析的常见质谱电离源

电离源	离子化试剂	适宜样品
电子电离（EI）	电子	气态样品
解吸电离（DI）	光子、高能粒子	固态样品
化学电离（CI）	气体离子	气态样品
喷雾电离（SI）	高能电场	热溶液

电离源产生的不同离子之间可以互相反应，使电离结果更加丰富而复杂。如在 EI 作用下产生的大量离子中内能较大的离子在与 He 等中性分子碰撞时可自发裂解而产生更多碎片离子。这种离子与分子间的反应一般很难进行完全，在得到许多碎片离子的同时往往还保留有部分母体离子。不过，通过调节碰撞时间、EI 能量和中性粒子数量等增加离子内能时可以促使这种离子与分子间的反应进行完全。如果降低离子内能，可能会得到稳定的该离子，不会产生该离子的碎片。相对 EI 而言，DI、CI 和 SI 都是软电离源。DI 甚至能够借助激光和基体辅助对沉积在特定表面的难挥发、热不稳定固体化合物进行瞬间离子化，得到完整的分子离子。SI 的创立解决了生物大分子的进样问题，给质谱技术在生命科学领域的应用，尤其是生物活性大分子物质如蛋白质、DNA 等的检测分析提供了非常便捷有效的手段，创立者因此获得 2002 年的诺贝尔化学奖。考察电离源性能的参数主要有信号强度、电离效率、背景信号强度、内能控制能力等。

3. 分析器

气相离子可以被适当电场或磁场在空间及时间上按照质荷比大小进行分离。广义来说，能够将气态离子进行分辨分离的器件就是质量分析器。在质谱设备中，曾使用或研发过多种多样的质量分析器，目前在商品质谱仪中广泛使用的质量分析器主要包括扇形磁场、飞行时间质量分析器、四极杆离子阱、四极杆质量分析器和离子回旋共振质量分析器等。

与其他质量分析器相比，TOF 具有结构简单、灵敏度高和质量范围宽等优点，因为大分子离子的速度慢，更易于测量，与 MALDI 技术联用时更是如此。对质荷比大于 10^4 的分子的质谱分析首先在 TOF 上实现。目前，这种质量分析器可以测量的质荷比已接近 10^6。尽管相对离子回旋共振等其他质量分析器而言，TOF 的分辨率和动态线性范围不很理想，对于相对分子质量超过 5000 的有机物，同位素峰就分辨得不太好。但其对大分子的质量测量精度可达到

0.01%，比离心、电泳、尺寸筛析色谱等传统生物化学方法的精度高得多。

TOF 中不同质荷比的离子必须以相同的初动能在同一时间点进入漂移管，这样才能保证漂移的时间与质量的平方根成反比。为此常采用脉冲式离子源（如脉冲激光辐射的 MALDI 源）以基本保证时间的一致性。但这种方法产生的离子的初速度仍然具有很大差异，为减少初速度差异，通常需要对离子进行冷却，冷却时间一般为数十毫秒。冷却的离子再引入电场进行加速，基本就能够消除速度上的差异。但在精确测量时，还需对被加速后离子的时间和空间分布进行校正，也就是通常所说的时间聚焦和空间聚焦。这种校正虽然增加了仪器的复杂性，但也增加了 TOF 测量的精确度。

4. 检测器

质谱仪器的检测器种类很多，比较常见的主要有电子倍增管及其阵列、离子计数器、感应电荷检测器、法拉第收集器等。

电子倍增管是质谱仪中使用广泛的检测器之一。单个电子倍增管基本没有空间分辨能力，很难满足质谱学日益发展的需求。质谱学家已将电子倍增管微型化并集成为微型多通道板检测器，在许多实际应用中发挥了重要作用。除这种阵列检测器外，电荷耦合器件 CCD 等光谱学中使用广泛的检测器在质谱仪器中也获得了日益增多的应用。IPD（ion-to-photon）检测器由于可以在高压环境中长时间稳定地工作，也受到了人们的极大重视。

离子计数器是一种灵敏度非常高的检测器，一般多用于进行离子源的校正或对离子化效率的表征。使用一般电子倍增管时，一个离子可在 10^{-7} s 内引发 $10^5 \sim 10^8$ 个电子，对绝大多数在有机物检测、生物化学研究领域的质谱仪来说，其灵敏度已经足够。但对某些地球化学、宇宙学研究而言，则需要用离子计数器来进行检测，检测电流可以低于每秒钟一个离子，离子源的信号一般至少是离子计数器检出限的 10^{10} 倍。

感应电荷检测器也称成像电流（imaging current）检测器。由于测量的是感应电荷（流），感应效率较低，因而灵敏度较低。但是，当它与离子回旋共振分析器（ion cyclotron resonance，ICR）等联用时，由于 ICR 允许离子的非破坏性测量和反复测量，使得 ICR 仍具有非常高的灵敏度。

法拉第盘（杯）是一种最简单的检测器，是将一个具有特定结构的金属片接入特定电路中，收集落入金属片上的电子或离子，然后通过放大等处理，得到质谱信号。这种检测器没有增益，一般灵敏度非常低，限制了它的应用。但在某些特定场合，这种古老的检测器也可发挥不可替代的作用。如印第安纳（Indianna）大学 Hieftje 等制作的阵列检测器就利用了法拉第杯检测器的上述特点。

二、样品制备

（一）常用方法

MALDI-TOF MS 样品制备应根据待分析物质种类和分析目的来选择适当的基质、样品靶和点靶方法，然后配制样品溶液，混匀样品和基质，点靶测试。进行微生物鉴定时常用的样品制备方法有：①直接涂抹法，将新鲜菌落直接涂抹到靶板上，与基质结合后采集数据；②扩展直接涂抹法，将新鲜菌落直接涂抹到靶板上，滴加 1μl 70% 的甲酸水溶液覆盖样本，室温下自然晾干后与基质结合，然后采集数据；③乙醇/甲酸预提取法。

采用乙醇/甲酸法制备样本时，将细菌接种于普通营养琼脂平板，置 37℃培养 24 h。将真菌接种于沙氏葡萄糖琼脂平板，于 28℃培养 48 h。取适量（5～10 mg）菌体，加入 300μl 超纯水，混匀，再加入 900μl 无水乙醇，混匀。12 000r/min 高速离心 2min，弃上清，尽量去除乙醇和水。加入 50μl 70%的甲酸，混匀；再加入 50μl 乙腈，混匀。12 000r/min 高速离心 2min，取上清放入干净的离心管中，保留上清蛋白和沉淀备用。配制基质溶解液为由 50%的乙腈和 2.5%的三氟乙酸制备的 CHCA 饱和溶液。用接种环蘸取沉淀涂于样品靶上，或者用移液器吸取 1μl 上清蛋白点于样品靶上，室温自然干燥后在样本点上滴加 1μl 基质溶解液，进行数据采集和鉴定。

（二）常用方法的比较

直接涂抹法和扩展直接涂抹法均为活菌检测，容易造成环境污染及人员感染，存在生物安全风险。而在乙醇/甲酸提取法中，病原菌经过处理后，大部分细菌被灭活，相对于直接涂抹法，安全性更高。但乙醇/甲酸提取法需要一定量的病原菌，针对单个菌落病原菌的鉴定，由于菌量少，提取的体积小，若操作失误，则会没有足够的存量样本进行数据采集，通常必须增加增菌培养环节。

通常情况下，通过乙醇/甲酸提取法处理后的菌悬液，离心后只采用上清液进行质谱鉴定，沉淀则被丢弃，而这部分丢弃的沉淀是否能够用来进行病原菌的识别鉴定、识别能力如何均为未知。张慧芳等证明沉淀涂抹法的数据采集能力略强于常规法，在同样信噪比下，上清和沉淀样品所获得的质谱峰数目没有统计学差异。一次制备即可获得两种样本，达到了样本资源的最大限度利用，提高了 MALDI-TOF MS 鉴定病原菌尤其是单菌落病原菌的能力。

三、数据分析

（一）常用数据库

目前主要有 4 种 MALDI-TOF MS 系统：MALDI Biotyper 系统（Bruker Daltonics，德国）；VITEK MS 系统（BioMérieux，Marcy l'Etoile，法国）；the AXIMA @ SARAMIS 数据库（AnagnosTec，德国）和 the Andromas（Andromas，法国）。可购买到的数据库有 3 种：MALDI Biotyper 数据库（布鲁克道尔顿，德国），Saramis（BioMérieux，用于来自 Shimadzu 的质谱设备）和 Andromas（可与布鲁克道尔顿或 Shimadzu 硬件兼容）。其中 MALDI Biotyper 和 VITEK MS 系统已获得中国食品和药品监督管理局的许可证，可用于临床样本的检测。MALDI Biotyper 和 VITEK MS 系统对应的临床微生物基础数据库分别为 Biotyper 2.0 database 和 Vitek MS plus Saramis Knowledge base 2.0。Biotyper 2.0 database 中包含的菌种丰富，但缺乏志贺菌（与大肠埃希菌亲缘性过近，常规比对算法无法区分），且分枝杆菌、丝状真菌、布鲁菌以及霍乱弧菌等所在数据库需单独购买；Vitek MS plus Saramis Knowledge base2.0 中包含的菌种少于 Biotyper 2.0 database，但拥有霍乱弧菌的数据。

（二）自建数据库

对于其中缺少的菌种，除了通过购买其他数据库获得，还可通过自建数据库来加以完善，自建步骤主要有：

（1）通过生化反应或基因测序鉴定并确认待入库菌的种名；

（2）分纯单菌落以获得足量单克隆株；

（3）样本制备，根据待入库菌蛋白质提取难度及日后鉴定的需要，灵活选用前处理方法；

（4）自动或手动采集质谱谱图；

（5）谱图评估筛选，选择 20～24 张质量较好的谱图，减小偶然误差；

（6）操作软件完成建库。

（三）完善数据库的意义

数据库是 MALDI-TOF MS 的核心，待检测微生物只有在数据库里有相应的质谱图才可能被鉴定。数据库不仅要包含微生物所有的属，也应包括种，甚至株。质谱数据库完善意义重大。

（1）分类词目不断增加，新物种不断被发现。有时待测微生物未能被鉴定出来是因为它是新的物种或分类。比如过氧化物酶阴性的革兰氏阳性球菌有许多新种类，而且其分类也在不断发展。只有制造商或者用户把新发现的物种添加到数据库，按照物种分类词目的变化去完善数据库，才能保证新物种的准确鉴定。

（2）有一些物种遗传背景很相近，亲缘性高，增加了鉴别的难度。现在还不清楚是否可以通过优化数据库或者软件使一些同源性高度相近的微生物的鉴别成为可能，但像这样的细节如果不被考虑，就会造成鉴定错误。

（3）微生物标本有可能来自不同地域，不同分离基物，有不同分离年限，而且不同地域的优势菌不同，数据库中微生物单一的参考质谱图有时并不能代表分离自其他微生物实验室的同种典型菌株。所以数据库中应包含同一个菌种采集的多个分离株的指纹质谱图，用户可以将分离的本地典型菌株作为参考菌株填充到自定义数据库中，必要时可考虑对某些微生物建立本地数据库，甚至可以建立多地区数据库联网共享。

（4）分枝杆菌、厌氧菌等疑难鉴定微生物，其数据库的建立和完善更为必要。

（5）商业数据库中对环境微生物的指纹图谱很少。由于 MALDI-TOF MS 越来越多用于鉴定环境微生物，因此构建环境微生物的质谱数据库是新的研究方向。很多研究也表明，质谱数据库的扩大可以使鉴定正确率大大提高。例如分枝杆菌在数据库扩展前后的鉴定正确率分别 79.3% 和 94.9%。因此数据库的更新和完善是运用 MALDI-TOF MS 技术正确鉴定微生物的基础。

主要参考文献

张慧芳，龚杰，张炳华，等. 2019. 基于 MALDI-TOF MS 预提取样本制备法废弃成分识别病原菌的方法建立及识别能力评价. 疾病监测，34（11）：964-968.

Chen Y，Lei C，Zuo L，et al. 2019. A novel cfr-carrying Tn7 transposon derivative characterized in *Morganella morganii* of swine origin in China. J Antimicrob Chemother，74（3）：603-606.

Chew KL，La MV，Lin RTP，et al. 2017. Colistin and polymyxin B susceptibility testing for carbapenem-resistant and mcr-positive Enterobacteriaceae：Comparison of Sensititre，MicroScan，Vitek 2，and Etest with broth microdilution. J Clin Microbiol，55（9）：2609-2616.

Clark AE，Kaleta EJ，Arora A，et al. 2013. Matrix-assisted laser desorption ionization-time of flight mass spectrometry：a fundamental shift in the routine practice of clinical microbiology. Clin Microbiol Rev，26（3）：547-603.

English SL，Forsythe JG. 2018. Matrix-assisted laser desorption/ionization time-of-flight mass spectrometry of model prebiotic peptides：Optimization of sample preparation. Rapid Commun Mass Spectrom，32（17）：1507-1513.

Katoulis A，Koumaki V，Efthymiou O，et al. 2020. *Staphylococcus aureus* carriage status in patients with hidradenitis suppurativa：An observational cohort study in a tertiary referral hospital in Athens，Greece. Dermatology，236（1）：31-36.

Schubert S，Kostrzewa M. 2017. MALDI-TOF MS in the Microbiology Laboratory：Current Trends. Curr Issues Mol Bio，23：17-20.

Walsh TJ，McCarthy MW. 2019. The expanding use of matrix-assisted laser desorption/ionization-time of flight mass spectroscopy in the diagnosis of patients with mycotic diseases. Expert Rev Mol Diagn，19（3）：241-248.

第十四章　小动物活体光学成像技术

第一节　技术原理和仪器的基本构造

一、基本原理和设备分类

（一）基本原理

小动物活体成像技术是采用高灵敏度制冷 CCD 配合特制的成像暗箱和图像处理软件，使得可以直接监控活体生物体内的细胞活动和基因行为。它的出现归功于细胞生物学和分子生物学的发展、人类疾病动物模型的使用、新型成像药剂的运用、高特异性的探针、小动物成像设备的发展等诸多因素。利用特异性分子探针追踪靶目标并成像的分子影像学技术使活体动物体内成像成为现实。由于具有更高量子效率 CCD 的问世，使活体动物体内光学成像技术具有越来越高的灵敏度，对肿瘤微小转移灶的检测灵敏度极高；另外，该技术不涉及放射性物质和方法，非常安全。因其操作极其简单、所得结果直观、灵敏度高、实验成本低等特点，在刚刚发展起来的几年时间内，已广泛应用于生命科学、医学研究及药物开发等方面。目前，小动物活体成像可用于研究观测特定细胞、基因和分子的表达或相互作用过程，同时检测多种分子事件，追踪靶细胞，药物和基因治疗最优化，从分子和细胞水平对药物疗效进行成像，从分子病理水平评估疾病发展过程，对同一个动物或患者进行时间、环境、发展和治疗影响跟踪。

（二）分类

动物活体成像技术主要有 5 大类。

1. 可见光成像

活体可见光成像（optical imaging）包括生物发光与荧光两种技术。可见光成像的光源低能量、无辐射、灵敏度高，可实时监测标记的活体动物体内的细胞活动和基因行为，已被广泛应用到监控转基因表达、基因治疗、感染进展、肿瘤生长和转移、器官移植、毒理学和药学研究中。目前光学成像大多还处在以小动物为对象的基础研究阶段，但随着可见光成像技术的成熟和完善，针对临床研究前期的相关工作将陆续开展。

（1）生物发光 哺乳动物生物发光一般是将萤火虫荧光素酶（firefly luciferase）基因整合到需观察细胞的染色体 DNA 上，以表达荧光素酶，当细胞分裂、转移、分化时，荧光素酶也会得到持续稳定的表达。当外源（腹腔或静脉注射）给予其底物荧光素（luciferin），即可在几分钟内产生发光现象。这种酶在 ATP 及氧气的存在条件下，催化荧光素的氧化反应才可以发光，因此只有在活细胞内才会产生发光现象，并且光的强度与标记细胞的数目线性相关。除萤火虫荧光素酶外，有时也会用到海肾荧光素酶（renilla luciferase）。二者的底物和发光波长不一样，海肾荧光素酶的底物是腔肠素（coelentarizine），所发的光波长在 460～540nm 之间。萤火虫荧光素酶的底物是荧光素，释放波长广泛，平均波长为 560nm（460～630nm）。哺乳动物体内血红蛋白能吸收中蓝绿光波段的大部分可见光，水和脂质能吸收红外线，但对波长为590～800nm 的红光至近红外线吸收能力均较差。波长超过 600nm 的红光虽然有部分散射消耗，但大部分可以穿透组织而被高灵敏 CCD 检测到。因此大部分活体实验使用萤火虫荧光素酶基因作为报告基因，如果需要双标记或特殊的实验，也可采用后者作为备选方案。

新问世的 PpyRed 红色漂移荧光素酶，把以前的荧光素酶的发光峰从 562nm 漂移到612nm。随着发光波长的增加，PpyRed 红色漂移荧光素酶穿透性大大提高，被皮肤吸收的比例显著降低，且光的漫射现象减少，提高了活体生物发光成像的灵敏度和分辨率。

（2）荧光发光 荧光发光技术采用 GFP、红色荧光蛋白（RFP）及其他荧光报告基团，或荧光染料（包括荧光量子点）等新型纳米标记材料进行标记，利用报告基因产生的生物发光、荧光蛋白质或染料产生的荧光以形成动物体内的生物光源。观察时需通过激发光激发荧光基团到达高能量状态，而后产生发射光。荧光成像具有费用低廉和操作简单等优点。同生物发光在动物体内的穿透性相似，红光的穿透性在体内比蓝绿光的穿透性要好得多，近红外荧光为观测生理指标的最佳选择。

荧光信号强于生物发光，但也容易产生非特异性发光。可利用绿色荧光蛋白和荧光素酶对细胞或动物进行双重标记，用成熟的体外荧光成像技术进行分子生物学和细胞生物学研究；然后利用生物发光技术进行活体动物体内检测研究。新一代荧光分子断层成像（fluorescence molecular tomography，FMT）采用特定波长的激发光激发荧光分子产生荧光，通过图像重建提供目标的深度信息和对目标物进行立体成像，并且可以定量及多通道成像，能够在毫米量级组织中检测与某种生理功能相关的荧光探针的浓度分布，在疾病特别是癌症的早期诊断、基因表达图谱、蛋白质功能研究、受体定位、细胞通路解释和检测小分子蛋白之间的相互作用等方面，有着重要的作用。

2. 核素成像

正电子发射断层成像技术（positron emission tomography，PET）和单光子发射计算机断层成像术（single-photon emission computed tomography，SPECT）是核医学的两种显像技术。小动物 PET、SPECT 专为小动物实验而设计，探测区域小，空间分辨率很高，可达 1.0 mm，有些动物 PET 使用活动的扫描架不只适合小动物也适合中等大小的动物。PET 与 SPECT 相同之处是都利用放射性核素的示踪原理进行显像，都属于功能显像。

3. 计算机断层扫描成像

小动物计算机断层扫描技术（micro computed tomography，micro-CT）又称显微CT，是一种非破坏性 3D 成像技术，可在不破坏样本的情况下清楚了解样本内部显微结构。它与普通临床的 CT 最大的差别在于分辨率极高，可以达到微米级，具有良好的"显微"作用。大多数系统使用圆锥形的 X 射线辐射源和固体探测器。探测器可以围绕动物旋转，允许一次扫描动物整体成像。CT 的视野探测器是决定 CT 分辨率水平的关键部件，小动物 CT 能达到不同的分辨率，从 15～100μm。在分辨率为 100μm 时，对小鼠进行一次扫描大约需 15min，更高分辨率的扫描需要更长时间。

4. 磁共振成像

磁共振成像（magnetic resonance imaging，MRI）是依据所释放能量在物质内部不同结构环境中不同衰减而绘制出物体内部的结构图像。相对于 CT，MRI 具有无电离辐射性（放射线）损害，软组织分辨能力强，无须使用对比剂即可显示血管结构等独特优点。但是 MRI 的敏感性较低（微克分子水平），与核医学成像技术的纳克分子水平相比，低几个数量级，所以不是最理想的成像系统，仅仅局限于临床前期的动物研究中。随着多模式平台的发展，如 MRI/PET，可以从一个仪器中得到更全面的信息。

5. 超声成像

超声基于声波在软组织传播而成像，由于无辐射、操作简单、图像直观、价格便宜等优势在临床上广泛应用。在小动物研究中，由于所达到组织深度的限制和成像的质量容易受到骨或软组织中的空气的影响而产生假象。应用主要集中在生理结构易受外界影响的膀胱和血管，在动物产前发育研究中也具有较大优势。

二、仪器的基本构造

不同类型小动物活体成像系统的结构可能因成像原理不同而略有差别（表 14-1），科研实验室使用更为广泛的是光学成像系统，主要由 CCD 相机、成像暗箱、软件系统等部分组成（图 14-1）。

表 14-1　小动物活体成像设备主要特点

技术名称	空间分辨率	敏感度	成像深度	扫描时间	定量	成像因子	主要应用研究
生物发光	3～5mm	(p～n) mol	1～2cm	min	否	荧光素酶	基因表达，细胞和细菌的示踪
荧光	2～3mm	(p～n) mol	<1cm	s～min	否	荧光染料	生命活动监测
荧光断层	1mm	(p～n) mol	<10cm	min～h	是	近红外染料	基因、蛋白功能
PET	1～2mm	(p～n) mol	无限制	min～h	是	^{18}F-, ^{64}Cu-, ^{11}C-标记物	病理过程、生理代谢
SPECT	1～2mm	(p～n) mol	无限制	min～h	是	^{99m}Tc-等标记物	病理过程、生理代谢
CT	15～100μm	(m～c) mol	无限制	min	是	碘酸盐分子	肺、骨的成像、疾病诊断

续表

技术名称	空间分辨率	敏感度	成像深度	扫描时间	定量	成像因子	主要应用研究
MRI	10～100μm	(μ～m) mol	无限制	min～h	是	螯化的顺磁颗粒	软组织、血管结构
超声	50～500μm	m mol	mm～cm	s～min	是	微气泡	血管和介入成像、胚胎发育

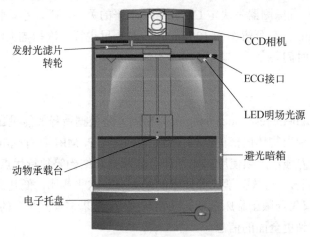

图 14-1　IVIS Lumina 系列小动物活体光学成像系统的基本构造

1. CCD 相机

也称为 CCD 图像传感器，是一种半导体器件，含有许多排列整齐的电容。经外部电路控制，每个小电容能将其所带电荷转给它相邻的电容。电容能感应光线，并将影像转变成数字信号。CCD 上植入的微小光敏物质称作像素（pixel）。一块 CCD 上包含的像素数越多，提供的画面分辨率也就越高。小动物活体光学成像系统可采用背照射、背部薄化科学一级 CCD，芯片尺寸一般为 13mm×13mm，像素为 1024×1024。工作温度因采用电制冷方式而冷却至 −90℃，保证低暗电流和低噪声，量子效率大于 85%（500～700nm），暗电流不高于 $3×10^{-4}$ 电子/（秒·像素），读数噪声不高于 5 个电子，最小检测光子数 100 光子/（s·rad·cm²）。

2. 成像暗箱

避光成像暗箱定焦镜头可自动聚焦，光圈范围为 f/0.95～f/16。选配扩展的成像视野范围可至 2.5cm×2.5cm～24cm×24cm，最大视野能够满足至少 3 只小鼠同时成像。动物载物台温度可控在 20～40℃范围内，即时温度可通过软件显示。荧光光源采用高效金属卤素灯，功率150W 以上。激发光滤片标配数量 19 个以上，发射光滤片标配数量一般不少于 7 个。气体麻醉口可同时对 5 只小鼠进行持续麻醉。成像暗箱还需配有用于明场成像的 LED 灯、动物心电监测系统的接口，以及用于平面多光谱成像的选配发射滤光片转轮。

3. 软件系统

软件通常可直观设置向导功能以方便成像设置和分析，将复杂的成像操作简单化。软件系统可自动完成从图像采集、3D 重建到多模式影像融合的全部工作流程，为多模式影像集成、数据定量分析、数据输出和视频制作等操作提供功能支持。

第二节　样品制备

研究型实验室常用光学成像系统，主要包括生物发光与荧光两种技术。生物发光是用荧光素酶基因标记细胞或 DNA，而荧光技术则采用绿色荧光蛋白、红色荧光蛋白等荧光报告基因和 FITC、Cy5、Cy7 等荧光素及量子点（quantum dot，QD）进行标记。采用高灵敏度制冷 CCD 配合特制的成像暗箱和图像处理软件，使得可以直接监控活体生物体内的细胞活动和基因行为。可用于观测研究动物体内肿瘤的生长及转移、感染性疾病发展过程、特定基因的表达等生物学过程。由于具有更高量子效率 CCD 的问世，活体动物体内光学成像技术已具有越来越高的灵敏度，对肿瘤微小转移灶的检测灵敏度极高。而且，光学成像不涉及放射性物质，非常安全。因其操作简单、结果直观、灵敏度高等特点，活体光学成像系统已广泛应用于生命科学、医学研究及药物开发等研究领域。

一、底物荧光素溶液配制和小动物注射

荧光活体成像技术可用于监测动物体内特定基因的表达情况。将荧光素酶基因作为报告基因置于特定基因启动子之后，所得基因构件转入小动物体内，或者用以制备转基因小动物，荧光素酶报告基因表达产生荧光素酶蛋白。检测时在小动物体内注射小分子底物荧光素，在氧、Mg^{2+} 存在的条件下消耗 ATP 发生氧化反应，将部分化学能转变为可见光能释放。然后在体外利用敏感的 CCD 设备形成图像。

动物体内生物发光试验荧光素试剂制备和小鼠注射的操作非常简便，用无菌 PBS 配制 D-荧光素钾盐工作液 15mg/ml，0.2μm 滤膜过滤除菌。腹腔注射小鼠，按 10μl/g 剂量，给予 150mg/kg 荧光素工作液。例如，10g 的小鼠注射 100μl 工作液，被给予 1.5mg 荧光素。注射荧光素 10～15min 后进行成像分析。荧光素溶液可先配制成 200 倍浓缩液置于−20℃保存，使用前稀释到 15mg/ml。同一只小鼠注射不同剂量荧光素时发光强度不同，一般随着荧光素注射剂量的增多而发光增强。荧光素腹腔注射小鼠约 1min 后表达荧光素酶的细胞开始发光，10min 后发光强度最强，在最高点持续约 20～30min 后开始衰减，约 3h 后发光全部消失。因此最佳检测时间是注射后 15～25min 之间。但不同动物模型的发光动力学过程并不完全一致，应进行预实验确定发光过程。

二、小动物麻醉

成像分析应在动物麻醉状态下进行，可采用异氟烷（isoflurane）或克他命/甲苯噻嗪（ketamine/xylazine）混合液麻醉实验小鼠。采用异氟烷麻醉时应首先称量异氟烷吸收过滤器的重量以确定是否必要更换。过滤器过重时表明吸附物过多，应及时更换。拧开麻醉机蒸发器前端加注密封帽，沿中心密封螺杆缓慢倒入麻醉剂，使麻醉剂液面处于上下两条刻度线之间。

麻醉剂装好后，锁紧加注密封帽。转换三通阀开关，确保从麻醉机蒸发器出来的气流与麻醉诱导盒相通，开关指向通往麻醉面罩的方向。关闭蒸发器，打开空气泵开关，旋转调节氧气流量计前端的气源阀门，使输出的气体达到所需的流量，大小主要由动物的种类、体重以及动物的状态决定，大鼠一般为 500~700ml/min，小鼠一般调节为 300~500ml/min。打开蒸发器，对应数值即为麻醉气体在混合气体中所占的百分比浓度，一般诱导浓度调节为 3%~4%，待麻醉剂充满诱导盒约 1min 后，将动物放入诱导盒，随即关闭诱导盒。约 2~3min 后动物完全麻醉，可通过轻轻摇晃诱导盒以检查动物是否完全麻醉，若动物身体翻倒为侧姿且并未试着恢复其卧姿状态，则表明动物已完全麻醉。转换三通阀开关，确保从麻醉机蒸发器出来的气流与麻醉面罩相通。调节维持浓度，大鼠一般需 2%~2.5%，小鼠一般为 1%~1.5%。迅速打开诱导盒取出小动物，接种细胞或进行成像操作。

采用克他命/甲苯噻嗪混合液麻醉时将克他命（100mg/ml）和甲苯噻嗪（20mg/ml）按体积比 4:1 混合。肌肉注射，克他命和甲苯噻嗪的剂量分别为 120mg/kg 体重和 6mg/kg 体重，即每克体重注射 1.5μl。麻醉剂一般在注射后 2~3min 起作用，如有必要，可再注射一次，用量为每克体重注射 0.7μl。注射一次麻醉剂后动物苏醒时间大约在 60~90min 之间，多次注射则苏醒时间会更长，可达 4h 以上，但多次注射可能使动物过度麻醉。

三、成像系统使用

1. 系统启动

以常用的 IVIS 成像系统为例，打开电脑主机和监视器，当电脑显示桌面后，打开活体成像软件。按系统提示输入用户 ID 后点击镜头控制面板的"Initialize"按钮初始化系统，可以听到马达运转声和看到系统状态显示发生变化。等待镜头达到工作温度，镜头控制面板上绿灯亮起，此时镜头温度被锁定在工作温度-105℃。

2. 暗箱控制

成像暗箱门下方有平台加热控制按钮、停止按钮、手动光照控制按钮和镜头状态指示灯。平台温度控制按钮可以改变并显示平台摄氏温度或华氏温度。平台温度预设为 37℃，按下"set"按钮可以看到平台的实时温度，持续按住"set"按钮的同时按上下按钮可以调节平台温度。如果温度改变的幅度过大，平台可能最多需要 45min 的加热时间。

停止按钮可以立刻停止成像暗箱内部所有四个马达的运转。只有当发生严重故障时这个按钮才可以被按下，如：平台上升过程中，承载样品过高可能会损坏成像暗箱时。按下停止按钮后如需重新启动系统，需按照程序启动系统并进行初始化。切断 IVIS 系统电源，等待 5s。重新接通电源，点击镜头控制面板上的初始化按钮，完成初始化程序后即可进行成像操作。

光照强度控制旋钮可以改变成像暗箱内部 LED 的光照强度。LED 的开关是成像软件的镜头控制面板的"Light On"按钮。通过旋转按钮调整需要的光照强度，旋钮分 10 阶并有铃声提示。当达到所需的光照级别，取消勾选镜头控制面板的"Light On"可以关掉 LED。

状态指示灯指示是否可以打开成像暗箱门，不能在红灯亮时打开暗箱门，只有当绿灯亮时才可以打开。

IVIS 系统包含一个麻醉气体控制装置，在成像暗箱的后面有两个 0.25 英寸的进气和出气口，暗箱的右边是控制开关，暗箱内也有两个 0.25 英寸的出气和进气口分别位于样品台的左后和右后方。

3. 成像操作

尽管平台经过黑色电镀处理，但仍建议在成像平台上垫一张高品质黑色垫纸，既可以有效阻止光反射，又可以保持平台清洁。将小动物或其他成像样品放置在成像平台正中就可以进行成像操作了。如果偏离中心，点击"Live"按钮后，打开箱门，调整样品的位置，直到在监视器上看到样品图像。任何物体都可能发出荧光，大部分塑料、几乎所有磁带、植物、染料、食物（尤其是植物）、鼠尿、动物窝里的垫料等都已经被证实可以发出荧光。采用荧光成像时应尽量避免这些物质的污染，使用者操作 IVIS 成像系统时需戴上手套。

4. 系统维护

不建议在一天内多次开关系统。IVIS 系统通常每天早上 04：00～06：00 自动进行背景测量和系统自检。如果必须关闭系统，一定要先保存实验结果，关闭活体成像软件，关闭 IVIS 成像暗箱后再关闭 Windows 操作系统。

第三节　数据分析

小动物活体成像系统可为研究者提供含有光子强度标尺的成像图片，计算分析发光面积、总光子数、光子强度的相关参数，在生命科学、临床前研究以及药物研发等领域已经得到广泛应用。

一、肿瘤转移研究

传统方法研究肿瘤时常利用卡尺测量肿瘤体积或进行肿瘤组织切片，往往需要处死小鼠取出肿瘤组织，在不同时间点或不同实验组都需要处死一批实验小鼠以获取足够的统计学数据，不但大大增加了实验成本，而且很难消除由于小鼠个体差异而产生的误差，无法获取可靠的重复性数据。同时，在制作切片时也无法保证实验的准确性，而利用活体光学成像技术可以对同一批小鼠进行不同时间点的长时间观测，进而大幅降低实验成本，并获取重复可靠的实验数据。

Magistri 等建立了一种基于体内生物发光的大肠癌肝转移监测的实验模型。他们以组成型表达萤火虫荧光素酶的表达载体 pLenti6/V5-DEST-fLuc 转导人结肠癌细胞 HCT 116，用 IVIS Lumina II 体内成像系统分析内源性生物发光来监测荧光素酶的表达，分离出组成型表达荧光素酶的阳性细胞，脾内注射植入裸鼠，每 7d 进行生物发光分析，第 35d 处死小鼠取肝脏分析生物发光情况。

结果发现，脾内注射后第 1～2 周，荧光素酶标记的结肠癌细胞大部分被清除，但第 3 周开始表现出肿瘤细胞生长和肿瘤块的发展，第 4 周变得更加明显，可检测到与肝脏解剖定位一致的生物发光源。第 5 周后,对小鼠进行尸检,发现肝脏多个区域出现肿瘤。通过离体肝脏生物发光分析确认了肝转移的存在。

二、病原体感染监测

PCR、抗原抗体检测、病理切片等是感染性疾病研究的传统方法,人力物力的耗费较大,且不能在同一只活体小鼠中长期观测病原体的动态感染情况,难以进行感染过程的全程研究。而利用小动物活体光学成像技术则能够通过对细菌、病毒、真菌、寄生虫等病原体进行光学标记,然后利用活体光学成像系统长期观测病原体在体内的动态感染情况,在节省实验耗材及简化实验操作的同时,可获得更加直观准确的实验结果。

从某些发光细菌中提取的 lux 发光基因操纵子中已含有表达荧光素酶及其底物的序列,因此无须再外源注射底物即可成像。一些公司(如 PerkinElmer 公司)提供 lux 标记的多种商业化发光菌株,可直接用于科学研究。Hardy 等利用 IVIS 系统观测了细菌荧光素酶基因标记的单核细胞增多性李斯特菌在小鼠体内的时空分布。通过尾静脉注射李斯特菌感染多只小鼠后发现,几乎在所有被感染小鼠中,该细菌都会特异性分布于胸部,经手术将发光组织取出后发现,细菌主要集中于胆囊内腔。细菌在胆囊内腔的存留是一个非常危险的信号,因为胆囊内腔由于含有高浓度的胆汁而导致免疫细胞无法进入发挥免疫保护作用,并且胆囊本身又对抗生素具有抵抗性,所以,细菌可以在此区域长期潜伏并随时发作。他们还探讨了李斯特菌在胆囊内腔的分布是否具有传染性。由于胆囊在机体未进食时会大量存储由肝脏分泌的胆汁而处于扩张状态,而当机体进食后,胆囊会收缩并将胆汁通过胆管排入小肠而辅助对食物中的脂肪进行消化。因此,通过对被感染的小鼠禁食后再喂食,结果观测到李斯特菌能够通过胆汁排泄途径而进入小肠,并可能通过消化道的排泄进入外界环境而具有传染性,为该类疾病的治疗提供了依据。

三、药物研发应用研究

常用于药物研发的活体光学成像方法包括:①使用构建好的生物发光转基因疾病动物模型,应用小动物活体光学成像技术观测给药后疾病信号的改变,从而评价药物对疾病的治疗效果;②通过注射功能性荧光探针,观测疾病发展过程中分子事件,从而反映药物对疾病的治疗效果。

1. 抗癌症药物研发

索拉非尼(Sorafenib)是一种合成的多酪氨酸激酶抑制剂,但只有约 30% 的肝癌和肝硬化患者对其敏感,因此需开发其他类型的药物用于治疗肝癌患者。DNA 异常甲基化是早期和晚期肿瘤癌症的重要事件,因此研究异常甲基化对于癌症的风险性评估、预防和治疗都具有积极作用。抑制 DNA 甲基转移酶能够再激活沉默的抑癌基因,抑制肿瘤细胞生长,提高免疫监视功能。在免疫缺陷小鼠脾内移植萤火虫荧光素酶标记的人肝癌细胞株可建立人异种移植肝细胞性肝癌模型。模型小鼠喂食第二代 DNA 甲基转移酶 1 抑制剂 Zebularine 后使用 IVIS 系统成像监测小鼠体内肿瘤的变化,发现移植的荧光素酶标记肝癌细胞的生物发光强度明显降低，说明 Zebularine 能够抑制肝癌细胞的生长，减轻肿瘤负载，延长肝癌小鼠存活时间。结果提示 Zebularine 可以通过去甲基化而治疗肝癌，是治疗人原发肝癌的潜在药物。

2. 关节炎治疗药物研发

小分子药物 APO866 是前 B 细胞集落增强因子/烟酰胺磷酸核糖转移酶抑制剂。为研究前 B 细胞集落增强因子/烟酰胺磷酸核糖转移酶在炎症性关节炎疾病中的调节作用，研究者将胶原蛋白诱导的关节炎小鼠灌输 APO866 药物。静脉注射基质金属蛋白酶靶向的荧光试剂，监测基质金属蛋白酶活性而反映小鼠炎症的变化。系统成像显示服用 APO866 的小鼠金属蛋白酶活性下降，说明 APO886 能够通过抑制前 B 细胞集落增强因子/烟酰胺磷酸核糖转移酶治疗炎症性关节炎。

3. 抗感染性药物研发

抗菌药物体内敏感性实验中，以往主要通过考察小鼠死亡率变化和/或取体内组织匀浆液活菌计数等方法来研究药物抗菌效果。小动物活体成像系统则可使这个实验变得更为简便和直观。研究者在粒细胞减少的 CD-1 小鼠腹腔注射细菌荧光素酶标记的耐甲氧西林金黄色葡萄球菌（methicillin-resistant *Staphylococcus aureus*）建立腹腔炎小鼠模型。应用不同抗生素治疗腹腔炎小鼠，IVIS 系统成像显示服用达托霉素（Daptomycin）小鼠的生物发光强度显著下降。结果说明，达托霉素相对于其他抗生素显示出更强和更快地杀菌活性。

4. 病毒疫苗研发

病毒定量检测比细菌计数更加烦琐复杂，因此活体成像考察病毒载量在动物体内的变化就更加具有明显优势。高危型人乳头瘤病毒（human papillomavirus）可诱导引发宫颈癌，用萤火虫荧光素酶标记人乳头瘤病毒，感染 BALB/c 小鼠，再利用活体成像系统检测。结果显示在皮下接种 TA-CIN 和 GPI-0100 疫苗的小鼠中病毒生物发光强度明显消失，说明这两种疫苗能够显著抑制人乳头瘤病毒的体内感染。

主要参考文献

李冬梅，万春丽，李继承. 2009. 小动物活体成像技术研究进展. 中国生物医学工程学报，28（6）：916-921.

李荫龙，张栋. 2015. 小动物活体体内光学成像技术的应用进展. 中国中西医结合杂志，35（1）：118-123.

Evans L，Williams AS，Hayes AJ，et al. 2011. Suppression of leukocyte infiltration and cartilage degradation by selective inhibition of pre-B cell colony-enhancing factor/visfatin/nicotinamide phosphoribosyltransferase：Apo866-mediated therapy in human fibroblasts and murine collagen-induced arthritis. Arthritis Rheum，63（7）：1866-1877.

Hardy J，Francis KP，DeBoer M，et al. 2004. Extracellular replication of *Listeria monocytogenes* in the murine gall bladder. Science，303（5659）：851-853.

Hill CS，Menon DK，Coleman MP. 2018. P7C3-A20 neuroprotection is independent of Wallerian degeneration in primary neuronal culture. Neuroreport，29（18）：1544-1549.

Huang B，Mao CP，Peng S，et al. 2008. RNA interference-mediated *in vivo* silencing of fas ligand as a strategy for the enhancement of DNA vaccine potency. Hum Gene Ther，19（8）：763-773.

Magistri P，Battistelli C，Toietta G，et al. 2019. *In vivo* bioluminescence-based monitoring of liver metastases from colorectal cancer：an experimental model. J Microsc Ultrastruct，7（3）：136-140.

Shan J，Li X，Yang K，et al. 2019. Efficient bacteria killing by Cu2WS4 nanocrystals with enzyme-like properties and bacteria-binding ability. ACS Nano，13（12）：13797-13808.

Su Y，Wang K，Li Y，et al. 2018. Sorafenib-loaded polymeric micelles as passive targeting therapeutic agents for hepatocellular carcinoma therapy. Nanomedicine（Lond），13（9）：1009-1023.